TIM O'REILLY

WTF経済

WHAT'S THE FUTURE AND WHY IT'S UP TO US

絶望または驚異の未来と我々の選択

Tim O'Reilly 著　山形浩生 訳

O'REILLY

WTF経済

明日を今日よりよいものにしようと頑張るみんなに

目次

はじめに WTF経済

今朝私は、台所の１５０ドルの装置に話しかけ、フライトが時間通りかを確認させて、空港までのリフト（Lyft）［自動車シェアのアプリサービス］を呼んでくれと頼んだ。数分後に車がやってくると、スマホがうなってそれを報《しら》せてくれた。今後数年で、この車が自動運転になっている可能性も高い。この様子を初めて見た人物は文句なしに「ＷＴＦ？（いったいどうなってんの？）」と言うことだろう。

ときに「ＷＴＦ？」は驚愕《きょうがく》の表現になる。だが人工知能（ＡＩ）や自動運転やドローンといったテクノロジー関連のニュースを読んでいる多くの人は、深刻な不安や絶望すら抱いている。子供たちに仕事があるのか、それともすべてロボットに奪われてしまうのか心配する。こういう人たちも「ＷＴＦ？（いったいどうなってんの？）」と言うけれど、その口調はまるでちがう。これは罵倒語だ。

驚愕：最寄りの最高のレストランや、最短の通勤経路についてアドバイスをくれる電話。ニュース記事を書いたり医師にアドバイスをしたりする人工知能。交換部品（それも人間のための）を作る３Ｄプリンター。病気を治し、絶滅した生物種を復活させる遺伝子操作。何千人ものオンデマンド労働者をまとめて、消費者がアプリのボタンを押すだけでサービスを受けられるようにする新種の企業組織。

絶望：ロボットとＡＩが人間の仕事を奪い、その所有者には大いに報いる一方で、かつての中産階級の労働者を新しい下層階級にしてしまうという怖れ。ここアメリカでの何千万もの雇用が、人々が暮らすのに十分な報酬をもたらさないこと。世界経済をまるごと破滅させ、何百万人もを家から追い出すような、理解不能の金融商品や利潤追求アルゴリズム。人々の動きをすべて追跡し、それを企業や政府のデータベースに蓄積する監視社会。

すべては驚異で、すべては脅威で、すべての動きが速すぎる。人はテクノロジーが形成した世界に向かってわけもわからずごちゃごちゃに突進しており、それを怖れるべき理由も多い。

ＷＴＦ？　グーグル（Google）の人工知能プログラムＡｌｐｈａＧｏ《アルファ碁》は、最強の人間囲碁プレーヤーを破った。これは少なくともあと20年はかかると予測されていたが、２０１６年に実現してしまった。ＡｌｐｈａＧｏが20年前倒しで進んでいるなら、他の多くのものも予想をはるかに前倒ししてやってくるだろうか。手近なところでいえば、35ドルのＲａｓｐｂｅｒｒｙ　Ｐｉ《ラズベリーパイ》コンピューター［安価なシングルボードコンピューター］で走る人工知能が、戦闘シミュレーションでアメリカ空軍トップの戦闘機パイロットを破った。世界最大のヘッジファンドは、採用とクビを含む経営判断の４分の３をＡＩにやらせたいと発表している。オックスフォード大学の研究者たちは、ホワイトカラー職の多くの部分を含む、人間の業務の47パーセントは20年ほどで機械に取ってかわられるかもしれないと推計している。

ＷＴＦ？　ウーバー（Uber）［自動車シェアのアプリサービス］は、自家用車での相乗りサービスを提供する普通の人々をタクシー運転手と置きかえ、世界中で何百万ものパートタイム職を作り出すことで、彼らを失業させた。ウーバー社は、いずれはこうしたオンデマンド運転手たちを完全自動運転車で置きかえようと熱心に研究している。

ＷＴＦ？　たった一室たりとも保有していないのに、エアビーアンドビー（Airbnb）は世界最大級のホテルグループより多くの部屋を提供している。エアビーアンドビーの従業員は３０００人以下なのに対し、ヒルトンは15万2000人を雇っている。新しい形の企業組織が、ほとんどのビジネス指導者たちが生涯にわたって従ってきたベストプラクティスに基づく企業に、競争で勝つようになっている。

WTF? ソーシャルメディアのアルゴリズムが、2016年のアメリカ大統領選挙の結果を左右したかもしれない。

WTF? 新技術は一部の人を大変なお金持ちにしている一方、一般人の所得は横ばいであり、先進国の子供たちは史上初めて、両親たちよりも稼ぎが少なくなろうとしている。

AI、自動運転車、オンデマンドサービス、所得格差に共通するものはなんだろう? それらは仕事、ビジネス、経済の大変化が到来しつつあることを、はっきり大声で告げているのだ。

でも、未来がかなりちがったものになりそうだとわかるからといって、それが**どう**展開するのか、いつ変化が起こるのかについて、ずばりわかっているわけではない。「WTF?」は、実は「What's the Future?(未来は何だ?)」の略なのかもしれない。テクノロジーは人々をどこに連れて行こうとしているのだろう? 驚愕だらけになるのか、絶望だらけになるのか? そしていちばん重要なこととして、未来を決めるにあたって人々の役割は何だろうか? 自分の暮らしたい世界をもたらすためには、今日どうやって選択を行えばいいんだろうか?

私はキャリアのすべてをテクノロジーエバンジェリスト、出版人、カンファレンス主催者、投資家として、まさにこうした問題と格闘してきた。弊社オライリー・メディアは、重要なイノベーションを見つけようとし、それについての知識を広げることで、その影響を増幅して普及を加速するために働いている。そしてテクノロジーがビジネスや社会のルールを変えようとしているのが理解されず、世界がまちがった方向に動き始めたときには、警鐘を鳴らそうとしてきた。その過程で、無数の技術バブルとその崩壊を見てきたし、破竹の勢いの企業がどうでもよくなってしまうのも見たし、だれも真面目に相手にしなかったような初期段階の技術が世界を変えるに至ったのも見てきた。

見出ししか読まない人は、本当に重要なテクノロジーかどうかを理解するには、投資家たちによる企業の価値評価が鍵だという誤解をしているかもしれない。ウーバーには680億ドルの「価値」があって、GMやフォードを上回る——なんて話はしょっちゅう聞く。エアビーアンドビーは300億ドルの価値があって、ヒルトンよりも価値が高く、マリオットに比肩《ひけん》する、などと言われる。こんな巨額の数字を見ると、こうした企業はまちがいのない存在で、その成功もすでに実現したように思えてしまう。でもその企業が続くと確信できるのは、その企業が利潤を出せる形で自立できて、投資家の補助を受けずにすむようになってからだ。なんといっても、創業8年のウーバー社は、いまだに年額20億ドルの赤字を出しつつ、世界規模になろうと死闘を繰り広げている。これはアマゾン（Amazon）の損失（2001年に初めて黒字を計上するまで、5年間で29億ドルの赤字を出した）なんか小銭に見えてしまうほどの赤字だ。ウーバー社の赤字は、小売、出版、企業コンピューティングを一変させた大成功企業アマゾンのようなものだろうか、それとも失敗確実だったドットコム企業のようなものなのか？　投資家の熱狂ぶりは、仕事の性質の根本的な再構築を報せるものなのか、それとも2001年のドットコムバブル崩壊に至るような、投資マニアの証拠なのだろうか？　両者のちがいをどうやって見分けようか？

10億ドルを超える時価総額評価をもつスタートアップ企業は、当然ながらかなり注目を集める。いまやそうした企業を指す「ユニコーン」という用語までできたし、それがシリコンバレーの大流行になっているのでなおさらだ。「フォーチュン」誌は、そのような華々しい地位を獲得した企業一覧を記録し始めた。シリコンバレーのニュースサイト「テッククランチ」は、「ユニコーンスコアボード」を常時更新し続けている。

でもこうした企業が成功した場合でも、それが未来へのガイドとしていちばん確実だとは限らない。弊社オライリー・メディアでは、初めてインターネットをもたらしてくれたイノベーターや、それを可能にしたオープンソース・ソフトウェアを見ることで、まったくちがう信号に聞き耳をたてる方法を学んだ。彼らは、別にお金儲《もう》けをしたいからではなく、愛と好奇心からそうした活動を行ってきた。まったく新しい産業が始まるのは、クリエイティブな起業家がベンチャー資本家と出会うときではないのも見てきた。それは、一見するとあり得ない未来に魅惑された人々から始まるのだ。

世界を変える人々は、まったく別種のユニコーンを追いかける人々で、それはシリコンバレーの10億ドル時価総額なんかよりはるかに重要だ（とはいえ、こちらの評価もあわせて獲得する人もいるだろう）。それは、当初は驚異的だと思われたのに、あまりに普遍的に広まってしまい、やがて当然のものと思われるようになるブレークスルーだ。

トム・ストッパード［イギリスの劇作家］は、この種のユニコーンについて、戯曲『ローゼンクランツとギルデンスターンは死んだ』で雄弁に述べている。

> ある場所から別のところへの道中、名もなく、特徴もなく、人もおらず、重要性もない場所で休憩をした男が、目の前をユニコーンが横切って姿を消すのを見た。（中略）2人目の男がこう言った。「なんてこった。これは夢にちがいない。ユニコーンを見た気になったぞ」。これにより、この体験を類のないほど驚くべきものにする次元が追加される。3人目の目撃者はそれ以上の次元は追加できず、単にそれを薄く広げるだけで、4人目はさらに薄く、そして目撃者が増えればさらに薄まって、もっともらしくなり、やがて最大に薄まるとそれは現実となる。そんな共通の体験に対して私たちが与える名前だ。

今日の世界は、かつては「ＷＴＦ？」と思わせたが、すでに日常生活の一部になりつつあるものだらけだ。Ｌｉｎｕｘ《リナックス》オペレーティングシステムはユニコーンだった。分散したプログラマーのコミュニティが、世界一流のオペレーティングシステムを作り、それを無料であげてしまうなんて、どう考えても不可能に思えた。いまや何十億もの人がそれを使っている。

ワールドワイド・ウェブ（World Wide Web：ＷＷＷ）もユニコーンだったが、それでティム・バーナーズ＝リー［イギリスの計算機科学者。ＷＷＷの考案者］が大金持ちになったわけではない。１９９３年に技術カンファレンスでワールドワイド・ウェブを見せ、リンクをクリックして「この画像はたったいま、はるか遠くのハワイ大学からインターネットに乗ってやってきたんです」と告げた。みんな信じなかった。でっちあげだと思った。いまやみんな、いつ、どこでもリンクをクリックすれば何でもわかると思っている。

グーグルマップはユニコーンだった。しばらく前にバスに乗っていたとき、老人2人が、グーグルマップで小さな青い点がバスの軌跡をたどる様子を見せあっていた。このテクノロジーに初めて触れた2人は驚愕していた。ほとんどの人は、いまや自分の電話が現在地をずばり知っているのは当然だと思っているし、それが目的地までの細かい道筋を完全に知っているだけでなく――車だろうと、公共交通機関だろうと、自転車だろうと徒歩だろうと――近くのレストランやガソリンスタンドを見つけ、友人たちにこちらの居場所をリアルタイムで伝えられるのも当たり前だと思っている。

最初のｉＰｈｏｎｅ《アイフォーン》はユニコーンだったし、その1年後にアプリストアが導入されたときには、スマートフォン市場は完全に一変した。小さなキーボードではなく、画面をスワイプしてタッチするのがいかに簡単かを経験したら、もう後戻りはできない。スマートフォン以前の携帯電話自体もユニコーンだった。そして、それに先立つ電話、電信、ラジオ、テレビもそうだった。みんなそれを忘れてしまっただけだ。みんなすぐ忘れる。そしてイノベーションの速度が増すにつれて、忘れる速度も増す。

アマゾンのアレクサ（Alexa）、アップル（Apple）のＳｉｒｉ《シリ》、グーグルアシスタント、マイクロソフト（Microsoft）のコルタナ（Cortana）のような、ＡＩ利用のパーソナルエージェントもユニコーンだ。ウーバー社やリフト社もユニコーンだが、時価評価のせいではない。ユニコーンはいい意味で「ＷＴＦ？」と言わせるアプリだ。インターネットをちょっと検索しただけでほぼどんな質問の答えも得られるとか、電話がどんなところへでも道案内してくれるとか、気がついたときのことを覚えているだろうか？　それが当たり前だと思うまでは、どんなにクールなことに思えたことだろうか？　そして、当たり前だと思うようになってから、少しでも思い通りに動かないと文句を言うようになるまでどのくらいかかっただろうか？

私たちは新しい種類の魔法を重ねていて、それがゆっくりと当たり前のものになる。車や雑貨をスマートフォンのアプリで手配するのが当然だと思っている人はすでに丸一世代にもわたる。彼らは、アマゾンで買い物をしたら数時間で届くとか、デバイス上のＡＩ利用パーソナルアシスタントに話しかければまともな返事が当然返ってくるとか思っているのだ。

私がテクノロジーの追求にキャリアのすべてをかけたのは、こういうユニコーンのためだ。

では、何があればこの種の驚異的な本物のユニコーンになるのだろうか？

1・最初は信じられない。

2・世界の仕組みを変えてしまう。

3・新サービス、雇用、ビジネスモデル、産業のエコシステムを生み出す。

「最初は信じられない」の部分の話はした。世界を変える部分はどうだろうか？　マイケル・シュレーグ［MITの経済学者］は『顧客にだれになってほしいだろうか？（Who Do You Want Your Customers to Become?）』（未訳）でこう書いている。

　成功するイノベーターたちは、顧客やクライアントにいままでとちがったことをやってくれと頼んだりはしない。何かちがう人物になってくれと要求するのだ。（中略）成功したイノベーターたちは、ユーザーたちに新しい価値、新しい技能、新しい行動、新しい語彙《ごい》、新しいアイデア、新しい期待、新しい野心を受け入れる——少なくともそれらを否定しない——ことを求める。顧客を一変させるのだ。

　たとえばシュレーグは、アップル（そしていまやグーグルもマイクロソフトもアマゾンも）が「顧客に対し、意識ある召使いとしての電話に平然と話しかけるような人物になれ」と要求すると指摘する。そしてその通り、いまや新世代のユーザーは、こんなことを言っても平気だ。

「Ｓｉｒｉ、カミノで6時から2人で席を予約しといて」
「アレクサ、『やせっぽちのバラッド』をかけて」
「オーケー、グーグル、こんどピエモンテ・グローサリーに行ったとき、干しぶどうを買うようにリマインドして」

人間の発言を正確に認識するだけでもむずかしいのに、聞いて、それから発言に応じた複雑な反応を――それも並行して何百万人ものユーザーのために――行うには、大規模なデータセンターが提供するすさまじい計算力が必要だ。そうしたデータセンターは、ますます高度になるデジタルインフラを支えている。

次に地元スーパーに出かけたとき、干しぶどうを買うようにグーグルが私にリマインドするには、私がどこにいるかを常に把握し、私の頼んだ特定の場所も把握して、その文脈でリマインドを出す必要がある。Ｓｉｒｉがカミノに予約を入れるためには、カミノというのがオークランドにあるレストランで、今夜開いていることを知っている必要があり、また私の電話が、オープンテーブル（OpenTable）のようなサービス経由でレストランの予約システムにテーブルの予約を入れられるようにするには、機械同士の会話もできなくてはならない。そしてそれは、私のデバイス上かクラウド上の他のサービスを呼び出し、カレンダーに予約を追加したり、友人たちに通知したりして、別のエージェントが夕食デートの出発時間になったら教えてくれるようにすることもできる。

さらに、こちらが頼んでもいないアラートがある。たとえばグーグルはこんな警告を出す。

「ベイブリッジで25分の渋滞です。空港に時間通り到着するには、いますぐ家を出てください」

あるいは、

「このまま行くと渋滞です。もっと早い道があります」

こうしたテクノロジーはすべて付加価値があり、しかも中毒性がある。相互に接続し、重なりあうにつれて、ますます強力になり、ますます魔法めいてくる。いったんこうした新しいスーパー能力になれてしまうと、それがない生活は魔法の杖が単なる棒きれに変わってしまったように感じられる。

こうしたサービスは人間のプログラマーが作り出したものだが、今後はますますＡＩに駆動される。これは多くの人にとっておっかない世界だ。でもそれはユニコーンが、驚異から当たり前へと進むなかで次の一歩なのだ。**人工知能**またはＡＩという言葉が示唆するのは完全に自律的な知性だが、いまの私たちはそんなものからははるかに遠いところにいる。ＡＩはまだツールにすぎず、人間の指示が必要だ。

その指示の性質と、それを人々がどう行使すべきかというのが、本書の主題となる。ＡＩなどのユニコーン技術は、もっとよい世界を創る潜在力を持つ。それは最初の産業革命が、２世紀前には想像もつかなかった社会の富を生み出したように。ＡＩは、内燃機関が蒸気機関に対して持っていたのと同じ関係を、従来のプログラミング技法に対して持っている。はるかに柔軟で強力であり、時間がたつにつれて、さらに新しい用途が見つかるだろう。

それをもっとよい世界の構築に使うのだろうか？　それとも今日の世界における最悪の面を拡大するのに使うのだろうか？　いまのところ、悪い意味での「ＷＴＦ？」が優勢らしい。

「すべては驚異的」なのに、みんなひどく怖がっている。アメリカ人の63パーセントは、20〜30年前に比べていまのほうが雇用が不安定だと信じている。自分のいるところではよい仕事が見つけにくい、と思う人はそうでない人の2倍だ。そして、その多くの人はそれがテクノロジーのせいだと言う。将来はますます賢い機械がますます多くの人間の仕事を奪う、と大騒ぎするニュースが次々に出てくる。その痛みはすでに現実になりつつある。アメリカでは史上初めて期待寿命が下がりつつあり、かつては豊かな工業中心地だったところが、いまや絶望の風景と化していることも多い。

万人のために、ちがう道を選ばなくてはならない。

雇用喪失と経済的な混乱は不可避のものではない。今日の経済の相当部分は、想像力と意志力のひどい欠如のせいだ。イーロン・マスク［スペースX社やテスラ社の共同設立者およびＣＥＯ］――世界のエネルギーインフラを再構築し、革命的な輸送の新形態を作り、人類の火星移住を進めたがっている――のような人物がいる一方で、あまりに多くの企業が、単にコスト節減と株価引き上げのためだけにテクノロジーを使い、金融市場に投資できる人々を豊かにする一方で、そんなことが決してできない増大しつつある集団を犠牲にしている。政策担当者たちは何もできず、テクノロジーの方向についてはなすすべもなくて、自分たちでそれを方向づけるべきだなどとは思っていないようだ。

そしてそこで、真のユニコーンの第三の特徴が出てくる。真のユニコーンは価値を生み出すのだ。**金銭的価値だけでなく、社会にとっての現実世界の価値**だ。

過去の驚異を考えてほしい。現代の土木機械が山や地下にトンネルを掘ることを可能にしなかったら、財をこんなに簡単かつすばやく運べただろうか？　人間と機械が力を合わせたスーパーパワーが、何千万人もの人口を擁する都市の建設を可能にし、他のみんなが食べる食料をごく一部の人々が生産できるようにして、現代世界を人類史上最も繁栄した時代にしている。

テクノロジーが職を奪う！　その通り。昔からそうだったし、その痛みと混乱は本物だ。**しかしテクノロジーは新しい種類の仕事も可能にする**。歴史を見ると、テクノロジーは職を殺すが、雇用は殺さない。かつてはできなかったのに、いまや今日の驚異的なテクノロジーを使って実現できるような仕事が見つかるのだ。

たとえば、レーザーによる目の手術を考えよう。私は巨大な牛乳瓶の底のような眼鏡をかけないと、法律上の区分では盲人だった。でも12年前に、その目を眼科医に治してもらったのだ。それまでは不可能だったことを可能にしてくれるロボットの助けがなければ、眼科医にもそんなことは絶対にできなかった。

眼鏡なしでは法律上盲人とされるほど度のキツい眼鏡を40年もかけてきた私が、裸眼ではっきり見えるようになったのだ。その後何カ月もたった後でも、私は絶えず「裸眼で見ているなんて！」

と自分に確認し続けていた。
視力を矯正するためには、眼科医のほうが自前の矯正道具に頼ることになった。コンピューター制御のレーザーを使って角膜に手術を行ったのだ。実際の手術中は、角膜の表面を手で切ってそのフラップを持ち上げ、レーザーによる作業が終わった後でそれを戻して平らにすることを除けば、眼科医の仕事はまぶたをクランプで引っぱって開き、元気づける言葉を述べ、ときに慌てたように、赤い光をじっと見ているように告げるだけだった。目があらぬ方向を見て、赤い光に注目しないとどうなるのか尋ねた。「まあレーザーは止まりますけどね。発射されるのは、あなたの目があの点を追っているときだけですから」とのこと。

これほどまでに高度な手術は、機械による補助がない人間には絶対にこなせなかった。我が医師の人間的なタッチは、複雑な機械の超人的な精度と組み合わさっていた。この21世紀のハイブリッドは、8世紀前にイタリアで発明された補助器具から私を解放してくれたのだ。センサー、コンピューター、制御技術の革命はまだ続いており、20世紀の多くの日常活動がひとつずつ、21世紀のテクノロジーによって再発明されていくにつれて、古くさいものに思えてくるだろう。これがテクノロジーのもたらす真の機会だ。人間の能力を拡張するのだ。

テクノロジーと未来の形に関する論争では、すでにどれほどのテクノロジーが人々の生活を補い、それが人々をどれだけ変えてきたかという点を忘れやすい。驚愕の瞬間を通り越し、それが新しい標準になるにつれて、新しい問題解決にテクノロジーを取り入れていかねばならない。過去の自分たちから見れば、新しく不思議なものを作り続ける必要があるが、もし問題解決をしたいなら、作り出すものがより良いものになるよう頑張る必要があるのだ。

私たちがいつも考えるべきこと：新しいテクノロジーは、これまで不可能だったどんなことを可能にしてくれるだろうか？　私たちの暮らしたい社会を作り出してくれるだろうか？

これが経済を再発明する秘訣だ。グーグルの主任エコノミストであるハル・ヴァリアンが語ってくれたように「祖父には、私の仕事がまったくわからないだろう」。

21世紀の新しい仕事とは何だろうか？　ＡＲ（Augmented Reality：拡張現実）――コンピューターのデータや画像を実際の映像に重ねる技術――がヒントになるかもしれない。これはまちがいなくＷＴＦ？的な体験となる。友人のベンチャー資本家がラボでリリース前のＡＲプラットフォームを初めて見たとき、こう言った。「ＬＳＤが株だったら、すぐに空売りを始めるところだよ」。これはまさにユニコーンだ。

でも私にとって、この技術で最もエキサイティングなのはＬＳＤ的な部分ではなく、ＡＲが人々の働き方を変える可能性だ。ＡＲによって労働者たちが「技能のゲタを履く」ことができるようになるのは見当がつくだろう。私は特に、パートナーズ・イン・ヘルス（Partners in Health）による活動が、ＡＲとテレプレゼンスで威力を激増させられるところを想像するのが好きだ。この組織は、貧困者に無料のヘルスケアを提供するにあたり、その地域の人々からリクルートされたコミュニティヘルスワーカーが、プライマリーケアを提供できるよう訓練と支援を受けるのだ。必要に応じて医師も派遣されるが、大半のケアは一般人が行う。コミュニティヘルスワーカーが、グーグルグラスや次世代ウェアラブルをたたいて「先生、これを見てください！」と言えるようになったらどうだろうか？（信じなさい、グーグルグラスは、ファッションモデルよりコミュニティヘルスワーカーに注目することをグーグルが学んだら復活する。）

この方向でヘルスケア制度をすべて見直せば、コストを削減し、住民の健康状態と患者満足度を高め、雇用創出ができることはすぐに想像がつく。往診が復活するだろう。そこにウェアラブルセンサーによる健康状態モニタリング、SiriやグーグルアシスタントやマイクロソフトのコルタナのサービスとしてのAIによる健康アドバイス、そしてウーバー的なオンデマンドのサービスを加えてみよう。するとテクノロジーがもたらす次世代経済の一角について、輪郭が見えてくるはずだ。

これはおなじみの人間活動を再発明し、運がよければ日常生活の肌理《きめ》のなかにいずれ消えてゆく新しい驚異を作り出しそうな一例でしかない。過去の飛行機、摩天楼、エレベーター、自動車、冷蔵庫、洗濯機といったもののように。

・・・

驚異の可能性にもかかわらず、私たちが直面する未来の多くは未知のリスクだらけだ。私は育ちからして古典主義者で、ローマ帝国の崩壊が常に念頭にある。ギボン『ローマ帝国衰亡史』第1巻は、アメリカ独立戦争と同年の1776年刊だ。シリコンバレーは、人間の心と機械が融合して現在のような歴史が終焉《しゅうえん》を迎えるというシンギュラリティの夢を奉じるけれど、歴史が教えてくれるのは、経済や国は企業と同じように破綻するということだ。大文明も崩壊した。テクノロジーは後退する。ローマ帝国崩壊の後で、コンクリートによる大記念建造物を建てる能力は1000年近くも失われていた。同様のことが私たちに起きないとも限らない。

私たちは、プランナーが「ヤバい問題」と呼ぶものに直面しつつある。これは、「しばしば認識困難な、不完全かつ矛盾し変動する要件のおかげで、解決困難または解決不能」な問題のことだ。長い間受け入れられてきたテクノロジーですら、予想外の欠点を持っている。自動車はユニコーンだった。一般人にすさまじい移動の自由をもたらし、繁栄を広げるような財輸送インフラをもたらし、財を消費地からはるか遠くで生産できる消費経済を可能にした。しかし、自動車を走行可能にするための道路は都市を切り刻んで空虚にし、すわってばかりのライフスタイルを生み、気候変動の圧倒的な脅威に大きく貢献した。

同じことが、安い航空券、コンテナ輸送、全国的な電力網についても言える。これらすべては、すさまじい繁栄の原動力だったが、それに伴う意図せざる帰結ももたらされ、それが明らかになったのは何十年もの痛々しい経験を経てからで、そのころにはどんな解決策も実施不可能に思える。逆行させることで生じる混乱があまりに大きすぎるからだ。

似たようなパラドックスはいまもある。今日の魔法のような技術——そしてすでに何十年も前に行われた、社会として何を重視するかという選択——は、複雑な付随効果や未知の危険や、自分たちが下しているとも知らない決断へと私たちを導いているのだ。

ＡＩとロボティクスは特に、ビジネスや労働の指導者たち、政治家、学者が警鐘を鳴らしているヤバい問題の一群の核心にある。自動運転の車が出回ったら、車の運転で生計を立てている人はどうなる？　ＡＩは飛行機を操縦し、医師たちに最善の治療法をアドバイスして、スポーツニュースや金融ニュースを書き、私たちみんなに、リアルタイムで、職場に最短で着く方法を教えてくれる。また人間の労働者に対し、需要のリアルタイム計測に基づいて、いつ出勤し、いつ帰宅すればよいかを告げている。かつてはコンピューターが人のために働いていた。それがいまや、人がコンピューターの下で働くようになっている。シフト調整をする新しい上司はアルゴリズムなのだ。

テクノロジーを活用したネットワークや市場が人々に、いつ、どれだけ働きたいかを選ばせてくれるようになったら、企業の将来はどうなるだろう？　技能を最新に保つにあたり、オンデマンド学習が伝統的な大学より成果をあげるようになったら、教育の未来はどうなるだろう？　人々の見るもの、読むものをアルゴリズムが決め、その所有者に最も利潤をもたらすものを選択するようになったら、メディアと社会的な議論の将来はどうなるだろう？

ますます多くの労働が、人でなくインテリジェントな機械でこなせるようになったり、人がやる場合でもそうした機械との協力が必要になったりしたとき、経済の将来はどうなるだろうか？　労働者とその家族はどうなるだろうか？　そして製品を買ってくれる消費者の購買力に頼る企業はどうなるだろう？

人間の労働を、単に削減すべき費用として扱うと、深刻な結果が生じる。マッキンゼーグローバル研究所によると、経済先進25カ国の65〜70パーセントの世帯——5・4億〜5・8億人——は、2005年から2014年にかけて所得が横ばいだったという。1993年から2005年にかけて、そんな体験をしたのは1000万人以下——2パーセント以下だった。

過去数十年にわたり、企業は意図的に経営陣と「スーパースター」にすさまじい報酬を与え、一般労働者は最小化すべき、または削減すべき費用として扱った。アメリカのトップのCEOたちはいまや平均的な労働者の373倍も稼いでいる。これは42倍だった1980年から激増している。経済成長と技術的な生産性向上の果実から得られる便益をどう分かちあうべきかという社会的な選択のおかげで、トップ層と底辺層との格差は急激に広がり、中間層はおおむね消え去った。最近、スタンフォード大学の経済学者ラジ・チェティが発表した研究によると、1940年に生まれた子供の場合、親よりもたくさん稼ぐ確率は92パーセントだった。1990年に生まれた子供だと、それが50パーセントにまで下がっている。

業界は賃金低下が消費経済に与える影響を緩和しようとして、人々に借金を奨励した。アメリカでは、家計の負債総額は12兆ドル（2016年半ばのGDPの80パーセント）だし、学生ローン残高は1・2兆ドル（返済不能に陥った借り手は700万人以上）だ。また政府移転を使って、人間のニーズと経済が実際に提供するものの差を埋めようとしてきた。もちろん、政府移転が高まれば、それは増税か政府債務の増大でまかなうしかなく、どちらも政治的グリッドロックを不可避にしてしまう。このグリッドロックは当然、大惨事の原因となる。

一方、「市場」が雇用を提供するという期待から、中央銀行はますます多くのお金をシステムに注入し、それがどうにかしてビジネス投資を促進していくのではと期待した。でも企業利潤は1920年代以来の高さに達しているのに、企業投資は縮小し、30兆ドル以上の現金がブタ積みされている。市場の魔法は機能していない。

私たちはいま、歴史上できわめて危険な瞬間にいる。グローバルエリートの手に富と権力が集中し、国民国家の力と独立主権が脅《おびや》かされている一方で、世界にまたがる技術プラットフォームが企業、機関、社会のアルゴリズムによる制御を可能にし、何十億もの人々が見て理解するものを形成し、経済的なパイがどう分割されるかも左右している。同時に、所得格差および技術変化の速度は、反科学、統治機関への不信、将来への怖れを掲げるポピュリスト的な反動をもたらし、私たちが作り出した問題の解決はなおさらむずかしくなっている。

これらはすべて、古典的なヤバい問題の特徴を備えている。

ヤバい問題は、進化生物学のある概念と密接に関連している。あらゆる生命体には「適応度地形(fitness landscape)」があるという発想だ。物理的な風景と同じで、適応度地形には山や谷がある。問題は、ひとつのピーク――局所最大値と呼ばれる――から別のピークに到達するには、一回下りなくてはならないということだ。進化生物学では局所最大値に到達すれば長生きする安定した種のひとつになれる。それは何百万年も変わらないかもしれず、一方では条件が変化したら対応できずに亡びるということでもある。

そして私たちの経済で、条件は急変している。過去数十年にわたり、デジタル革命はメディア、娯楽、広告、小売を一変させ、何世紀も続いた古い会社やビジネスモデルを転覆させた。いまやそれは、あらゆる企業、あらゆる職、あらゆる社会分野を一変させている。どんな会社も、どんな仕事も――そして究極的にはどんな政府も経済も――この騒乱からは逃れられない。コンピューターは人々のお金を管理し、子供を監督し、自動運転車を操縦するなかで私たちの命を掌握する。

最大の変化はまだまだこれからであり、あらゆる産業とあらゆる組織は今後数年で、いくつもの形で変革をとげるか、あるいは消え去るしかない。先進国の根本的な社会セーフティーネットがこの変化を生き残れるか、さらにもっと重要なこととして、私たちがそれをどんなもので置きかえるかについて、みんなが考える必要がある。

『ザ・セカンド・マシン・エイジ』の共著者アンディ・マカフィーは、AIが人間に取ってかわったときのリスクについて朝食時に話をしているときに、その置きかえに失敗したらどうなるかを端的に指摘した。「機械が蜂起する前に人が蜂起するよ」

本書はこの複雑なパズルのごく小さなかけらについての見方を提供するものだ。そのかけらとは、経済における技術革新の役割と、特にAIやオンデマンドサービスのようなWTF?技術の役割についてだ。テクノロジーが新しい可能性の扉を開ける一方で、かつて繁栄への確実な道と思われていた扉を閉ざしてしまうときに、私たちが直面するむずかしい選択を描き出そう。だがもっと重要なこととして、テクノロジー産業のフロンティアで過ごし、その変化を観察し予測してきた何十年もの経験から導き出した、未来について考えるためのツールを提供しよう。

本書の話はアメリカ中心で、テクノロジー中心だ。未来の経済を形成するすべての力を網羅するものではない。そうした力の多くはアメリカ国外で動いていたり、アメリカとは現れ方がちがったりする。『マッキンゼーが予測する未来―近未来のビジネスは、4つの力に支配されている』で、マッキンゼー社のリチャード・ドッブス、ジェームズ・マニーカ、ジョナサン・ウーツェルは、テクノロジーはこれからの世界を形成しつつある四つの破壊的な力のひとつでしかないという、きわめてまっとうな指摘をしている。人口動態（特に寿命と出生率の変化による世界人口の年齢構成の激変）、グローバリゼーション、都市化の影響は、テクノロジーと同程度か、あるいはそれ以上かもしれない。そしてこのリストでさえ、大戦争、疫病、環境破壊などは考慮していない。こうした欠如は、シリコンバレーこそがあらゆる技術革新の中心だとか、アメリカが他のところよりも重要だとかいう主張に基づくものではない。単に、本書が私の個人的、商売上の体験に基づいているからというだけだ。私の経験はこの分野の、この国だけに根ざしているからだ。

本書は4部に分かれる。I部ではインターネットの商用化やオープンソース・ソフトウェアの台頭、ドットコムバブル崩壊後のウェブ・ルネッサンスの背後にある主要な力や、クラウドコンピューティングとビッグデータへのシフト、メイカームーブメントなど数々のイノベーションの波を理解し、予測するのに弊社が使ってきた技法を少し明かそう。未来を理解するには、現在についての考え方を捨て、自然で不可避にすら思える考え方を捨てねばならないことをわかっていただきたい。

II部とIII部では、オンデマンドサービス、ネットワークやプラットフォーム、人工知能といった技術がビジネス、教育、行政、金融市場、経済全体の性質をどう変えつつあるのかという枠組みを示すために、I部の技法を使ってみよう。アルゴリズムに支配された、世界にまたがる大プラットフォームの台頭について語り、それらが社会をどう作りかえているかを述べる。ウーバー、リフト、エアビーアンドビー、アマゾン、アップル、グーグル、フェイスブック（Facebook）などから、こうしたプラットフォームやそれを支配するアルゴリズムについて何が学べるかを検討する。そして、私たちがあまりに当然だと思っているために見えなくなってしまった、ひとつのマスターアルゴリズムについて語ろう。アルゴリズムやAIについての思いこみをなくし、それが最新の技術プラットフォームだけにあるものではなく、すでにほとんどの人が理解しているよりもはるかに広い形でビジネスや経済を形成しているのだということを示そう。そして企業や経済を導くべく導入された多くのアルゴリズム型システムが、人間を無視して機械に報いるよう**設計されているのだ**と主張しよう。

本書のⅣ部では、社会としての私たちの選択肢を検討する。驚愕のＷＴＦ？を体験するか、絶望のＷＴＦ？を体験するかは決まってはいない。それは私たち次第だ。

大きな経済変革の時代に、それをテクノロジーのせいにするのは簡単だ。だが問題もその解決策も、人間の選択の結果なのだ。

産業革命期に、自動化の果実はまず、機械の所有者を豊かにすることだけに使われた。労働者はしばしば機械の歯車として扱われ、使い切ったら捨てられた。とはいえヴィクトリア朝のイギリスは、児童労働なしですませる方法を考案し、労働時間を短縮させ、そして社会はもっと繁栄した。

同じことが、20世紀のアメリカでも見られた。いまや、戦後期のよい中産階級の仕事を振り返って、何かそれが異常なことだったと思うのが通例だ。だがそれは、偶然起こったわけではない。労働者や活動家の何世代にもわたる苦闘、資本家や政策担当者や政治指導者や有権者の叡智の拡大によってそれが実現したのだ。最終的に私たちは、生産性の果実をもっと広く共有する選択を社会として行ったのだ。

また未来に投資するという選択も行った。戦後の生産性の黄金時代は、道路や橋、全国的な電力、上下水道、通信への巨額の投資のおかげだった。第二次世界大戦後、私たちは戦争で破壊された土地の再建にすさまじい資源を投じたが、基礎研究にも投資した。新産業にも投資した。航空宇宙、化学、コンピューター、電気通信などだ。教育に投資して、受けつごうとしている世界に対して子供たちの準備を整えた。

未来はなめらかではなくギクシャクと訪れるし、しばしば最も暗い時代に最も明るい未来が生まれている。第二次大戦の灰燼《かいじん》から、私たちは繁栄する社会を作り出した。それは選択と頑張りによるものであり、宿命ではない。その一世代前の世界大戦は、絶望のサイクルを拡大しただけだった。何がちがったのだろう？　第一次大戦後、私たちは敗者を罰した。第二次大戦後、私たちは敗者に投資して再興させた。第一次大戦後、アメリカは戻ってきた軍人たちを乞食にしてしまった。第二次大戦後は、彼らを大学に通わせた。デジタルコンピューティングのような戦時の技術がパブリックドメインに置かれ、未来のものへと一変させられた。金持ちは自分に重税をかけて、公共財の資金を捻出した。

１９８０年代には、「貪欲はよいこと」という発想がアメリカに定着し、その結果として私たちは繁栄に背を向けた。金融市場にとってよいことは万人にとってよいのだという考え方を受け入れ、経済をますます株価高騰へと向かわせ、株、債権、デリバティブの「市場」が、アダム・スミスの語った一般人による実物財やサービスの取引と同じだと言って自分をごまかした。実体経済を空洞化させ、人々を失業させてその賃金を抑え、ますます社会の小さな部分に集中する企業利潤に奉仕させた。

私たちは40年前にこのまちがった選択をした。でもそれにこだわる必要はない。ほとんどの先進国経済で一般人の所得が低下する一方で、世界の発展途上経済で十億人が貧困から引き上げられたという事実は、私たちがどこかでまちがった方向に舵を切ってしまったことを物語っているはずだ。21世紀のＷＴＦ?技術は、あらゆる産業の生産性を激増させる潜在力を持つ。でもいま私たちがやっていることをさらに生産的にすることは、発端でしかない。生産性の果実を分配し、それを賢く使わねばならない。もし機械が人間を失業させるなら、それは想像力の失敗であり、もっとよい未来を実現しようという意思の欠如のせいなのだ。

I部

正しい地図を使う

地図は土地ではない。

―― アルフレッド・コージブスキー

1章 未来をいま見通す

メディアで私はしばしば未来学者と呼ばれる。自分ではそんなふうには思っていない。むしろ地図製作者だと思っている。現在の地図を描くことで、未来の可能性を見やすくするのだ。地図は物理的な所在地や経路を表すだけではない。それは自分の居場所を確認し、どこに行こうとしているかを見やすくしてくれるシステムすべてを指す。お気に入りの引用のひとつに、エドウィン・シュロスバーグ［アメリカのアーチスト・作家］のものがある。「書く技能というのは、他の人々が考えられるようにする文脈を作り出すことだ」。本書は地図だ。

地図——根底にある現実の単純化した抽象表現——を人々が使うのは、どこかへ移動するときばかりではない。生活のあらゆる側面で使われるのだ。明かりを点《っ》けなくても暗い自宅のなかを移動できるのは、空間や部屋の配置、家具の位置について頭のなかで地図ができているからだ。同様に、起業家やベンチャー資本家が毎日仕事を開始するときには、テクノロジーとビジネスの風景について頭のなかに地図がある。人は、世界をカテゴリーに分ける。友人か知り合いか、仲間か競争相手か、重要か重要でないか、緊急かどうでもいいか、過去か未来か。それぞれのカテゴリーについて人は頭のなかに地図を持っている。

でもGPSを盲信して、すでになくなった橋から転げ落ちる人々の悲しい物語で思い知らされるように、地図がまちがっていることもある。ビジネスやテクノロジーで、しばしば先にあるものをはっきり見損ねるのは、古い地図や、まちがった地図——環境についての重要な細部が抜けていたり、ヘタをするとわざとそれを改変したりしてある地図——を使って移動しているからなのだ。

いちばんありがちなこととして、科学や技術のような急変する分野で地図をまちがえるのは、とにかくわからないことが多いからだ。それぞれの起業家や発明家は、探検家でもあり、何が可能で、何がうまくいって何はダメで、どうやって先に進めばいいかを見極めようとしているのだ。

19世紀のアメリカ大陸横断鉄道を建設しようとする実業家を考えよう。このアイデアが初めて提案されたのは1832年だが、そのプロジェクトが実現可能かどうかわかったのはやっと1850年代になってからで、それは実際の建設がまったく始まらないうちに、アメリカ下院が徹底した測量調査の資金を提供したからだった。1853年から1855年まで3年がかりの探検で、『太平洋鉄道調査』が生まれた。これはアメリカ西部40万平方マイルについての12巻におよぶデータ集だ。

だがそれだけデータがあっても、先行きが完全にはっきりしたわけではなかった。最適な経路についても激しい論争があり、それは地質的に北回り経路がいいか南回り経路がいいかという論争だけでなく、奴隷制の継続という問題もあった。計画路線が決まり、建設が1863年に始まってからも、予想外の問題が生じた——それまで報告されていたよりも斜面が急すぎて蒸気機関車が走れないとか、気象条件のせいで経路の一部が冬期は通行不能とか。地図の上で線を引いただけで、すべてが完璧にうまくいくはずもない。地図を改良し、描き直してより多くの細部についてのレイヤーを重ねないと、行動に使えるほど精度は出ない。探検家や測量士たちは多くのまちがった道を検討したあげくに、最終的な路線を決めたのだ。

今日のWTF?技術を理解するときの最初の課題は、正しい地図を作ることだ。AIやオンデマンドアプリ、そして中産階級の職の消失にどう対処すべきかを理解し、どうすればこうしたものが人々の暮らしたい未来をもたらすか見極めるには、まず自分が古い考え方のせいでものが見えなくなっていないかどうかを確認しなくてはならない。古い境界を越えるようなパターンを見つけなければならないのだ。

未来へ向かうときに私たちが使う地図は、多くのピースが欠けたジグザグパズルのようだ。あちらこちらにパターンの概略は見えるけれど、間がかなり開いていて、それらのつながりが見えない。ところがある日、だれかが別のピースの山を持ってきて、いきなりパターンが鮮明に見えてくる。未知の領域の地図とジグザグパズルのちがいは、だれも完成図を事前には知らないということだ。目に見えるようになるまでパターンはない――このパズルでは、走りながら自分でパターンを作り上げる。パターンは発見されるというより発明されるのだ。

未来への道を見つけるのは共同作業で、それぞれの探検家が重要な部分を見つけ、それにより他の人々が前進できるようになる。

韻に聞き耳を

マーク・トウェインは「歴史は繰り返しはしないが、しばしば韻を踏む」と言ったとか。歴史を学んでそのパターンを知ろう。未来についての考え方を学んだときの最初の教訓がこれだった。

1998年初頭に**オープンソース・ソフトウェア**という用語が開発され、洗練され、採用されるに至った物語――ソフトウェアの性質の変化についての理解をどう助けてくれたか、その新しい理解がどのように産業界の方向を変えたか、それが来たるべき世界について何を予測したか――は、人々が使う頭のなかの地図が考え方をいかに制約するか、その地図を改訂することで人々の選択がどれほど変わるか、を教えてくれる。

いまや古代史となったものに話を進める前に、まずは心を１９９８年に巻き戻してほしい。

当時、ソフトウェアはシュリンクラップの箱に入って流通し、新しいリリースはよくても年に一度、通常は２、３年に一度だった。アメリカの世帯のパソコン保有率はたった42パーセント（それに対していまやスマートフォンを持つ世帯は80パーセントだ）。種類を問わず携帯電話を持っているのは、アメリカの人口のたった20パーセントだった。投資家たちはインターネットに興奮していた――それでもまだ規模は小さく、世界中で利用者はたった１・47億人だ（いまは34億人）。アメリカのインターネット利用者の半数以上は、ＡＯＬ（America Online）を使っていた。アマゾンとイーベイ（eBay）は３年前に創業していたが、グーグルはこの年の９月に創業したばかりだった。

マイクロソフト社は、その創業者兼ＣＥＯビル・ゲイツを世界最高のお金持ちにした。マイクロソフト社はテクノロジー業界を決定づける企業で、パソコンソフトではほとんど独占に近い地位を維持し、それを利用して競合他社を次々に潰していった。アメリカ司法省はこの年の５月に反トラスト法捜査を開始した。ちょうど、30年近く前にＩＢＭに対して行ったのと同様に。

マイクロソフト社をこれほど大成功させた独占的ソフトとは対照的に、オープンソース・ソフトウェアはだれでも自由にそれを研究し、改変して、それを元に新しいものを作ってよいというライセンスに基づいて配布されている。オープンソース・ソフトウェアの例としては、Ｌｉｎｕｘ《リナックス》やＡｎｄｒｏｉｄ《アンドロイド》などのオペレーティングシステム（ＯＳ）がある。Ｃｈｒｏｍｅ《クローム》やＦｉｒｅｆｏｘ《ファイアーフォックス》などウェブブラウザもある。Ｐｙｔｈｏｎ《パイソン》、ＰＨＰ、ＪａｖａＳｃｒｉｐｔ《ジャバスクリプト》など人気のあるプログラミング言語もある。Ｈａｄｏｏｐ《ハドゥープ》やＳｐａｒｋ《スパーク》など最近のビッグデータツールもある。そしてグーグル社のＴｅｎｓｏｒＦｌｏｗ《テンソルフロー》やフェイスブック社のＴｏｒｃｈ《トーチ》、マイクロソフト社のＣＮＴＫといった最先端の人工知能ツールキットまである。

コンピューターの初期には、ほとんどのソフトはオープンソースだったが、そういう名前では呼ばれていなかった。基本的なＯＳのなかにはコンピューター本体についてくるものもあったが、コンピューターを実際に有用なものにするコードのほとんどは、個別具体の問題解決のために書かれた。科学者や研究者が書いたソフトは、特に共有されることが多かった。だが１９７０年代末から１９８０年代にかけて、企業はソフトへのアクセスを仕切れば商業的な優位性が得られると気づいて、制限つきライセンスを使ってアクセスを閉ざし始めた。１９８５年に、マサチューセッツ工科大学のプログラマー、リチャード・ストールマンは「ＧＮＵ《グヌー》宣言」を発表し、「フリーソフトウェア」と呼ぶものの原理を述べた。このフリーは無料のフリーではなく、自由のフリーだ。許可なしに調べ、再頒布し、変更する自由だ。

ストールマンの野心的な目標は、ＡＴ＆Ｔ［旧アメリカ電話電信会社。独占禁止法違反により分割され、現在のＡＴ＆Ｔは分割されたうちの1社］のＵｎｉｘ《ユニックス》オペレーティングシステムの完全フリー版を構築することだった。Ｕｎｉｘはもともと、ＡＴ＆Ｔの研究部門であるベル研究所で開発されたものだ。

１９７０年代にＵｎｉｘが最初に開発されたとき、ＡＴ＆Ｔは合法独占企業で、規制された電話サービスから莫大な利潤を得ていた。結果としてＡＴ＆Ｔは、当時ＩＢＭが支配していたコンピューター産業では競争してはいけないことになっており、１９５６年の司法省との合意声明に基づき、Ｕｎｉｘをかなりゆるい条件で計算機科学の研究グループにライセンスしていた。世界中の大学や企業のコンピュータープログラマーたちは、お返しにこのオペレーティングシステムの重要な部分を寄付して貢献した。

だが１９８２年、ＡＴ＆Ｔが七つの小さな会社（「ベビーベル」）に分割されるかわりに、コンピューター市場で競争することが認められた決定的な合意の後で、ＡＴ＆ＴはＵｎｉｘを独占しようとした。そしてＵｎｉｘの別バージョン（バークレー・ソフトウェア・ディストリビューション、略してＢＳＤ）を作ったカリフォルニア大学バークレー校を訴え、実質的にこのオペレーティングシステムの構築を当初から手伝ってきた集合的な体制を潰そうとした。
バークレーＵｎｉｘがＡＴ＆Ｔの訴訟攻撃で足踏みしている間に、ストールマンのＧＮＵプロジェクト――これは意味のない再帰的な「ＧＮＵはＵｎｉｘでない（Gnu's Not Unix）」の略称だ――は、Ｕｎｉｘのカーネル以外の主要要素をすべて複製し終えていた。このカーネルというのは、他のソフトすべてに対して一種の交通警察の役割を果たす、中心的なコードだ。このカーネルを提供したのがフィンランドの計算機科学の学生リーナス・トーバルズだった。彼の１９９０年の修士論文は、多くのコンピューターアーキテクチャーに移植可能な、最小限のＵｎｉｘに似たＯＳだった。このＯＳを彼はＬｉｎｕｘと呼んだ。

その後数年にわたって起業家たちが、トーバルズのカーネルとフリーソフトウェア財団のその他のＵｎｉｘ ＯＳ再現とを組み合わせて完全にフリーなＯＳを作る、という可能性に取り組むなかで、すさまじい商業活動が生まれた。その標的はもはやＡＴ＆Ｔではなく、マイクロソフト社になっていた。

パソコン産業の初期、ＩＢＭと、デル（Dell）社やゲイトウェイ（Gateway）社といった増加するパソコン「クローン」機ベンダーたちがハードウェアを提供し、マイクロソフト社はオペレーティングシステムを提供し、多くの独立系ソフト会社が「キラーアプリ」――ワープロ、表計算ソフト、データベース、お絵描きソフト――を提供して、新プラットフォームの採用を促進した。マイクロソフト社のＤＯＳ《ドス》（ディスクオペレーティングシステム）はエコシステムの主要部分ではあったが、全体を牛耳《ぎゅうじ》るにはほど遠かった。状況が変わったのは、マイクロソフト（ＭＳ）ウィンドウズの導入のせいだ。その広範なアプリケーションプログラミングインターフェイス（ＡＰＩ）のおかげで、アプリケーション開発はずっと簡単になったが、開発者はマイクロソフト社のプラットフォームに囲い込まれてしまった。パソコン向けの競合ＯＳ、たとえばＩＢＭのＯＳ／２《オーエス・ツー》は、この強力な掌握力を突破できなかった。そしてやがてマイクロソフト社は、そのＯＳ支配を使って大規模顧客へのバンドリング取引を通じ、自社のアプリケーションの普及を有利に進めるようになった――ＭＳワード、エクセル、パワーポイント、アクセス、そして後にはウェブブラウザのインターネットエクスプローラー（いまはＥｄｇｅ《エッジ》）などだ。

マイクロソフト社が、アプリケーションのカテゴリーを次々に制圧するなかで、パソコン向けの独立系ソフト産業はだんだん死んでいった。


これが私の指摘した、韻を踏むパターンだ。パソコン産業は、爆発的なイノベーションで始まり、それが第一世代コンピューティングに対するＩＢＭの独占を打ち破った。でもそれが結局は「勝者独り占め」の別の独占で終わってしまったわけだ。繰り返すパターンを探して、次にそれがどんな形で起こるか考えればいいのだ。


いまや、だれもがデスクトップ版Ｌｉｎｕｘで様相が一変するのではないかと考えていた。新興企業だけでなく、ＩＢＭのような大企業ですら、お山のてっぺんになんとか戻ろうとするなかで、できる限りの大きな博打《ばくち》に出た。

だがＬｉｎｕｘの物語には、マイクロソフト社との競合よりもはるかに大きな中身があった。それは、だれも予想しなかった形でソフト産業のルールを書きかえるということだった。それは世界の偉大なウェブサイト――当時特筆すべきだったのはアマゾンとグーグルだ――が構築されるときのプラットフォームになったのだった。そして同時に、ソフトが書かれるやり方自体も一変させつつあった。

１９９７年２月、ドイツのヴュルツブルクでのＬｉｎｕｘ会議において、ハッカーのエリック・

レイモンドは「伽藍とバザール（The Cathedral and the Bazaar）」という論文を発表し、それがLinuxコミュニティを震撼《しんかん》させた。これは、Linuxとエリック自身の、後にオープンソース・ソフトウェアと呼ばれるようになるものをめぐる経験に関する思索を通じて生まれた、ソフトウェア開発の理論を述べたものだった。エリックはこう書いていた。

インターネットのかぼそい糸だけで結ばれた、地球全体に散らばった数千人の開発者たちが片手間にハッキングするだけで、超一流のOSが魔法みたいに編み出されてしまうなんて、ほんの5年前でさえだれも想像すらできなかった。（中略）

Linuxコミュニティはむしろ、いろんな作業やアプローチが渦を巻く、でかい騒がしいバザールに似ているみたいだった（これをまさに象徴しているのがLinuxのアーカイブサイトで、ここはどこのだれからでもソフトを受け入れてしまう）。そしてそこから一貫した安定なシステムが出てくるなんて、奇跡がいくつも続かなければ不可能に思えた。

エリックはいくつかの原理を提示し、これが過去数十年でソフトウェア開発の福音の一部となった。ソフトウェアは、早めにしょっちゅうリリースすべきで、完成されるのを待つより不完全でもいいからリリースし、ユーザーも「共同開発者」として扱い、「目玉の数さえ十分あれば、どんなバグも深刻ではない」。

今日では、プログラマーが開発するのがオープンソース・ソフトウェアだろうと独占的ソフトだろうと、オープンソース・コミュニティが先鞭《せんべん》をつけたツールやアプローチを使う。だがもっと重要なこととして、今日のインターネットソフトを使う人はだれであれ、こうした原理の働きを目の当たりにしている。アマゾン、フェイスブック、グーグルのようなサイトに行けば、パソコンの時代にはあり得なかった開発プロセスに参加したことになる。エリック・レイモンドが想像したような意味での「共同開発者」ではない――機能の提案やコードで貢献するハッカーのひとりというわけではない。でも「ベータテスター」ではある――絶えず発展し続ける未完成のソフトを試用してフィードバックをする人物だ。それも、これまで想像もつかなかった規模でそれが行われている。インターネットのソフト開発者は絶えずアプリケーションを更新し、何百万人もの利用者に新しい機能を試してもらい、その影響を計測して、やりながら学ぶ。

エリックは、ソフト開発のやり方が変化しつつあることを理解した。でも1997年に初めて「伽藍とバザール」を発表したときには、彼の述べた原理がフリーソフトをはるかに超えて、ソフトウェア開発自体にとどまらず、ウィキペディア（Wikipedia）のようなコンテンツサイトも形成し、やがて消費者がオンデマンド交通（ウーバーやリフト）、宿泊（エアビーアンドビー）といったサービスの共同クリエーターになるような革命を可能にするなどとは、まだはっきり見えていなかった。

私は、ヴュルツブルクの同じ会議の講演に招かれた。その講演「ハードウェア、ソフトウェア、そしてインフォウェア」は、かなり異質だった。私はLinuxだけでなくアマゾンにも魅了されていた。アマゾンはLinuxなど各種のフリーソフトを基に構築されていたが、それまでのコンピューティング時代に見たようなソフトとは根本的にちがう性質のものに思えた。

今日では、ウェブサイトがアプリケーションであり、ウェブがプラットフォームになったというのはだれの目にも明らかだが、1997年にほとんどの人々は、ウェブブラウザがアプリケーションだと考えていた。ウェブのアーキテクチャーに少し詳しければ、ウェブサーバーや関連コードとデータがアプリケーションだと考えたかもしれない。コンテンツはブラウザが管理するもので、MSワードが文書を管理したり、エクセルでスプレッドシートが作れたりするようなものだと思われていた。これに対し私は、コンテンツそのものがアプリケーションの本質的な一部であり、そのコンテンツのダイナミックな性質が、ソフトウェアを超えるまったく新しいアーキテクチャー設計パターンをもたらしていると確信していた。当時、私はそれを「インフォウェア」と呼んだ。

　エリックは、Ｌｉｎｕｘオペレーティングシステムの成功に注目し、それをＭＳウィンドウズにかわるものと見ていたが、私はこの新しいウェブ上のパラダイムを可能にするプログラミング言語Ｐｅｒｌ《パール》の成功に夢中だった。

　Ｐｅｒｌはもともと１９８７年にラリー・ウォールが構築したもので、初期のコンピューターネットワーク上でフリーで頒布されていた。私はラリーの著書『プログラミングＰｅｒｌ』を１９９１年に出版し、１９９７年夏にＰｅｒｌカンファレンスを立ち上げようとしていた。Ｐｅｒｌカンファレンスをやろうと思ったのは、友人２人のコメントが偶然にもつながったからだった。１９９７年初頭、書店チェーンであるボーダーズのコンピューター書籍仕入れ担当者が、１９９６年刊の『プログラミングＰｅｒｌ』第２版が同年のボーダーズのあらゆる部門でトップ１００に入っていた、と教えてくれた。それなのに、コンピューター業界誌のどこにもＰｅｒｌについて何も書かれていないのは不思議だなと思った。Ｐｅｒｌの背後にどんな企業もいないので、業界フォロワーの評論家たちにはまったく見えなかったのだ。

　すると『Ｗｉｎｄｏｗｓ95内部解析』の著者アンドリュー・シュルマンが、私にとって同じくらい不思議だったことを教えてくれた。当時マイクロソフトは、自分たちの新技術ＡｃｔｉｖｅＸ《アクティブエックス》が「インターネットを活性化する」という一連のテレビＣＭを流していた。この広告のソフトウェアデモは、アンドリューによると実はほとんどがＰｅｒｌで実行されているというのだ。動的なウェブコンテンツ配信手法の核心にあるのが、ＡｃｔｉｖｅＸではなくＰｅｒｌなのは明らかだった。

　私は激怒した。そこでＰｅｒｌについて少し騒ぎ立てる必要があると決め、１９９７年初頭に広報的なパフォーマンスとして、初のカンファレンスを開き、人々の注目を集めようとした。これまた、ヴュルツブルクのLinux会議での講演内容でもあった。

後にこの講演に基づいた論説で私はこう書いた。「Perlは『インターネットのガムテープ』と呼ばれてきたし、ガムテープと同じで各種の予想外の方法で使われている。ガムテープでくっつけた映画用のセットと同じく、ウェブサイトはしばしば1日で立ち上げては壊されるから、軽量のツールと、お手軽だが使えるソリューションを必要としているのだ」

私はPerlのガムテープアプローチを、「インフォウェア」パラダイムの不可欠なイネーブラーだと見ていた。そこではコンピューターの制御は情報インターフェイスにより行うものであり、ソフトウェアのインターフェイス自体で行うものではない。当時の私の表現だと、ウェブリンクは、コンピューターに対する命令を通常の人間言語で書かれた動的文書に埋め込む手法なのだ。これは、従来のソフトウェアコードに人間言語のかけらを埋め込むドロップダウン式のソフトウェアメニューとはちがうやり方だ。

講演の次の部分は、その後数年にわたり私を捉え続けた歴史的アナロジーに注目している。私は、オープンソース・ソフトウェアおよびインターネットのオープンプロトコルがマイクロソフト社に与えている影響と、マイクロソフト社や独立系ソフト産業が以前にIBMを打倒したときとの類似性に魅了されていた。

1978年に初めてコンピューター業界に入ったとき、そこはIBMの独占を払いのけようとしているところだった。IBMの独占は、20年後にマイクロソフト社が占めるようになる立場とかなり似ていた。IBMの業界支配は、ソフトとハードが緊密に結びついた統合コンピューターシステムに基づいていた。新種のコンピューターを作るというのは、新しいハードウェアを発明すると同時に、それを制御するための新しいOSやアプリケーションを作るということだった。当時の少数の独立系ソフト企業は、どのハードウェアベンダーの軍門にくだるか、あるいはソフトを複数のハードウェアアーキテクチャーに「移植」するかを選ばねばならなかった。今日のアプリ開発者が、ｉＰｈｏｎｅ用とＡｎｄｒｏｉｄ用に別バージョンを開発しなければならないのと同じようなものだ。ただし、問題はずっとひどかった。１９８０年代半ば、ドキュメンテーションコンサルティングビジネスの顧客のひとりと話をしたことがある。彼はＤＩＳＳＰＬＡ（ディスプレイ統合ソフトウェアシステム&プロット言語）というメインフレーム用グラフィックスライブラリの開発者だった。自分のソフト２００種類以上のバージョンをメンテナンスしなければならないのだという。

　１９８１年8月に発表されたＩＢＭパーソナルコンピューターがそのすべてを変えた。１９８０年に、自分たちが新しいマイコン市場を取り逃がしていると気がついたＩＢＭは、フロリダ州のボカラトンに秘密開発部門を設立し、新しいマシンを作らせた。そこで彼らは決定的な決断を下した。費用削減と開発加速のため、業界標準の部品を使ったオープンアーキテクチャーを開発しようというのだ——その標準部品には、サードパーティーからライセンスされたソフトも含む。

　すぐにＰＣと呼ばれるようになったこのマシンは、１９８１年秋に発表されて即座にヒット製品となった。ＩＢＭの予測では、最初の5年で25万台が売れるとされていた。実際には、初日だけで4万台売れたという噂《うわさ》だ。2年以内に、１００万台以上が顧客の手に渡った。

　だがＩＢＭの重役たちは、自分たちの決断の影響の大きさを理解し損ねた。当時、ソフトウェアはコンピューター業界では小者で、統合されたコンピューターにとって必要とはいえマイナーな一部でしかなく、別売りよりはハードと抱き合わせで販売されていた。だから新マシンのオペレーティングシステムを供給するときに、ＩＢＭはマイクロソフト社からライセンスを受けることにして、ＩＢＭがコントロールしていない市場セグメントに対しては、マイクロソフト社がソフトを再販していいことにした。

そのセグメントの規模が、爆発的に拡大することになる。IBMはマシンの仕様を公開したので、IBMのPCが成功すると、何十、さらには何百ものPC互換機が開発された。市場の参入障壁はあまりに低く、マイケル・デルは自分の名前を冠した会社を、まだテキサス大学の学生だったころに創業して、寮の部屋でコンピューターを組み立てて販売していた。IBMのパーソナルコンピューターアーキテクチャーは標準となり、やがては他のパソコン設計を圧倒しただけでなく、その後20年間でミニコンやメインフレームまで置きかえることになる。

PC互換機が何百もの大小メーカーで作られるようになると、この新市場でIBMは主導権を失った。ソフトウェアこそが、業界の公転の中心にある新たな太陽となった。マイクロソフト社が、コンピューター業界で最も重要な企業になったのだった。

インテル（Intel）社もまた、大胆な意思決定を通じて特権的な役割を確立した。どれかひとつのサプライヤーがボトルネックにならないよう、IBMはPCのオープンハードウェアのあらゆる部品が、少なくとも二つのサプライヤーから入手できるよう要件を定めた。インテル社はこの要求に従い、8086と80286チップを競合のAMDにライセンスしたが、1985年に80386プロセッサーのリリースに際し、IBMに刃向かうという大胆な決断を下した。互換機市場がいまや十分な規模に達し、IBMの要求は市場に圧倒されてしまうと賭けたのだ。インテル社の元CTOパット・ゲルシンガーが語ってくれたところでは、「5人構成の理事会で評決を取ったんだ。3対2で反対という決になったんだがね。でも賛成側の2人の片方がアンディ（インテル社CEOのアンディ・グローブ）だったので、それでもやることになったんだ」。

これまた未来についての別の教訓だ。黙っていて起こるものではない。人々がそれを起こす。個人の決断は意味を持つのだ。

1998年に、このお話はおおむね繰り返された。マイクロソフト社は、PCのオペレーティングシステムの単独プロバイダーとして、デスクトップソフトの独占を確立した。ソフトウェアアプリケーションはますます複雑になり、マイクロソフト社は意図的に競合の参入障壁を設けた。もはや単独のプログラマーや小企業が、PCソフト市場にインパクトを与えるのは不可能になった。

そんななか、オープンソース・ソフトウェアとインターネットのオープンプロトコルがその支配を脅かすようになった。ソフト市場への参入障壁が崩れ去りつつあった。歴史は繰り返しはしなくても、確かに韻を踏むのだ。

利用者は新製品を無料《フリー》で試せる——そしてそれ以上に、独自のカスタム版を、これまた自由《フリー》に作れる。ソースコードがすさまじい独立ピアレビューに供され、だれかがある機能を気に入らなければ、その人がソフトに機能を追加したり削除したり、作り直したりできる。その修正をコミュニティに戻せば、それがすばやく広く採用されることもある。

それ以上に、開発者たちが（少なくとも当初は）ビジネス側で競争しようとはしておらず、単に真の問題解決に専念していたので、実験の余地があった。しばしば言われるように、オープンソース・ソフトウェアは「自分のかゆいところを自分でかけるようにしてくれる」。分散開発パラダイムのおかげで、利用者が新機能を追加するので、オープンソース・ソフトウェアは設計されるのと同じくらい「進化」する。そして1998年に拙稿「ハードウェア、ソフトウェア、そしてインフォウェア」で書いたように、「進化は単一の勝者をもたらすのではなく、多様性をもたらす」。

その多様性こそが、マイクロソフト社の提供するいまや主流となってしまった技術よりも、フリーソフトとインターネットに未来の種子が見つかる理由だ。

ほとんど常に、未来を見たければ主流が提供している技術ではなく、周縁部のイノベーターたちが提供する技術を見なければならない。

40年前にパソコンソフト産業を立ち上げた人々のほとんどは、起業家ではなかった。自分のコンピューターを持つという考えがとんでもなくわくわくするものに思えたガキどもだった。プログラミングは、ドラッグのようなものだった——いや、ドラッグやロックバンドへの参加よりも優れていたし、想像できるどんな仕事よりもまちがいなくよいものだった。いまや９０００万人がパソコンのオペレーティングシステムとして使い、数十億人単位のほとんどの大規模なインターネットサイトを走らせているオペレーティングシステムでもあり、あらゆるＡｎｄｒｏｉｄ電話の根底にあるコードでもある、オープンソースのＬｉｎｕｘもそうだった。Ｌｉｎｕｘの開発についてリーナス・トーバルズが書いた本の題名は？『それがぼくには楽しかったから』。

ワールドワイド・ウェブも同じように始まった。当初、だれもそんなものを金儲けの場として真面目に考えたりはしなかった。それは自分の仕事を共有する楽しみ、リンクをクリックして世界の裏側の別のコンピューターとつながる興奮、仲間のために似たような目的地を構築する楽しみが重要だった。そこではだれもがマニアだった。その一部が、起業家でもあっただけだ。

確かに、そうした起業家——パソコン時代のビル・ゲイツ、スティーブ・ジョブズ、マイケル・デル、ウェブ時代のジェフ・ベゾス［アマゾン創業者］、ラリー・ペイジ、セルゲイ・ブリン［いずれもグーグル共同創業者］、マーク・ザッカーバーグ［フェイスブック創業者］——は、発見と共有の情熱で動かされるこの世界が新しい経済のゆりかごになれることを見て取った。財務支援者を見つけ、おもちゃをツールへと発展させ、ムーブメントを産業に変えるビジネスを構築した。

教訓は明らかだ。未来へのガイドとして、好奇心と驚異《ワンダー》を使おう。その驚異の感覚《センス・オブ・ワンダー》は、あのイカレたマニアたちが、あなたには見えないものを見ているということなのかもしれないのだから……。そしていずれあなたにも、それが見えるかもしれない。

フリーソフトウェアを核に成長してきたソフトのすさまじい多様性は、私の出版事業を動かしたベストセラーにも反映されている。Ｐｅｒｌだけではない。１９９０年代の最も成功した技術書、プログラマーでなければ愛せないような名前で刊行された、弊社の本――『プログラミングＰｅｒｌ』『入門ｖｉ』『ｓｅｄ＆ａｗｋプログラミング』『ＤＮＳ＆ＢＩＮＤ』『ＲＵＮＮＩＮＧ ＬＩＮＵＸ』『Ｐｙｔｈｏｎプログラミング』――はすべて、個人が書いてインターネット上で自由に流通するソフトウェアについてのものだ。ウェブそのものだってパブリックドメインに置かれている。

こうしたプログラムの作者たちの多くが、実は知り合いではないことに気がついた。Ｌｉｎｕｘのまわりに形成されたフリーソフト・コミュニティは、インターネットの連中とはあまり群れようとしなかった。技術書出版社としての立場から、私はその両方に出入りしていた。そこで両者をつなげようと決意した。どちらにも同じ物語の一部を自認してほしかったのだ。

１９９８年４月、私は当初「フリーソフトウェア・サミット」と呼んでいたイベントを組織し、最重要フリーソフト作者の多くを呼び集めた。

タイミングは完璧だった。１月に、マーク・アンドリーセンがウェブブラウザの商業化を意図して作った高名なウェブ会社ネットスケープ（Netscape）社は、ブラウザのソースコードをＭｏｚｉｌｌａ《モジラ》という名前でフリーソフトプロジェクトとして提供すると決めていた。独自のブラウザを構築し、それを無料で（だがソースコード**なし**で）「ネットスケープ社の空気を断つために」頒布していたマイクロソフト社からの競争圧力のため、ネットスケープ社はウェブのルーツであるフリーソフトに戻るしかなかったのだ。

パロアルトのスタンフォードコートホテル（現在はガーデンコートホテル）で開催されたこの会合で、私はリーナス・トーバルズ、ブライアン・ベーレンドルフ（Ａｐａｃｈｅ《アパッチ》ウェブサーバープロジェクトの創始者のひとり）、ラリー・ウォール、グイド・ヴァン・ロッサム（プログラミング言語Ｐｙｔｈｏｎの作者）、ジェイミー・ザウィンスキー（Ｍｏｚｉｌｌａプロジェクト主任開発者）、エリック・レイモンド、マイケル・ティーマン（フリーソフトのプログラミング言語を商業化していた企業シグナスソリューションズ〈Cygnus Solutions〉の創業ＣＥＯ）、ポール・ヴィクシー（インターネットのドメイン名システムの背後にあるソフト、ＢＩＮＤ《バインド》〈Berkeley Internet Name Daemon〉の作者兼メンテナー）、エリック・オールマン（インターネットの電子メールの大半をルーティングするソフトＳｅｎｄｍａｉｌ《センドメール》の作者）を一堂に集めた。

この会合で持ち上がった話題のひとつが、**フリーソフトウェア**という名称だった。リチャード・ストールマンのフリーソフトウェア運動は、すべてのソフトウェアのソースコードは自由に提供されねばならない——そうしないことは不道徳だから——という一見すると過激な提案のため、多くの敵を生み出していた。もっとひどいことに、フリーソフトウェアと聞いて多くの人々は、それが商業利用に敵対しているのだと誤解していた。会合で、リーナス・トーバルズはこう述べた。「英語で『フリー』に二つの意味があるとは気がつかなかったよ。『自由』と『無料』の二つだ」

フリーの意味についての考えがちがっていたのは、リーナスだけではなかった。別の会合で、バークレーＵｎｉｘプロジェクト（その多くの重要なＵｎｉｘの特徴やユーティリティはＬｉｎｕｘにもとり入れられている）の親玉カーク・マキュージックはこう語ってくれた。「リチャード・ストールマンは著作権（コピーライト）が邪悪だから、コピーレフトなる新しい代物が必要だという。ここバークレーでは、コピーセントラルを使うんだ——つまり、みんなにコピーセントラル

（という地元のコピー屋）に行ってコピーしてこい、と言うんだ」。バークレーＵｎｉｘプロジェクトは、１９８３年に私自身のオペレーティングシステム入門となったものだが、これは知識共有の長い学術的伝統の一部だった。ソースコードは自由に提供され、みんなにそれを発展させてもらうのだ。それには商業利用も含まれる。唯一の要件は、帰属を明確にすることだ。

ＭＩＴのＸウィンドウシステムプロジェクトのディレクター、ボブ・シュライファーも同じ哲学に従っていた。Ｘウィンドウシステムの開発は１９８４年に始まり、１９８７年に私がそれに出くわしたころには、ＵｎｉｘとＬｉｎｕｘの標準ウィンドウシステムになりつつあって、ほぼあらゆるベンダーが採用し、改変していた。弊社は、ＭＩＴ仕様を基礎としたＸのプログラミングマニュアルをいくつか開発し、それを書き直して拡張したうえで新しいＵｎｉｘやＸに基づくシステムを出荷する企業にライセンシングした。ボブは私を応援してくれた。「まさに企業にやってほしかったことだよ。我々が基礎を作るから、みんなにその上に構築してほしいんだ」

フリーソフトについての考え方の導師としては、Ｐｅｒｌ作者のラリー・ウォールもいる。なぜＰｅｒｌをフリーソフトにしたのか尋ねたら、他人の作業から実に多くの価値を得ていたので、何かお返しをする義務があるように感じたからだという。ラリーはまた、スチュワート・ブランド〔アメリカの作家〕の古典的な洞察の変種を引用してくれた。「情報はフリーになんかなりたくない。情報は価値あるものになりたいのだ」。他の多くのフリーソフト作者と同様に、ラリーは自分の情報（つまり自分のソフト）の価値を高める方法のひとつが、それをあげてしまうことだということを発見していたのだった。それにより、自分にとっても（なぜなら他の人々がそれを採用し、変化を加えて拡張してくれたら、ラリーもそれを使えるからだ）、それを使う他のみんなにとってもソフトの効用を高められる。ソフトがもっと普遍的になれば、それは他の作業の当然の基盤として使えるようになるからだ。

とはいえ同じく明らかなこととして、マイクロソフト社のような独占的ソフトの制作者たちは、ほとんどのフリーソフト支持者たちに邪悪だと思われているが、情報へのアクセスを制限することで自分の情報を価値あるものにできることを発見した。マイクロソフト社は、自分と株主たちのためにすさまじい価値を創り上げたが、普遍的なパーソナルコンピューティングを可能にした重要なプレーヤーでもあり、今日のグローバルなコンピューターネットワークにとっても、不可欠な先人だ。これはあらゆる社会にとっての価値だ。

私は、ラリー・ウォールとビル・ゲイツがかなりの共通点を持っていると考えた。知的作業の成果物の創造者（大量の共同貢献者たちはいるが）として、2人はその価値をどうやって最大化するかについて、戦略的な決断を下したのだ。歴史は、それぞれの戦略がうまく機能することを証明した。私にとっての課題は、単にある個人や企業による**価値の獲得**ではなく、社会にとっての**価値の創造**を最大化するというものになった。ソフトウェアをあげてしまうほうが、それを独占するよりもよい戦略となるには、どんな条件が必要なのだろうか？

この課題は、ますます広い形で、私のキャリアを通じてずっと繰り返されてきた。**ビジネスが、社会からもぎ取る価値よりも、社会のために作り出す価値のほうが多いようにするにはどうすべきだろうか？**

名前に何の意味が？

フリーソフトという名前と格闘するなかで、各種の代替案が提案された。マイケル・ティーマンは、シグナス（Cygnus）社で**ソースウェア**なる言葉を使い始めたと言う。だがエリック・レイモンドは、**オープンソース**という用語を支持した。これはＶＡＬｉｎｕｘ《ヴィーエーリナックス》システムズというＬｉｎｕ x企業のCEOラリー・オーガスティンの招集した会合で、ナノテクシンクタンクであるフォーサイト研究所のクリスティン・ピーターソンが、たった6週間前に提案した新しい用語だった。

エリックと、別のソフト開発者兼フリーソフト活動家ブルース・ペレンズは、クリスティンの新語に興奮しすぎて、既存の各種フリーソフトライセンスを一種のメタライセンスにまとめるため、オープンソース・イニシアチブという非営利組織を立ち上げていた。その時点では、この用語はほとんどだれも知らなかった。

そしてみんながそれを気に入ったわけでもなかった。「オープンソア（開いた傷口）と似すぎているなあ」とある参加者はコメントした。だが、フリーソフトウェアという名前には深刻な問題があり、新しい名称が広く採用されたら重要な進歩になるという点はみんな同意した。そこで投票にかけた。オープンソースがソースウェアに圧勝したので、この先はみんなこの新語を使うことに合意した。

これは重要な瞬間だった。というのも、その日の終わりに私は「ニューヨーク・タイムズ」「ウォールストリート・ジャーナル」「サンノゼ・マーキュリー・ニュース」（これは当時、シリコンバレーの日刊紙だった）「フォーチュン」「フォーブス」など多くの全国メディアを集めた記者会見を開いたからだ。1990年代初期にインターネットの商用化を促進するため、こうした記者たちの多くと関係を構築してきたので、彼らは何のニュースになるかもわからないのに、会見に足を運んでくれたのだった。

私は集まった記者たちの前に参加者を並べ、彼らがこれまで聞いたこともない物語を語った。それはこんな具合だった。

フリーソフトという言葉を聞くと、商業ソフトに対する反乱運動だと思いがちです。ここにやってきたのは、あらゆる大企業――みなさんの会社も含め――はすでに毎日フリーソフトを使っていると述べるためです。もしあなたの会社がインターネットのドメイン名――たとえばnytimes.comとかwsj.comとかfortune.comとか――を持っていたら、その名前はＢＩＮＤなしには機能しません。そのソフトを書いたのはこの人物――ポール・ヴィクシーです。みなさんが使うウェブサーバーはおそらくＡｐａｃｈｅですが、それを作ったチームの共同創業者は、ここにすわっているブライアン・ベーレンドルフです。そうしたウェブサイトはまた、ＰｅｒｌやＰｙｔｈｏｎといったプログラミング言語を多用していますが、それを書いたのはこちらのラリー・ウォールと、こちらのグイド・ヴァン・ロッサムです。電子メールを送ったら、それを目的地までルーティングしてくれるのは、エリック・オールマンの書いたＳｅｎｄｍａｉｌです。そしてもちろん筆頭格として、みなさんもお聞きになったことがあるはずのＬｉｎｕｘを書いたのは、ここにいるリーナス・トーバルズです。

そして驚異的なことがあります。こういう連中はみんな、インターネットソフトの重要なカテゴリーで、それぞれ圧倒的な市場シェアを持っているのに、ベンチャー資本からお金をもらったりはまったくしていないし、大企業が背後についていたりもせず、ただすばらしいソフトウェアを作り、それを使いたいという人や、作成を手伝いたいという人すべてにあげてしまうという強みだけで、それを実現したのです。

フリーソフトという名前が少し悪い印象を持たれているので、みんなで今日ここに集まって、新しい名前を採用することにしました。それが**オープンソース・ソフトウェア**です。

その後の数週間にわたり、私は何十ものインタビューを受け、インターネットのインフラの最も重要な部分はほとんどが「オープンソース」だと説明した。当初のインタビューの多くで直面した不信感と驚きは、いまだに忘れられない。だが数週間後、それは受け入れられた知恵となり、新しい地図となった。あのイベントが当初はフリーウェア・サミットと呼ばれていたことさえ、だれも覚えていない。その後それは「オープンソース・サミット」と呼ばれることになった。

これは未来を見る方法についての重要な教訓だ。すでにそこに住んでいる人々を集めればいいのだ。SF作家ウィリアム・ギブスンの有名な指摘として「未来はすでにここにある。ただ均等に分配されていないだけだ」というものがある。Linuxとインターネットの初期の開発者たちは、もっと広い世界にもやってこようとしている未来にすでに暮らしていた。彼らを集めることが、地図を描き直すための第一歩だった。

見ているものは地図か、それとも道か？

ここにはまた別の教訓もある。自分が道ではなく地図を見ているときには、それに気がつくように訓練を積め、ということだ。絶えずその両者を見比べて、実際には見えるのに地図上にはないあらゆるものに、ことさら注意を払うことだ。だからこそ私は、リチャード・ストールマンとエリック・レイモンドが述べたフリーソフトに関する言説が、最も成功したフリーソフト、インターネットの根底にあるフリーソフトを無視していることに気がつけたのだ。**地図は実際の道を見るための補助となるべきで、それにかわるものになってはいけない。**この先にカーブがあるとわかっていれば、注意すればいい。でも、予想したところにカーブがなければ、まちがった道にいるのかもしれない。

道をしっかり見すえるための訓練を私が受けたのは1969年、たった15歳のときだった。17歳だった兄ショーンは、ジョージ・サイモンという人物に出会った。この人は私の私的生活を左右する役割を果たした。ジョージはボーイスカウトのティーンチームであるエクスプローラースカウトの部隊リーダーだった――それだけの存在だが、それをはるかに超える人物でもあった。ショーンが参加した部隊が取り組んでいたのは、非言語コミュニケーションだった。

後にジョージは、エサレン研究所でワークショップの指導にあたった。この研究所は1970年代の人間性回復運動にとって、今日のシリコンバレーにおけるグーグルプレックスやアップル本社のインフィニットループのような存在だ。私は高校を卒業するかしないかのうちにジョージとエサレンで教えることになり、その思想はそれ以来ずっと私の考え方に深く影響している。

ジョージは、言語自体が一種の地図だという、一見するとイカレた思想を持っていた。言語は人が何を見ることができ、どのように見るかを形成する、というのだ。ジョージはアルフレッド・コージブスキーの研究を学んだ。コージブスキーの1933年の著書『科学と正気』は1960年代に、主にその弟子のひとりS・I・ハヤカワの研究を通して、再び注目されるようになっていたのだった。

コージブスキーは、現実そのものは基本的には知ることができないと信じていた。というのも、**何が**実在するかは常に我々の神経系に仲介されるからだ。イヌはヒトとはまったくちがう世界を知覚するし、人間ですら個人ごとに世界の体験は大いに違っている。だが少なくとも同じくらい重要なこととして、我々の経験は我々が使う言葉によって形成される。

何年も後に、私は馬をおいてあるカリフォルニア北部のセバストポルという小さな町に引っ越して、これを鮮明に体験した。それ以前だと、草原を見ても見えるのは「草」と呼ぶものだった。だが時間がたつと、大麦、ライ麦、芝、アルファルファ、ソラマメやその他の飼料が見分けられるようになった。いまや草原を見ると、そうしたものがすべて見え、さらに名前のわからない他の種類も見える。草についての言葉があると、もっと深い見方ができるのだ。

言語はまた人を惑わすこともある。コージブスキーは、言葉が人々の世界体験をどれほど形成しているかを示してみせるのが大好きだった。ある有名な逸話として、彼は茶色の紙に包んだビスケットの缶を生徒たちと共有した。みんながそのビスケットをかじり、なかには一瞬で飲み込んだ者もいたところで、コージブスキーは包み紙を破り、配ったのがイヌ用のビスケットだと明かした。生徒たちのなかには、教室から駆け出して吐いた者もいた。コージブスキーの教訓――「いま私が実証したのは、人は単に食べ物を食べるだけでなく言葉を食べるということだ。そして前者の味はしばしば後者の味に圧倒されてしまうのだ」。

コージブスキーは、多くの心理的、社会的な逸脱は、言語の問題として考えられると論じた。人種差別を考えてみよう。それは、表現する人物の根本的な人間性を否定する用語に依存している。コージブスキーは、抽象化のプロセスには敏感すぎるほど注意するよう促している。抽象化により、現実は現実についての一連の主張に変換されてしまう――つまり、人々を導きもすれば迷わせもする地図になってしまうのだ。

この洞察は、２０１６年のアメリカ大統領選挙にはびこったフェイクニュースを考えると、ことさら重要に思える。ワシントンＤＣのピザ屋を拠点にクリントン陣営が運営しているとされた、児童奴隷ギャング団といったとんでもない例だけにはとどまらない。人々が事前に持つ見方に合わせ、それを増幅するように、系統的かつますますアルゴリズム的に選択されるようになったニュースについて言えることだ。人口の大きな部分が、いまやまったく食い違う地図により導かれている。実際に先に広がる道を反映した地図を作ろうとさえしておらず、政治的、商売的な目標に向かって導く地図しかないというのに、どうやって世界の最も重要な問題を解決しろというのか？

ジョージと数年間仕事をして私は、現実について自分たちが使う言葉に縛られているときと、自分が実際に体験しているものに注意を払っているとき、いやそれ以上に、自分の体験を超えてそのモノ自体に触れているときについて、ほとんど直感に近い感覚が得られるようになった。未知のものに直面したとき、ある種の意図的に発達させた受容性、その未知のものに対する開かれた態度のほうが、新しいものに対して既存の地図を重ねようとするよりも、よい地図へとつながるのだ。

科学の独創的な仕事の核心にあるのは、まさに地図を並べかえるだけでなく、世界を直接見るという訓練なのだ――そして本書で私が主張するように、ビジネスや技術でもそれは同じだ。

自伝『ご冗談でしょう、ファインマンさん』で回想されているように、高名な物理学者リチャード・ファインマンは、ブラジルでのサバティカル中に訪れた教室の学生たちの相当部分が、自分の習ったことを適用できないので唖然《あぜん》とした。偏光性についての講義の直後、偏光フィルムを使ってデモまでした後で、彼は外の海に反射する光をそのフィルム越しに見れば答えがわかるような質問をしてみた。だが学生たちは、直接聞かれたら関係する公式を暗唱はできるのに（ブリュースター角なるものだ）、その公式を使えば質問に答えられることにまったく思い至らないのだ。表象（地図）は学んだのに、それを根底にある現実に戻して関連づけることができず、現実生活でまったく使えないのだ。

「みんな一体どうしてしまったのか見当もつかない。みんな理解を通じて学習しないのだ。何か別のやり方で学習している――丸暗記かなんかで」とファインマンは書いている。「その知識はあまりに脆《もろ》い！」

自分が言葉にはまってしまい、道ではなく地図を見ていると気がつくのは、実は驚くほど学びにくいことだ。鍵は、これが経験的な実践だというのを忘れないことだ。話を読むだけではダメだ。実践しないと。次の章で見るように、オープンソース・ソフトウェアの重要性を理解する絶え間ない苦闘のなかで、私はまさにそれをやった。

2章

グローバルブレインに向けて

Ｌｉｎｕｘよりインターネットに注目したことで、やがて他のオープンソース支持者たちとはまるで違う方向に向かうことになった。彼らは、どのオープンソース・ライセンスがいちばんいいかについて議論したがった。私は、他のみんなほどはライセンスが重要だとは思わなかった。私は、グーグル社が構築している巨大な次世代インフラとビジネスプロセスに魅了された。他の人たちもそうした興味は持っていたが、グーグル社のようなインフラを必要としたり、その技法を使ったりする企業は実にわずかだろうと考えていた。それは見当違いだった。

これが私の次の教訓だ。もし未来がすでに到来していて、単にその分配が均等でないだけなら、その未来の種子を見つけ、それを調べて、それが新たな日常になったときに物事がどう変わるかを考えよう。このトレンドがどんどん続いたらどうなるだろう？

その後数年にわたり、私は持論を洗練させ、やがて「オープンソース・パラダイムシフト」という講演を作り上げ、それを何百回もビジネスマンや技術関係者に語った。この講演の冒頭で、私はいつもこんな質問をした。「Ｌｉｎｕｘを使っている人はどのくらいいますか？」。ときには数人しか手をあげず、ときにはかなりの人が手をあげる。でも次の質問は「グーグルを使う人はどのくらいいますか?」というもので、ほとんど全員が手をあげる。そこで私は言う。「いまみなさんが教えてくれたのは、みんな自分の使うソフトウェアというのが、自分の手元のコンピューターで走っているものだと思っているということです。グーグルはLinuxの上で走っています。だからみなさん**全員**がLinuxを使っているんです」

世界の見方が、自分に見えるものを制約するのだ。

マイクロソフト社が定義づけたパラダイムは、競争優位と利用者の支配が、デスクトップコンピューターで動く独占的ソフトを通じて得られるというものだった。ほとんどのフリーソフト／オープンソースの支持者はこの世界地図を受け入れ、LinuxがMSウィンドウズとデスクトップおよびラップトップ用のオペレーティングシステムとして競争することを期待していた。私はむしろ、オープンソースが次世代コンピューターアプリの「インテル入ってる」になりつつあると論じた。その次世代ソフトが動く仕組みのどこがちがうのかを考え、それがコンピューター産業の力関係を、デスクトップでLinuxがもたらすどんな競争よりも深くひっくり返すやり方を考えていたわけだ。

オープンソース開発者たちが自分のソフトを無料であげてしまったとき、多くの人はかつてすさまじい価値の中心だったものの価値低下しか見なかった。だからレッドハット（Red Hat）社の創業者ボブ・ヤングは私にこう語った。「私の狙いは、オペレーティングシステム市場の規模を縮小させることなんだ」（が、そのレッドハット社は、その小さな市場での大きなシェアを目指していた）。現状の擁護者、たとえばマイクロソフト社副社長ジム・オールチンは「オープンソースは知的財産の破壊者だ」と主張し、大規模な産業が破壊されてその後に何も生まれないという荒涼とした図式を描いてみせた。

オペレーティングシステム、データベース、ウェブサーバーやブラウザ、関連ソフトのコモディティ化は、確かにマイクロソフト社の中核ビジネスには脅威だった。だがその破壊は、インターネット時代のキラーアプリに機会を作り出した。ウーバーなどのオンデマンドサービス、自動運転車、人工知能などの影響を考えるときには、この歴史を覚えておいて損はない。『イノベーションのジレンマ』『イノベーションへの解』の著者クレイトン・クリステンセンが、私の観察しているものを説明する枠組みを開発していたことを知った。「ハーバードビジネスレビュー」の2004年の論説で、彼は次のように「魅力的利潤保存の法則」を説明している。

「製品がモジュール化してコモディティ化し、魅力的な利潤がバリューチェーンのある段階で消え去ると、独占製品で魅力的な利潤を稼ぐ機会は、隣接した段階に発生するのが通例だ」

オープンソース・ソフトウェアで求められるパラダイムシフトにより、クリステンセンの魅力的利潤保存の法則が作用しているのがわかった。IBMによるパソコン基本設計のコモディティ化が、「一段上がった」ソフトウェアで魅力的な利潤機会をもたらしたように、インターネットの根底にあるコモディティ化したオープンソース・ソフトウェアから一段上がったところで、新種の独占的なアプリケーション群により新しい財産が生まれつつあった。

グーグルやアマゾンは、フリーソフト／オープンソースの従来の理解に対する深刻な挑戦をもたらした。ここでアプリケーションはLinuxの上で作られてはいるが、徹底して独占的だ。さらに、最も制約の多いフリーソフトのライセンスであるGPL（GNU General Public License：GNU一般公衆利用許諾書）の下で頒布されているソフトを使い、それを改変していても、こうしたサイトはそうした条項のどれにもまったく制約されていない。そうしたライセンスはすべて、古いパラダイムをもとに書かれているからだ。GPLによる保護はソフトウェアの頒布行為により引き起こされるが、ウェブベースのアプリケーションは、ソフトウェアは何も頒布しない。単にインターネットのグローバルなステージで実行され、パッケージ化されたソフトウェアアプリケーションとしてではなく、サービスとして配信されているのだ。

だがさらに重要なこととして、こうしたサイトがソースコードを公開したとしても、利用者たちは実行アプリの完全なコピーをそう簡単には作れない。私はリチャード・ストールマンのようなフリーソフト支持者に対し、アマゾンやグーグルがＬｉｎｕｘ上に作ったソフトをすべて手に入れられたとしても、アマゾンもグーグルも手に入らないよ、と告げた。こうしたサイトは単にソフトウェアの集合でできているだけではない。それらはすさまじい量のデータと、そのデータを集め、管理し、それを使って継続するサービスを作り上げる人々やビジネスプロセスで作られているのだ。

この種の議論を検討している間に、技術の地殻変動プロセスは新しい大陸を生み出していて、それを地図に反映しなくてはならなくなった。１９９９年6月、インターネットのファイル共有サイト、ナップスター（Napster）は、利用者がネット経由で相互に無料で音楽ファイルを共有できるようにして、産業を一変させた。技術的な観点から最もおもしろかったのは、ナップスターと、その後のフリーネット（FreeNet）やグヌテラ（Gnutella）（少し遅れてＢｉｔ《ビット》Ｔｏｒｒｅｎｔ《トレント》）は、既存のオンライン音楽サイトとちがい、すべてのファイルを一カ所に集めたりはしなかった。むしろインターネット上の何百万人もの利用者が持つハードドライブにそれを保存した。私の出版社の編集者アンディ・オラムは、こうしたプログラムのアーキテクチャー上の意味あいのほうが、そのビジネス的な意味あいより重要なのだと指摘してくれた（これはビットコインとブロックチェーンで15年後に再演された歴史だ）。

これはワールドワイド・ウェブすら超える分散化だ。インターネットが次世代ソフトアプリケーションやコンテンツのプラットフォームとして持つ可能性について、未来がますます極端な見直しを要求しているのはもはや明らかだった。そしてこの未来はファイル共有にとどまるものではなかった。

　１９９９年半ばに始まったＳＥＴＩ＠ｈｏｍｅプロジェクトは、インターネットの利用者を集めて、人々の家庭用パソコンで遊んでいる計算力を電波望遠鏡の信号解析に使い、地球外知的生命体の信号を探そうとしていた。ファイルやデータだけでなく、計算も何千ものコンピューターに振り分けられるのだ。そして開発者たちは、ウェブの強力なアプリケーションが、他のプログラムで呼び出せるコンポーネントとして扱えることをだんだん理解するようになってきた——いま我々が「ウェブサービス」と呼ぶものだ。ＡＰＩはもはや、マイクロソフト社のようなオペレーティングシステムのベンダーが、システムサービスへのアクセスを開発者に提供する手段にとどまらなくなった。インターネットのサイトが開けておいて、他の人がやってきて安全にデータを入手する一種のドアになった。

　技術の鋭い観察者ジョン・ウデル［ジャーナリスト］は、実はこの問題について１９９７年の初のＰｅｒｌカンファレンスで講演をしている。ウェブサイトがバックエンドのデータベースを呼び出して情報を入手するとき、それはほしいデータをＵＲＬ（ウェブの統一リソースロケーター形式）にコード化して含め、そしてそのＵＲＬはプログラムで作り上げるので、要するにあらゆるウェブサイトがプログラムで呼び出せるコンポーネントになると指摘したのだ。

　プログラマーたちは、ごく早い時期から、この種の隠れたヒントを使ってウェブサイトを遠隔操縦してきた。プログラムを使って何百万ものウェブサイトを次々に訪問しコピーする「ウェブスパイダリング」は、検索エンジンなどの不可欠な一部だったが、人々はいまや遠隔ウェブサイト呼び出しのプロセスを一般化し、もっと具体的な機能を可能にする方法を考えるようになっていた。

　これらすべてが合わさって、コンピューティングのまったく新しいパラダイムが生まれつつあった。インターネットは、新世代アプリのプラットフォームとして、パソコンにかわるものとなりつつあった。ワールドワイド・ウェブは、このプラットフォーム最強の顔だったが、P2P（Peer to Peer：ピアツーピア）によるファイル共有、分散コンピューティング、ICQのようなインターネットメッセージシステムは、さらに大きな物語が迫っていることを実証していた。

そこで2000年9月、私はまたもや一堂に会すべきだと思った人々を呼んできて、彼らの共通点を探ろうとした。

翌年の早期に、「P2Pサミット」から得た洞察に基づき、私たちは「オライリーピアツーピア&ウェブサービス・カンファレンス」を開催した。2002年には、それを「オライリー・エマージングテクノロジー・カンファレンス」と改称し、その主題も「インターネット・オペレーティングシステムの構築」に設定し直した。

いまだに、このイベントの基調講演の選択に対して一部の人々が示した困惑は忘れられない。基調講演のひとつはナップスターとインターネットファイル共有についてであり、もうひとつは分散コンピューティング、三つめはウェブサービスについてだった。「こんなもの、お互いに何の関係もないじゃないですか」とみんな尋ねた。私にとってはそれがすべて、インターネットが新種アプリの一般化プラットフォームへと進化する各種側面なのは明らかだった。

卓上にパズルの正しいかけらを出すというのが、一貫性のある絵柄へとそれを組み立てる第一歩なのをお忘れなく。

2001年の初のピアツーピア&ウェブサービス・カンファレンスでは、クレイ・シャーキー［著述家・コンサルタント］がネットワーク・コンピューティングへのシフトを印象的にまとめるにあたり、メインフレームコンピューターの誕生期にIBM社長だったトマス・ワトソン・シニアについての、ちょっと怪しげな物語を話してみせた。ワトソンは全世界でコンピューターは5台以上はいらないはずだと述べたという伝説がある。クレイいわく、「いまやみんな、トマス・ワトソンがまちがっていたのは知っています」。聴衆はみんな、これまで販売されてきた何億台ものパソコンを思い浮かべて笑った。でもそこで、クレイは衝撃のオチを述べたのだ。「ワトソンの見立ては4台多すぎました」

クレイ・シャーキーの言う通りだった。あらゆる実用的な目的から見て、いまやコンピューターは1台だ。グーグルはいまや、100万台を優に上回るサーバーを走らせていて、そうしたサーバー上で分散サービスを実行し、1億台近い他の独立ウェブサーバーから、文書やサービスへの即時アクセスを提供している――そしてそれを、何十億台ものスマートフォンやパソコンを動かす利用者に提供している。そのすべてがひとつのシームレスな全体へと統合されている。サン・マイクロシステムズ（Sun Microsystems）社の主任科学者ジョン・ゲージは、1985年にサンのスローガンを提案したとき、この先見の明に満ちた洞察を初めて口走ったことになる。そのスローガンは「ネットワークがコンピューター」というものだ。

ウェブ2・0

パズルの最後のかけらがやってきたのは2003年で、オープンソースで起こったのと同じように、それは別の人物が提案した**ウェブ2・0**という用語だった。

私の最初期の従業員で、1980年代後半にオライリー&アソシエーツ社（後にオライリー・メディアと改名）を技術ライティングコンサルティング企業から技術書出版社へと転進させるのに主導的な役割を果たした人物であり、共同創業者だと私が見なすようになったデール・ダハティは、オンライン出版の検討に進んでいた。１９８７年に弊社初の電子ブックプロジェクトを立ち上げ、あらゆる出版社に対してオープンに提供される電子ブックプラットフォームを開発しようとするなかで、彼は生まれたてのワールドワイド・ウェブを発見したのだった。

デールはウェブを私に教えてくれて、１９９２年夏にティム・バーナーズ＝リーに紹介してくれた。私たちはすぐに、ウェブが真に重要な技術であり、インターネットについて出版予定だった本で絶対に扱うべきだと確信した。当時、インターネットは商業利用に開放されたばかりだったのだ。著者のエド・クロルは当時、まだウェブについてあまり詳しくなかったので、オライリー社の担当編集者マイク・ルキダスがその章を書き、１９９２年10月の出版直前に本に追加した。

エドの著書『インターネットユーザーズガイド』はその後１００万部以上売れ、ニューヨーク公立図書館により、20世紀の最も重要な本のひとつとして指名されることになった。世界にワールドワイド・ウェブを紹介したのはこの本だった。１９９２年秋にこの本が出たころには、ウェブサイトは２００くらいしかなかった。ものの数年で、それが数百万になった。

デールはその後、「グローバルネットワーク・ナビゲーター（ＧＮＮ）」を創設した。これはオライリー社のオンライン雑誌で、ウェブの背後にいる人々やトレンド、そして最もおもしろいウェブサイトのカタログを載せていた。初のウェブポータル（ヤフー！〈Yahoo!〉の1年前にできた）で、広告を載せた初のウェブサイトでもある。ウェブが民間企業の我々の手に負えないほど急成長をとげていると気がついたが、ベンチャー資本を導入してオライリー社の経営権を失うのもいやだったので、１９９５年にＧＮＮをＡＯＬ社に売却した。これはその後のドットコムバブルとなるものの、初のコンテンツ取引事例だった。

そのバブルが２０００年にはじけ、ベンチャー資本家たちが尻込みして市場が縮小しても、我々はこれがウェブのごく初期でしかないと確信し続けていた。2003年に、オライリー・メディア社の企業マネジメント合宿で、私たちは弊社の主要戦略目標が「コンピューター産業への情熱を再燃させる」ことだと見極めた。デールはそれを実現する方法を見つけた人物だった。メディアライブ・インターナショナル社というカンファレンス会社(同社は昔から、オライリー社とカンファレンスで手を組みたがっていた)の重役クレイグ・クラインとブレーンストーミングしているとき、デールはバブル崩壊後のワールドワイド・ウェブ再来を表現するため、ウェブ2・0という名前を考案した。私はデールに、新しいイベントでメディアライブ社と提携する許可を与え、その会議が1年後に開催された「ウェブ2・0カンファレンス」だった。そのホスト兼第三のパートナーが、著述家でメディア起業家のジョン・バッテルだった。

オープンソースでの作業と同じく、グーグルのクリック課金広告モデル、ウィキペディア、ナップスターやBitTorrentのようなファイル共有システム、ウェブサービス、ブログのようなシンジケート型コンテンツシステムを同じ枠組みに入れることで、新しい地図を作り出そうとした。そしてオープンソースで起きたのと同様に、新しい用語の導入は時代精神を完璧に捉え、それはすぐに普及した。企業は本当に新しいことをやっているところもそうでないところも、古い「ドットコム」のあだ名から距離を置くために「ウェブ2・0企業」へと看板をかえた。コンサルタントが、企業の新パラダイム採用を助けると約束して、わらわらと湧いてきた。

2005年には、この用語にもう少し肉づけするべきだと気がついて、「オープンソース・パラダイム転換」以来学んだことすべてをまとめる論説を書いた。「ウェブ2・0とは何か?(What is Web 2.0?)」という論説だ。未来学者という評判を何よりもたらしたのがこの論説だ。というのも、この次世代コンピューティングのなかで統合される実に多くの主要トレンドをこの論説で指摘したからだ。

私は未来を予測はしなかった。現在の地図を描いて、テクノロジーとビジネスの風景を形成する力を見極めたのだ。

プラットフォームとしてのインターネット

ウェブ2・0の最初の原理は、ウィンドウズにかわってインターネットが、次世代アプリを構築するための支配的なプラットフォームになりつつある、というものだ。今日ではこれがあまりに自明だから、そんなことに気がつかないやつがいたのか、と不思議に思うだろう。だが1990年代末のマイクロソフト社の支配に対する偉大な挑戦者だったネットスケープ社が失敗したのは、マイクロソフト社のゲーム運びをそのまま受け入れたからだった。彼らは古い地図を使っていた。ウェブ2・0の代表格グーグル社は、新しい地図を使っていた。

ネットスケープ社も、**プラットフォームとしてのウェブ**という用語を使っていた。でもそれを古いソフトウェアのパラダイムの枠組みで捉えていた。その旗艦製品はウェブブラウザ、つまりはデスクトップのアプリケーションで、その戦略はブラウザ市場の支配力を使い、高価格のサーバー製品の市場を確立するというものだった。自動車を表現するのに、なじみあるものの延長として「馬なし馬車」という表現が使われたように、ネットスケープ社はデスクトップにかわる「ウェブトップ」を促進し、そのウェブトップにネットスケープ社のサーバーを買った情報プロバイダーが、情報のアップデートやアプレットをプッシュするようにしようと計画していた。コンテンツやアプリケーションをブラウザに表示するための規格をコントロールすることで、ネットスケープ社はパソコン市場でマイクロソフト社が謳歌《おうか》したような市場支配力を獲得できる、というのが理屈だった。

でも結局、ウェブブラウザもウェブサーバーもコモディティでしかなく、価値は一段上の、真のウェブプラットフォーム上で配信されるサービスへと移行した。

これに対してグーグル社のものは、ネイティブのウェブアプリとして生まれ、一度も販売されたりパッケージされたりすることなく、サービスとして配信された。そして顧客は、直接だろうと間接だろうと、そのサービス利用に対して支払いを行う。古いソフトウェア産業の足枷《あしかせ》は何ひとつない。スケジュールされたソフトのリリースなどなく、絶え間ない改善があるだけ。ライセンスも販売もなく、利用があるだけ。顧客が自分の機械でそのソフトを走らせるように違うプラットフォームに移植することもなく、すさまじくスケーラブルな汎用PCの集まりが、オープンソースのオペレーティングシステムと、企業外の人が決して見ることのないユーティリティ群を走らせているだけ。

私はこう書いた。「グーグルのサービスはサーバーではないし——とはいえすさまじい数のインターネットサーバーの集合体によって配信されてはいる——、ブラウザでもないが、ブラウザの内部でユーザーに体験される。またその旗艦となる検索サービスは、利用者がサイト探しに使うコンテンツさえ持っていない。電話の通話は、両端の電話だけでなく、その間のネットワークでも起こる。グーグルはブラウザと検索エンジンと目的のコンテンツサーバーの間の空間で、利用者とそのオンライン体験との仲介役またはイネーブラーとして生じるものだ」

ネットスケープ社もグーグル社もソフトウェア企業とは言えるが、ネットスケープ社はロータス(Lotus)社、マイクロソフト社、オラクル(Oracle)社、SAP社など、1980年代ソフトウェア革命に起点を持つ会社と同じソフトウェア界にいたのに対し、グーグル社の仲間たちはイーベイ、ナップスター、アマゾン、ダブルクリック(DoubleClick)、アカマイ(Akamai)など別のインターネットアプリケーションなのだ。

ウェブ2・0時代から「モバイル＝ソーシャル」時代に移行し、「IoT」時代に移行しても、同じ原理がいまだに成り立つ。アプリケーションは利用者の手のなかだけでなく、インターネットそのもの――デバイスとリモートサーバーとの間の空間――に生きている。この発想は、同論考で私が述べた別の原理に表現されている。これは「単一デバイス水準より上のソフトウェア」と私が呼んだもので、このフレーズはマイクロソフト社のオープンソース責任者デヴィッド・シュルツが、同社を2003年に退職するときに書いた同社への公開書簡で初めて使われたものだ。

この原理の持つ含意はいまなお拡大している。私が初めて個別デバイスのレベル以上のソフトウェアという考え方について書いたとき、グーグルのようなウェブアプリだけでなく、iTunesのようなハイブリッドアプリも念頭にあった。これは3層にわたるソフトウェアを使っている――クラウドのミュージックストア、PCベースのアプリケーション、ハンドヘルドデバイス（当時はiPod）のそれぞれにソフトがある。今日のアプリはさらに複雑だ。ウーバーを考えてほしい。このシステム（もはや「アプリケーション」と呼ぶのはむずかしい）は、ウーバーのデータセンターで走るコード、GPS衛星、リアルタイムの交通フィード、何十万人もの運転手や乗客のスマホのアプリのコードに同時にまたがり、それが複雑なデータとデバイスの踊りを展開している。

集合知性を活用

ドットコムバブル崩壊を生き延びたウェブアプリと、そうでないものとを分けたもうひとつの鍵は、生き残り組はすべて、何らかの形で利用者の集合知性を活用しようとしたということだった。グーグルは、世界中の人々が構築した何億ものウェブサイトのアグリゲーターであり、自分の利用者や、そうしたウェブサイトを作った人々からの隠れた信号を使い、ウェブをランクづけして整理する。アマゾンは世界中の業者ネットワークからの製品をアグリゲートするだけでなく、顧客がレビューや星の数で製品データベースに注釈をつけられるようにして、群集の力を使い最高の製品を選《え》り出す。

　当初はこのパターンを、インターネットがオープンソースのプロジェクトを取り巻く世界的な協力を強化したのと同じように考えていた。そして未来が展開するにつれて、再びこのパターンは成立した。ｉＰｈｏｎｅが初期のモバイル時代にいきなり支配的になったのは、単にタッチスクリーンのインターフェイスや、精悍《せいかん》で革新的なデザインのせいだけではない。むしろＡｐｐ《アップ》ストアが世界中の開発者コミュニティに、アプリという形で機能追加を可能にしたからだ。ユーチューブ（YouTube）、フェイスブック、ツイッター（Twitter）、インスタグラム（Instagram）、スナップチャット（Snapchat）などのソーシャルメディアはすべて、何十万人もの利用者の貢献をアグリゲートすることで力を得ている。

　ウェブ２・０の次に何が来たかと聞かれたら、私はすぐに「人々のキー入力よりもセンサーからのデータで動く、集合知性アプリケーション」と答えた。そしてその通り、音声認識や画像認識といった領域の進歩はすべて、接続されたデバイスのセンサーから得たすさまじい量のデータに依存している。

　現在の自動運転車の競争は、単に新しいアルゴリズムの開発競争ではなく、道路状況についてのますます大量のデータを人間の運転手から集めたり、何百万人もの無意識の貢献者たちから、世界についてますます詳細な地図を作ったりする競争でもある。２００５年に、スタンフォード大学が自動運転車のＤＡＲＰＡ《ダーパ》グランドチャレンジに優勝したとき、約11キロ（7マイル）の道のりを走破するのに7時間がかかりだったのをみんな忘れがちだ。だが２０１１年にグーグル社は、一般高速道路で１６０万キロも走破した。その秘密兵器のひとつは、グーグル・ストリートビュー車両だ。

これは人間の運転手が運転し、カメラ、GPS、LIDAR《ライダー》(レーザーを使った検出と距離測定)でデータを集める車両となる。グーグル社の研究主任ピーター・ノーヴィグがかつて語ってくれたことだが、「ビデオ画像から交通信号を抽出するのはむずかしいAI問題だ。それがすでにそこにあるのを知っていれば、信号が赤か青かを見分けるのはずっと簡単だ」(ピーターがこれを語ってからの数年で、最初の問題も簡単になってきたが、言いたいことはわかるだろう)。

今日、テスラ(Tesla)やウーバーのような企業が自動運転車の主導的地位を得る可能性があるのは、測定器つきの車両を大量に持っているからだ。そのセンサーは目先の作業に使われるだけでなく、将来のアルゴリズム的システムへの入力として使われる。だが忘れないこと。こうした車両を運転しているのは人間だ。そこからが検出されるデータは、日々の生活を送る測定器つきの人間たち何十億人もの集合知性を活用する次の段階となる。

データこそが次の「インテル入ってる」

集合知性のために利用者データを貢献させるというのは、ずいぶんおめでたい感じではあるし、新世紀の最初の数年だとウィキペディアやブログなどの新メディアネットワークを称揚する人々の多くは、ユートピア的な可能性しか見なかった。私は、データがグーグル社やアマゾン社などの企業にとって市場支配の鍵となるはずだと論じた。当時のある講演で述べたように、「『集合知性を活用する』はウェブ2・0革命の始まりだ。『データが〝インテル入ってる〟だ』というのがその終わりだ」。

インテル社はもちろん、マイクロソフト社と並んでパソコン市場での独占的地位を獲得した企業だ。あらゆるパソコンには「インテル入ってる(Intel inside)」のステッカーがついていた。インテル社はこれを、パソコンの頭脳であるプロセッサーの唯一の供給元になることで実現した。マイクロソフト社はこのことを、ソフトウェアのオペレーティングシステムに対するアクセスを支配することで実現した。

オープンソース・ソフトウェアとインターネットのオープン通信プロトコルは、マイクロソフト社とインテル社にとっての状況を一変させた。だが私の地図を見ると、その状況変化はそこでは終わらないことがわかった。クレイトン・クリステンセンの「魅力的利潤保存の法則」により、何か別のものが価値を高めるのはわかった。それは一言で言うと、**データ**だ。特に私は、利用者貢献データのクリティカルマス（臨界質量／最小必要量）を作り出すことこそが、自己強化するネットワーク効果へとつながるのだと考えた。

ネットワーク効果という用語は通常、利用者が増えるほど効用が高まるシステムを指す。電話が1台だけあっても大した役にはたたないが、十分な数の人々が電話を持てば、そのネットワークに参加**せずに**いるのはとてもむずかしい。同じように、ソーシャルネットワークの競争もまた大量のユーザーベースを集めることだった。ロックインはソフトウェアを通じてではなく、同じサービスを使う他の人々の数を通じて起こるからだ。

データで私が見て取ったネットワーク効果はもっと間接的で、企業がシステム利用者から価値を引き出す方法を学ぶやり方と関係したものだった。書店バーンズ＆ノーブルは、アマゾンとまったく同じ品ぞろえだったが、アマゾンのほうが圧倒的にレビューやコメントが多かった。人々は製品を単に求めてくるのではなく、他の利用者が加えた知性も求めていた。同様に、グーグルの優れたアルゴリズムと、絶えず製品を改善する献身ぶりもあったが、グーグル検索がますます改善されたのは、ますます多くの人がそれを使い、したがって競合の検索サービスよりも高速に学習したからで、そのことが彼らを常に先頭に立たせていたのだった。

だれが自動運転車の勝者となるかという問題に戻ると、だれが最高のソフトを持つかを考えるだけでなく、だれが最大のデータを持つかも考えねばならない。

2016年にウーバー社の重役と話をしていると、自分たちはドライバーや乗客のアプリから集めた何億キロものデータがあるから優位性があると彼らは論じた。だがスマートフォンのアプリからのデータだけで、グーグル社が専用設備を備えた車両で集めたデータの精度と張りあえるとは考えにくい。だからウーバー社は、サービスの一部として自動運転車を提供するのが重要だと考えている。そうした車が今後何年も、実際には人間の乗員を備える必要があるにしてもだ。テスラ社もまた、あらゆる車両からの詳細な計測データを持っていて、自動運転機能を持つ第二世代の車両の場合、そこにはカメラとレーダーのデータも含まれる。こうした優位性を持たない自動車メーカーにとって大きな問題は、事故回避や自動駐車に使われるセンサーだけで、競合できるだけのデータが集められるかということだ。

どれだけ手持ちのデータがあるかだけでなく、それをどう使いこなせるかにも、当然ながら大きく成功は左右される。そこではグーグル社、テスラ社、ウーバー社は、既存の自動車会社に対して大きな優位性を持っている。

ソフトウェアリリースサイクルの終わり

パソコン時代には、ソフトウェアを人工物と考えるのに慣れていた。企業はソフトウェアをサービスとして考え始めねばならなかった。これはつまり、ソフトウェア開発にまったく新しいアプローチが見られるということだ。私もこれまでの三つほどはこの考え方を十分に展開しなかったが、2005年時点ですら、いまや「反復的でユーザー中心のデータ主導開発」と呼ばれているものが、新しい標準になるのは明らかだった。いま「クラウド」と呼ばれるもののなかで構築されるソフトウェアは絶えず更新されている。

だがそれは、パソコン時代のソフトより何倍も高速に更新されているというだけではない。今日のソフトは、利用者が何をするかリアルタイムで見ることにより開発されている——機能も利用者のサブセットに対するA／B対照試験で開発され、何が成功し何がうまくいかないかが、継続的に開発を左右する。こういう形で、オープンソース・ソフトウェア開発の協働モデル——「目玉の数さえ十分あれば、どんなバグも深刻ではない」——は、その論理的な極限にまで突き詰められ、フリーソフトやオープンソース・ソフトウェアの当初のライセンスモデルとは完全に切り離されている。

最終的に、私がはっきり未来を見られたのは、私の地図が、独占的ソフトとフリーソフトのライセンスモデル同士の戦いに基づいたものよりも有用だったからだ。正しい方向を知るのは大事だ。だがその場合でも、地図上の空白部分をすべて埋めるのに十分なほど風景を探索するには、何年もかかった。

ベクトルで考える

世界が変わっているのはみんなが知っているが、あまりに多くの場合、なじみのものに依存してしまい、現在のトレンドを見て「これが続いたらどうなるだろう？」と自問しようとはしない。また、一部のトレンドが潜在的に他のものよりずっと強力で高速に発展しつつあるとか、おなじみのものを先に延ばすだけではなく、まったくちがう方向に物事を向かわせようとしているとかいうことを考えに含めずにいる。

こうしたトレンドの認識から未来予測に至るなかで私がたどった道筋は、フリーソフトについての言説がインターネットの背後にあるソフトを無視していた、と気がつくところから始まった。この認識を、パソコン初期の歴史とマイクロソフト社の台頭に関する知識と組み合わせ、インターネットが可能にした協働の大きな広がりについて考えるというのは、私が「ベクトルで考える」と呼んでいるものの一例だ。

ベクトルは、数学で大きさと方向の両方がないと完全に表せない量として定義されている。両方を考えねばならないのだ。コンピューター産業であげられる有名な「法則」の一部は、基本的にベクトルの説明だ。

インテル社の共同創業者ゴードン・ムーアが1965年に述べた最初のムーアの法則は、集積回路上のトランジスタ数は毎年倍増し、それが当分の間続く、というものだ。1975年にムーアはこの予測を改訂して、トランジスタ数が2年ごとに倍増するとした。インテル社の重役デヴィッド・ハウスは、チップ密度に加えてプロセッサーの速度増加もあるから実際の性能向上は18カ月ごとに倍増に近いと提案した。このバージョンがその後何十年もおおむね成立してきた。

ムーアの法則の人気ある定義としてお気に入りのもののひとつは、リンクトイン（LinkedIn）の創業者兼会長リード・ホフマン、シェルドン・ホワイトハウス上院議員（ロードアイランド州民主党）とサンフランシスコで7、8年前に夕食をとっていたときの会話で出てきたものだった。私が「ムーアの法則をヘルスケアにも適用するようにしないと」と言うと、上院議員は「ムーアの法則って何だね?」と尋ねた。そこでリードが口をはさんだ。「先生、ご理解いただきたいんですが、ワシントンでは毎年、あらゆるものの費用は上がるのに、成果は下がります。でもシリコンバレーではみんな、我々の製品が価格は低下するのに成果は上がるものだと思っているのです」

ムーアの法則自体のせいだろうと、メモリーのアクセス速度や記録密度、ハードディスクの記録密度、ネットワーク接続、1ドルあたりの表示ピクセル数、その他各種の系統的改善といった関連技術の進歩を通じてだろうと、いまや私が「ホフマンの法則」と呼ぶもの（毎年技術製品の価格は下がり機能は上がる）はとても長いこと成立してきた。

ホフマンの法則などコンピューター産業の進歩の根本的な原動力を見ればベクトルは明らかだ。次の改善がどこからくるか確実にはわからないが、回帰直線は十分なデータポイントを取っているから、それが続くという予想はかなり妥当性がある。

だが古いものがまったく新しいものに道を譲る変曲点には常に注意を払おう。例えば、ムーアの法則自体が永遠に続くことはないのはわかっている。トランジスタ密度には物理的な制約があるからだ。素粒子を計算に使う量子コンピューティングといったブレークスルーがなければ、トランジスタ密度は原子の大きさに制約されるし、これはムーアの法則があとほんの数世代で到達されてしまう。とはいえ、ムーアの法則が減速してもマルチコアプロセッサーにより一時的な迂回《うかい》能力が得られたので、トランジスタとクロック数の制限にぶちあたっても、スループットは高まり続けている。

ベクトルは、ムーアの法則のようにしっかり定義されたトレンドについて考えるのに有用なだけでなく、変化するものほとんどすべてを理解する手法でもある。未来は何百もの交差するベクトルの結果であり、それらが予想外の形で総和される。コツは、重要なベクトルを拾い出して網を編み、それを使って未来の姿を捕らえることだ。

弊社オライリー・メディアでは、新しいトレンドに気がついても、それを量と方向を持つ完全なベクトルとして特徴づけるだけの定量化ができていない場合、まず線をプロットし、新しいデータポイントがやってくるたびに、それを延長するようにしている。これは完全に意識的である必要はない。むしろ、受け入れ間口の広い態度が求められる。そこでは新しい情報が常に入ってきて、複数のシナリオ、複数の未来が展開し、すべて可能性のままで続くが、やがてそれが凝集して現在になるのだ。シナリオ計画という技法の先駆であるグローバルビジネス・ネットワークの創業者のひとりローレンス・ウィルキンソンと2005年に出会ったとき、私の心の仕組みをうまく捉えたすばらしい一節を教えてもらった。それは「未来からのニュース」というものだ。

だからたとえば、「集合知性の活用」ベクトルがどのように明らかになっていったかを考えよう。

1・1980年代末から1990年代初頭に、我々は初期Unixコミュニティの「寄り合い」型協働ソフトウェア開発方式を目の当たりにした——後にオープンソース・ソフトウェアと呼ぶようになったものだ。

2・弊社の最初の本をいくつか開発するにあたり、この種のクラウドソーシングの一種を自分でも実践した。1987年に私は『UUCPシステム管理』という本を書いた。これはUnix-to-Unix Copy Program（UUCP）というプログラムを使ってUsenet《ユーズネット》に接続する方法を説明したものだった。Usenetは分散型でダイアルアップ式の、ソーシャルネットのご先祖だ。世界のソフトウェア開発者たちが、自分の仕事について話しあい、コツを教えあったり助言したり、そしてだんだんセックスから政治まで何でも話したりするようになったのは、このUsenetでのことだった。最初、この本はUsenetへのシステム接続に関する自分の体験に基づいていたが、その体験には限りがあった。読者たちは、私の手元にない各種の追加装置の使い方やギーク道の細かい部分について情報を送ってくれた（「Develcomスイッチ経由で呼び出すための『チャットスクリプト』を送るよ」とか、ある特定ブランドのモデムについて「RS-232ケーブル接続のピン配列はこれだよ」とか）。

この本は6カ月ごとくらいに増刷されたので、増刷ごとに30〜40ページほど増えることになり、そのほとんどは読者からの貢献だった。最初の3年で、もともと80ページだった本が200ページ以上になった。初期の紙版ウィキだと言ってもいい。

1992年に、ワールドワイド・ウェブのリンク形式をまねた印刷本を作ろうとして、私は『Unixパワーツール』という本を設計し共著した。これは何百人ものインターネット上の貢献者たちから得たコツや技を、短い記事のハイパーリンク・ウェブとしてまとめたものだ。それぞれ独立して読める。というのもそこにはクラウドソースで集めた教えを理解するのに必要だと、私や共著者のジェリー・ピーク、マイク・ルキダスが考えたチュートリアルや背景情報を述べた、追加論説へのリンクも含まれているからだ。

3 ・1992年と1993年に、「ホール・インターネット・カタログ」をGNN（グローバルネットワーク・ナビゲーター）にしたとき、我々は毎日ワールドワイド・ウェブに加わってくる新サイトの最高のものを探し出し、自分なりの情熱を追う人々の分散ネットワークにより、魔法のように作り出される経験の豊かなカタログへとキュレーションした。

4 ・1994年のウェブクローラー（Webcrawler）に始まる初期の検索エンジンが、最高のウェブサイトだけでなく、**あらゆる**ウェブサイトへのリンクを自動的に集めるのを見た。そして1998年にグーグルが始まり、ずっとよい結果をあげるようになると、彼らがウェブリンクに隠された知性を見つけたのは明らかとなった。リンクは単に、それまでクローラーが無視していたかもしれないページを示すポインタにとどまるものではない。リンクの数は、そのサイトの価値に関する投票なのだ。そしてリンクを行ったサイトを示すリンクもある。そうしたリンクの性質や品質は、その接続を行っているサイトの価値について検索エンジンに何かを告げている。そのサイトはどのくらいネット上にあったのか？　何人がリンクを張った？　それだけでなく、「アンカーテキスト」——お互いにハイパーリンクするソース文書内の言葉——にもさらに人間の意図が示されている。グーグルはデータの宝庫を見つけ、ためらわずにそれを活用した。

　検索エンジンに人間の貢献が不可欠かを喜々として実証した、ロバート・スコーブル〔ジャーナリスト〕のブログ投稿はいまでも忘れられない。「シアトルに新しいレストランを見つけたぞ。そのウェブサイトはグーグルに載ってない。でも明日には載るぞ。だって私がいまリンクしたから！」

5・１９９５年に、イーベイとクレイグリスト（Craigslist）が、クラウドソーシングを製品やサービスにもたらしたのを見て、何百万もの人々を「コンテンツ」に限らず物理世界でも使える新種のサービスに魔法のようにアグリゲートできるのに気がついた。

6・グーグルが検索エンジンの改良に使ったのと同じ原理を、もっと優れたｅコマースに適用することで、アマゾン社がバーンズ&ノーブル社やボーダーズ社を楽々と出し抜くのを見た。バーンズ&ノーブル社は、出版社が検索順位を買えるようにするという物理書店のやり方を踏襲し、たとえばＪａｖａＳｃｒｉｐｔやＰｅｒｌについて検索したら、最高額を支払った出版社の書籍がトップにくるようにした。だがアマゾン社は複数の信号を使い、売上、星の高いレビュー、「アソシエート」からのリンクなど、集合知性に基づく他の要因のミックスで定義された、最も「関連性」の高い書籍を選んだ。アマゾン検索で弊社の本がいつもトップなのはとてもうれしかった。何万人もの読者に最高だと判断されたということだからだ。

　こうした事前のデータポイントの結果として、２００４年に「ウェブ２・０」を定義しようとし、ドットコムバブルの崩壊を生き延びた会社とそうでない会社の差を考えてみたとき、生き残りは何らかの形で、利用者の力を活用して製品を作ってきたというのが明らかになった。

そして２００９年に「ウェブの２乗：５年後のウェブ２・０（Web Squared: Web 2.0 Five Years On）」を書いたとき、次に何がくるかはすぐにわかった。私はこう書いた。「スマートフォン革命でウェブはデスクからポケットに移動した。集合知性アプリケーションはもはや、キーボードをたたく人間だけに動かされるのではなく、ますますセンサーに動かされるようになっている。我々の電話やカメラは、アプリケーションの目や耳に変えられつつある。モーションセンサーや位置センサーは人々がどこにいて、何を見て、どのくらいの速度で動いているかを教えてくれる。データはリアルタイムで集められ、提示され、反映されている。参加の規模は桁違いに大きくなった。

ウェブはもはや、世界の何かを描くＨＴＭＬの静的なページの集合ではない。ウェブはますます、世界そのものに**なっている**――世界のあらゆる人や物は『情報の影』を落とすのだ。つまりデータのオーラで、それを捕らえて賢く処理すると、すさまじい機会とまったく予想外の意味あいを提供してくれるものだ」

だが認識しておくべき重要な点として、ベクトルを見つけても、その意味あいがすべて理解できたことにはならない。確かに私は２００９年に、センサーが次世代アプリにとっての鍵となることは指摘できたが、だからといってグーグル社が自動運転車でブレークスルーを成しとげるとか、ウーバーが電話のセンサーの可能性を活用してオンデマンド交通に革命をもたらすとか「予言」できたわけではない。

私はまた、自分の洞察を行動に移す暇がないことも多かった。技術ジャーナリストのジョン・ドヴォラクはあるとき、ウェブ史のごく初期に私が自信たっぷりに、ドメイン名売買の市場ができると予言してみせたと指摘してくれた。それがとても価値の高いものになる、と。だが私は、自分でドメイン名を買うだけの手間をかけなかった。

だがいったんトレンドがわかれば、新しい展開のうちどれが重要なものかを見分けるのは簡単になる。起業家や発明家たちは、ウォーレス・スティーブンス［２０世紀アメリカを代表する詩人のひとり］のすばらしい一節を借りれば「可能性のなかで可能なものを探」し続ける。重要な展開は、そのベクトルに沿った継続的な加速の次のステップだからだ。言いかえると、未来からのニュースという心構えは、正しいものに注意を払い、そこから学ぶのに役立つのだ。

ツイッターは非プログラマーにも可能性をもたらす

インターネットが次世代アプリのＯＳだという考え方で、私はかなりの知見を得てきた。２０１０年には、この発想は業界でも常識になっていた。開発者たちはインターネットサービスからのデータに頼るアプリケーションをいろいろ書いていた——位置データ、検索結果、ソーシャルネットワーク、音楽、製品など各種データを活用するアプリだ。スタートアップはもはや、自分のデータセンターのなかでローカルなアプリを構築したりせず、いまやクラウドと呼ばれるもののなかでソフトを動かした。もう私がこの旗を振る必要もなくなった。

そして正直なところ、私のほうも先に進みたかった。Ｔ・Ｓ・エリオット［イギリスの詩人］が印象的に述べたように。

…人が言葉をうまく使うよう学んだのは
もはや何も言うべきことが残っていないことや、
だれも言おうとはしない方法での言い方のみ。だから各試みは

新しい始まりで、語られぬものへの襲撃

もうウェブ2・0の話は飽きた。それに、ただのコンピューターアプリ向けクラウドプラットフォーム以上のことが起きていた。ソーシャルメディアは、インターネットが人々をグローバル規模でつなぐことを示しており、ちがった比喩のほうが力を持つのが見えてきた。比喩もまた、一種の地図だ。霧に包まれた新しい領域に最初に出くわすときには、それしかないかもしれない。

ますます私は、デスクトップのウェブとは定性的に異なる、集合知性アプリケーションのカンブリア紀爆発のようなものを目にしつつあった。スマートフォンは、万人の手にカメラを渡し、ツイッターはそうした写真や文の行進がすぐに世界中に拡大できるリアルタイムのプラットフォームを作り上げた。何十億人もの接続された人やデバイスが、グローバルブレインへと編み上げられていったのだ。そのブレインは我々全員であり、相互に接続されて補完しあっている。

ツイッターは再発明のための地盤としてきわめて肥沃だった。いまやみんなが当然と思っているが、ユーザーが作り上げ、後からツイッター自体に採用されたものが三つある。別の利用者に答えるための@マークが最初に出たのは2006年11月だった。ツイッターがそれを正式に採用したのは2007年5月で、おかげでツイッターは状況報告だけでなく会話の場所になった。他人のツイートの初の「リツイート」は2007年4月に起きたが、それが正式に採用されたのは2009年になってからだ。

2007年8月、クリス・メッシナは、ツイッター上での出来事やツイートのグループを示す方法として#マークを使おうと提案した。これが集合知性と感情の増幅装置としていかに強力なものかは、数カ月後のサンディエゴ山火事で明らかとなった。間もなくこれは「ハッシュタグ」と呼ばれるようになり、いたるところに登場した。その多くは一過性だったが、十分な数の人が採用すれ

ば、それは「スター・ウォーズ」のオビ＝ワン・ケノービの台詞「フォースの大いなる乱れを感じた……何百万もの声がいきなり叫んだかのように」の現実版となった。そしてその叫び声は、#イラン選挙、#ハイチ地震、#ウォール街占拠といったものだった。

２００９年7月から、ツイッターは外部イノベーションの内部化に対応して、ハッシュタグをハイパーリンク化し、利用者がそれを検索できるようにした。アプリはすでに「トレンド」（同じハッシュタグでなくてもアルゴリズムで共通の出来事を検出している）を示すようになっていたが、ハッシュタグはその火に油を注いだ。

ツイッターに写真が追加されると（これまた、プラットフォームの開発者自身が想像もしなかった機能を提供する外部開発者によるものだ）、世界のリアルタイムの脈拍を示す力はさらに拡大した。２００９年1月15日、複数のバードストライクでUSエアウェイズ１５４９便のエンジンが動かなくなり、「サリー」サレンバーガー機長が機体をハドソン川に不時着させた4分後に、ジム・ハンラハンが最初のツイートを投稿した。ジャニス・クルムスは数分後、着水した飛行機の翼に立つ乗客たちの写真をｉＰｈｏｎｅで撮影し、ＴｗｉｔＰｉｃ《ツイピク》というサードパーティーのアプリ経由でツイッターに投稿した。テレビのニュースで報じられるはるか以前に、この事故は世界的に広まった。

フェイスブックもまた、世界の出来事に影響を与え始めた。２０１０年にワエル・ゴニムというエジプト人のグーグル社従業員が、「我々みんなハリード・サイード」というフェイスブックのページを作った。これは警察の拷問で死んだ若きエジプト人を記念するものだった。このページがアクティビズムの焦点となり、反政府デモが生じて、それが２０１１年1月25日の革命へとつながった。

ウィキペディアもまた、世界についてのリアルタイムの集合知性の支点となった。２０１１年の東日本大震災と津波は、福島原発のメルトダウンをもたらした。そのウィキペディアの記述はたった1ページの出来の悪い、まちがいだらけの英語だったが、私が驚きつつ見守るなかで、完全な百科事典の記事になっていった。最初に項目が立ったのは、地震発生からたった32分後、津波発生以前だった。その後短期間で、何百人、さらに何千人もの貢献者たちが5000以上の改訂を行い、災害の包括的で優れた記述を作り上げた。いまだに私は、そのページの変化の動画を講演でときどき使う。見た人ならだれでもそれがWTF?な瞬間だと思うだろう。

ウィキペディアの「トーク」ページで行われる、公開ページの議論の分かれる要素に関する裏の論争もまた勉強になる。消費者インターネットが科学の実践にもたらす教訓についてのすばらしい本『オープンサイエンス革命』で、マイケル・ニールセンはこう書いている。「ウィキペディアは百科事典ではない。それは仮想的な都市であり、その都市の世界への主要な輸出品は百科事典の項目だが、都市内部にも独自の生命があるのだ」

ブログとソーシャルメディアの速度に対応して、グーグルはウェブクロールの速度を上げ、グーグルの検索結果もまた、ますますリアルタイムに近づいた。これは情報伝達速度の定性的な変化をもたらし、影響を拡大した。いまやニュース、思想、画像は、何週間、何カ月もかかることなく、ものの数秒でグローバルブレイン全体に広がる。

ある意味で、これは何ら目新しいことではない。グローバルブレインは常に存在した。2005年にジェフ・ベゾスが私の「エマージング技術カンファレンス」の講演で回想した話によると、コンピューター科学者ダニー・ヒリスはかつてこう語ったそうだ。「デカフェコーヒーのポットはオレンジであるべきだと決めたのは、グローバル意識なのだ」。「オレンジはデカフェを意味する」という考えは、第二次世界大戦中にサンカ社がデカフェコーヒーのブランド宣伝のため、アメリカ中のレストランにオレンジの縁のコーヒーポットを配ったことで始まった。その考えは根づいた——

確かに普遍的にではないが、そのパターンが広まるくらいには十分に。ある時点で、それはもはやサンカ社のものではなく、世界のものになったのだ。

「オレンジ」と「デカフェ」を関連づけるのは、リチャード・ドーキンス［イギリスの進化生物学者・動物行動学者］が「ミーム」と呼んだものの例だ。ミームとは自己複製する考えだ。今日、人々はミームというのを、ソーシャルメディアで共有される画像やスローガンだと思っていることが多い。でも根づいた偉大な思想はすべてミームだ。１８８０年に、「ダーウィンのブルドッグ」と呼ばれたトマス・ヘンリー・ハクスリー［進化論を弁護した19世紀イギリスの生物学者］はこう書いた。「生存をめぐる闘争は、物理世界だけでなく知的世界でも成り立つ。理論は思考の種である。そしてその生存権は競争相手がもたらす絶滅に抵抗する力と共存するのである」

知識は、文字の発生以前ですら、心から心へと広がった。だが印刷は思想やニュースがはるか遠くの人々にも到達できるようにした。最初は徒歩の速度で広がり、それから馬の速度、やがては蒸気船と鉄道の速度になった。電話と電信による最初の電子通信は、何週間、何カ月もの遅延を数分に縮めた。ラジオとテレビで通信はほぼ即時になったが、送信されるものの制作と吟味はオフィスや会議室で行われていたのでまだ遅かった。なぜなら即時メディアの配信チャネルがきわめて限られていたからだ。インターネット、特にインターネットとスマートフォンの組み合わせがそれを一変させた。だれでも、何でも、いつでも共有できる。他の人々はそれをもっとすばやく拾って転送できる。

ネットワーク上で広がるのは、アイデアやセンセーション（目下の出来事のニュース）だけではない。よく情報が「バイラルになった」というが、まさにこちらが願おうとそうでなかろうと、本当にウイルス的にふるまう悪意あるプログラムが存在する。だが、敵意あるウイルスよりも重要かもしれないのは、人々が喜んで協力するものなのだ。

現代コンピューティングの壮大な歴史『チューリングの大聖堂―コンピュータの創造とデジタル世界の到来』でジョージ・ダイソンは、デジタルコンピューティングの最も初期の思想家たちは、「コード」――つまりプログラム――がコンピューターからコンピューターへと広がるのは、ウイルスやもっと複雑な生命体が、宿主を占拠してその仕組みを使って再生産するのと似ているのに気がついていたことを指摘している。ダイソンはこう書いている。

数値生命体は、出かけていろいろやる能力に応じて複製し、栄養を与えられ、報酬を与えられた。それは数学をやり、言葉を処理し、核兵器を設計し、各種のお金の会計を行った。それはその創造主たちをとんでもなく金持ちにした。そしてそれらは(中略)初期の微生物の放出する酸素がその後の生命の方向性に影響したのと同じくらい、計算の空気に大きな影響を与えた。それらは凝集して、何百万行ものコードを持つオペレーティングシステムになった――コンピューターをもっと効率よく操作できるようにする一方で、コンピューターが我々をもっと効率よく操作できるようにした。パケットに分裂し、ネットワークを移動し、途中で生じたエラーをすべて訂正し、反対側の端で自らを組み立て直す。音楽、画像、音声、知識、友情、地位、お金、セックス――人々が最も価値を置くもの――を表すことで、無限のリソースを確保し、ゲノムが無数の細胞で動くように、無数の個別プロセッサー上で走る複雑な後生動物を形成するのだ。

人々がウェブに参加したり、新しいモバイルアプリをダウンロードしたりするとき、彼らはそのコードを手元のマシンに複製する。そのプログラムとやりとりして、そのふるまいを変える。これはあらゆるプログラムに当てはまることだが、ネットワーク時代には、利用者にもっと広く共有してもらうことを明示的に目指すプログラム群がある。こうしてグローバルブレインは活発に新しい能力を構築する。

グローバルブレインが持つ「考え」は個人のものや、もっと接続性の低い社会のものとはちがっている。最高の場合、そうした考えは空前の規模での強調記憶を可能にし、ときには予想もしないほどの巧妙さや新しい協力形態を可能にする。最悪の場合、それは誤情報を真実として採用させ、ネットワークの一部が他を犠牲にして自分の優位を得ようとするなかで、社会の肌理《きめ》に対して腐食性の攻撃を可能にする（スパムや詐欺、最近の金融市場のふるまい、2016年のアメリカ大統領選挙で見られた、フェイクニュースサイトの洪水を考えてほしい）。

だがひょっとすると、気がついて最も不気味に思うのは、このグローバルブレインが少しずつ身体を獲得しつつあるということだ。すでに目と耳はある（何十億もの接続されたカメラやマイク）、すでに人間よりはるかに強力で正確な位置と動きの感覚（GPSとモーションセンサー）、さらに人間などはるかに上回る専用センサー、データ収集能力もある。

いまやそれが移動を始めた。自動運転車はグローバルブレインの表現だ。その記憶は人間ドライバーの監視の下で移動した道路の記憶だが、彼らの精密な感覚で記録されている。だが驚くべきこととして、物理世界を触るというグローバルブレインの能力の最も強力な表現は、ロボットに依存するものではなく、ネットワーク化されたアプリが人間の行動を変える能力に頼っている。

テクノロジーの次の波を最もよく例示する、パラダイム的な企業や企業集団が通常はある。その会社の教訓を「荷ほどき」することは、未来の地図を描くのに役立つ。

1998年から2005年まで、私は未来の地図を構築するときにアマゾン社やグーグル社から学べることを考えた。今日、未来を形成するトレンドについて最も多くのことを教えてくれる企業二つは、ウーバー社とその競合のリフト社だ。

多くの読者は、ウーバー社が未来の技術駆動経済の肯定的なモデルだという考えに腹を立てるかもしれない。なんといっても同社は、当初から様々な論争の的になってきたのだから。批判者たちは、それが本当にドライバーたちに経済的機会を与えてくれるのか、実現できるはずもない所得の詐欺的な約束で人々を罠《わな》にかけているのかと疑問視する。都市は、同社が平然と規制当局に刃向かい、技術を使ってその捜査を逃れようとするのでカンカンだ。競合他社は、技術を盗まれたと訴えている。元社員たちは、セクハラ容認のブラックな職場文化を糾弾《きゅうだん》する。

未来を発明する人々の多くは、障壁をぶち破り、競争相手をたたき潰し、新産業を知性だけでなく意志力で支配するのだということは忘れられがちだ。ときには汚い手も使われる。トーマス・エジソンとジョン・D・ロックフェラー、ビル・ゲイツとラリー・エリソン［オラクル社の創業者］は、キャリアの様々な段階で白い目で見られたし、それはまったく正当なことだった。コンピューター関連の仕事を始めたとき、マイクロソフト社はしょっちゅう「悪の帝国」と呼ばれていた。

ウーバー社をどう思うにせよ、同社が経済に与えた影響は否定しがたい。未来を理解したければ、ウーバーを理解しなければならない。好き嫌いはさておき、ウーバー社はテクノロジーが仕事の世界を変える多くの形についてのお手本のようなものだ。

ウーバー社の小さめの競合リフト社は、もっと理想主義的で、社員に優しいが、実際問題としては同じビジネスモデルを持つ。それぞれの企業は、重要なイノベーションを導入し、それをお互いにコピーしあっている。多くの点で、両者は都市交通の未来を共同発明している。本書では一貫して両者をまとめて扱う。

3章 リフトとウーバーから学ぶ

2000年夏、私は重役チームを交えて、戦略コンサルティング企業ビーム（BEAM）社のダン&メレディス・ビームとともに弊社の戦略計画プロセスを検討した。弊社はもはや、主要事業ひとつだけを持っているのではない。三つの事業があった。出版、カンファレンス、オンライン出版だ。それぞれ顧客は重なっているが、投資や市場に出す戦略や、売上への道において要求はちがっている。こうした異なる事業路線を、一貫性のある全体に整合させる方法が必要だったのだ。

ダンとメレディスは、企業が自社のビジネスモデルの地図を構築する手助けをする——彼らの表現では「**事業のあらゆる要素がどのようにまとまって、市場での優位性と企業価値を創り出すか**」を示す一ページ大の絵を作るのだ。

ビーム夫妻は、サウスウエスト航空を事例として使った。サウスウエスト社のビジネスモデル地図は、もともとマイケル・ポーターがやった研究に基づいたものだった。次ページの図からわかるようにサウスウエストの各種の差別化要因はすべて整合している。座席指定なし、点から点への経路、他の航空会社との相互接続なし。そのすべては、サウスウエスト航空がわずかな地上職員とすばやい機材回転を通じて低い運賃を提供する戦略の一部だ。

似たような製品を売る二つの企業が同じ事業をやっていると結論づけるのは簡単だ。だがビーム

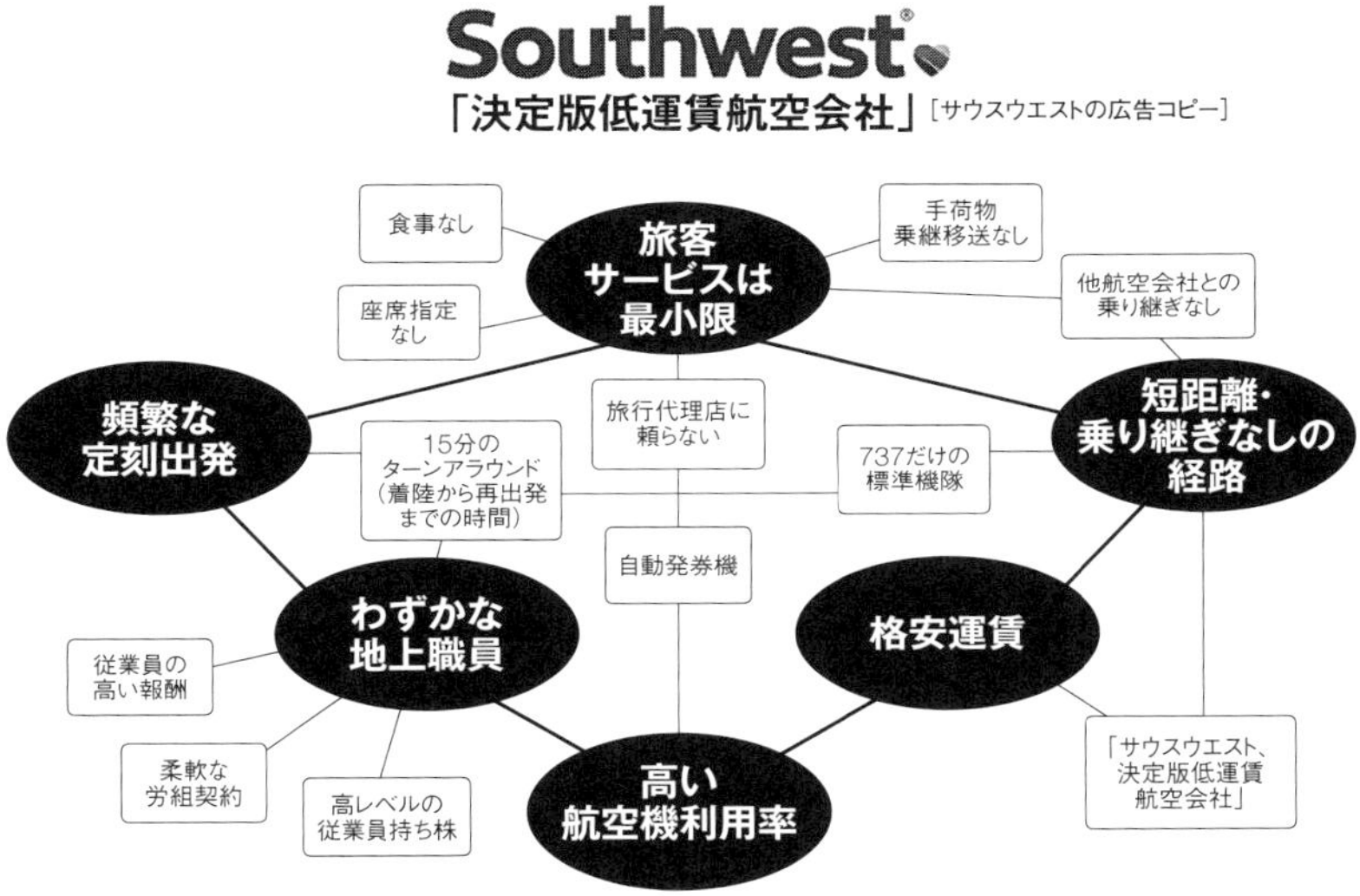

夫妻はそうではないという。

確かに、サウスウエスト航空は航空会社ではある。でもそのビジネスモデル——顧客価値と企業の優位性を作り出すための各部分が作用しあうやり方——は、もっと伝統的なハブ=スポークモデルを使う航空会社とはかなりちがう。同様に、私たちは自分たちを技術書とカンファレンスビジネスで競合他社とちがった存在にしているのは何かを理解しようとしていた。

この作業の一環として、ビーム夫妻は顧客に対し、自分たちの中核的な戦略ポジショニングに関するビジョンと、自分たちが何になりたいかというビジョンを構築しろと告げる。このプロセスを通じ、単なるコンピューター書籍出版社がたまたまカンファレンスやオンライン出版もやっているのではなく、自分たちの中核事業はずっと深いのだということを、重役も社員もみんな理解できるようになった。私が理解するようになったのは、私たちの事業が実は「イノベーターの知識を広げることで世界を変える」ことなのだということだった。

これには、出版とイベント事業の両方を可能にする中核能力群を必要とするし、それはいずれ他の関連事業も可能にする。当時の中核能力を整理したところ、以下のようになった。

・何がクールで重要かを知り、それを広める。

・影響力の高いアーリーアドプター（私がよく「アルファギーク」と呼ぶ人々）を見極め、その技能を活用する。

・学習曲線を減らし、情報の深みと品質を改善する。

・顧客や事業に影響する人々との直接的なつながり。

・人々が、仕事を通じて世界をもっとよくできると感じられるような企業と文化を育む。

こうした能力は、弊社の本やカンファレンス事業に反映されているが、いったんそれを本やカンファレンスの細部から切り離すと、もっと有効な戦略を開発できた。たとえば、単に小売の書店経由で売るだけでなく、顧客との直接的なつながりの仕組みを強化しなければならないということを、他の出版社には理解できない形で理解していた。

私たちは書店経由での販売以前から消費者に本を直販していたし、1987年以来電子書籍の市場を開拓しようとしてきた。こちらも消費者に直接販売していた。各種の電子書籍プラットフォームが登場するにつれて、ほとんどの出版社は電子書籍を無視するか、脇役扱いをした。私たちは、いつの日か弊社の売上の大半はデジタルになると理解していた。消費者との直接的なつながりを維持したいなら、独自のデジタルプラットフォームを構築しなければならない。その年の末（キンドル〈Kindle〉により他の出版社も電子書籍がまともなものだと考えるようになる7年前）、弊社はサファリ（Safari）を立ち上げた。これは電子書籍のための、購読ベースのオンラインサービスだ。その後の年月で、私たちはサファリを、単に電子書籍だけでなく、ビデオなど他の学習方式も加え、ライブのオンライン研修なども提供できるサービスへと移行させた。

また、出版事業とカンファレンス事業のプラスの結びつきも見ることができた。どちらも未来のエッジに暮らし、深い技能経験を持つ人を探し出すことが必要で、さらにその知識を広げるのに役立つビジネスを作ることも必要だった。そのコミュニティのための仕事のひとつは、彼らが地位を築いて影響力を高められるようにすることだ。この目標のためには弊社の全事業を活用できる。コミュニティが多くの事業機会の苗床だと気がついた我々は、社内ベンチャー企業としてオライリー・ベンチャーズを立ち上げ、それが2005年にはオライリー・アルファテック・ベンチャーズ（OATV）に成長した。これは独立のアーリーステージベンチャー資本企業だ。そして2003年には、年次アンカンファレンス（事前に演目が決まっておらず、参加者たちがその場で構築するもの）である「フーキャンプ（Foo Camp）」を立ち上げた。そこで弊社は「アルファギーク」コミュニティに対し、何をやっているのか教えてくれと頼むのだ。

加えて、新技術の旗を振り、人々にもっとよい将来を目指して働くよう奨励するのは、構築しようとしている専門家、従業員、顧客のネットワークにとってもきわめてやる気が出るものだと気がついた。商用ウェブの初期や、オープンソースでやったようなアクティビズムとコミュニティ構築は、弊社事業の継続的な一部として複製できるし、またそうすべきだと見て取った。2004年に我々はウェブ2・0の物語を開始した。2005年には「Make:」誌を創刊し、2006年には「ロボットたちの品評会」（メイカーフェア）を開始した。これまた、安い再利用可能なコンポーネントを使って大量の組み合わせ型イノベーションを可能にする、メイカー運動という触媒的な運動の表現だ。

ミームの地図

ビーム夫妻との作業の後で、私はいまさらながらに、自分が直感的に彼らの技法の変種を使ってオープンソース・ソフトウェアの地図を構築してきたのだと気がついた。単一の企業をマッピングするのではなく、新ソフトウェア事業の中心原理と考えたものをマッピングし、その原理の最もよい例となる企業のエコシステムを描き出したのだ。後にウェブ2・0と呼ぶようになったものを検討するときにも似たようなことをやり、ワールドワイド・ウェブ、ナップスターのようなファイル共有ソフト、分散コンピューティング、ウェブサービスを結びつける統合原理を見つけようとした。

私はこうしたミームを地図と呼んだ。そのなかで、私は決定的な企業と、技術のニューウェーブを定義づける根底原理の両方を示し、関連技術群のひとつの統合ビジョンを作り出そうとした。

同様に、もし今日の技術の意味あいを理解したければ、ひとつよい方法は手持ちのジグゾーパズルのかけらを並べてみることだ。そうしたかけらは、お互いに関係するのはわかっていても、それがどう相互にはまりあうかは必ずしもはっきりしない。

今日の経済に対する技術主導変化の最先端にいる決定版の企業やテクノロジーは何だろうか？そこから何がわかるだろうか？

グーグル社はいまだに、理解すべき鍵となる企業のひとつだ。その検索エンジンは、情報経済の普遍的な新皮質で、インターネットの現在の姿であるグローバルブレインの不可欠な構成要素として、何十億もの人々を、みんなが集合的に作り出すデータや文書と接続している。グーグル社をウェブ2・0の旗印として扱うようになったときの原理は、いまだに未来の原動力として展開している。ビッグデータ、アルゴリズム、集合知性、サービスとしてのソフト、さらに機械学習と人工知能への新しい注力もある。アルゴリズム的システムが新サービスだけでなく社会をどう形成するか理解するのは、本書の中心的な主題となる。

スマートフォンのオペレーティングシステムであるＡｎｄｒｏｉｄは、グーグル社のサービスを何十億人ものポケットに入れる。同社は自動運転車の競争の火蓋を切り、その開発の先頭に立っている。また同社はヘルスケア、物流、都市設計、ロボティクスなどでも大きな野心を持っている。そして最後ながら重要な点として、その広告ベースの事業モデルのおかげで、作り出すほとんどのサービスは無料であげてしまえる。この意味あいを人々はようやく理解し始めたばかりだ。

グーグル社が情報時代を決定づける企業だとすれば、フェイスブック社はソーシャル時代を決定づける企業だ。このアプリケーションは、大学キャンパスの学生たちがお互いを見つけて出会うための簡単な手法として始まり、その思春期には友人たちや家族たちが連絡を保つ手段となっていたが、いまや20億人近い会員がいるこのサービスは、集合知性の盟主としての地位においてグーグル社に迫る存在となっており、コンテンツが発見され共有されるまったく別の経路システムをあらわにしている。グーグル社と同じく、フェイスブック社もＡＩに大量投資を行い、その成功も失敗も、人工知能にできること、できないことをいろいろ教えてくれる。両社を対比させることで、アルゴリズム的システムがどう機能し、それをどう管理すべきかについてが何かしら見えてくるのだ。

アマゾン社もまたすさまじい力だ。ジェフ・ベゾスは、インターネット時代最高の起業家との声もあり、次々に各種の産業を再発明し続けている。アマゾン社はオンライン書店として始まったが、やがてはアメリカのオンライン小売業のあらゆる側面を支配するようになった。アマゾン社はまた、電子書籍のパイオニアでもある。キンドルによりこの新興市場を支配し、将来の書籍出版に対するチャネル支配を獲得した。各種のオンラインエンターテイメントの主導役にもなり、次世代の映画テレビスタジオとしてネットフリックス（Netflix）社に比肩する存在となっている。そしてアマゾンエコー（Echo）により、知的エージェントや人工知能を消費者の領域にもたらす一大勢力となった。だがアマゾン社のやった最も重要なことは、そのｅコマースアプリケーションをクラウドコンピューティングのプラットフォームにして、シリコンバレーの新興企業の大半がそこで活動するようにしたことかもしれない。クラウドモデルが成熟すると、既存大企業もそこに移行している。このビジネス転換の教訓だけでも優に本一冊になる（そして本書でも後で一章を割く）。

アップル社はパソコンからスマートフォンへの世代間移行を先導し、さらにウェブからモバイルアプリへの移行も先導した。ｉＰｈｏｎｅはほとんどの最先端アプリが最初にローンチされるプラットフォームだ。アップルのイノベーションの洪水はスティーブ・ジョブズの死で減速したようではあるが、それでもモバイル市場の圧倒的なプレーヤーだし、その設計のリーダーシップはいまなお、未来の可能性について「think different」の実践を人々に突きつける。

ＷＴＦ？技術を生み出し、市場にもたらしている企業は他にもたくさんある。マイクロソフト社は最近、サティア・ナデラの指導で活気を取り戻したようだし、その人工知能や開発者が自分のアプリで使える「認知サービス」への投資は、フェイスブック社、アマゾン社、グーグル社との創造的な対決を引き起こしている。百度《バイドゥ》、テンセント、アリババなどの中国企業は、ここアメリカでも我々の視界の片隅で成長しており、彼らの発明する未来がアメリカのものを圧倒する可能性も十分にある。そして大小問わず大量の新興企業もあり、研究室や発明者の夢からまだ登場していないような技術だって当然あるのだ。

これからの数章で、こうした企業それぞれや、その他多くの企業からの教訓が、未来の地図として重なり合い、はっきり浮かび上がってくるのかどうかを見よう。

共通パターンを見るには、個別の企業や技術の地図から始め、それらが実証する主要な原理を弾き出し、それを今日の人々を喜ばせたり、首をかしげさせたり、おびえさせたりする他のＷＴＦ？

技術とつなげる共通の要素を選り出すのがいちばん簡単だ。もし地図を正確に描いていれば、その構成要素はすべて、21世紀のサービスを構築する他の企業にも登場してくる。

ウーバーとリフトのビジネスモデル地図

多くの新生トレンドの中心にいる企業のひとつがウーバーだ。その同じ中心にいるのは、アメリカでの最大の競合であるリフト社、中国の滴滴出行《ディディチューシン》、その他世界中のオンデマンド自動車企業だ。初期のフェイスブック社従業員で、ベンチャー資本家に転進したマット・コーラーは、ウーバー社初期の投資家だが、スマートフォンは「実生活のリモコン」になりつつあると指摘した。ウーバーとリフトは、**インターネットがもはやメディアコンテンツへのアクセスを提供するだけでなく、むしろ現実世界のサービスを解き放つものだ**という考えを納得させてくれる。

ウーバーは多くの新興企業と同じく、変革的な大きなアイデアから始まったものではなく、単に起業家が「自分のかゆいところを自分で解決」しようとしたのがきっかけだ。２００８年、ギャレット・キャンプはリムジン（「黒塗り車」）をオンデマンドで呼びつけるシステムを夢見るようになった。自分の立ち上げた新興企業スタンブルアポン（StumbleUpon）社を売って儲けた。そしていい車を買ったが、運転が嫌いだったし、サンフランシスコの悪名高いほど出来の悪いタクシーのおかげで、移動が面倒だった。

その後数年にわたり、キャンプは同じく成功した起業家でもある友人トラビス・カラニックを、プロジェクトの思考パートナーとして引き込んだ。キャンプは当初、独自のオンデマンドリムジンのフリートを運営するつもりだったが、カラニックがそれに反対した。カラニックは、あるインタビューでブラッド・ストーン［ジャーナリスト］にこう語った。「ギャレットは高級志向を持ち込み、自分は効率性を持ち込んだんだ。どちらも車を持っていないし、運転手を雇ったりもしない。それをやってくれる企業や個人といっしょに働く（中略）私はボタン一押しで車に乗りたい。それがすべてだ」

２０１０年夏にウーバーが開始されると、それはすでに金持ちだった創業者たちのニーズを反映したものとなった。「みんなの私設運転手」というものだ。ごく小さなニッチでしかないように見え、とても世界を変えるものとは思えなかった。サービスはサンフランシスコだけ。だがその後数年で、ウーバー社はオンデマンド輸送の市場を一変させる勢力へと発展し、今日ではそれまでのタクシーとリムジン産業のすべてを合わせたよりも多くの運転手がサービスを提供するものになっている。どうしてそうなったのだろう？

状況が一変したのは２０１２年初頭、サイドカー（Sidecar）社とリフト社という二つの企業が、ライセンスを受けたリムジン運転手だけでなく、一般人も自分の自家用車でサービスを提供するというピアツーピアモデルを導入したときだった。雇用についての人々の考え方を一変させたのは、このさらなるイノベーションだった。運転手は同社からの仕事の保証もなく、逆に同社に対し、必要とされるときに働くかどうかの保証もしないのだ。むしろ運転手の群集が、運転手と乗客をリアルタイムのオンライン市場でマッチングするアルゴリズムにより呼び出され管理され、もしアルゴリズムが需要に見合うだけの運転手がいないと判断したら、運転手を増やすために価格を上げるという値づけをするのだ。

ピアツーピアの公共交通には歴史的な先例も多い。ローガン・グリーンとジョン・ジマーがリフト社に先立って興したジムライド（Zimride）社は、ジンバブエで彼らが目撃した非公式のジトニー［乗合ライトバンのようなもの］にヒントを得て作ったものだった。だがスマートフォンを使って、双方向のリアルタイム市場を物理空間に作り出すというのは、根本的に新しいものだった。

当初は懐疑的だったウーバー社も、1年後にピアツーピアモデルを真似た。強硬なCEO、物流と市場インセンティブへの強い技術的注目、情け容赦のない企業文化、巨額の資本により、何十億ドルもかけてライバルを出し抜いた。アメリカではリフト社がいまだに強い競合で勢力を増してはいるが、それでも業界トップのウーバー社とはかなりの差をつけられている。

調達資本量は実は驚くほど重要だった。交通ネットワーク企業（TNC）は、車両の調達にお金をかけなくてもよいが、マーケティング、運賃補助金、運転手への報奨金制度に何十億ドルもかけて、顧客と運転手の最大のネットワークを構築しようと競争する。

ウーバー社は、規制当局の裏をかこうとした。これも成功要因のひとつだ。サイドカー社とリフト社は、自分たちの目新しいアプローチを正式なものとするために新しい規制を作ろうと、カリフォルニア州公益事業委員会と時間をかけて交渉していた。それ以前にも、2008年操業のタクシーマジック（Taxi Magic）社は、既存のタクシー業界のなかで活動し、そのルールを受け入れた。タクシーマジック社は、スマートフォンでタクシーを呼んで支払いを行えるようにしたが、これは既存のタクシー配車システムと統合された。だがそこでは、顧客に対してよいサービスを提供するためのインセンティブはまったくピントはずれだった。次に入ったタクシー予約が提示されるのは、呼んだ乗客に最も近い車両ではなく、それまでいちばん長い間待っていた運転手だったし、その際にも繁忙時には、彼らは道端の客を拾ってもよかった。2009年に創業したキャビュロス(Cabulous)社もまた、規制の厳しいタクシー業界の制約内で活動しようとした。

これに対し、キャンプとカラニックがハイエンドの黒塗り車で開始したのは幸運だった。リムジンはタクシーより規制が少ない（たとえば料金も規制当局が決めるのではなく、自分で決めてよい）。ただしひとつ大きな規制上の制約がある。タクシーは道端で手を上げた客を拾えるが、リムジンは事前に予約が必要なのだ。だがアプリを使えば「事前に」というのも相対的な話になる。それまで電話がかかってくるのを待っているしかなかった運転手は、アプリのおかげでいきなり新しい機会が得られるようになり、喜んで契約した。乗客と運転手のインセンティブが整合し、両者とも引き込まれて活気ある市場ができた。

タクシー会社は、かなり早期から新しいアプリでリムジンがタクシーと競争しやすくなることに気がつき、ウーバーは白タク会社だと主張した。同社の当初の名前がＵｂｅｒＣａｂ社だったことも、この議論に油を注いだ。だが社名から「キャブ（タクシー）」を落とすという小さな譲歩（もともと同社もそうするつもりだった）で、ウーバー社は自社を統《す》べる規制がタクシーではなくリムジン市場を対象とした規制であるべきだと規制当局を納得させることができた。

ウーバー社がピアツーピアサービスを追加したら、料金も、サービスを提供する人数も統制されている既存の規制モデルが足枷となったタクシー業界は終わったも同然だった。ウーバー社は黒塗り車をタクシーと競争できるようにしただけではなくなった。都市交通へのまったく新しいアプローチをもたらしたのだ。

ウーバー社ウェブサイトのウーバー「創業物語」に述べられた野心は、その可能性を示唆している。

> ごく少数の都市圏で、高級黒塗り車両を呼ぶアプリとして始まったものが、いまや世界中の都市の物流網を変えつつあります。乗車だろうと、サンドイッチだろうと、荷物だろうと、弊社は技術を使って人々に、求めるものを求めるときに与えるのです。
>
> ウーバーで運転する男女にとって、弊社のアプリは稼ぐための柔軟な新方式を提供します。都市のためには、地元経済の強化、交通アクセスの改善、都市の安全向上を支援します。交通が水道のように信頼できるものになれば、みんなが利益を得ます。

UBER

「水道並みに信頼できる輸送」［ウーバーのミッションステートメント］

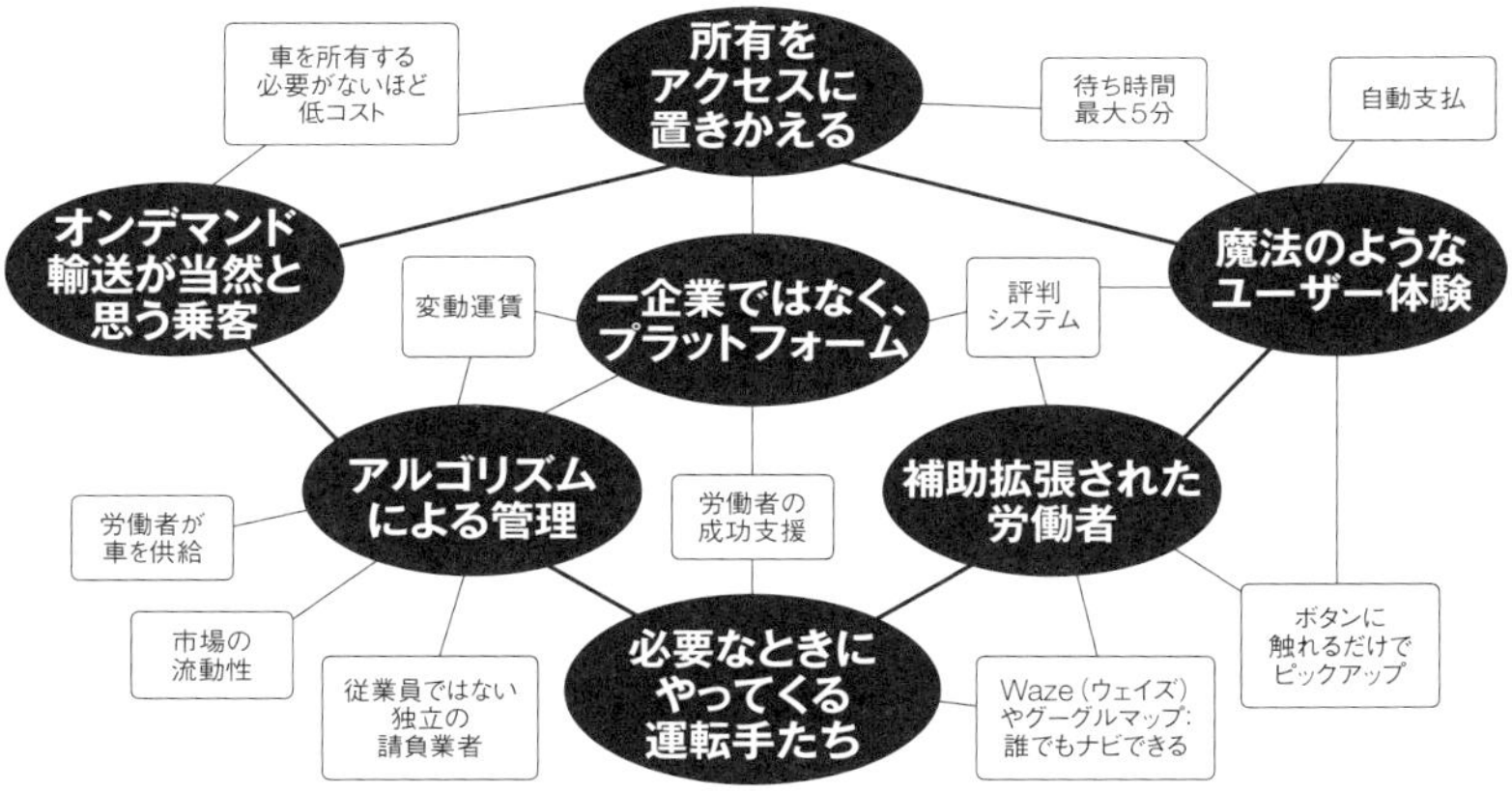

ダン&メレディス・ビームがサウスウエスト航空について描いたようなビジネスモデル地図を、ウーバー社やリフト社についても描いてみよう。

　このビジネスモデルの中核要素は何だろうか？

所有をアクセスに置きかえる

　長期的にみると、ウーバー社やリフト社はタクシー会社と競合しているのではなく、自家用車と競合しているのだ。結局のところ、電話のボタン一押しで、低価格で車と運転手を呼びつけられるなら、わざわざ自分で車を持つ必要もない。特に都市部に住んでいればそうだ。ウーバー社やリフト社は、スポティファイ（Spotify）のような音楽サービスが音楽CDに対して行い、ネットフリックス社やアマゾンプライムがDVDに対して行ったことを、自動車所有に対して行っている。あるロサンゼルスの顧客はこう述べた。「みんなには、ロスにいてニューヨークみたいな暮らしをしていると言うんです。ウーバーとリフトが私の公共交通の駅だ」

ウーバー社やリフト社はまた、自社にとっても所有をアクセスに置きかえている。運転手は自分の車を提供し、すでに支払いを終え、ほとんどの時間は使われていないリソースにより追加の収入を得たり、生活の他の部分で使えるリソースに対する支払いを支援できたりするようにする。一方で、ウーバー社やリフト社は独自の車両群を所有する資本費用を避けられるのだ。

オンデマンド輸送を当然と考える乗客

マイケル・シュレーグが『顧客にだれになってほしいだろうか？』（未訳）で概説したように、ウーバー社やリフト社は顧客に対し、かつてオンラインコンテンツへのアクセスに対して期待するようになったのと同じく、自動車についても簡単に得られ、手に入って当然と思うようになれと述べている。**世界の仕組みについての自分の地図を描きかえろと要求しているのだ。**

ウーバー社やリフト社は当初から、若い都市部の専門職の多くが自家用車をあきらめているのに気がついていた。だが彼らの事業が大都市や富裕層を超えて広がるためには、もっと多くの人々がこの想定を受け入れて転換を行わねばならない。アプリが提供する信頼性、利便性、カバレッジだけでは、この野心の実現には不十分だ。それが、より低価格を目指すウーバー社やリフト社の背後にあるものだ。価格は、ウーバーやリフトを呼ぶのが自家用車の所有よりはるかに便利なだけでなく、ずっと手が届くものになるだけの低価格にならねばダメなのだ。

魔法のようなユーザー体験

電話を取り出し、ボタンをタップするだけで、大海の一滴のような存在である自分の目の前に、数分後には車と運転手がやってくるという魔法のようなユーザー体験は、所有しなくてもコントロールと提供がされるという安心感を与えてくれる。**すばらしい新ユーザー体験のＷＴＦ？的瞬間は、利用者の行動を変え、採用を激増させるための鍵となることが多い。**リフト社は、オンデマンド輸送モデルの革命的な部分を導入したが、それらをすべて、美しく使いやすいシームレスな体験としてまとめたのはウーバー社が最初だった。

必要なときにやってくる運転手たち

乗客のためのオンデマンドの輸送には、運転手のクリティカルマスが必要だ。オンデマンド黒塗り車両というウーバー社の当初のビジョンは、潜在市場のごく薄い一部しか扱わなかった。彼らの野心が成長すると、ずっと大量の運転手の供給が必要となったが、それをピアツーピアモデルが提供した。

補助拡張された労働者

ＧＰＳと自動配車技術は運転手の供給を本質的に拡大する。パートタイムの運転手ですら、乗客をうまく見つけてあまり知らない場所まで運転できるようになるからだ。かつては経験にプレミアムがあった。経験豊かなタクシーやリムジンの運転手は、ある目的地に到達する最良の経路や渋滞を避けるコツを知っていたからだ。いまやスマートフォンと適切なアプリさえあれば、だれでも同じ能力が持てる。「ナレッジ」という、ロンドンのタクシー運転手になるための試験は、世界で最もむずかしい試験のひとつとして有名だ。でもナレッジはもはや不要だ。アプリにアウトソーシングされたからだ。ウーバー社やリフト社の運転手はこのように「補助拡張された労働者」となる。

企業ではなく、プラットフォーム

従来型の企業は、成長したければ人を雇い、工場や設備に投資して、会社運営のヒエラルキーを構築しなくてはならない。ウーバー社やリフト社はそのかわりにデジタルプラットフォームを構築し、何十万人もの独立運転手を動員して、それぞれが出勤して自分の機材を持ってくるよう確保する仕事は市場そのものに任せる（スーパーマーケットのウォルマートやマクドナルドが、労働者のスケジュールを決めず、単に仕事を提供し、十分な数の人々が出勤するだろうと想定し、需要に見合うほどの労働者がいなければ賃金を引き上げるなどという事態が想像できるだろうか）。これはまったくちがった種類の企業組織なのだ。

ウーバー社やリフト社は単に、労働者を雇わず独立契約業者にしておくことで、福利厚生費を節約しようとしているだけだと論じる人々もいる。だがそんな単純な話ではない。確かに費用の節約にはなるが、独立契約業者という地位は、このモデルのスケーラビリティと柔軟性にとっても重要だ。タクシーは、運転手の1日のレンタル料をカバーするだけの稼ぎを得るため、一日中道路をうろつかねばならない。だがウーバー社やリフト社のモデルでは、ずっと多くの労働者がパートタイムで働ける（そして両方のサービスから同時に乗客の注文を受けられる）。だから需要ともっと自然にマッチした、供給の増減が生じる。運転手が増えれば、顧客にとっては使いやすさが向上し、待ち時間も減り、地理的なカバー範囲もはるかに改善される。こうした企業は、伝統的なタクシーやリムジン会社に比べてはるかに広い地理範囲で5分以内の対応ができるのだ。

アルゴリズムによる管理

これはウーバー社やリフト社の事業の核心だ。労働者を動員し、運転手と乗客をリアルタイムでつなげ、あらゆる乗車を自動的に追跡して請求書を出したり、乗客に運転手の採点をさせて品質管理をしたりするには、強力なコンピューターアルゴリズムがないと不可能だ。こうしたアルゴリズムの考案と実装が、この会社のやることの中核となる。どの乗客も、トリップごとに運転手の採点をすることになっている。運転手も乗客を採点する。一定水準以下の得点となった運転手はサービスから排除される。これは冷酷な管理方式ではあるが、政治学者マーガレット・レヴィが私に述べたように、乗客の視点からするとリアルタイムの評判システムは一種の「私的な規制」となって、高い安全水準と顧客体験水準を維持するにあたり、伝統的な行政によるタクシー規制を上回るものとなっている。

需要に見合うだけの数の運転手を確保するのは、市場管理の問題だ。「市場流動性」――乗客がものの数分で確実に拾えるだけの運転手と、固定給なしでも仕事に運転手がやってくるだけの十分な乗客を確保する――は複雑な問題だ。

タクシー業界は、限られた数の「許認可」を出すことで人工的に希少性を作り出すが、ウーバー社やリフト社は市場メカニズムを使い、最適な運転手数を見つける。そしてある場所やある時間に十分な運転手がいなければ価格を上げるアルゴリズムを使う。顧客は当初は文句を言ったが、市場の力を使って売り手と買い手の競合する願いをつり合わせることで、ウーバー社やリフト社はほぼリアルタイムで需要と供給の均衡を実現した。

価格引き上げ以外にも、ウーバー社やリフト社が運転手に対してもっと多くの（またはより少ない）運転手が必要だと告げるシグナルはある。運転手への報奨金は、特に両社が新しい都市に参入するときには高く、このためどちらの会社も新市場に参加するときには、かなりの大金を使わねばならない。このやり方をダンピング同然だとする人々もいる――財やサービスを赤字販売して市場を支配し、他の業者を排除して、独占的な地位を獲得した後に値上げする、というわけだ。こうした批判者によると、価格引き上げや稼ぎのなかで運転手の取り分を減らすことでしか、これらの企業は儲けられないのだという。

だがウーバー社やリフト社からすれば、費用を引き下げるのは、売り手と買い手のクリティカルマスが自律的に維持できるようになるまで市場を成長させる手段なのだ。そうなれば、顧客の費用と運転手の獲得費用は上がる。価格が下がれば新しい需要が出てくる。オンデマンド車両が大金持ちの贅沢《ぜいたく》品なら、手が届く人はほとんどいない。必要ならいつでも車が使えるのを当然と思う人は何人いるだろう？　そうしたサービスの価格がますます低下する未来に、それを当然と思うようになる人は何人になるだろう？

私が考える最大の戦略的な問題は、ウーバー社やリフト社がどうやって運転手の参入撤退の問題に対処するかというものだ。賃金や労働環境は、運転手の安定供給を実現するのに十分だろうか、それとも、このサービスに登録をして別のもっといい仕事を見つける人々や、両方のサービスに登録するのをやめて片方だけで働き続ける人々といった限られた供給を燃やしつくすだけなのだろうか？　運転手たちはすでに、料金引き下げと報奨金引き下げで破産したと文句を言っている。

労働条件と雇用状態をめぐる両プラットフォームや労働規制当局との対立の結果は、こうしたプラットフォームの成否に決定的な役割を果たしかねない。また伝統的なタクシーやリムジンの許認可方式との対立も問題だ。というのも労働規制当局は、モデルのすべてがどうはまりあうのか十分に理解することなく、こうしたサービスに対して規制をかけて、ビジネスモデルを機能不可能にしてしまいかねないからだ。

・・・

ビジネスモデル地図の最も重要な機能のひとつは、事業のあらゆる部分がどう結びつくかを理解させてくれることだ。多くのタクシー会社は、いまさらのように参入しようとして、上辺だけはウーバー社やリフト社と同じ機能の多くを備えたアプリを導入しつつある。でもウーバー社やリフト社が確立してきた、価格と即応性の期待に応えられないことが多い。市場が流動的ではないからだ。都市ごとのタクシー免許数で制約され、値段も決まり、固定された数の車両と運転手しかなく、したがって車両の供給はどうしてもピーク需要時に必要とされる数より少ない。いちばん忙しい時間帯にすばやく確実に迎車ができるほど車両を持っていたら、その車両はどうしても他の時間帯には遊休化する。ウーバー社やリフト社の運転手の大半がパートタイムなのも当然だ。供給が需要に合わせて増え、需要が減れば減少するモデルの内在的な利点なのだ。

伝統的アプローチは規制上の摩擦のせいで、費用は上がるし即応性は下がる。ウーバー社やリフト社の運転手は、タクシー運転手に比べて時給では高いのが通例だ。一方、顧客は一般によい体験と低い価格を得られる。ウーバー社やリフト社が「ルールに従わない」と文句を言う人々は、そのルールが意図した目的を実現しているか考えるべきだ。

だからといって、ウーバー社やリフト社が福利厚生や労働者保護などなしで許されるべきだということではない。9章で見るように、正解はオンデマンド事業モデルと同じくらい柔軟で即応性を持つ社会セーフティーネットと規制の枠組みを開発することだ。ウーバー社やリフト社（そしてエアビーアンドビー）は多くのイノベーションについて、許諾を求めるよりはお目こぼしを求めるアプローチをとり、規制当局に対する味方を得るために、すばやい消費者の採用を増やし、それに頼ってきた。だがこうした企業すべてにおいて、規制当局との何らかの取り決めが必要なのは疑問の余地がない。ビジネスモデルと同じくらい革新的な規制を提案して、問題を出し抜くのが賢いやり方だろう。

戦略的な選択をする

ビジネスモデル地図のよしあしは、それを使って企業がしっかりした戦略的選択ができるかどうかで決まる。つまり、企業が何が重要かについて意識的な選択ができるようになり、後になって自分たちの選択が、もともとの成功要因の重要部分を破壊してしまったことを知っても後の祭り、という状態にならないようにする形で、問題を設定してくれるということだ。

たとえば、ウーバー社やリフト社は計画の多くで、自動運転車を未来にどう組み込むか考えてきた。この事業について浅はかな理解しかなければ、そんなことをする理由は、乗車料金のうちで運転手に支払われる7～8割の部分を排除し、事業の利潤をもっと増やすことなのだという結論に飛びつくだろう。

前に概説したビジネスモデル地図を使えば、ちがった疑問が出てくるはずだ。同社が現在、自分の車でまともな稼ぎが得られると思うときにしか働かない流動的な運転手市場に頼っているなら、そこにプラットフォームが自動運転車を持ち込んだらどうなるだろうか？　おそらく自分自身の市場を不安定にしてしまうだろう。

所有する自動運転車を中心に使って、ウーバー社やリフト社が現在誇るような乗客への即応性を実現するには、かなりの費用がかかる。システムにある車両の総数は、ピーク需要に対応できるだけのものでなければいけないのをお忘れなく。

もし会社が自前の自動運転車を所有し、いちばん忙しく、儲けの多い時間帯に人間運転手と競合させたら、人間運転手たちの参加意欲は下がる。本当に輸送を、水道や電力と同じくらい信頼できるものにするのが目標であり、単に企業の利潤を最大化するだけを考えるのでなければ、こうした企業は自動運転車を運転手と競合する形ではなく、それを補い、現在は行き届かない場所にサービスを提供するのに使うだろう。そうした場合、自動運転車の利用率はあまり上がらないにしてもだ。もっとありそうなのは、彼らの数学モデルやアルゴリズムを補正して、人間と機械の最適なミックスを見つけるのが正解だということだ。これは電力網が、石炭、天然ガス、原子力を「ベースロード」として使い、日中のピーク需要に再生可能エネルギーで対応するようなものだ。

市場モデルの便益を維持するためには、ウーバー社やリフト社は自動運転車そのものを導入するかわりに、むしろ運転手たちが自動運転車を買って同社に提供するようなインセンティブを作るかもしれない。多くの点でこれは、彼らのビジネスモデルをエアビーアンドビーに近いものにする。そこでは市場参加者たちが、自分の労働ではなく所有資産を提供するのだ。だがこの計画がうまくいくためには、ウーバー社やリフト社は自分で自動運転車を開発する必要はなく、異なる自動運転車メーカー同士の相互運用性を促進すればいい。その計画が「自分で自動運転テスラを買って、通勤に使い、それ以外のときには弊社に使わせてください」といったものなら、車両群は混成となり、相互運用制御と配車への投資が必要となる（テスラ社は思惑がちがうようで、自社ユーザーの運転手がウーバー社やリフト社用に車両を使うのを禁じている。自社で競合サービスを導入しようとしているのだ。ビジネスモデルは孤立して存在するわけではない。顧客や供給業者のニーズだけでなく、競合他社にも適用しなければいけない）。

この議論はまた政策担当者にも重要だ。相互運用可能な自動運転車の世界は、現在のオンデマンド運転手にとって所有者兼オペレーターとなる機会を作り出す――あるいは未来の自動運転トラック時代には、これは独立したトラック運転手にとっての機会にもなる。テスラ社などが、自社の車のオーナーたちに競合サービス向けの運転を禁止できる世界は、ニコラス・カー［アメリカの著述家］が「デジタル共有小作人」と呼んだものの現実世界版になってしまう。自動運転車の相互運用性の確保は、インターネット革命を駆動した当初の相互運用性と同じくらい重要だ。この分野でのオープン規格は、大企業だけでなく一般人がオートメーションの次の波から利益を得るのに役立つ。

ウーバー社の公共政策部門で働くベッツィ・マシエロは、ピアツーピアモデルが自動運転車とどう混じるのかについての質問に、現在では人々がウーバーをタクシーのかわりだと思っているけれど、むしろいずれは、ピアツーピアの部分レンタカーになるかもしれないと答えた。おそらく現実は両者の混成になるだろう。

最後に、もし補助拡張された労働者がウーバー社やリフト社のビジネスモデルにとって中核的なのであれば、自動運転車についても、新種のサービスを可能にするさらなる補助拡張として考えるべきかもしれない。運転そのものが機械で安く実現できるコモディティになったら、その能力により補助拡張された人間は、その新しいスーパーパワーで何をするだろう？　輸送が水道のように安く信頼できるものになった社会には、どんな可能性があるだろうか？

次世代経済《ネクストエコノミー》のビジネスモデル地図

複数の企業の本質を捉える地図を構築するときには、きれいすぎる分類などやるだけ無駄だと認識しておこう。たとえばウーバー社やリフト社と同じくエアビーアンドビー社はネットワーク化された市場だが、それはアパートや住宅、部屋のネットワークであり、ゲストがきて去った後に片づけをする労働者のネットワークは二次的なものでしかない。グーグルとフェイスブックはコンテンツを作り、共有し、消費する人々と、その人々に到達したい広告主のネットワークだ。ｉＰｈｏｎｅやグーグルプレイ（Google Play）のアプリストアは、アプリのネットワークにより物理デバイスとアプリ制作開発者のエコシステムを補助拡張する。

分散太陽光発電、電気自動車など、炭素ベースのエネルギーから再生可能エネルギーへの移行を示す兆候は、この枠組みから少々はずれるように思える——が、そうだろうか？　結局のところ、屋根の上の太陽光パネルはウーバーやエアビーアンドビーなどのオンデマンド企業の分散化ネットワーク的特徴の多くを持っているのだ。

未来を理解したければ、がっちりした境界線ではなく、重心となる核を考えよう。太陽の重力井戸が、冥王星の軌道の向こうまで作用し、楕円軌道の惑星だけでなく偏心軌道の彗星《すいせい》や小惑星まで包含するように、未来を形成する力はすべて重心と、減衰していく影響力を持っているのだ。そしてちょうど太陽系が複数の重力サブシステムを持ち、局所的な巨星の引力が独自の衛星を引きつけつつ、そのすべてがもっと大きな踊りに参加しているように、こうした相互に貫通するトレンドは相互に影響して収斂《しゅうれん》するのだ。

これを念頭に、ウーバー／リフト地図を一般化してみよう。次ページに示すのは、「次世代経済《ネクストエコノミー》のビジネスモデル地図」と題した地図だ。貢献要因の箱のうちいくつかはわざと空白にしてある。みなさんが自分の会社について、あるいは自分の消費するサービスについて、そこに何を入れるか考えられるようにするためだ。いくつかは埋めてある。それがいま展開しつつある未来にとって中心的なものだと考えるからだ。

物質を情報で置きかえる

物理資産にデジタルの足跡を与えることで、情報資産のように管理できるようになる。この考えは、リアム・ケイシーから拝借したものだ。彼はアイルランド出身で、ＰＣＨインターナショナル

「次世代経済《ネクストエコノミー》のビジネスモデル地図」

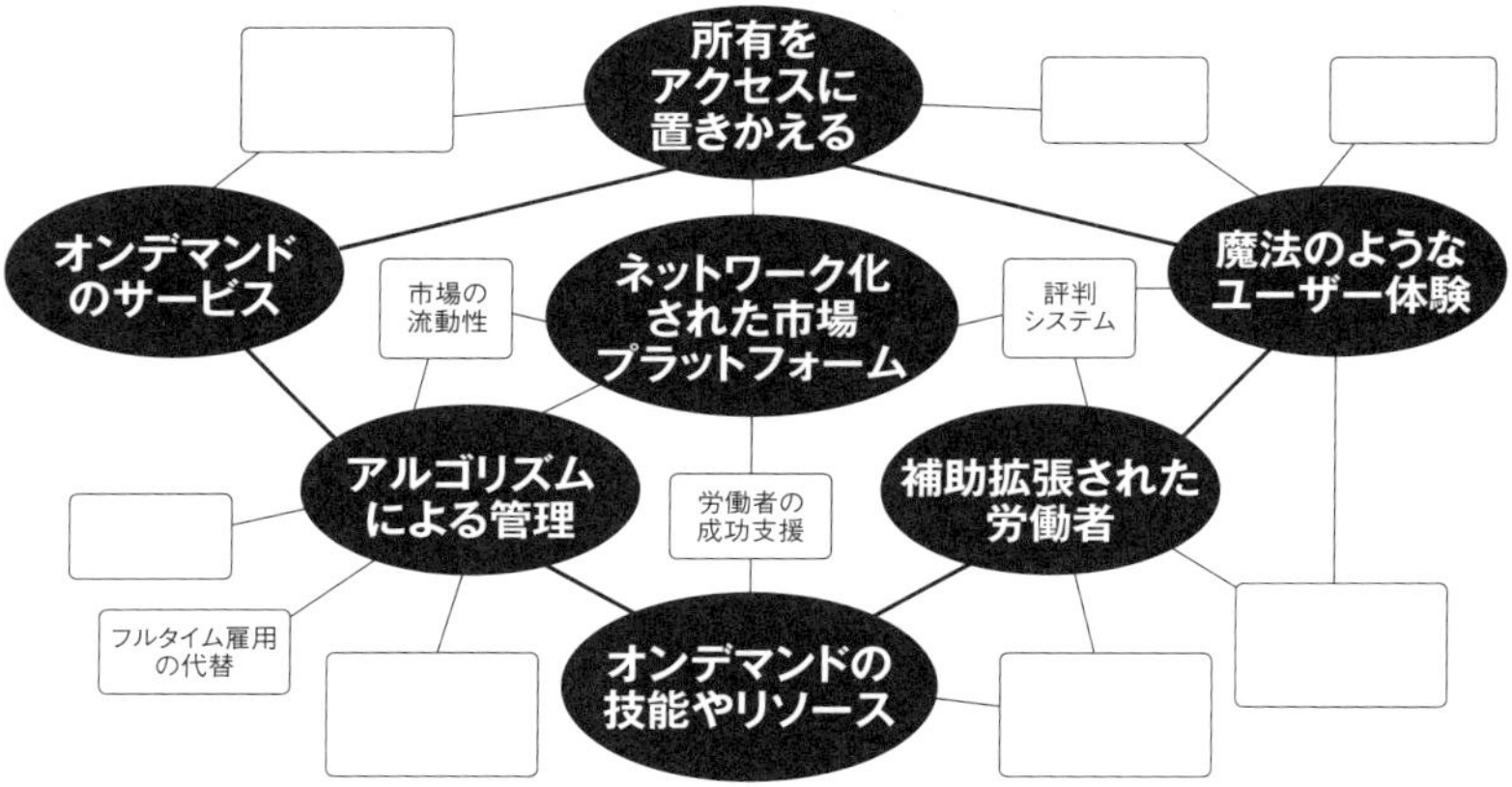

社を経営している。これは電子産業の設計および物流会社で、深圳、サンフランシスコ、アイルランドに事務所がある。ＰＣＨは、消費者向けエレクトロニクスメーカーに、消費者への直販ジャストインタイム製造を提供する。メーカーはオンラインで注文を受けつけて、商品は直接中国から発送されるのだ。

「我々は在庫を情報で置きかえるんです」とリアムは、自社のアメリカ顧客向け在庫がオーストラリア向け在庫よりはるかに少ないのを示してくれた。オーストラリア市場はアメリカより桁違いに小さいのだが、オーストラリア向けは地元倉庫に在庫を持つしかないのに対し、アメリカにはリアルタイムデータシステムがあるので、在庫を圧縮できるのだ。

関連したコメントは、義理の息子ソール・グリフィスからも聞いた。彼は発明家で、その会社アザーラボ社はＤＡＲＰＡ（国防高等研究計画局）やＮＡＳＡ、アメリカ国立衛生研究所（ＮＩＨ）、アメリカエネルギー省（ＤＯＥ）から契約をもらい、革新的な技術アプローチを開発する。「我々は物質を数学で置きかえるんだ」とソールは、自分のプロジェクトの多くは計算設計が本質であり、形状や材料の性質を理解して、それをもっと効率よく使う方法を計算するのだと説明してくれた。

ソールは、物質を情報で置きかえるのが自動運転車ではどう展開するかを指摘した。ほとんどの車は1960年から2010年にかけて重量が倍になった。クランプルゾーンやエアバッグなど、事故のときに役立つ巧妙な機能をいろいろ追加して、安全にした。エンジンの効率は上がったのに、燃費がそれほど改善しなかったのは、ほとんどの車がデブになったからだ——大きく重くなったのだ。

ソールは尋ねた。「自動車をすごく賢くして、極度に自動化して、決してお互いに衝突しないようにしたら？　これは生物学的な安全へのアプローチだ。ぶつからないようにそこから飛び退くか、そもそも衝突自体を避ける。それをやったら、また車を軽量化できる。それも大幅に軽量化できるから、プラスの便益が生じて、電化も簡単になる。運輸分野で消費されるエネルギーを、ゆうに3分の2以上は節約できる」

「物質を情報で置きかえる」というのは「所有をアクセスで置きかえる」よりも強力な主張だ。はい、確かにオンデマンドのメディアアクセスが持つ購読モデルと、ウーバーやエアビーアンドビーのようなサービスで起きていることには連続性があるが、原理をもっと広い形で述べることで、現代世界をさらに理解できるようになる。

こんなに的確に述べられた新コンセプトを耳にしたら、それを頭の道具箱に追加しよう。それを身の回りの世界を見る方法として試してみよう。それはちがう考え方をするのに役立つだろうか？

この原理が労働のグローバル化の論理すら逆転させるだろうか？ 最近の論文で、経済学者ローラ・タイソンとマイケル・スペンスは、数十年にわたりグローバル化の論理は、製造業が人件費の最も少ないところに移動するというものだったと指摘する。だがいまや、「製造業サプライチェーンのなかで、定型化した労働集約型の部分がデジタル資本集約技術に代替されて（中略）デジタル技術が製造業をモバイルにしつつ、費用面での負担がほとんどない状態にしているため、物理的製造活動は労働よりは市場需要に向かって移動する。というのも、市場に近いほうが効率性が実現できるからだ」と彼らは指摘する。

ネットワーク化された市場プラットフォーム

ウーバー社やリフト社だけでなく、グーグル、フェイスブック、アマゾン、ユーチューブ、ツイッター、スナップ、百度、テンセント、アップルはどれも、アルゴリズムによって管理され、ネットワーク化された市場プラットフォームだという事実から、強みの相当部分を引き出している。5章で論じるように、競合する20世紀的な組織とは根本的なちがいがいくつかある。

ネットワークと技術プラットフォームは、古い企業形態を潰し、もっと強力なものと置きかえるような新しい組織形態を提供するだろうか？

オンデマンド

タスクラビット（TaskRabbit）は、消費者が引っ越し運搬人、家の掃除人、庭師といったたまたまの労働者を、ボタンひとつで雇えるようにするアプリを作っている。これをウーバー社やリフト社と同じ地図におさめるのは簡単だ。プロのプログラマー、デザイナーといった高技能労働者の世界的市場にアクセスし、彼らを短期「ギグ」のために雇えるようにするアップワーク（Upwork）も、明らかにこれに当てはまる。次世代経済の多くの観察者にとっては、それが地図の始点であり終点だ。だがアマゾン社もオンデマンド企業以外の何物でもない。その商品は、ますます当日配送されるようになってくるのだから（しかもそれは、伝統的な配送業者ではなく、自分の車を使ったオンデマンド運転手のネットワークが運んでくることも多い）。世界中の企業が自動操縦のドローンによる配送実験を行い、アマゾンの自動化された倉庫が荷物ひとつあたりの人間労働を1分しか必要とせず、ほとんどの仕事はソフトウェアと機械の複雑なバレエにより行われるようになったとき、オンデマンドはどうなるのだろう？

オンデマンド配送は、テクノロジー企業が導入したWTF？サービスが、トム・ストッパードのユニコーンのように「現実くらいに希薄な」、日常生活の一部になる一例だ。オンデマンドは普遍的な消費者の期待になりつつある。アマゾンはすばやい「無料」配送を提供したが、いまや大型小売店なら同等のものを提供しないと競争はむずかしい。

図を見ると、オンデマンドを表す二つの楕円があるのがわかるはずだ。**オンデマンドのサービスと、オンデマンドの技能やリソースだ。**オンデマンドは、ネットワーク化された市場の両サイドに影響するのだ。

アルゴリズムの管理

ウーバー社やリフト社のような企業の中核にあるアルゴリズムはすさまじい計算力を必要とする。これは検索エンジンやソーシャルネットワーク、金融市場の核心にあるアルゴリズムと同じだ。多くの場合、最高の数学を手にした企業が勝つ。スマートアルゴリズムの最先端は、もちろん人工知能だ。だが人工知能は、現代社会がすでに依存している、ますます自動化された他のアルゴリズム的システムとの連続体なのだ。

アルゴリズム的システムが社会をどう形成するかについて理解するのは、本書の中心的な主題のひとつだ。自分や子供たちのためにもっとよい未来を形成する見込みを実現するには、こうしたアルゴリズムの性質がどう変化しているかだけでなく、なぜ最も恐れるべきアルゴリズムが人工知能ではなく、経済を支配するだれも検討していないアルゴリズムなのかも理解しなければならない。この問題は本書のⅢ部で検討する。

補助拡張された労働者

第一次産業革命の驚異は、新種の機械と手を組んだ労働者たちによってもたらされた。人を強く、速く、強力にする機械なしに、摩天楼を建てたり空を飛んだり70億人を喰わせたりできるだろうか？　今日のテクノロジーでも同様だ。正しく導入されたら、それまで不可能だったことも可能にしてくれる。

補助拡張の度合いはちがうだろう。タスクラビットのようなサービスは、顧客を探すという労働者の能力を補助拡張してくれるが、仕事そのものは助けてくれない。ウーバー社やリフト社の運転手は、道を探して顧客を見つける能力についても追加の補助拡張が受けられる。外科医や腫瘍専門医は、伝統的な組織で働いてはいても、知覚能力を補助拡張された労働者であり、かつての同じ職業の人々にはなかった「感覚」を得ている。ＡＲ（拡張現実）の発達で、建築検査、建築家、工場労働者も同じ状況となる。

未来の経済を現在よりよいものにするためには、労働者を補助拡張する新しい方法を見つけ、彼らに新しい技能を与え、新しい機会にアクセスする方法を見つけよう。人間がかつてやっていたことを自動化する方法を見つけたら、どうすればそういう人々を補助拡張し、何か新しい有意義なことをやれるようにできるだろうか？

労働者の補助拡張と成功支援こそが、次世代経済で繁栄したい企業にとっての不可欠な要素だということをウーバーが教えてくれると言われて、ウーバーの高圧的で、猪突猛進する元ＣＥＯトラビス・カラニックについて読んだ人々はいささか認知的不協和を感じるかもしれない。２０１７年初頭、ウーバーの料金引き下げで破産したと訴える運転手をカラニックが怒鳴りつけているビデオが出回って、ウーバーは炎上した。「自分のクソの責任も取りたがらねえヤツがいるんだからな。自分の人生のすべてを他人のせいにしやがる」とカラニックは、アイン・ランド［ロシア系アメリカ人の小説家・思想家。自由市場の絶対的盲信で有名］の混じりっけなしの利己主義哲学を明確に反映させた暴言を吐いた。これは自分の事業をまわしてくれる人々に高い価値を置く人物の言動ではない。

未来をマッピングするときは、地域は理想化された風景ではなく、現実のもので、それぞれがすばらしさと欠点の混合なのだということは忘れないようにしよう。未来を創造している人々は複雑で、それぞれが明晰《めいせき》さと欠点の混合だ。彼らは我々には見えないものが見えているが、他のものが見えていないかもしれない。

１９９８年に、マイクロソフト社がいずれはオープンソース・ソフトウェアを受け入れると予言したように（その通りになった）、ウーバー社はいずれ、人々が自分の構築したものの重要な一部であり、その人々を支援するのが競争戦略の中核なのだと気がつくはずだ。リフト社はすでにこれを知っていて、自社の優位性を構築している。

また、自分のほしい未来を作り出すにあたり、顧客としての自分たちが、企業に責任を取らせるようにする役割を持っていることも理解しなければならない。広報の危機が生じるたびに、ウーバー社の顧客の一部はリフト社に流れるが、ほとんどはウーバーを使い続ける。もし人間中心の未来がほしければ、人間中心の価値を示す企業を支援することだ。

魔法のようなユーザー体験

もちろん魔法はいずれは消えるけれど、魔法があるかどうかは、影響力を確実に左右する。そのWTF?的瞬間は、自分たちが扉を開けて未来を見ているのだと教えてくれる。だが、扉を開けたのはだれなのか、そしてどうやって?

その扉を大きく開く達人だったスティーブ・ジョブズは、こう言った。「成長すると、世界とはいまの通りのものだと言われがちだ。（中略）ひとつ単純な事実を発見したら、人生はずっと広がる。その事実とは、自分の人生と呼ぶものを取り巻くすべてのものは、自分よりも賢いわけではない人々が作ったということだ。そして自分でそれを変え、それに影響を与えられる。（中略）ひとたびそれを学んだら、もう二度と元には戻れない」

4章
未来はひとつではない

振り返ってみれば未来は当然に思える。どうしてこんなことをみんな見逃していたんだ？ ニュースには絶えずその答えがある。テロ攻撃や無差別銃撃が起こるたびに、警察や情報部は事前に警告を受けていたと聞かされる。だれかがお役所仕事の雲を払いのけて、容疑者についての懸念を報告しようとしていたのだ、と。「当局の連中、目や耳がどうかしちゃってたのか？」とみんな思ってしまう。でも出来事が起こる前には絶えず変動する可能性の複合体があって、そのどれもが起こる可能性はあったのだということをみんな忘れてしまう。報告された潜在的な脅威は何百もあって、そのうちのほとんどは**決して**実現しないのだ。

いったんその事象が起きたら、そうした可能性はすべて凝集して現在と呼ばれるひとつの現実になり、そして一瞬のうちにそれは過去になる。だが過去ですら、一見すると固定されているように見えるが、現在からの新しい知識で絶えず更新される幻影なのだ。

このことは国の安全保障だけでなく、テクノロジーについても言える。

2000年に私はリチャード・ストールマンからの訴えを受け取った。彼はアマゾンのワンクリック特許と、アマゾンが競合のバーンズ&ノーブル社に対し、類似機能をサイトbarnesandnoble.comに導入したとして訴訟を起こしたことについて懸念していた。リチャードは、アマゾンでトップ級の売れ行きのある出版社のひとつとして、そのサービスをボイコットしてくれと促した。

「ジェフに話をしてみたのか？」と私は尋ねた。

していなかった。そこで私は、ジェフ・ベゾスにメールを書いて（当時はまだ会ったことはなかった）、考え直してくれと頼んだ。

件名：アマゾンワンクリック特許
日時：2000年1月5日（水）10:03:59-0800
差出人：ティム・オライリー
宛先：ジェフ・ベゾス

　アマゾンのワンクリック特許について、顧客から（弊社ウェブサイトの「ティムに訊《き》こう」コラムと直接のメールで）公式に見解を述べるよう、かなりの圧力を受けていることをお知らせしたい。またリチャード・ストールマンからも、アマゾンボイコットを広めるのを手伝えと言われている。私は断ったけれど、でも手法はさておき、彼の主張には同意することはお伝えしておきたい。たぶん間もなく、何らかの公式声明を出さざるを得ないから、それが世界に広まる前に、どんな内容になるかお知らせしようと思った次第。

　まず、御社は技術コミュニティの反感を一気に食らうことになっているようだ。御社がもっと広い消費者を視野に入れているのは知っているが、真剣な技術コミュニティは、御社のアーリーアドプターの中核だし、特に書籍市場では最高の顧客の相当部分を占める。（中略）そうした顧客が断固としてソフトウェア特許に反対していることは断言できる。

　第二に（そしてこれが私には最も重要な点だが）、ウェブがかくも急成長したのは、実験とイノベーションのオープンプラットフォームだったからだ。それはマイクロソフト社がソフトウェア産業の大半に対して持っていた、単一ベンダーの絶対的な掌握から人々を解放し、アマゾンを含む無数の新プレーヤーたちに機会をもたらす新しいパラダイムを作り出した。アマゾンの驚異的な成功を実現するために君が使った技術は、ティム・バーナーズ＝リー以来の初期のウェブプレーヤーたちが、この特許を取得し強制するにあたり君がやったようなふるまいをしていたら、決して普及しなかっただろう。というのも、特許を使えるのは君だけではないからだ。そしていったんウェブが競合特許や、このすばらしい開かれた競技場を独占の荒野にする各種試みで囲い込まれてしまったら、さらなる発明の井戸は涸《か》れ果てる。要するに、私は君が井戸にションベンをしていると思うわけだ。

君のような特許は、ウェブの価値低下への第一歩だ。競合に対してだけでなく、君が自分の事業に活用できるかもしれない偉大な新アイデアを考案する技術イノベーターたちに対しても参入障壁を引き上げてしまう。技術の決まり文句として、賢い人間がすべて自分のために働いているわけじゃないというのがある。だから成功する最も確実な方法は、自分の囲いの外にいる人々から、もっとアイデアや労力を得ることだ。（中略）

君は、世界に自由に与えられた技術を活用することで、すさまじい競争優位を獲得した。もし君のようなプレーヤーたちが、その贈与経済を、みんなが進歩を出し惜しみする殺伐とした世界に置きかえてしまい、もっとひどいことに、他人がそれを再現することさえ阻止するようになったら、自前の技術を開発するためにますます巨額の予算を出すはめになるか、あるいはもっとありそうなこととして、またもや君とは利害の一致しない商業ソフトウェアベンダーたちに牛耳られるかになってしまうだろう。

もし御社が主に技術会社を自認しているのであれば、独占ＡＰＩやファイル形式、特許で技術市場を追い詰めようとするマイクロソフト社流のやり口をやってもいいだろう。でももし御社がすばらしい顧客サービスとマーケティングの会社だと自認するなら、使いものになるような技術プラットフォームを他の人々が発明できるようにしたほうがいい。それは君たちのこれまでの成功で大きな役割を果たしてもいる。御社は偉大なオープンプラットフォームを使い、顧客にすばらしいサービスをもたらし垂直アプリケーションを構築してきたわけだ。怪しげな特許を申請しても、そのプラットフォームの成長の足を引っ張るだけだ。

そしてこれが第三の論点だ。この特許は長期的には認められない見込みがかなり強い。これは特許局がソフトについてちょっとでもわかっていれば、決して認められなかった種類のソフトウェア特許の古典的な見本だ。クッキー（cookies）の些末《さまつ》な応用でしかない。クッキーを保存したクレジットカード情報とあわせて使うという先例ですら、かなりの数があるはずだ。でも先例がなくても、かつての訪問者のステータス情報を保存する基本的な手法はあまりに根本的だから、君のやったことには何も目新しさがない。

最後になったが、私が君たちをすさまじく評価していることは言っておきたい。私は絶えず、アマゾンを「コンピューターアプリケーションの次世代」のパラダイム的な見本だと語っている。君たちはすばらしい競合で、すばらしいサービスを提供しているから、こんな特許のような道具を使わなくてもトップに立てるはずだ。そんなものなしに勝てるはずだし、長期的にはこの特許は、利益より害のほうが大きいと確信している。

すでにこの特許をずいぶん強気で打ち出してきたから、いまさら素知らぬ顔で引っ込めるのがとてもむずかしいのもわかる。だが是非そうしてほしい。（中略）

すでに何度も公式に示唆してきた通り、ウェブから多くの恩恵を受けてきた企業は、何かを返す義務があると私は思っている。これは君たちの成功を可能にしてきた開発者に対する「ありがとう」以上のものだ。それはイノベーションを継続させると言う意味で、利己性に基づく行動でもあるんだ。

数日後、ジェフは礼儀正しくこちらの主張を一蹴する返事をよこした。そこで私はこの問題を公に広めることにして、ジェフへのメールを公開し、同時に顧客など関心ある人々の署名を求める公開書簡を出した。2日もしないうちに、1万人の署名が集まり、さらにジェフから電話がかかってきた。

ジェフは、特許は有効だし、バーンズ&ノーブル社——当時は書籍販売事業で最大の最も強欲な勢力——がアマゾンのあらゆる動きをまねており、この法的な対抗策はアマゾン生存のため不可欠だったのだという。だが私の議論にも一理あって、オープンイノベーションのほうが特許戦争よりよいという。アマゾンは自衛のために特許を取得しなければならないが、将来はそれを防衛的にしか使わないようにする——つまり、他人から特許訴訟やその脅しを受けた場合にしか使わないと述べた。

それからPR柔術の見事な動きとして、ジェフはいっしょにワシントンDCに出かけ、特許改革を訴えようという。私たちはそれをやり、やがて2人でバウンティクエスト（Bounty Quest）社という新興企業に投資した。これは「類似の先例技術」掘り起こしを支援するはずの会社だった。「類似の先例技術」とは、それまでにもあった技術で、特許局がそれを知っていたら特許申請を却下したり、あるいは申請においてそれが先例には見られない技術革新をどのように実証しているのか明確にするよう要求したりするはずのものだ（バウンティクエスト社自体が、キックスターター〈Kickstarter〉といった後のイノベーションに対する類似の先例技術の好例だった。というのもこれは、インターネットが可能にした「クラウドソーシング」の最初の例のひとつだったからだ——とはいえクラウドソーシングという言葉自体は6年後にならないと登場しなかったが）。

ジェフの支援を受けて、バウンティクエスト社は類似の先例技術探索の対象として、まっさきにワンクリック特許をとりあげた。その次に起こったことは、私も含め、この発明と称するものがあまりに自明だと思いこんでいた人々みんなを驚かせた。1万ドルもの懸賞金を出したにもかかわらず、アマゾンのワンクリックボタンのような単純なものを実装した、過去のソフトウェア事例がまるで見つからなかったのだ。役に立ちそうな類似の先例技術にいくつか懸賞金は出したものの、「明らかな前例」は何もなかった。ワンクリック特許は、実はかなり独創的だったのだ。

どういうことだろう？ コンピューター業界のほとんどだれもが、保存したクレジットカード情報と結びつけたワンクリックの買い物ボタンなんて、本当にだれでも思いつくものだと論じていた。もしそうなら、なぜそれまでだれもやっていなかったんだろうか？

公開書簡を発表した数日後の会話で、ジェフはなぜワンクリック特許が特許を申請するほど独創的だと考えたのか説明してくれた。それは実装とは何の関係もない。実装がかなり簡単にまねられるのは、ジェフも認めた。だが重要なのは、問題の捉え直しだった。彼がワンクリックを思いついた当時、みんなはショッピングカートの例えに捉われすぎていた。それが現実世界でみんなやっていることだからだ。商品を選び、それをカウンターに持っていって買う、というわけだ。でもウェブではまったくちがうことができる、と彼は気がついた。何か品物を指さすだけで手に入るのだ。

特許申請書のややこしい言語ではなく、そういう言い方をされると、アマゾンが特許制度をずる賢く濫用しているだけではないというのがわかった。ジェフは本気で、小さく見えても重要なイノベーションをしたと主張していたのだ。

ジェフはさらに、多くの人はこの特許を特許局の無能により認められたとしているけれど、でもそんなことはないのだと主張した。バーンズ＆ノーブル社は、法廷で類似の事前技術を提出する機会があって、同社が掘り起こしたあらゆる証拠を検討した結果として、裁判官は予備的な禁止令をバーンズ&ノーブルに対して出した。ジェフはこれが、この機能が文句なしの発明なのだというかなり強い証拠だと考えていた(それに、発表されたときの報道も肯定的だった)。

つまり、この発明が当たり前に見えたのは岡目八目なのだった。アマゾンがワンクリックを開始したとき、人々は過去の脳内地図を描き直し、現在の物事が避けがたく見えるようにしてしまったのだ。これは地図の描き直しが持つ力の副作用だ。

十分うまく新しい地図を描くと、未来についてだけでなく、過去についての知覚も変わる。考えられなかったことが日常の一部となり、それが多くの可能性のひとつでしかなかったことなど、なかなか思い出せなくなるのだ。

この種の、何が可能かについての創造的な見直しが、後に「当たり前」になったもっと最近の例はすでに見た。ギャレット・キャンプとトラビス・カラニックが最初にウーバーを思いついたとき、オンデマンドで車を呼びつけられるという発想は、可能性の広がりのなかでだれにも探究されないまま、転がって眠っていた。あらゆる能力はすでに存在していた。すでに何億台ものスマートフォンが出回り、運転手と乗客の双方の位置をトラッキングできるセンサーを備えていた。それにネット接続されたタクシーすら存在していた。でも伝統的なタクシー会社がそのネット接続でやったことと言えば、タクシーの後ろにクレジットカードの読み取り機を置いて、コンテンツや広告の放送用に小さな画面をつけただけだった。

実はあるインターネット起業家は、キャンプとカラニックのアイデアをはるか昔に考案していた。スニル・ポールの「効率的輸送経路決定システム及び手法」特許は2000年に申請され、2002年に付与されたものだが、不気味なまでに予言的だ。それは現代のオンデマンド迎車システムの多くの特徴をほぼ完璧に記述している。だがスニルの構想したものを構築するためのパズルのかけらは、まだそろっていなかったのだ。

スニルはこう語ってくれた。「スマートフォンが車にかわるというのが発想でした。スマートフォンで輸送を手配できるから、もう車はいらないというわけです」。当時、初期のスマートフォンは主にヨーロッパに存在していたが、どこにでもあるとはとても言えないものだった。「1999年に、この発想で起業しようとはしてみました。でも2カ月ほどして、時期尚早だと結論づけたんです。技術がまだ不十分だった。そんなに需要もなかった」。こうして会社は結局できなかったが、そのプロジェクト名はVカー、「バーチャルカー」の略だった。

スニルがどんなものを構築しようとしていたかは、必ずしもはっきりしない。その特許はとんでもなく広範で、位置指定の迎車と経路選択のあらゆるアプリケーションをカバーしている。ウーバーのユースケースだけでなく、部分的レンタカーサービス（すでに1997年創業のスイスのモビリティ〈Mobility〉社と、アメリカでは1999年にロビン・チェイス、アンティェ・ダニエルソンが創業したジップカー〈Zipcar〉社を先駆として持つカテゴリー）の管理に電話が使えるというアイデアや、自動車に対する申込者アクセスの提供、複数の運転手が集団で所有する車の一時利用すらカバーされているのだ。

スニルの特許の範囲の広さは、SF作家フランク・ハーバートがかつて語ってくれたように「アイデアなんて一山いくらでしかない。重要なのは実装だ」ということを明らかにしてくれる。**未来は単に想像されるだけではダメだ。実際に作らねば**。ギャレット・キャンプとトラビス・カラニックはアイデアを実装する成功したサービスを創り出し、そのための市場を見つけ出した。

だがウーバーが創業してからも、何が可能かについての見直しはさらに続いた。

スニルによれば、ピアツーピアの自動車共有について考え、1999年に始めた作業に戻るべきだと示唆してくれたのは、２００７年から自宅の部屋や、留守宅すべてを貸し出せるようにした、エアビーアンドビーなのだという。２００９年に創業され、スニル率いるシンギュラリティ大学の講義でインキュベートされたゲタラウンド（Getaround）社は、タクシーサービスではなく、レンタカーのピアツーピア版を提供した。それは、チェイスとダニエルソンによるジップカー社の更新版だった。

２００７年にローガン・グリーンとジョン・ジマーはジムライドというピアツーピアサービスを創業した。これは長距離の都市間移動について運転手と乗客をマッチングするものだった。スニルの事業を見て、彼らは２０１２年にリフトという新サービスを創始した。これはプロの運転手ではなく「車を持った友人」による近場の迎車について公共ピアツーピアのライドシェアサービスを提供した、最初の事例となる。はるか先を行っていたのに事業参入が遅かったスニルは、同時期にサイドカー社を興した（リフトがサービスを公開したときには非公開のβ版だった）。だがサイドカー社が資金調達に出かけたころには、ウーバー社やリフト社がすでにベンチャー資本から巨額の資金を獲得しており、サイドカーはこの資本集約型の事業では競争できなかった。そして２０１５年末に廃業した。

ウーバーはリフトに対抗してウーバーXを立ち上げ、今日のようなライドシェア風景ができあがった。リフトは革新を続け、ＬｙｆｔＬｉｎｅ《リフトライン》を開始した（ウーバーはこれに対抗してＵｂｅｒ《ウーバー》Ｐｏｏｌ《プール》を立ち上げた）。これは若き日のジンバブエ旅行で見かけた、ピアツーピアの公共交通ネットワークの現代版を作りたいというジマーとグリーンの当初のビジョンに忠実なもので、そのビジョンが最初はジムライド社、それからリフト社をもたらしたのだ。

考えられないことを考える

キャンプとカラニックはまた、アマゾンのワンクリック買い物すら上回る重要な支払いイノベーションを実現した。ネット接続されたセンサーの世界では、サービス消費という行為そのものが支払いを引き起こせる、ということに気がついたのだ。ウーバーのようなアプリは、乗車がいつ始まり、いつ終わったかがわかるので、料金をリアルタイムで計算し、乗車が終わった瞬間にクレジットカードにチャージする。このイノベーションは、いまだにそれを使えるはずの人々に十分理解されていない。

2014年、ウーバー創業から5年以上たっているのに、アップルペイ（Apple Pay）の発表を見ると、最先端の企業ですら古いモデルにとらわれていることがわかる。アップルペイのウェブページはこう述べる。「財布を探してゴソゴソする日々はおしまいです。正しいカード探しの無駄な時間も。カードをスワイプして待つのも終わり。いまや支払いはタッチするだけ」

この図式のどこがいけないのか？　これはすでに古くなりつつあったプロセスをデジタルで劣化コピーしただけなのだ。

本当に破壊的な新サービスは、おなじみのものをデジタル化するだけではない。それ自体をなくしてしまうのだ。

ウーバーやリフトを使うとき、財布を探したりすることはない。アマゾンで買い物をするときにも財布なんか探さない。ｉＴｕｎｅｓで曲を買うときにすら、財布は探さない——それを言うなら、アップルストアでｉＰｈｏｎｅを買うときですら。こうした例のいずれでも、私の支払い情報は単に、自分のＩＤとすでに紐《ひも》づいた、保存されたただの資格証明なのだ。そのアイデンティティはますます、明示的支払いプロセス以外の手段で認知されつつある。

ウーバーの場合、まず車を呼ぶ。運転手はすでに私の顔も名前も知っており、２人の電話はいっしょに移動する。ウーバーはＧＰＳにより、私の支払うべき金額を知っている。そして自動的に課金する。目的地に到着して車を降りるだけで「支払い」は終わる。それが支払いの未来だ。「ｉＰｈｏｎｅを非接触型読み取り機に近づけて指をタッチＩＤに乗せる」なんてのは未来ではない。だからある意味で、アップルペイは真に破壊的なサービスが古い支払いモデルなんかなくしてしまったという事実に追いつけていない人々のための支払い手段なのだ。

アマゾンは支払いの未来を推し進め続けている。２０１６年末、同社はアマゾンゴー（Amazon GO）と「そのまま店を出る買い物」ができるコンビニを開発中だと発表した。単にアマゾンゴーのアプリを立ち上げるだけで、機械による画像認識などのアルゴリズム的システムが、何を棚から取ったか追跡し、自動的に口座に課金するのだ。

私もそうしたものを２００９年かそこらに、ヒューレット・パッカード（Hewlett-Packard）社のクラウドコンピューティング戦略担当ＣＴＯラス・ダニエルズと「ウェブ２・０」ブレーンストーミングセッションをしているときに提案していた。ＨＰ社は、クラウドコンピューティング事業で何か目立つことをやりたがっていた。私はＨＰ社がかつて、ＰＯＳ支払い機器ベンダーのベリフォーン（Verifone）社を所有していたのを知っていた。そこから、未来には支払いなしのチェックアウトを可能にする、スマートショッピングカートがあり得ると思いついたのだった。

ちょうどフォースクエア（Foursquare）が始まったころで、それが魔法のように人の所在地を検出し、「チェックイン」するための場所を提示するのを見て、「チェックアウト」にもそれが使えるかもと思ったのだった。参加商店は、会員を顧客として認識し、保存された支払い情報を呼び出す。買いたい商品を認識する方法として、私はカート内にバーコードリーダーを入れるとか、店内の各商品の正確な位置を知っているセンサーを使うとか、カートに入れたときに重量で商品を判断するとかいうやり方を考えていた。機械画像認識はまだ、アマゾンがいまやっているような魔法を信頼できるほど正確に実現できる段階ではなかった。

ときにはアイデアがすでにあっても、それを現実にするテクノロジーがまだ実現していない。そうした経験はいくらでもある。1981年、私の最初期の事業アイデアは、新しいRCAのレーザーディスクプレーヤーを使った、インタラクティブなホテルパンフレットだった。ホテルの部屋を見て、部屋からの眺めすらわかる。企業にビデオサービスを販売する友人と提案書を書いて、ホテルチェーンのひとつに売り込んだが、結局日の目を見なかった。この発想はあまりに時代に先行していたのだ。

そして初期のワールドワイド・ウェブのように、技術がそこにあっても自分のなじみある問題に制約されてしまい、それを限られた形でしか適用しないこともある。だからこそ、未来への進歩はギクシャクしていて、それぞれの発明家は別の発明家のアイデアを踏み台として、少しだけ先に進むのだ。

広告が1993年夏に立ち上げた初のウェブポータルGNNのビジネスモデルになるというアイデアを初めて思いついたとき、私の考え方は、書籍出版事業で大いに活用されていたダイレクトレスポンス広告のようなものに支配されていた。そのときデスクの上にあって、アイデアのヒントとなった「コンピューターワールド」誌がいまだに記憶に残っている。当時、ビジネス出版物にはウェブハイパーリンクの紙版があって、それをたどると追加の資料請求ができた。これは「ビンゴカード」と呼ばれていた。ダイレクトレスポンス広告はすべて――カリブ海の魅力的なホテルの広告だろうと、新しい電子デバイスの広告だろうと、オライリーの書籍広告だろうと――数字がついている。雑誌の真ん中には、料金着払いのはがきがあって、そこに数字がずらずらと、マークシートの解答用紙のように並んでいる。資料請求したい広告の番号をそこに入れて送ると広告主がカタログを送ってくれたり、高価な製品なら直接電話をくれたりするのだ。

ウェブのハイパーリンクがあれば、こんな郵便経由のカタログやパンフレットはなくていい、と私は主張した。いつの日か、あらゆる企業は独自の商業ウェブサイトを持ち、製品についての情報を提供するようになる。企業のウェブサイトなんて、その会社のブランド、製品、サービスについての広告以外の何物でもないだろう。ワールドワイド・ウェブで広告を出そうと提案したとき、私はウェブを特化した情報製品だと考えており、その後なり果てたような、お節介なメディア爆撃装置だとは思っていなかった。

1993年夏にGNNを立ち上げたとき、インターネットはまだ全米科学財団（NSF）の監督下にある研究用ネットワークだった。それを商業化すべきか、どんな形ならよいかについての議論が、com-priv（Commercialization and Privatization）というオンラインのメーリングリストで行われた。ある会議で、当時NSFのインターネット担当官だったスティーブ・ウルフと、提案されたアイデアがNSFの利用可能方針（AUP）に違反しないか、非公式に議論したのを覚えている。彼の回答はいまだに私にとって宝物だ。「そうだなあ、インターネットは研究と教育のためのものとされている。そして研究と教育を重視している点では、あんたらの右に出る者はいないよ。だから、どんどんやってくれ」

もちろん、当時はあまりにウェブの初期だったから、私たちの潜在顧客のうちウェブサイトを持っているところなどごく少数だった。だから私たちの作った広告は、実際には独自のオンラインカタログ、つまりGNNの商業一覧部分の項目だった。いちばん近いものといえば、職業別電話帳だろう。最初のウェブ広告主は弊社の当時の法律事務所、ヘラー・アーマン・ホワイト&マコーリフだった。担当弁護士ダン・アペルマンは、電子メールを使う最初の弁護士のひとりだったので雇ったのだが、5000ドルの小切手を切ってくれた（それを現金化せず記念に取っておこうかとも思ったが、当時は一銭たりとも現金を遊ばせてはおけなかった）。かわりに弊社は、同社のサービス一覧、連絡先などを載せたウェブサイトを作った。

顧客側はまだ準備ができていなかった。広告だって？ インターネットで？ 1994年に弊社は初のインターネット利用者アンケートを行い、5万人に連絡して、所得と人口属性を集めた。それでも、弊社は2004年10月に「ホットワイアード」（「ワイアード」誌のオンライン版）がやったような広告は考えていなかった。他のウェブサイトを訪れるように招くバナー広告は、だれでも思いつきそうなものだった。だが、だれも思いつかなかったのだ。

当時、私たちは人々にウェブを真剣なものと思ってもらおうと必死だった。そしてみんなに自分のウェブサイトを構築してもらい、GNNのカタログに掲載する洪水のような新しいウェブに追いついてもらおうとしていた。また、もっと多くの人々にインターネットを試してほしいとも思っていた。小さなソフト企業スプリー（Spry）社と共同で、ちょうど「箱入りインターネット」という製品を立ち上げた。これは消費者がインターネットにつなぐのを容易にするものだった。ネット接続に必要なあらゆるソフトが入っており、GNNが使いやすいフロントエンドとなって、さらにエド・クロルの『インターネットユーザーズガイド』が利用者マニュアルとして含まれていた。

デールと私はまた、あらゆる電話会社にも連絡し、GNNをフロントエンドとしてインターネットを提供させようとした。私たちから見れば、電話会社の提供サービスとしてインターネットがすばらしいものなのはまったく当然に思えた。電話会社はすでに人々の家庭に接続している。すでに消費者と課金関係にある。だが、電話会社は耳を貸さなかった。人々は自分のやっていることに安住し、未来がやってくるのが見えないのだ。

だがその私たちですら見えていなかった。ダイレクトレスポンス広告の未来は見ていたが、それを先に進めてディスプレイ広告を想像し直すことをしなかったばかりか、GNNを立ち上げたときにはeコマースも本気で考えてはいなかった。ウェブは相変わらず静的なページの集まりだった。ウェブをバックエンドのデータベースとつなげる、ロブ・マックールのハックであるCGIは、1993年末までリリースされなかった。その2年後にイーベイとアマゾンが始まった。

ありがちなことではある。スティーブ・ジョブズは当初、iPhoneにサードパーティーアプリを載せるのに反対した。トラビス・カラニックは長いこと、ピアツーピアモデルに懐疑的だった。結局のところ、運転手が免許なしにレンタル車両サービスを提供するのは違法だったのだから。それを実現したのは、スニル・ポールがカリフォルニア州公益事業委員会にこのモデルを受け入れてもらうようにした努力だった。リフト社はその機会に飛びついた。ウーバー社は後から追随した。

古い考え方が賢い起業家たちの足ですら引っ張るという最近の実例としては、アマゾンエコーの実現にこれほど長い時間がかかったという事実がある。音声認識は2011年にアップル社が知的エージェントのSiriを導入して以来、スマートフォンの定番の特徴だった。だが一見するとちょっとした変化なのに、すべてを変えてしまうものをもたらしたのは、Siriでもなく、グーグル社でもなく、アマゾンのアレクサだった。アレクサは、ボタンに触れる必要なしに、常にこちらの命令に聞き耳を立てている、初のスマートエージェントだった。

トニー・ファデルは、最初のiPodを作り、ネスト（Nest）社の元CEOでもある。この会社はコネクテッドホーム構想の中核となるべく、グーグル社が34億ドルで買収した企業だ。そのトニーが、アマゾンに大きく出し抜かれたことについてどう思うかと尋ねたときの返事で、私にヒントをくれた。「いつも聞き耳を立てているコネクテッドホームデバイスをグーグル社が発表したら、どれほどの反発が起きたか想像できるかい？」」。グーグル社は広告ベースの事業モデルだから、批判者はすでにグーグルは監視企業だと決めつけて、同社がサービス提供の過程で集める利用者データの量に内在するプライバシーリスクを絶えず攻撃し続けている。これでは常に聞き耳を立てるホームデバイスなど不可能だ。このデバイスは、あらゆる会話に聞き耳を立てているのではなく、命令のトリガーとなる用語がないかどうかを聞いているだけなのだが、これがグーグル社の事業にとってリスクとなったのは疑問の余地がない。

グーグル社は、知的エージェントの名前を「グーグル」にしたことで、脆弱《ぜいじゃく》性をさらにひどいものにした。トリガーとなるフレーズを「オッケー、グーグル……」にすることで、利用者は聞き耳を立てているのがだれかなのか常に思い出してしまう。エコーなら「アレクサ……」と言うだけだ。家のなかのあらゆる会話を聞いているかもしれないのがアマゾンだとは、なかなか気がつかない。

（ただし書き：実はこれを本当に最初に導入したのはグーグル社だった。スマートフォンＭｏｔｏＸも、いつも人の命令を待って聞き耳を立てていた。私はこれが驚異的なデバイスだと思ったし、即座に大成功にならなかったので驚いた。グーグル社はその後の電話でこの機能を続けることはなく、自社のグーグルホームシステムでも導入しなかった。エコーでこの市場が受け入れられてから導入したのだった。）

ジェフ・ベゾスは、考えられないことを考えるのがとてもうまい。１９９８年に、クレジットカード情報を保存しておくことについての消費者の恐怖をそろそろ蹴飛ばす頃合いで、境界をもう少し広げるようにすればはるかに優れたユーザー体験が実現できると見て取ったように、家のなかでいつも聞き耳を立てる知的エージェントを導入するタイミングが適切だと思ったわけだ。

これはあらゆる起業家にとっての重要な教訓だ。**自問してみよう。考えられないこととは何だろ**

うか？ そして市場が未熟そうなので、その考えられないことの境界を頑張って広げる用意がなくても、その準備くらいはできる。

パズルの足りないかけらがやってくるのを待ち続けよう。自分でその境界を広げる気がなくても、だれかがそれをうまくやってのけたら、すばやい追随者には巨大な機会が生じる。準備を整えよう！

魔法のようなユーザー体験：現在を新鮮な目で見直す

現在を新鮮な目で見る能力は、最高の起業家たちの成功における中心要因だ。その創造性は、世界がどう変わったかを理解し、他のみんながまだ古い地図に従っているときに、それを適用する能力にある。

魔法のようなウーバーのユーザー体験を可能にする中心的な能力は、ウェブ2・0として私が整理したトレンドのおかげで「無料で」やってきた。インターネットが単一デバイスの水準を超えたソフト開発のプラットフォームとなるにつれて、鍵となるデータサブシステムは、複数のプロバイダーから提供されるようになる。

位置追跡機能はあらゆるスマートフォンに組み込まれている。アプリケーションが、あらゆる瞬間に利用者の居場所を把握するのは実に簡単だ。ウーバーは何も新しいものを開発せずにすんだ。やる必要があったのは、この能力が持つ意味あいに気がつくことだった。グーグルマップやウェイズ（Waze）のようなアプリケーションは、ずっと以前からスマートフォンによるナビ機能を提供してきたし、リアルタイムの交通状況検出と経路選択の最適化もできた。フォースクエアはリアルタイムの位置検出能力を使い、利用者がレストランやバーにチェックインして、友人との会合を調整できるようにした。ウーバーは「チェックイン」——ここにいま自分がいるということ——を次の段階に引き上げた。フォースクエアは、利用者に新しい社会行動を採用するよう説得しようとしたが、ウーバーはそれと同じ能力を使い、21世紀に持ち込まれるのをじっと待っていた、古いアプリケーションを大いに強化したのだ。

通信機能もまた、開発者ツールキットの標準的な一部になっている。トゥウィリオ（Twilio）は２００８年に創業し、プログラムから呼び出せるクラウドベースの通信機能を提供した。これは、自分の所在地を補正したり、直前に調整するためにＳＭＳや電話で運転手に連絡したりできる能力だ。しかもそのために、後で直接連絡できるような電話番号はどちらも明かす必要がない。これは運転手と乗客双方のプライバシーを守るために重要なツールだ。ウーバーが始まった２０１０年には、このサービスは広く提供されていた。

支払い決済もまたコモディティになった。ブレインツリー（Braintree）、アマゾンペイメント（Amazon Payments）、ストライプ（Stripe）といったサービスで、どんな開発者でもクレジットカード番号を保存し、製品購入やサービス消費ごとに課金するのは当たり前になった。だがウーバーのイノベーションは、購入体験を劇的に単純化することだった。目に見える行動をまったくせずに支払いができるのは、車を呼べる能力と同じくらい、ウーバーの初の利用体験をＷＴＦ？的瞬間にしているものだ。

かつてはむずかしかったことが、いまや他人の仕事のおかげで無料で簡単だというのを理解することが、技術進歩の飛躍には不可欠だ。

『ピアたち企業（Peers Inc）』（未訳）の著者ロビン・チェイスは、彼女が1999年に創業したジップカーから、ウーバー社やリフト社、エアビーアンドビーがすべて「余剰キャパシティ」を解放し、他人と共有するプラットフォームなのだと説明している。これらは一般人（「ピアたち」）とプラットフォーム（「会社」）を組み合わせて、どちらも単独ではできないことを実現する。

ジップカー社の場合、車両は同社が所有しているが、彼女に言わせると余剰キャパシティはセルフサービスのキャパシティなのだという。顧客自身が、車を清潔かつ満タンで次の顧客のために返却してくれるという信頼だ。こうした顧客が彼女のモデルでのピアたちだ。「会社」はもちろん彼女の会社で、自動車そのものを提供するだけでなく、車両がいつどこで使えるかを追跡し、1、2時間ほどでオンデマンドで予約できるようにする予約プラットフォームも提供する。これは1990年代のレンタカーの予約リードタイムよりもはるかに短い。

ジップカーのもたらした進歩は、当時は驚異的だったとはいえ、その後の技術進歩でいささかつまらないものになってしまった。ジップカーは、車両を借りた場所に返す必要があったが、この空間への新規参入は、カーツーゴー（Car2Go）のように、現代的な位置追跡技術を使って、顧客が車を好きなところに残しておけるようにした。そして「ピア」モデルをさらに推し進めたゲタラウンドのようなサービスは、利用者が自分の車をレンタカーにできるようにする。そして、その車は（おおむね）元の位置に返さねばならないとはいえ、位置追跡技術のおかげで利用者は近くにある車をあっさり見つけられる――都市全体が、貸出可能な未利用自動車の余剰キャパシティを保存する倉庫となるのだ。

ロビンの発想は、スマートフォン革命自体が余剰キャパシティの解放だったという考えにまで広がる。これほどいろいろこなせるデバイスが、かつては通話とSMS送信だけに使われていたというのは、つい忘れがちだ。たとえば、自動車シェアリング産業の進歩は、電話のセンサーで未使用の能力を使えば、どれほどのことが可能になるかに気がつく練習だと考えることもできる。ジップカーやカーツーゴーの利用者は、当初は予約車両にアクセスするために専用のスマートカードをもらっていた。だがジップカー、カーツーゴー、ゲットアラウンドの利用者は、いまやスマートフォンで車にアクセスできるのだ。

そして私がここで概説したとおり、ウーバーが運転手と乗客、通信、支払いを調整し、ナビゲーションを可能にしたのも、活用されるのをじっと待っていた隠れた能力に同じような形で気がついたからだ。キャンプとカラニックの天才ぶりは、眠れる能力を認識して、その活用方法を理解したところにある。洞察に満ちた2013年のツイートでボックス（box.net）のCEOアーロン・レヴィーはこう書いた。「ウーバーは、世界の実態に合わせて最適化するのではなく、あるべき世界の仕組みに合わせて構築するという35億ドルの教訓だ」。ウーバーは今日、35億ドルをはるかに上回る時価評価だが、これはアーロンの論点を強化するだけだ。

本当のブレークスルーが起こるのは、起業家が新テクノロジーを使ってそれまでのものを再現したり、世界のいまの仕組みを微調整したりするにとどまらないときだ。それがどう機能すべきかを想像し直すのだ。

これがWTF?技術の秘密の力だ。物事の働く仕組みの深い再考を可能にするだけでなく、それに報いるのだ。可能な未来はたくさんある。いまある世界は決まったものではない。人はそれを発明し直せるのだ。

II部

プラットフォーム思考

最高の指導者が指導すると、
人々は「我々が自分でやった」と言う。
—— 老子

5章

ネットワークと企業の性質

デールと私が1993年にGNNを開始したとき、そのモデルは出版社としての経験により形成された。ウェブの「ベスト」をハイライトするカタログのキュレーションを行い、NCSA［米国立スーパーコンピューター応用研究所］の「新着」ページを引き受けて新しいサイトをアナウンスし、自分たちが成長した出版業界で筋の通ることをやった。GNNの主要機能のひとつはキュレーションなのだ。

ヤフー!が、ウェブの**あらゆるもの**のカタログを作るという、はるかに野心的な目標に取り組んだことで、私たちの目も開かれた。メディア業界の他の人々とともに、我々はグーグル（そして後にフェイスブック）がアルゴリズム的に、かつては巨大な「没原稿の山」だったものをキュレーションして、それが顧客や広告主にとって価値あるものにする様子を、畏怖とともに（だが一部は失望とともに）見つめていた。

今日、運輸分野ではリフト社やウーバー社、ホスピタリティ分野ではエアビーアンドビーのようなオンデマンド企業は、物理世界に似たようなモデルをもたらしている。

フィンランドの経営コンサルタント、エスコ・キルピはこうした新技術が可能にするネットワークの力について、「ミディアム」（Medium）での論説「企業の未来（The Future of Firms）」で見事に表現している。キルピは経済学者ロナルド・コースによる20世紀のビジネス組織に関する理論を考察する。これは仕事を専門家や専門小企業に外注するよりも自分で人を雇ったほうがいいのはどういう場合か、という問題を検討したものだ。コースの答えは、外注業者を見つけ、検討し、交渉し、その仕事を監督する取引費用がかかるから、人々をひとつのビジネス組織にまとめるほうがいいのだ、というものだった。

だがインターネットはこの計算を変えた、とキルピは指摘する。「もし社会で価値を交換する（取引）費用が今日のように劇的に低下したら、経済や組織の機構の形態と論理も必然的に変わらねばならない！　中核的企業はいまや小さくアジャイルであるべきで、巨大なネットワークを持つべきだ」。そしてこうつけ加える。「かつて管理職がやっていたことを、いまやアプリがこなせるのだ」

はるか昔の2002年に、ハル・ヴァリアンはその影響が正反対かもしれないと予想している。「インターネットの役割は、メガ企業を支える安い通信手段を提供することかもしれない」と彼は書いた。その後の会話ではこう話してくれた。「もし取引費用が下がるなら企業内部の調整も安くなる。だから結果がどうなるかはそんなにはっきりしたものではない」

もちろん、ネットワークは昔から事業の一部だった。自動車メーカーは単に工場労働者と管理職だけで構成されるわけではなく、部品供給業者や販社や広告代理店のネットワークもある。同様に、大規模小売業者は供給業者や物流企業などのネットワークの集約点でしかない。マクドナルドやサブウェイのようなファストフード販売業者は、フランチャイズのネットワークを集約している。映画産業やテレビ産業のすべては、小さな中核のフルタイム労働者と、短期のオンデマンド労働者の大ネットワークで構成されている。弊社オライリー・メディアは、書籍を出版し、イベントを運営し、オンライン学習を配信するが、常勤雇用者は400人で、何万人もの貢献者の大ネットワーク——著者、講演者、技術顧問などのパートナー——を使っている。

だがインターネットはネットワーク企業を新しい水準に高める。ワールドワイド・ウェブの主要なゲートウェイとなった企業グーグル社は、コンテンツの宇宙へのアクセスを提供するが、コンテンツ自体は提供しない。それでも世界最大のメディア企業となった。２０１６年にフェイスブック社の売上は、最大級の既存メディア企業の売上を超えた。13歳から24歳までのアメリカ人はすでに、テレビ番組を見るより、ユーチューブで、ほとんどは利用者が提供したビデオをたくさん見るようになっている。そしてアマゾン社は、世界で最も価値の高い小売業者としてウォルマート社を超えた。アマゾンはほとんど無限の選択肢を提供し、そこには一般個人や中小事業者からのマーケットプレイス出品も含まれる。こうした企業は、キルピの表現を改変するなら「**大きく**てアジャイルで、巨大なネットワークを持つ」。

だが最も重要かもしれない点として、こうした企業は単なるネットワークのハブという存在を超えた。他の企業が構築するためのサービスを提供するプラットフォームとなり、ネットワークの運用と制御の中心となったのだ。そしてこれからの章で見るように、市場がデジタルになるとそれは人間でも機械でもない生きたシステムとなり、その創造者から独立し、ますますだれの制御も受けなくなってしまう。

プラットフォームの進化

ウーバー社やリフト社のようなオンデマンド企業は、継続する事業再編の最新の展開でしかない。小売店舗を通じて商品を提供した地元中小店舗ネットワークにおおむねとってかわったチェーン店、それからアマゾンなどのインターネット小売業という小売市場の進歩を考えよう。コスト効率は、低価格と選択肢の増加をもたらし、それが消費者を増やし、大型小売店の購買力を高め、さらに価格を下げられるようにして、競合を潰せるようにした。これが自己強化する循環を作り出した。こうした利点を全国的にマーケティングしたことで、おなじみのチェーンが台頭した。インターネットは、不動産への投資ニーズをなくし、顧客が地理的にどこにいても到達できるようにして、顧客ロイヤリティや即座の満足といった新しい習慣を植えつけることで、さらに力を得た。いまや当日配送が多くの場所で実現したため、必要なものはすべてクリック数回で手に入る。

アマゾンのようなインターネット小売業者は、もっと大規模に製品を提供できるようになった。これは単に、慎重に選ばれた供給業者のネットワークからの商品を取りまとめるだけでなく、製品を提供できるほとんどあらゆる人に対し、セルフサービスの市場を開放することで実現された。何年も前にクレイ・シャーキーは、インターネットが出版にもたらした主要な利点として「フィルタリングしてから刊行」を「刊行してからフィルタリング」に変えたことをあげた。この教訓はほとんどあらゆるインターネット市場に当てはまる。それは根本的にオープンエンド型ネットワークであり、フィルタリングとキュレーション（他の文脈では「マネジメント」と呼ばれる）はおおむね事後的に行われる。

だがそれだけではない。大規模な物理小売店舗は、知識の豊富な労働者を排除することで人件費を節約し、顧客サービスの低下を低価格と品ぞろえの豊富さで補う（昔の金物店と、ホームデポ〈Home Depot〉やロウズ〈Lowe's〉のようなチェーン店を比べてみよう）。だがオンライン小売店は、そうしたトレードオフはしなかった。**知識の豊富な労働者をあっさり排除するかわりに、彼らをソフトウェアで置きかえ、支援拡張したのだ**。

アマゾンには、物理店舗とは桁違いの製品があるが、正しい製品を見つけるのに店員はいらない——検索エンジンが手伝ってくれる。どの製品が最高かを理解するのに店員はいらない——アマゾンには、顧客が製品に星をつけ、レビューを書いてどれが最高かを教えるようなソフトウェアが組み込まれており、その評判情報を検索エンジンに入れることで、最高の製品が自然にてっぺんにくるようになっている。支払いもレジでやってもらう必要はない――ソフトウェアにより自分でできる。

アマゾンによるオートメーション利用は、倉庫でのロボット利用をはるかに超えるものだ（そして倉庫のロボット化でもアマゾンロボティクス〈Amazon Robotics〉は業界最先端のひとつだ）。同社のあらゆる機能にはソフトウェアがこめられ、それが労働者や供給業者、顧客を統合ワークフローへとまとめあげている。もちろんあらゆる企業は人と機械のハイブリッドではあって、人間が自分個人の活動を補うよう作り上げ、運営されているものだ。だが最も高効率な伝統的企業ですら、なかにあるのは内燃機関だ。デジタル企業は、それぞれの車輪に高トルク電気エンジンのついたテスラなのだ。

オンラインモデルが持つ高い労働効率は、アマゾンの従業員ひとりあたり売上と、ウォルマートのひとりあたり売上を比べればわかる。すでに最も効率の高いオフラインの小売事業者であるウォルマートは、２２０万人を雇って年商４８３０億ドル、つまり従業員ひとりあたり21万９０００ドルほどを実現している。アマゾン社は従業員34万１０００人で、売上１３６０億ドル、つまり従業員ひとりあたり39万９０００ドルだ。アマゾンが絶えず拡張と研究開発に投資を続けていなければ、この数字はずっと高くなっただろう。

物理世界サービスのためのネットワークプラットフォーム

ウーバー社やリフト社など新世代のオンデマンド企業についてのひとつの考え方は、それが物理世界サービスのネットワークプラットフォームだと考えることだ。これらはｅコマースが小売業を変えたのと同じように、断片化された産業を21世紀へと導くものとなる。テクノロジーはタクシーやリムジンの産業を、小企業のネットワークから個人のネットワークへと根本的に再編し、タクシー事業の多くの中間業者をソフトウェアで置きかえ、解放されたリソースの多くを使って路上の運転手を増やす。

タクシー事業は調整のおかげでおおむね地域単位の規模になっていた。タクシー・リムジン&パラトランジット事業組合（ＴＬＰＡ）によると、アメリカのタクシー産業ではおよそ６３００社がタクシーその他17万１０００台の車両を運用している。そのうち８割以上は、タクシー1〜80台を持つ小規模事業者だ。１００台以上を持つ会社は６パーセントしかない。そのうち同じタクシーを複数の運転手がシフト制で使うのは、最大級のタクシー会社だけだ。そしてタクシーとリムジンの運転手の88パーセントは独立契約の個人事業主だ。

顧客としてブランドつきのタクシーを見ても、運転するライセンス保有者のブランドを見ているのではない（その持ち主は、たった1台しかタクシーを持たない中小事業者かもしれない）。それを配車する企業のブランドを見ている。都市の規模にもよるが、そのブランドは何十、何百もの中小企業にサブライセンスされているだろう。この断片化した産業は、運転手だけでなく、管理職、配車係、車両整備係、帳簿係の雇用も生み出す。ＴＬＰＡの推計では、業界は35万人を雇用する。つまりタクシー1台あたり2人の雇用だ。「ダブルシフト」のタクシーは比較的少ないから（企業としてタクシーを保有し運転手を常勤雇用しても元が取れそうな、最大級の密集地域でしか見られない）、この業界で雇用されている人々の半数は二次的な支援業務だということになる。こうした仕事こそ、いまや効率的な新プラットフォームで代替されている。自動車の補修といった機能はまだ人がやるしかないから、こうした雇用は残る。

ウーバー社やリフト社が運転手と乗客の調整にアルゴリズムとスマホのアプリを使うという事実のせいで、人々は別の事実を見すごしがちになる——根底のところで、ウーバー社やリフト社は既存のタクシー産業と同じく配車とブランディングサービスを提供するが、それがずっと効率的なだけだという事実だ。そして既存のタクシー産業と同じく、彼らは輸送の仕事を基本的には下請けに出す——ただしこの場合、中小企業ではなく個人に下請けさせ、ブランドつきタクシーの利用に毎日レンタル料を課すのではなく、売上の一部をもらうのだ。

このように、こうした企業は技術を使い、かつてはすさまじい管理職のピラミッド（あるいは供給業者として活動する個々の企業のピラミッド）だったものの仕事を減らし、それをアルゴリズム、ネットワークによる評判システム、市場力学で管理される比較的フラットなネットワークで置きかえている。こうした企業はまた、顧客ネットワークを使い、サービスの品質を維持する。リフト社はトップ評価の運転手ネットワークを使い、新人運転手に同乗させることで、かつては管理職の重要な機能だったものさえ外注している。

だが失われた雇用にだけ注目するのはまちがいだ。雇用は失われたというよりも、置きかえられ、変化させられたのだ。ウーバー社やリフト社は現在、従来のタクシー産業全体よりも多くの運転手を動員している（ただしその大半はパートタイムだが）。私の聞いた話では、ウーバーには全世界で稼働中の運転手が150万人いる。リフトは70万人だ）。彼らはまた、リムジン運転手には追加の顧客をもたらし、同時に伝統的なタクシー会社には手ひどい競合をもたらした。

みんなが見ているのに気がつかれていないオンデマンド雇用者は、他にもいる。聞いた話では、アマゾンのオンデマンド宅配運転手のネットワークであるフレックス（Flex）は、2018年には リフトより大きくなるかもしれないという。興味深いことに、フレックスでは運転手が決まった時給で、事前に2時間、4時間、6時間のシフトを申請するようになっている。彼らを活用するだけの配達品がないというリスクはアマゾンがかぶる。運転手は、最も成功したウーバー社やリフト社の運転手よりはちょっと稼ぎが少ないかもしれない。だが予測可能性が高いので、フレックスは運転手にとっても大いにありがたい。

自動運転車の世界でも、提供サービスの増加が雇用を減らすどころか増やせるのはわかるはずだ。もしうまく手札を使えば、自動化で失われた雇用は、ATM導入で銀行窓口職員やその管理職が被った「損失」に相当するものになるだろう。実は支店あたりの窓口係は減ったが、自動化により新規の支店開設が安上がりになったので、窓口係の数はかえって増えた。ATMはまた退屈な反復作業を、もっとおもしろく価値の高い作業に置きかえた。かつてはほとんど反復作業しかしていなかった窓口係は、いまや「リレーションシップ型バンキングチーム」の重要な一部となった。

オンデマンド輸送では、「リレーションシップ型バンキングチーム」に相当するものはまだ登場していない（ただし、インフルエンザ予防接種を往診で提供し、高齢患者を病院の予約時間に連れて行くといったウーバーの初期の試みがそれになるかもしれない）。ウーバー社やリフト社は、一般化した都市物流システムになりつつある。私たちがこの新しいモデルに内在する可能性を探究している段階だという点は認識しなくてはならない。

これはゼロサムゲームではない。輸送が安く、アクセスが普遍的に可能になったら、人々がお互いにしてあげられることも増える。これはメディア業界で見たのと同じパターンだ。そこでは、ネットワーク型ビジネスモデルがグーグル社やフェイスブック社などに力を集権化する一方で、コンテンツの提供者を激増させた。これはまた、旧式企業で起きることの正反対でもある。そこでは、中央集権化はしばしば商品やサービスの選択肢を減らし、価格は高くなるのだ。

同様に、ロボットはアマゾンの人間雇用を加速しているらしい。2014年から2016年にかけて、同社は倉庫のロボットを1400台から4万5000台に増やした。その間に、常勤従業員も20万人近く増えている。2016年だけでも11万人を新規に雇っているが、そのほとんどがきわめて自動化の進んだ配送センターでの雇用だ。非常勤や下請けも含めると、アマゾンの物流配送サービスでは48万人が働いており、ピークとなる休暇シーズンには25万人が追加される。それでも足りないくらいだ。ロボットのおかげで、アマゾンは同じ倉庫面積にずっと多くの商品を詰め込めるから、人間労働者の生産性も上がる。ロボットは人々を置きかえるのではない。それを支援拡張しているのだ。

なじみのものにばかり注目

過去が知っていることばかりだと、未来を見るのはむずかしい。しばしば、目の前にあるものを認識し損ねる理由は、刺激が消えた後も視界に重ねられている一種の残像なのだ。残像は、視界を刷新する小さな動き（サッカード）なしにある物体を長く見続け、目の光受容体が過剰に刺激され、脳への信号が低下するときに生じる。あるいは、目が明るい光を補おうとして、いきなり暗闇に移行したときにも生じる。

おなじみのものばかりに囲まれ、心を新しいアイデアに曝《さら》そうとしなければ、映像が脳に焼きつき、過去の影が現在に重ねられてしまう。おなじみの企業、技術、アイデア、社会構造が、まったくちがう構造を持つものを隠してしまい、新しいものに焦点が合うまで、おぼろげな映像しか見えない。いったん新しい光に目が慣れたら、それまでは見えなかったものが見えてくる。

SF作家キム・スタンリー・ロビンソンは、長編『グリーン・マーズ』でこの瞬間を見事に捉えている。そこでは火星の最初の入植者のひとりが、衝撃的な洞察を得るのだ。「彼はそのとき、歴史が自分たちより少しすばやく時間のなかを移動する波なのだということに気がついた」。もしみんな自分に正直になれば、だれしもそうした瞬間を何度も体験しているはずだ。つまり自分が過去に囚《とら》われている間に、世界が先に進んでしまったと気がつく瞬間だ。

この頭のしゃっくりのおかげで、多くの人が洞察に失敗する。有名な話としてジャロン・ラニアー［計算機科学者］をはじめ多くの人は、コダック（Kodak）社（最盛期には14万人を雇用）とインスタグラム（フェイスブック社に２０１２年に10億ドルで売却されたときの従業員はたった13人）を比較した。コダック社の末路をそこに重ねて、ラニアーのように職が消えたと主張するのは簡単だ。だがインスタグラムが存在し栄えるためには、あらゆる電話にデジカメが内蔵され、通信ネットワークに接続されねばならず、そのネットワークはあらゆるところにあり、小規模の新興企業が何千万人もの利用者にサービスを提供できるようなデータセンターもなければいけない（インスタグラムは、買収されたときには利用者４０００万人ほどだっただろう。いまはそれが5億人だ）。アップル社とサムスン（Samsung）社、シスコ（Cisco）社、華為《ファーウェイ》社、ベライゾン（Verizon）社、ＡＴ＆Ｔ社、アマゾンウェブサービス（ＡＷＳ、インスタグラムは当初ここに間借りしていた）、フェイスブック社自身のデータセンターでの従業員を足すと、雇用の大きな山の規模が見えてくる。インスタグラム社自体は、その頂の小石でしかないのだ。

だがそれだけではない。こうしたデジタル通信やコンテンツ作成の技術は、新しい種類のメディア企業――フェイスブック社、インスタグラム社、ユーチューブ、ツイッター社、スナップ（Snap）社、ウィーチャット（WeChat）、テンセント（Tencent）社［ウィーチャットはテンセント社のサービス。おそらく百度か何かをあげたかったと思われる］など世界中の様々な企業――が、一般人を自分たちの広告事業向けコンテンツを制作する「労働者」に変えられるようにした。こうした人々は、当初は無給だから労働者には見えないが、次第に多くの人々が自発的に参加したプラットフォーム上に経済的機会を認めるようになり、やがてそのプラットフォームは中小事業を支えるようになる。

もちろん、コダック社に勤務していなかった人々のネットワークはある――カメラのメーカー、現像会社、化学薬品の供給業者、小売業者などだ。さらにニュースやポートレートやファッションのカメラマンたちもいる。だがフィルム写真により仕事や生活が影響を受けた人々の数は、デジタルに比べればわずかなものだ。インターネット分野はいまや先進国ではＧＤＰの５パーセント以上を占める。少なくとも消費者にとって、デジタル写真はオンライン活動の大きな原動力であり、人々が通信し、共有し、売買し、世界について学ぶ方法の中核だ。毎年デジタル写真１・５兆枚以上がオンラインで共有されている。コダック社の時代にはそれが８００億枚だった。

組み合わせによる影響のカスケードはいまも続いている。デジタル写真がなければ、アマゾンもイーベイもエッツィ（Etsy）もエアビーアンドビーもあり得ない。デジタル写真はまちがいなくｅコマースの成功に貢献したし、各種のホテルやレストランや旅行サイトにも不可欠だ。製品の写真は、実物を見られない場合の次善の策だ。だがエアビーアンドビーにとっては、それは決定的だった。写真こそがその成功の鍵のひとつだったのだ。

同社は２００８年に、ブライアン・チェスキーとジョー・ゲビアという２人のデザイナーと、ネイサン・ブレチャジックが創業した。最初のアイデアは２００７年に生まれた。ジョーに言わせると「サンフランシスコのぼくたちのアパートの家賃が上がったので、追加収入を得る方法を探す必要があった。デザイン会議がサンフランシスコで開催されようとしていたけれど、ホテルはみんな満室だった。うちのアパートは、エアベッドを床に置けるくらいの規模はあったので、それを貸し出すことにしたんだ」

その部屋を、１９９５年にクレイグ・ニューマークが創業した立派な「売ります買います」サイト、クレイグリストに出すこともできたが、彼らはかわりに独自の簡単なウェブサイトを構築した。この実験があまりに成功したので、テキサス州オースチンで開かれるはずのサウス・バイ・サウスウエスト（ＳＸＳＷ）テクノロジー会議向けに、短期の部屋、アパート、家屋レンタルサービスを構築することにした。そこでもあらゆるホテルが満室になるのは目に見えていたからだ。さらに同じことを、コロラド州デンバーで開催される2008年の民主党大会でもやった。

2009年に彼らは、シリコンバレーの高名なスタートアップインキュベーターであるYコンビネーター（Y Combinator）に採用され、そしてシリコンバレー最高のベンチャー資本企業、セコイアキャピタル（Sequoia Capital）社から出資を受けた。だが幸先のよい出発にもかかわらず、利用者の数はなかなか増えなかった。ブレークスルーが起きたのは、ホストたちが自分の物件の写真を下手くそにしか撮れず、それが借り手の信頼を低め、ひいては関心の低さをもたらしているとわかったときだった。そこで2009年春に、ブライアンとジョーはハイエンドデジカメを借りて、当時エアビーアンドビーの一番人気の都市だったニューヨークに出かけ、できる限りのプロ級写真を撮った。ウェブサイトの掲載物件は倍増、いや3倍にもなった。そこで彼らは、世界中のトップ都市でプロの写真家を雇うプログラムに投資し、それを強力に促進した。同社はいまや、世界最大級のホテルチェーンよりもたくさんの部屋を毎晩提供している。

厚い市場の構築

エアビーアンドビーの業績を可能にしたのは、もちろん家主が自分の物件を見せびらかしやすくするデジタル写真だけではない。ワールドワイド・ウェブ、オンラインクレジットカード支払い、評判システムやレーティングを構築して利用者が見知らぬ相手と信頼関係を築けるようにした、他のサイトの経験もある。エアビーアンドビーはこうしたサービスを新しいプラットフォームにまとめあげた。プラットフォームというのは、その利用者が顧客を見つけ、サービスを提供できるようにするデジタルサービス群と定義できる。

だがエアビーアンドビーが提供する主要なプラットフォームサービスは、物件をひけらかすきれいなウェブページを構築したり、貸し借りの予定を立てたり、支払いを実現したりすることではない。多少のウェブ経験があれば、そんなことはだれにでもできる。インターネットサービスの本質的な仕事は、労働市場研究でノーベル賞をもらった経済学者アルヴィン・E・ロスの言う「厚い市場」を作ることだ。つまり、消費者と生産者、読者と書き手、買い手と売り手のクリティカルマスを作り上げることだ。多くの美しくすばらしいウェブサイトは、これという理由もないのにまったく利用者が集まらず、また他のウェブサイトは、デザインや機能面で劣るのに人気を博す。

運がよければ、そしてタイミングがうまく合えば、厚い市場は、一見すると何の意図的な努力もなしに有機的に起こることもある。最初のウェブサイトが公開されたのは1991年8月6日だった。そこにはティム・バーナーズ=リーのハイパーテキストプロジェクトに関する簡単な説明があり、ウェブサーバーにはウェブブラウザのソースコードまで出ていた。サイトはリモートログインソフトであるTelnet《テルネット》でアクセスできた。それを使えば、ウェブサーバーのソースコードをダウンロードして自分のサイトを立ち上げられる。デール・ダハティと私が1年後にティムとボストンで昼食を食べたときには、ウェブサイトは100個もあっただろうか。だがグーグルが1998年9月に始まったときには、何百万ものサイトがあった。

ワールドワイド・ウェブはパブリックドメインに置かれたので、ティム・バーナーズ=リーは自分で何でもやる必要はなかった。イリノイ大学にある米国立スーパーコンピューター応用研究所（NCSA）は、改良版のウェブサーバーとブラウザを作った。そこの学生でブラウザを書いたマーク・アンドリーセンは、そこを離れてモザイク・コミュニケーションズ（Mosaic Communications）社（後のネットスケープ・コミュニケーションズ社）を創業した。当初の開発者たちに見放されたユーザーグループがサーバープロジェクトを引き継ぎ、パッチ（共有されたソースコードへの改良）をすべてプールしてApache《アパッチ》サーバーを作った。これがやがて世界で最も広く使われるサーバーとなった（名前はダジャレだ。パッチだらけのサーバーだから「ア・パッチ」サーバーというわけだ）。

ウェブは書き手と読み手の豊かな市場となった。そしてそこへ、本から音楽、旅行、住宅、自動車まですべてを売買する市場を起業家が重ねた。そしてそれを広告するシステムも重ねた。

ウェブと競合するオンラインのハイパーテキストシステムは他にもあった。マイクロソフト社は一連のＣＤ－ＲＯＭ版情報製品で成功をおさめていた。その最初のものは１９９２年発表のインタラクティブ映画ガイド「シネマニア」と、翌年発表された完全な百科事典「エンカルタ」だ。そのマルチメディア・ハイパーテキスト体験は、生まれたばかりのワールドワイド・ウェブよりはるかに先を行っていた。

デール・ダハティは１９９３年秋にマイクロソフト社に出向き、ＧＮＮを見せたが、彼の記憶によるとマイクロソフト社は鼻も引っ掛けなかった。デールの回想だと、ＧＮＮとウェブをマイクロソフト社のチームにプレゼンするよう招かれたのだった。ところが、紹介もされない人物が、「遅れてやってきて、すわりもせず、部屋をうろうろして私の話に割り込み、ウェブを一蹴して、マイクロソフト社にとって重要ではないと言った。確か、部屋にいた他の人々もウェブのことはほとんど知らず、好奇心はあったのだけれど、この御仁の唐突な否定を受けてみんな黙ってしまい、会話はそれっきりになった」とのこと。

だがマイクロソフト社は、結局のところオンラインのハイパーテキストにも機会はあると気がついた。ＡＯＬに似た独占ネットワークであるマイクロソフト・ネットワーク（ＭＳＮ）が１９９５年夏に開始された。１９９６年春、当時マイクロソフト社のＣＴＯだったネイサン・ミアボルドが、エスター・ダイソン［ジャーナリストでシンポジウム「PCフォーラム」を主催］の影響力あるＰＣフォーラムでマイクロソフト・ネットワークについて講演をした。彼は、縦軸に文書数、横軸に読者数を描いたグラフを見せていたはずだ。そして、「何百万人もが読む文書は少数ある。そして数人しか読まない文書は何百万もある。だがその中間にこの巨大な空間がある。ここをＭＳＮで提供するのです」と言う。

私は質疑応答で立ち上がり、ネイサンにこう言った。「巨大な機会についての洞察にはまったく同意しますが、それはワールドワイド・ウェブの話ですね」。私はマイクロソフト社から、その新しいネットワークでコンテンツを公開するようマイクロソフト社に打診されていたのだった。「５万ドル払ってくれたら、有名になって金持ちにしてあげますぜ」というのがその売り込み文句の要点だった。だが代替案のほうがはるかに単純だった。すでにインターネット上に出ていなければ、インターネットに出て、Ａｐａｃｈｅをダウンロードして立ち上げ、コンテンツをＨＴＭＬ形式にすれば、それで競争に出られる。ウェブは**パーミッション不要のネットワーク**なのだ。

マイクロソフト社はすでに１９９４年にはウェブを試し始めていたが、ＭＳＮに大きく賭けていた。デールはこう回想する。「マイクロソフト社がＭＳＮを開発したのは、ＡＯＬと競争するためだった。コンテンツとアクセスを彼らがコントロールできるものだ。オープンシステムとしてのウェブはそのコントロールを不可能にしたし、彼らは技術的にも商売面でも、自分たちが中心にいない世界は想像したくなかったんだ」

オープンソース・ソフトウェアのプロジェクトやワールドワイド・ウェブのようなパーミッション不要のネットワークは、承認を必要とするものよりも、すばやく有機的に成長することが多い。ウェブはやがて、ＭＳＮやＡＯＬをはるかに引き離した。ウェブは何億ものウェブサイトへと成長し、それが何兆ものウェブページをホスティングしていた。

これはインターネット時代の中心的なパターンだ。自由が多ければ成長も高まる。

もちろん、ウェブのようなパーミッション不要のネットワークでは、だれでもコンテンツを作れる。これはオンラインで投稿できるコンテンツを持っている人すべて（ポルノや詐欺、海賊版コンテンツなどを売りつける、悪質な連中も含む）にとって大きなプラスだ。いまや何百万もの人々に、実質的に無料で到達できるのだから。それはまた、大量の無料コンテンツにアクセスできる利用者にとっても大きなプラスだった。

成功したネットワークプラットフォームがすべて、ウェブのようにパーミッション不要で分散化していたわけではない。フェイスブックは中央集権化したユーザーネットワークを所有し制御するが、一定のルールに従えば、だれでも投稿できる。プラットフォームから追い出されることはあるが、コンテンツは事前チェックされたりはしない。ｉＰｈｏｎｅのＡｐｐストアは、中央集権化され、厳しくコントロールされている。アプリはストアに入る前に登録承認されねばならない。Ａｎｄｒｏｉｄのストアは、はるかに開放的だ。だが、ｉＰｈｏｎｅにしてもＡｎｄｒｏｉｄにしても、根底にある携帯電話のオープンで分散化されたネットワークが、市場の片側に十分な規模を与えた。何億人ものスマートフォン利用者と、有料アプリの明白な経済的機会があったから、アプリ開発者が市場に参加するインセンティブも大いにあった。

ひとたびネットワーク時代が一定規模に達したら、ときにはネットワーク上の特定ノードが離陸して、独自の新しいネットワークを生み出す。２００７年にクレイグ・ニューマークは、クレイグリストがサンフランシスコのアートと技術関連のイベントを掲載するだけのサイトから、世界最大のオンライン「売ります買います」広告ネットワークへと発展したプロセスを次のように回想している。「何かを作って、フィードバックがきて、その示唆から何が筋が通ったことかをつきとめようとして、それに対処して、そしてさらにみんなの話を聞くんだ」。これはインターネットのソフトが今日作られる典型的なやり方のすばらしい説明だ。それは現在「構築－計測－学習（Build-

Measure-Learn)」サイクルと呼ばれるもので、そこそこ便利なサービスの利用者たちが、その制作者たちにどんなものがほしいかを告げる方式だ。だがそれですら、実はクレイグリストの成功の秘密ではない。

新聞の「売ります買います」広告は高価だったが、クレイグリストの広告はほとんどが無料だった。クレイグはコミュニティにサービスを提供したいだけで、好きでクレイグリストをやっているだけだった。そうでなければ勝ちをおさめることはできなかったかもしれない。競合候補は、ベンチャー資本の資金を得ていたので、決定的な欠陥があった。投資家にお金を返すために課金が必要だったのだ。だから広告も少なく、広告が少なければ訪問者も少ない。派手なものは何もなく、最小限のデザインしかなく、従業員もたった19人のクレイグリストは、一時はウェブ上で第7位のトラフィックを誇るサイトだった（今日でも49位だ）。

その後のスタートアップは成長教とでも言うべきものに取り憑《つ》かれ、売上を考えるのは巨大なユーザー規模が実現してからになった。これは不完全な地図であり、企業は山ほど利用者を得てから、だれかに身売りするしかない。ネットワークはしばしば二つの面を持つ市場だ。片方がもう片方のアクセスに対して課金して、お金と関心とを取引するのだ。市場でマッチングする相手方を、広告主のネットワークという形で育成できなければ、困ったことになる。だからたとえばユーチューブは、ユーザー集めの点でグーグル社のビデオ製品を撃破したのにグーグル社に身売りすることになったし、インスタグラムやワッツアップ（WhatsApp）がフェイスブック社に身売りしたのも同じ理由だ。そしてツイッター社がまだ苦労している理由でもある。最終的に、ネットワークビジネスは市場の両方を育てねばならない。

ウーバー社やリフト社、エアビーアンドビー社は、収入なしでのユーザー数の成長というぜいたくが許されなかった。十分に発達した産業分野の既存の巨人に身売りできる広告ベースのスタートアップとはちがって、彼らは新しい市場の両側を構築しなければならなかった。ウーバー社やリフト社は有機的成長で始まったが、後に巨大資本を導入して新しい運転手と新しい利用者を獲得することで加速した。

いったん市場がクリティカルマスに到達したら、それは自律的になりがちだ。少なくともその市場の提供者が、自分だけではなく市場参加者にも価値を提供するのが自分たちの仕事だということを忘れない限り。いったん市場がある規模に達すると、その運営者はしばしばこの本質的な点を忘れて、それが凋落《ちょうらく》の始まりとなる。私がこれに初めて気がついたのは、マイクロソフト社がパソコン市場でその独占的地位を濫用したことに気がついたときだった。当初は、アプリケーションのベンダーがマイクロソフトウィンドウズの上に作り上げた活発なエコシステムがあった。だがマイクロソフト社が絶頂に達するころになると、最も儲かるアプリケーション分野を自分で横取りしてしまい、プラットフォームの支配を使ってかつてのトップ企業を潰してしまった。起業家たちは当然ながらよそに行ってしまい、当時はまだ商業化されていなかったインターネットという緑の草原に機会を見出した。

この同じ力学がウェブでも展開するのを見た。グーグル社は一種の交換台として誕生し、他人が作ったコンテンツに人々を振り向けるだけだった。だが時間がたつと、しばしば求められる情報の相当部分はグーグル社自身が提供するものになった。ここには危ういバランスがある。グーグル社は利用者のためになろうとしている。情報を検索結果に直接埋め込むのが正解なのかもしれない。だが市場を提供する人々は慎重に進む必要がある。というのも、最終的にはエコシステム全体の健全性にこそ配慮しなければならないからだ。

堅牢《けんろう》なエコシステムは、参加者にとってよいというだけでなく、市場プラットフォームの所有者にとってもよいものだ。インターネット起業家で投資家のジョン・ボースウィックは、ツイッターが２０１２年に多くのサードパーティーアプリのプロバイダーに対するデータの「ｆｉｒｅ《ファイア》ｈｏｓｅ《ホース》（消火ホース）」へのアクセスを停止したとき、実に直截《ちょくさい》なコメントをくれた。「まだ社内で自分たちのビジネスモデルも発明できていないのに、ツイッターが自社のエコシステムを潰すのは大きなまちがいだ」

アマゾンは特に責任を持つ必要がある。実に多くのｅコマース市場で支配的な地位を持つからだ。６３００万人以上のアメリカ人（総世帯数の約半分）がいまや、同社の無料出荷サービスであるアマゾンプライムに登録している。アマゾンは2億件以上のアクティブなクレジットカード口座を持っている。オンラインの買い物客の55パーセントはいまや検索をアマゾンから始め、オンラインショッピングの46パーセントはいまやアマゾン上で起きているのだ。

それなのにアマゾンもしばしば、自分の市場参加者と競合し、ベンダーのベストセラー商品のアマゾンブランド版を作り、プラットフォーム支配力を使って要求に応じないベンダーの製品から「カートに入れる」ボタンをなくしたりする。これは彼らの特権ではある。どんな店でも、ある特定商品を置いたり置かなかったりするのは彼らの特権だ。そしてアマゾンは、独自のプライベートブランド製品を作る初めての小売業者などではない。だがいったん企業が独占の地位に到達したら、もはや単なる市場参加者ではない。それは市場そのものと**なる**。オリヴィア・ラヴェッキアとステイシー・ミッチェルが報告書「アマゾンの絞殺力（Amazon's Stranglehold）」で書いたように、「実質的にアマゾンは、オープンで公的な市場を私的にコントロールされたものに変えつつあるのだ」。

やがて、ネットワークが独占またはそれに近い地位になれば、自分たちが懐に入れる以上の価値をどう創るかという問題と格闘せねばならない——自分たちがエコシステムから獲得する価値に対し、市場が繁栄し続けるために他のプレーヤーにどれだけ価値を残さねばならないか、ということだ。

グーグル社とアマゾン社は、どちらも市場の片方——利用者——にとっての価値を創り出すほうでは必死だ。そしてそれを根拠に自分たちの行動を自分に納得させている。だがそれを根拠にますます多くの供給業者側のネットワークを自分のサービスで置きかえるようになったら、市場全体を弱めるリスクを冒すことになる。結局のところ、彼らがまねている製品やサービスは、だれか他の人が発明し投資したものだ。だからこそ、反トラスト法は、消費者にとっての費用低下だけを主要なベンチマークとして使うだけでなく、市場での競争の全体的な水準を考えねばならないのだ。低価格は競争のひとつの結果でしかない。イノベーションできるのが1社だけだったり、新製品を市場に発表する場所がひとつしかなかったりすれば、イノベーションは衰退する。規制当局が使うメンタルマップが彼らの決断を形成し、したがって未来を形成するのだ。

また強大な市場がその参加者と競合し始めると、経済へのシステミックなリスクも生じる。2008年、金融危機の少し前に、私は「マネー：テック」というカンファレンスを開催し、金融の大きく古いネットワーク経済からインターネットの将来について何が学べるかを検討しようとした。そして学んだことに私は警戒心を抱いた。

このイベントに先立つ2007年の研究で、プライベートエクイティ企業ウォーバーグ・ピンカス社の元副会長で、『イノベーション経済における資本主義の実践（Doing Capitalism in the Innovation Economy）』（未訳）著者でもあり、ウォール街でキャリアを開始したビル・ジェインウェイは、ウォール街企業はブローカーから能動的なプレーヤーとなって、「自分のアカウントで顧客の逆張りトレードをするようになり、このためゴールドマン・サックス社のような企業の直接投資活動は、外部顧客の代理で行う活動よりはるかに大きくなってしまっている」と指摘した。同年の後ほどに暴露された出来事は、ウォール街がいかに自分たちの顧客の逆張りを激しくやるようになったか、そしてもっと警鐘を鳴らすこととして、そのトレーディングが作り手の理解力や統制力をはるかに超える、複雑な金融商品の作成を伴ったかを如実に物語っていた。我々の経済と政治はこの被害からまだ回復しきっていない。

中央集権vs.分散化

中央集権と分散化ネットワーク、あるいはクローズドなプラットフォームとオープンプラットフォームの緊張関係が私にとって初めて明らかとなったのは、１９８０年代と１９９０年代にマイクロソフト社が支配したパソコン産業と、台頭するオープンソース・ソフトウェアやインターネットの世界とのちがいを検討していたときだった。この二つの世界の中核にあったのは、二つの競合するアーキテクチャー、二つの競合プラットフォームだ。片方は、トールキンの「すべてを統べるひとつの指輪」のように、支配の道具だった。もうひとつは私が「参加のアーキテクチャー」と呼んだものを持ち、オープンで包含的だった。

私はＵｎｉｘオペレーティングシステムの設計に大きな影響を受けている。これは私がキャリアの初期に腕を磨いたシステムだし、私のなかに持続的なコンピューティングへの愛を灯《とも》したシステムでもある。考えられるあらゆる機能をひとつの大きなパッケージにまとめた、緊密に統合されたオペレーティングシステムではなく、Ｕｎｉｘは小さなカーネル（中核的なＯＳのコード）と、それを取り巻く多くの単一機能ツールの集合でできていた。それらのツールはすべて同じルールに従い、独創的な形で組み合わせると複雑な機能を実行できる。Ｕｎｉｘを作ったＡＴ＆Ｔベル研究所が通信会社だったせいかもしれないが、そのプログラムの相互運用性に関するルールはとてもしっかりしたものだった。

Ｕｎｉｘを構築した初期コミュニティの主要メンバーだった計算機科学者ブライアン・カーニハンとロブ・パイクによる『ＵＮＩＸプログラミング環境』にあるように、「ＵＮＩＸシステムは多くの革新的なプログラムや技法を導入はしたが、どれかひとつのプログラムや考え方がうまく機能させるのではない。むしろそれを有効にしているのは、プログラミングへのアプローチ、コンピューター利用の哲学だ。その哲学を一行で述べることはできないが、その核心にあるのは、システムの力はプログラム自身よりもプログラム同士の関係からくる部分が大きい、という発想だ」。インターネットもまた通信指向のアーキテクチャーがあり、「ゆるくつながった小さなかけら」（デビッド・ワインバーガー［マーケティングコンサルタント］のすばらしいフレーズ）が協力し合って、何かずっと大きなものになるのだ。

システム工学の初期の古典的著作『発想の法則―物事はなぜうまくいかないか』で、ジョン・ゴールはこう書いている。「うまく機能する複雑なシステムは、すべてうまく機能する単純なシステムから進化してきたことがわかる。この裏返しの命題もまた真のようだ。一から設計された複雑なシステムは決してうまく機能せず、うまく機能させることもできない。うまく機能する単純なシステムで始めるところからやり直すしかない」

単純で分散化したシステムは、中央集権化した複雑なシステムよりも新しい可能性の生成がうまい。それはもっとすばやく進化できるからだ。それぞれの分散コンポーネントは、単純なルールによる全体的な枠組みのなかで、独自の適応関数を探し出せる。よりうまく機能するコンポーネントは再生産して広がる。そうでないものは死に絶える。

「適応関数」は遺伝的プログラミングからの用語だ。これはコンピュータープログラムの開発を進化生物学に基づいてモデル化しようとする人工知能技法だ。具体的な作業を行うのに最適化された小さなプログラム群を生み出すようにアルゴリズムが設計される。その繰り返しを通じて、成績の悪いプログラムは殺され、最も成功したものから新しい変種が「交配」される。

１９７５年に執筆したジョン・ゴールは、適応関数について考えていたわけではない。遺伝的プログラミングは１９８８年まで導入されなかった。だが、単純なシステムがその創造主すら驚かせるような形で進化できるという彼の洞察に、適応関数と適応度地形の発想を加えれば、コンピューターネットワークや市場の仕組みについて、見て理解するための強力なツールが手に入る。

インターネットそのものが、この論点を証明するものだ。

１９６０年代に、ポール・バラン、ドナルド・デービス、レナード・クラインロックなどが、電話と電信を特徴づける回路交換式ネットワークにかわる、パケット交換式ネットワークという理論的な代替案を開発した。通信の期間中ずっと二つの端点の間に物理的な回路を作り出すかわりに、メッセージを小さい規格化された固まりに分解し、それぞれのパケットごとに最も便利な経路で送り出して、目的地で組み立て直せばいい、というわけだ。

イギリスのＮＰＬやアメリカのＡＲＰＡＮＥＴ《アーパネット》といったネットワークは、初のパケット交換式ネットワークだったが、１９７０年代初頭には何十、何百という互換性のないネットワークができあがり、何らかの相互運用性の手法が必要だということが明らかになりつつあった（公平を期すために書いておくと、ＤＡＲＰＡの伝説的なプログラムマネージャー、Ｊ・Ｃ・Ｒ・リックライダーは、相互運用性のあるネットワークを丸十年も前に提唱していた）。

１９７３年にボブ・カーンとヴィント・サーフは、相互運用性の問題を解決する正しいやり方はネットワークから知性を取り除き、ネットワークの端点がパケットの組み立て直しを行い、途中で失われたパケットがあれば再送信を要求するようにさせることだと気がついた。一見すると矛盾しているようだが、ネットワークの信頼度を上げる最高の方法は、ネットワークに仕事をさせないことなのだと気がついたのだ。その後の5年間で、多くの人々の助けをかりて、彼らは二つのプロトコル、ＴＣＰ（Transmission Control Protocol）とＩＰ（Internet Protocol）を開発した。これは一般にまとめてＴＣＰ／ＩＰと呼ばれる。これが実質的に、根底にあるネットワークのちがいを吸収するものとなった。だがＴＣＰ／ＩＰがＡＲＰＡＮＥＴの公式プロトコルになるのは１９８３年になってからで、そこからそれは、ときに「ネットワークのネットワーク」と呼ばれるものの基盤となり、それがやがては、今日我々の知るインターネットになった。

ＴＣＰ／ＩＰのすごさの一部は、それがほとんど何もしないことだった。追加のニーズを扱うためにプロトコルを複雑にするよりも、インターネットコミュニティは単にＴＣＰ／ＩＰの上に乗る追加のプロトコルを定義した。その設計は驚くほどその場しのぎだった。新しいプロトコルやデータ形式を提案したい集団はだれでも、その提案技術を説明する「ＲＦＣ（Request for Comments：コメント募集）」を公開する。それがピアのコミュニティにより検討され、投票される。このコミュニティは１９８６年1月からは、インターネット技術タスクフォース（ＩＥＴＦ）の名前で集まるようになった。公式な入会要件はない。１９９２年にＭＩＴ計算機科学教授デイブ・クラークはＩＥＴＦを導く哲学をこう表現した。「我々が拒絶するのは、王様、大統領、投票だ。我々が信じるのは、おおまかな合意と動くコードだ」

そしてまた、RFC761に登場するジョン・ポステルのおめでたいほど輝かしい主張がある。「TCP実装は、全般に堅牢性の原則に従うこと。自分がやることはなるべく保守的に。他人からはなるべく何でも受け取ろう」。何やら聖書にでも登場しそうな、コンピューター版の黄金律のようではないか。

1980年代に、別のもっと伝統的に構築された国際標準委員会も招集されて、コンピューターネットワークの未来を定義づけようとした。結果としてできたオープンシステム相互接続（Open Systems Interconnection：OSI）モデルは、包括的で完全なものであり、当時のある業界評論家は1986年にこう述べた。「長期的には、ほとんどのベンダーはTCP／IPからOSIモデル第4層、トランスポート層のサポートに移行するであろう。だが短期的には、TCP／IPは既存の設備投資を保護するのに十分な機能性を提供するし、長期的にTCP／IPはOSIへの容易な移行を可能にしてくれる」

だがそうはならなかった。もっと豊かで複雑になったのは、インターネットの圧倒的に単純なプロトコルであり、OSIプロトコルスタックは、ネットワークアーキテクチャーの記述に使われる学術的な参照モデルの地位に降格された。ワールドワイド・ウェブのアーキテクチャーは、根底にあるインターネットプロトコルの過激な設計を反映したもので、次世代コンピューターアプリケーションの基盤となり、かつてはだれも知らないネットワーク技術だったものを何十億もの人々にもたらした。

ここには、最大の規模に到達したいネットワークのための鍵となる教訓がある。Linuxのようなオープンソース・ソフトウェアのプロジェクトや、インターネットおよびワールドワイド・ウェブのようなオープンシステムがうまく機能するのは、新しい追加ごとに許可を与えるような中央承認委員会があるからではなく、システムの当初の設計者たちが、協力と相互運用性の明確なルールを敷いたからなのだ。

協調はすべて、システムの設計そのものに含まれている。

この原理は、今日のインターネット技術の巨人たちを理解する鍵であるばかりか、今日のＷＴＦ？経済のどこがおかしいかを理解する鍵でもあるのだ。

6章 約束で考える

ネットワークに基づく事業の社会変革的な影響はすぐに認識できるが、そのために壁の内側でのそうした事業の組織がどれほどちがうかを理解する必要はない。

1998年のオープンソース・サミットに続く数年で、私はオープンソース・ソフトウェア、ハッカー文化、インターネットを動かす原理についての「講演の鍵」を開発した。スライドのひとつは、オープンソース開発のバザール、あるいはインターネットのパーミッション不要ネットワークがなぜこれほど強力なのかについての私のビジョンを提示している。

・参加のアーキテクチャーにより、利用者がプラットフォーム拡張を手伝ってくれる。
・実験の障壁の低さにより、システムが「ハッカーに優しく」、最大限のイノベーションが可能。
・相互運用性により、あるコンポーネントやサービスについてもっといいものが出てきたら取りかえられる。
・「ロックイン」が生じるのは、こちらが完全に支配しているからではなく、他の人々がこちらのサービスのもたらす便益に依存しているから。

また、こうしたプラットフォームがどうして生まれ、どうやって発達してきたかも話した。まず、ハッカーやマニアが新技術の可能性を探究する。起業家たちがそれに惹《ひ》かれて事業化しようとするなかで、一般利用者にも使いやすくする。支配的なプレーヤーがプラットフォームを開発し、参入障壁を上げる。進歩が停滞し、ハッカーや起業家が出ていって新しいフロンティアを探す。だがときには（本当にたまに）業界が健全なエコシステムを構築し、そこではハッカー、起業家、プラットフォームが「リープフロッグ」のクリエイティブな試合を実現する。だれも完全なロックインは得られず、みんな競争力を維持するために改善を続けねばならないのだ。

これに続いて「歴史の教訓」というスライドがやってくる。その最後には講演のオチが書かれている。「プラットフォームは常にアプリケーションを打破する！」

プラットフォームは常にアプリケーションを打破する

ジェフ・ベゾスは、私が自分の「エマージングテクノロジーカンファレンス」（ETech）でやったこの講演を聞いて、２００３年に、その変種をアマゾン社の開発者小集団向けにやってくれと依頼してきた。

私はそれ以前にも２００１年３月にシアトルに出かけ、アマゾン社は自社データへのウェブサービスアクセスを提供すべきだというアイデアをジェフに売り込んだ。市場調査のために、オライリー社はアマゾン社を３時間ごとに「スパイダー」して、自社や競合他社の価格、順位、ページカウント、レビューをダウンロードしていた。ウェブスパイダーは、必要なものよりはるかに多くのデータをダウンロードすることになるし、そこから自分たちのほしいかけらだけを抽出することになるので、無駄が多いように思えた。アマゾン社の巨大な製品カタログは、私が旗を振っていた次世代「インターネット・オペレーティングシステム」において、ウェブサービスＡＰＩ経由でプログラムによるアクセスが可能となるべきリッチデータの見事な例だと私は確信していた。ジェフはこのアイデアに魅了され、そしてやがて、社内の非公式ウェブサービスプロジェクトが、アマゾン社エンジニアのロブ・フレデリックの発案ですでに動いているのを知った。また弊社以外にも多くの小企業がアマゾンをスパイダーして、そのデータへの非公式インターフェイスを構築しているのを知った。それを潰そうとするかわりに、ベゾスはみんなを集めてお互いに学びあい、アマゾン社の戦略の参考にもしようとした。

　このアマゾン社内開発者会議での講演で、ジェフががっかりしていたのははっきり覚えている。講演が終わると部屋の後ろでジェフは飛び上がり、「プラットフォームは常にアプリケーションを打破するって話をしなかったじゃないか！」と言った。２００３年5月のアマゾン社全社員会合で変種の講演をしたときには、そんなまちがいはしでかさなかった。

　このｅコマースの巨人が２００３年に展開した第一世代のウェブサービスは、社内製品カタログとその根底にあるデータへのアクセスを提供する話がすべてで、２００６年にアマゾンウェブサービス（ＡＷＳ）として立ち上がったインフラサービスとはほとんど関係なかった。ＡＷＳはいまや「クラウドコンピューティング」と呼ばれる、すさまじい産業変革の口火を切ったのだった。このサービスが導入された理由はまったく別物だったが、私としては、アマゾン社が今後繁栄するためには、単なるｅコマースアプリケーションをはるかに上回る存在になるべきだというアイデアの種をジェフに植えつけたのが私だと思いたいところだ。アマゾンは、プラットフォームになる必要があった。

　ジェフは、アイデアをもらったら、それを徹底して考え抜く。プラットフォームのアイデアにしても、私が想像したよりはるかに強く推し進めた。ジェフがオム・マリク［技術ニュースサイト「ＧｉｇａＯｍ」創業者・ベンチャー資本家］による短いインタビューで述べたように。「これは4年前に始まったもので、アマゾン社内部にかなり複雑性ができあがり、あまりに多くの時間をネットワークエンジニアリンググループと、アプリケーションプログラミンググループとの間の、えらく細かい調整に取られているのがわかっていました。基本的にやったのは、その二つの層の間に〝API群〟を構築して、両グループの間の協調を粗い粒度でできるようにしたということです」。（つまり「ゆるくつながった小さなかけら」だ。）

これは重要なことだ。アマゾンウェブサービスは、組織設計の問題への答えだった。ジェフは、あらゆるネットワーク化企業が21世紀に理解すべきように、また人材コンサルタントのジョシュ・バーシンがかつて語ってくれたように、「デジタルにすることは、デジタルになるのとはちがうんだ」ということを理解していた。

デジタル時代には、オンラインサービスと、それを生産管理する組織は不可分になるべきだ。

ジェフが、プラットフォームとしてのアマゾンという発想をソフトウェアの領域から取り出し、組織設計に持ち込んだやり方は、あらゆるビジネススクールで教えられるべきだ。

その物語は、元アマゾン社のエンジニアであるスティーブ・イエギが、グーグル社の同僚のために書いた投稿で語られている。これがうっかり公開され、インターネット開発者の間で大流行した。これは「スティーヴィーのプラットフォーム大風呂敷」と呼ばれているもので、イエギはジェフ・ベゾスが「2002年あたり、プラマイ1年ほど」に書いたと称する社内メモについて述べている。イエギによるとそのメモはこんな具合だ。

ジェフのでかい命令は、なんかこんな感じだった。

1・すべてのチームは今後、データや機能をサービスインターフェイス経由で公開すること。

2・チーム同士はこのインターフェイス経由でやりとりすること。

3・それ以外の形のプロセス間通信は禁止。直接リンク、他のチームの保存データの直接読み込み、共有メモリーモデル、裏口その他は一切禁止。唯一の通信はネットワーク上のサービスインターフェイス呼び出し経由のもの。

4・どんな技術を使ってもいい。ＨＴＴＰ、ＣＯＲＢＡ《コルバ》、Ｐｕｂ《パブ》／ｓｕｂ《サブ》、カスタムプロトコル——なんでもいい。ベゾスは気にしない。

5・あらゆるサービスインターフェイスは例外なしに、最初から外部化可能な形で設計すること。つまり、チームはそのインターフェイスを外部世界の開発者に公開できるような形で計画・設計すること。例外は認めない。

6・これをやらない社員はクビ。

ジェフの最初の重要な洞察は、アマゾン社がプラットフォームとなるためには、外部開発者に提供するのと同じＡＰＩを使って自分自身を一から再構築し直すしかない、ということだった。

そしてその通り、その後数年かけて、アマゾン社はアプリケーションを設計し直して、根本的なサービスの包括的な集まり——ストレージ、計算、キューイング、他にもいろいろ——を使うようにしたが、それは自社の社内開発者が標準化されたＡＰＩ経由でアクセスしているものだった。２００６年には、こうしたサービスは十分に堅牢でスケーラブルになり、インターフェイスも十分明確に定義されるようになったので、アマゾン社の顧客にも提供できるようになった。

反響はすばやかった。アマゾン社の低価格と大容量は市場を席巻し、スタートアップ企業が新しいアイデアを試すための参入障壁は劇的に下がり、最高のインターネットインフラが持つ安定性と性能を、自分で構築する費用よりはるかに安上がりに提供してもらえた。過去十年の長いインターネットブームは、アマゾン社が自社のインフラを再構築し、そのインフラを世界に開放するという戦略的な決断のおかげだと言える。スタートアップに限った話ではない。ネットフリックス社のような大企業ですら、AWSの上に自社サービスをホスティングしている。それがいまや、年商120億ドルにもなっている。

マイクロソフト社、グーグル社など多くの企業がいまやクラウドコンピューティングで追随しているが、彼らは遅くなってやってきた。アマゾン社にはひとつ大きな優位性があった。ジェフはそれを、アマゾン社のクラウドコンピューティングサービスが正式に導入された2006年からほどなくして話してくれた。「私はもともと小売業だ。これは実に利ざやの低い事業なんだ。だからこのサービスが小売業より悪いなんてことはあり得ない。マイクロソフト社やグーグル社は、実に利ざやの大きな事業をしている。これは彼らにとっては、常に本業よりも儲からない事業になるんだ」。マイクロソフト社とグーグル社が、クラウドコンピューティングがいかに大きなビジネスになるか気がついたころには、すでにはるか後塵《こうじん》を拝していたのだ。

組織構造としてのソフトウェア

だがネットワーク化組織の性質についての最も深い洞察というのは、アマゾンが社内的に組織変更をして、プラットフォームのサービス指向設計に合わせたやり方かもしれない。アマゾン社のCTOワーナー・ヴォゲルスは2006年のブログ投稿でこう書いている。「サービスはソフトウェア構造だけでなく、組織構造も反映する。このサービスは強い所有権モデルを持ち、それが小さなチームの規模と組み合わさって、イノベーションをとても容易にするよう意図されている。ある意味で、こうしたサービスを大きな会社の壁のなかにある小さなスタートアップ企業と見ることもできる。こうしたサービスのそれぞれは、顧客がだれかについての強いフォーカスを必要とする。それが社内顧客だろうと社外顧客だろうと」

仕事は小チームで行われる（アマゾンは、これを「ピザ二つのチーム」と呼ぶので有名だ。つまりピザ二つで食事ができるくらいの小さいチームということだ）。チームは独立に働き、何をやろうとしているかについての高次の記述からちがっている。アマゾンでのプロジェクトはすべて、「逆に検討する」プロセスで設計される。つまり、顧客重視で有名な同社は、最終製品が何をして、なぜそうするかというプレスリリースから始めるのだ（それが社内だけのサービスや製品なら、「顧客」は他の社内チームかもしれない）。それから彼らは「よくある質問（ＦＡＱ）」文書を作る。モックアップの作成など、顧客体験を定義づける様々な方法を実施する。本当にユーザーマニュアルを作り、製品の使い方を説明することさえやる。それができて初めて、実際の製品開発の承認がおりる。開発はそれでも行き来があり、製品が構築され試験されるにつれて、実際の利用者からの追加データにより改良が行われる。だが最終製品で何を約束するかが、すべての出発点となる。

これは計算機科学者兼マネジメント理論家マーク・バージェスが「約束で考える」と呼ぶものだ。彼はこう書く。「クックブックを考えてもらうと、それぞれのページはまず、結果の両輪がどんなものかという約束から始まる（魅惑的な写真という形で）。それから、それを作るためのレシピが書かれる。単純にレシピを出して、結果がどうなるか盲信させてステップを踏ませたりはしない。まず期待を最初に作る。コンピュータープログラミングとマネジメントでは、必ずしもこれほど親切ではない」

もちろん、プレスリリースを書いたり、レシピに従うことで得られる結果の写真を作ったりするのは、約束中心の組織構築のごく一部でしかない。顧客に対する約束から、それを果たすために組織の各部分が行わねばならない約束へと逆に進む必要がある。小さなチームもこのアプローチの一部だ。それぞれのチーム向けに単一で明確に定義された「適応関数」（そのチームがもたらすと約束するたったひとつのもので、計測して絶えず改良できるもの）だ。

アマゾン社のある管理職合宿でジェフ・ベゾスは、同社がチーム間のコミュニケーションを改善する必要があるという提案に対して、有名な回答をした。「いいや、コミュニケーションなんて最悪だ！」。その理由は、古いジョークで説明できる。「ひとりはすわって飲む。2人はグラスをかち合わせてから飲む。人数が増えると、飲む活動に対するかち合わせの比率はどんどん高まる」。ほしいのは、作業を共有する人々だけが「かち合わせ」する状況だ。関連する全員がグラスをかち合わせる必要はない。これは単純な計算だ。コミュニケーションは、チームの規模が大きくなればそれだけ悪化する。

ここにはちょっとしたパラドックスがある。ジェフが本当に求めていたのは、チーム**内で**のもっと効率的で密接なコミュニケーションで、それをチーム**間**のきわめて構造化されたコミュニケーションと組み合わせるということだ。これは現代のインターネットアプリケーションが、かくもうまく機能できるようにする、きわめて構造化されたコミュニケーションを反映したものだ。彼が反対していたのは、ある種の裏口コミュニケーションで、それがあるとゴチャゴチャした迂《う》回路ができてしまい、それはやがて自重で潰れる羽目になる。

この文脈で考えれば、ジェフがパワーポイントを禁止して、あらゆる提案や関連プレゼンテーションは主張と証拠を明示するメモを使って示せと述べた理由もわかる。階層化されたヒエラルキーの、作り物で誤解のもととなる単純化を避けるためなのだ。ビル・ジェインウェイが語ってくれたように、ジェフは「決定に先立ってあらかじめ豊かな議論を求め、実行時にはきわめて構造化されたコミュニケーションを求めていた」らしい。

約束理論は、バージェスの述べたように、独立アクターがお互いに約束するやり方を理解するための枠組みだ――これがそのきわめて構造化されたコミュニケーションの本質だ。こうしたアクターは、APIの呼び出しにある方法で応答するのを約束するソフトウェアモジュールでもいいし、ある結果を実現すると約束する小チームでもいい。バージェスはこう書く。「各部分が組み合わさって全体になる方法を理解し、それぞれの部分が自分の視点から全体を見るか理解させてくれるような、原理群を考えてほしい。もしそうした原理がまともなものなら、これがチーム内の人間の話だろうと、群れのなかの鳥の話だろうと、データセンターのコンピューターの話だろうと、スイス製の時計のなかの歯車の話だろうと関係ない。協力の理論はかなり普遍的なものであるべきだから、技術にも職場にも適用できるはずだ」

一部の読者はこれがひどく非人間的だと思うかもしれない――人を歯車扱いするような形で組織を設計するというのだから。だが実は、その正反対だ。伝統的な指揮命令系統では、人々は何をするか言われ、それに従うことになっているが、その理由や、望まれている結果がどんなものかは必ずしも理解していない。これこそが実は結果的に非人間的となる。長年アマゾン顧客サービス部長だったキム・ラックメラーが語ってくれたところでは、チームが構築し提供するサービスへの他人のアクセスを可能にするインターフェイスを設計するとき、「そのサービスをアクセスする人々の満足感は、完全に彼ら次第なのです」。これがグループと顧客の間の緊密なフィードバックループを構築するので、実装はそれぞれの機能を構築しているチームの創意と技能に任せておける。

キムの話だと「まずプレスリリースを書くのは、顧客へのこだわりを具体的にするための仕組みです」。ピザ二つのチームが、がっちりしたAPIを持つサービスを作り出すのと同じだ。「アマゾン社は、私が見た他のどんな会社よりも、企業価値のためにこうした仕組みを作り出すのが上手です。そしてアマゾン社はまた、他のどんな会社よりも第一原理（価値）から出発するのです」と、キムはつけ加えた。

音楽ストリーミング企業スポティファイ社は、オンラインサービス設計と組織設計との交差点を探究するもうひとつの会社だ。その組織文化もまた、かなりの影響力を持っている。アニメ化した説明ビデオで、スポティファイ社は二つの軸で組織文化をプロットする。整合性と、自律性だ。伝統的組織は高い整合性を持つが、自律性は低い。管理職が人々に何をどうやるか命じるからだ。マンガ『ディルバート（Dilbert）』でからかわれているような組織では、管理職も労働者も、なぜ自分がこの仕事をやっているのかわかっていない。これは整合性が低く、自律性も低い組織だ。現代の技術エンジニアリング組織（あるいはアマゾン社やスポティファイ社のような組織丸ごと）は、整合性と自律性をともに高くしようとする。みんな目標がわかっているが、それを実施する方法は自分で見つける力を与えられている。

このアプローチはまた、アフガニスタンでの地上の状況が急激に変わるのに対して、スタンリー・マクリスタル大将が開発した戦闘の革命の一部だ。２０１６年夏、「ニューヨーク・タイムズ新仕事サミット」でマクリスタル大将が行ったプレゼンテーションでは、こう述べられていた。「私は部下に『私の命令に従うな。私がそこにいて、お前たちの知っていることを知っていたならば下したはずの命令に従え』と言うんです」。つまり、共有された目標を理解し、その実現方法については自分の最善の判断を使え、ということだ。

我が義理の甥《おい》ピーター・クロムハウトは、アフガニスタンで陸軍歩兵大尉だったが、マクリスタルのアプローチは本当だという。「マクリスタル以前は、任務が与えられる。上陸し、すぐに対応すべき新しい諜報《ちょうほう》を得たら、本部に無線で連絡して、新しい指令を待つ。答えが返ってくるころには、状況はまた変わっているかもしれない。マクリスタル・ドクトリンが導入されてからは、上陸し、任務が変わったのを見て取ったら、自分たちがそれについてどうするかを無線で本部に告げるんだ」

この結果重視の外を中に入れるアプローチは、つまり実質的に、**あるチームは結果を約束しているのであり、それをどう達成するかは約束しないということだ**。アフガニスタンと同様、急成長するインターネットサービスでも、急変する状況に対応するためには高い自律性が必要だ。

高い自律性はまた、ちがうチーム間の予想外の紛争を解決する手段も提供してくれる。著書『アマゾン・ウェイ（The Amazon Way）』（未訳）で、元アマゾン社副社長ジョン・ロスマンは、同社が日本流のリーン生産方式から得たアイデア、「行灯《あんどん》のひも」を適用した話をしている。トヨタ社の工場の組み立てラインで問題に出くわした従業員はだれでも、生産を止めてでかい標識（「行灯」）を点灯させるひもを引っ張って、管理職を呼べる。行灯のひもがアマゾン社に導入されると、ロスマンによれば「顧客が製品の問題について文句を言い始めたら、顧客サービス担当者はすぐにその製品をウェブサイトからはずし、小売グループにメッセージを送れる。『この欠陥を直さないとこの製品は売れません』と実質的に語るメモを添えて」。

「アマゾン版の行灯のひもは、ジェフが顧客コネクション（これはアマゾン社が顧客へのこだわりを具体化するために作った仕組みのひとつです）で遭遇した体験から始まりました」と、キム・ラックメラーは語ってくれた。当時、レベル7以上の管理職は全員、2年ごとに顧客サービス部門でしばらく働かねばならなかった。これはジェフ自身も含まれる。このプログラムの一環として、アマゾン社は管理職を顧客サービス担当者と組ませて、いくつか電話に答えさせるのだ。

キムの回想だと、ジェフは電話を受けた。「『はい、ジェフ・ベゾスです。どういったご用件でしょうか？』。そのお客は、自分がだれに話をしているか気がつかず、自分の問題についてしゃべり出したんです。テーブルが届いたがその天板に傷があったという話でした。ジェフは（担当者の助けを得て）、かわりの商品を送りました。そしてその電話を切ったとき、担当者が重要なことを言ったんです。『あのテーブル、いつも損傷して届くんです』。どうやら梱包《こんぽう》が不十分で、出荷のときに問題が起きるようでした。ジェフはすぐに、顧客サービス担当者が小売部門にとって有益な知識を持っているのに、それがこの場だけにとどまっていると気がつきました。そこで、行灯のひものような仕組みを使おうと提案したんです――それがやがて実装されました」。

行灯のひもは、約束指向のシステムの重要な原理を示している。それは単純で疑問の余地のない信号を他のグループに送るもので、従来の管理プロセスとは正反対なのだ。それぞれのグループは独自の適応関数を持っており、それを無慈悲に最適化するものとされている一方で、そうした関数が対立することもある。どのグループの適応関数も、他のグループの適応関数で抑えられかねない。マネジメントの技芸は、こうした関数の形を考え、それが会社全体を望む方向に動かすようにすることだ。それは組織全体の総適応関数を表すものとなる。

自律性の高い技術の文化は、人々やグループが共通の目標に向けて協力し、お互いへの約束の状況をレビューするための技法を開発した――それがスタンドアップ会議だ。

機能不全の組織では、スタンドアップの導入は何がおかしくなったかを理解し、的を絞った新しいコミュニケーションプロトコルを導入するすばらしい方法だ。

２０１３年秋に、ホワイトハウスが破綻したＨｅａｌｔｈＣａｒｅ・ｇｏｖ《ヘルスケアドットガブ》［オバマケアの一環で設けられた医療保険の登録・加入サイト。２０１３年10月１日の受付開始直後からサイト障害を起こし、トラブル続きとなった］の救済のために雇った元グーグル社エンジニアのひとり、マイキー・ディカーソンは、後に新生のアメリカデジタルサービス局の局長になったが、破綻したサイトを構築した政府の下請け業者たちを、実際にサイトを機能させられるまともな組織へとまとめあげるためにやった１００日分のスタンドアップ会議について話してくれた。こんな具合だったという。

「ジョー、今朝までに新しいサーバーを３台立ち上げるって約束しただろう。どうなってるんだ？」「マイクからセキュリティ承認がおりてないんだ」「マイク、なんで滞ってるの？」「ジョーからのセキュリティ承認要求なんて来てねーぞ」「そんなわけないだろ、マイク。ここにちゃんと出してある」「いいか、ジョー。おれのチケット（ジョブ要求）の一覧がまさにここにあるが、あんたからのはひとつもないぜ！」

このときやっと、別々の業者の下で働いている「ジョー」と「マイク」（当初のＨｅａｌｔｈＣａｒｅ・ｇｏｖは、60本の契約にまたがる、33社以上の業者が関与していた）は、自分たちが同じ問題追跡システムを使っていないことに気がついた。チームは他のチームが実施する仕事の要求を、文字通り虚空に送っていたわけだ。だれもが他のみんなに知らず知らずのうちに依存していたので、作業は足踏み状態となり、みんな自分が先に進むために、他のみんなからの結果を待っていたのだった。

ウェブサービスやＡＰＩを使ったものだろうと、問題追跡システムのようなツールを使ったものだろうと、約束指向のモデルは自律性を高めるように機能する。それぞれの自律エージェントは、しっかり記述された約束を定義し、その遵守についてアカウンタビリティを持つからだ。

あなたたち全員アプリケーションのなかにいる

目標が、何か製品（たとえばマイクロソフトウィンドウズの次期リリースの「ゴールドマスター」とか。これは何年もの開発の目標であり、何百万ものＣＤ－ＲＯＭに焼かれて何万もの小売店舗や企業顧客に同じ日に提供される）を生み出すことであるモデルから、ソフトウェア開発が継続的なプロセスであるようなモデルへのソフトウェア開発の変化は、これまた組織的発見のプロセスだった。

いまでも印象に残っているのが、元マイクロソフト社の上級エンジニアリングリーダーのマーク・ルコフスキーが、グーグル社に転職したときに自分のプロセスがまったくちがうものになったと語ってくれたときの彼の驚きぶりだ。「私が何か変えたら、それがライブで何百万もの人々に一度にロールアウトされるんだ」。マークはクラウド時代のソフトウェア開発における根本的な変化について語っているのだ。もはやゴールドマスターはない。今日のソフトは、絶え間ない、おおむね漸進的な改良プロセスになった。**オンラインサービスを提供する企業の観点からだと、ソフトウェアはモノからプロセスへと変わり、究極的には一連のビジネスワークフローになる。**こうしたワークフローの設計は、ソフトウェア制作者にとってだけでなく、それを日々運用する人々にとっても最適化されねばならない。

鍵となる発想は、会社がいまや機械と人間で構成されるハイブリッド生命体だということだ。この論点は私が２００３年のアマゾン全社員研修の講演でも指摘したものだった。私はフォン・ケンペレン［ヴォルフガング・フォン・ケンペレン。ハンガリーの著述家で発明家］のメカニカル・ターク（機械仕掛けのトルコ人）の話をした。18世紀末から19世紀にかけてヨーロッパを巡業した、チェスを指すオートマトンだ。それはナポレオンやベンジャミン・フランクリンといった名士を驚愕させた（そして破った）。このオートマトンと称するものは、実はなかにチェス名人が隠れていて、レンズ群によりその名人がチェス盤を見て、レバー群を使いオートマトンの手を動かしていたのだった。これは新世代のウェブアプリのメタファーとしてすばらしいと私は考えた。

アマゾン社の従業員に語るなかで私は、アプリケーションがただのソフトではなく、供給業者のネットワークが生み出す、絶えず変わるコンテンツの川が含まれ、それがレビューや評価など、顧客の広大なネットワークからの貢献により強化されるのだと指摘した。こうした入力は、編集レビュー、設計プログラミングという形で、同社従業員たちによりフォーマットされ、キュレーションされ、拡張される。そしてこのコンテンツのダイナミックな川は、アマゾン社で働くすべての人々により、一日中ずっと管理されるのだ。私はこう言った。「あなたたち全員――プログラマーも、デザイナーも、製品マネージャーも、製品バイヤーも、顧客サービス担当者も――アプリケーションのなかにいるのだ」

（長いこと、アマゾン社がアマゾン・メカニカル・ターク〈Amazon Mechanical Turk〉のサービスを作り出そうと思いついたのは、私がこの物語を話したせいと思っていた。これはクラウドソースした労働者ネットワークが、コンピューターにはむずかしいちょっとした作業を行うようにするサービスだ。だがこのサービスの開始は２００５年だが、特許は２００１年に申請された〈承認は２００７年〉ので、私がヒントを与えたのはせいぜいが名前くらいかもしれない。特許の図表で与えられている名前は「Ｊｕｎｔａ《フンタ》」［ナポレオン侵略後のスペインにできた臨時政権のこと］だった。）

インターネット上ではプログラマーが「アプリケーションのなかにいる」という私の洞察は、その後だんだん広がっていった。それを最初に思いついたのは、なぜプログラミング言語Ｐｅｒｌがウェブ初期にあれほど重要になったのかを理解しようとしていたときだった。

特に印象に残っている会話がある。１９９７年に弊社で刊行した『正規表現』の著者ジェフリー・フリードルに、ヤフー！勤務時代にＰｅｒｌを使ってずばり何をやっていたのか尋ねた。「ティッカーシンボルのついたニュースをマッチングさせて、それをfinance.yahoo.comの適切なページに表示させるようにしていたんだよ」と言う（正規表現というのは、ワイルドカードをムキムキにしたようなものだ。なじみがなければ魔法の呪文のように思えるものを使って、どんな文字列でもマッチングさせられるようにする、プログラミング言語の機能だ）。すぐに私が悟ったのは、当のジェフリー自身が、彼の書いたＰｅｒｌスクリプトに負けず劣らず、finance.yahoo.comの一部だということだ。というのも、そのスクリプトは書きっぱなしというわけにはいかなかったからだ。ウェブサイトが反映しようとしていたコンテンツのダイナミックな性質からして、彼は自分のプログラムを毎日変え続けねばならなかった。

２００３年にアマゾン社で講演したころには、私はこの洞察を拡張し、同社のあらゆる従業員や、その拡張ネットワークのあらゆる参加者、供給業者から顧客評価や製品レビューまでが、アプリケーションの一部なのだと理解するようになっていた。

だが、別の重要な要素に注目するようになったのは２００６年、アマゾン社やマイクロソフト社などの企業がクラウドコンピューティングの可能性を理解し始めたころだった。当時、マイクロソフトのネットワーク運営担当副社長だったデブラ・チャトラパティと話をしたのだ。その洞察力あふれるコメントは、変化を完璧に捉えていた。「将来、だれかのプラットフォームで開発者になるというのは、彼らのインフラでホスティングされるという意味になるでしょう」。たとえば、彼女は電力の安いところにデータセンターを置くことで競争優位を実現しようとしているのだと語った。

この会話の後で私が書いた投稿の題名は「運用：新たな秘密ソース（Operations: The New Secret Sauce）」というものだった。これは当時アマゾン社の「災厄親分」ジェシー・ロビンスに深く響いた。彼の仕事は、他のグループの運用をじゃまして、それらをもっと耐久力のあるものにさせることだった。彼はその投稿を印刷して自分の区画の壁に貼っておいたという。「我々が重要だと言ってくれたのはあれが初めてでしたからね」

翌年、ジェシーはヤフー！のスティーブ・サウダーズ、オライリー・メディアのアンディ・オラム、ウィキア（Wikia）ＣＴＯアルトゥール・バーグマンとともに、私に会いたいと言ってきた。「我々の部族の集会所が必要なんでね」とジェシーは言う。私は喜んで応じた。ウェブ運用という新しい分野の指導者を集めたサミットを開催し、その後間もなく、インターネットのサイトがもっと高速かつうまく機能するよう裏方として働く専門家たちを集めたヴェロシティカンファレンスを開始した。ヴェロシティカンファレンスは、後にＤｅｖＯｐｓ《デブオプス》と呼ばれるようになった新しい分野で働く人々のコミュニティをまとめたもので、ＤｅｖＯｐｓは開発（Development）と運用（Operations）を組み合わせたかばん語だ（この言葉は第1回ヴェロシティカンファレンスの数カ月後に、パトリック・デボワとアンドリュー「クレイ」シェーファーが命名したものだ。彼らはベルギーで「ＤｅｖＯｐｓデイ」と称するものを何度か開催していたのだった）。

ＤｅｖＯｐｓの主要な洞察は、これまで現代ウェブアプリケーションの技術インフラをつかさどる二つの別個の集団があったということだ。ソフトウェアを作る開発者と、それを動かすサーバーやネットワークインフラを管理するＩＴ運用スタッフだ。そしてこの二つのグループは通常、お互いに話をせず、おかげでソフトウェアが大規模に導入されると予想外の問題が引き起こされた。

ＤｅｖＯｐｓは、ソフトウェアのライフサイクル全体を、トヨタ社が製造業で見極めたリーン生産方式に相当するものとして見る方法だった。ＤｅｖＯｐｓは、インターネットアプリケーションのソフトウェアのライフサイクルとワークフローを、組織全体のワークフローにする。計測、主要なボトルネックの発見、重要な通信ネットワークの明確化をそこに組み込むのだ。

リーン生産方式についての有名な小説『ザ・ゴール』［エリヤフ・ゴールドラット著］へのオマージュとして、ジーン・キム、ケビン・ベア、ジョージ・スパッフォードが書いたＤｅｖＯｐｓの小説版チュートリアル『Ｔｈｅ　ＤｅｖＯｐｓ　逆転だ！　究極の継続的デリバリー』の補遺で、ジーン・キムはＤｅｖＯｐｓが組織にもたらす競争優位のなかでスピードが重要なのだと指摘する。通常の企業は、９カ月ごとに新しいソフトを導入するだろう。そのリードタイムは数カ月か、１四半期ほどだ。アマゾン社やグーグル社のような企業では、毎日何千もの小さな導入があり、リードタイムは数分だ。こうした導入の多くは実験的機能についてで、ロールバックされたりさらに改変されたりする。何かを簡単にロールバックできるおかげで、失敗も安上がりとなり、意思決定は組織のさらに下部へと押し下げられることになる。

こうした作業のほとんどは完全に自動化されている。ハル・ヴァリアンはこれを「コンピューターカイゼン」と呼ぶ。カイゼンは、継続的改善を指す日本語だ。「ちょうど大量生産が製品の組み立て方法を変え、継続的改善が製造業のやり方を変えたように、継続的実験は（中略）組織の事業プロセス最適化の方法を改善する」と彼は書く。

だがＤｅｖＯｐｓはまた、顧客に高い信頼性と高い応答性をもたらすものでもある。ジーン・キムは、高性能なＤｅｖＯｐｓ組織で起こることを次のように特徴づける。「上流の開発グループが、下流の作業センター（たとえば品質管理、ＩＴ運用、情報セキュリティなど）に大混乱を引き起こすかわりに、開発には時間の２割をかけて、作業が価値ストリーム全体をなめらかに流れるよう支援し、自動化テストを高速化して、導入インフラを改善し、すべてのアプリケーションが有用な生産指標を作り出すようにするのだ」。彼は、それが技術的なだけでなく、組織的な手法でもあるという主題を繰り返す。「価値ストリームの全員が、お互いの時間や貢献に価値を認めるだけでなく、作業システムに容赦なく圧力を注入し、組織学習と改善を可能にするという文化を共有するのだ」

ＤｅｖＯｐｓ実践は発展を続けている。グーグル社は、自社のこの手法を「サイト信頼性エンジニアリング（ＳＲＥ）」と呼ぶ。「ＳＲＥは根本的には、歴史的に運用チームがやってきた作業をやることなんですが、それに際してソフトウェア技能を持つエンジニアを使い、そうしたエンジニアが本質的に、ソフトウェアでの自動化を設計、実装して人間労働を置きかえる能力を持ち、そうしたがっているという事実を活用するものです」

彼は、伝統的な運用グループが、サポートするサービスのトラフィックに合わせて線形にスケールしなければならないと指摘している。「絶え間ないエンジニアリングがないと、運用の負荷が増え、チームは作業負荷に追いつくだけでますます人数を必要とするようになる」。これに対してＳＲＥアプローチでは、それを動かし続ける機械のなかの人間が、絶えず機械に自分たちのやっていることを複製するよう、ますます増大する規模で常に教え続けるのだ。

つまり現代のネットワーク化組織で見られるのは、単に企業とその供給業者、顧客との外部関係における劇的な変化だけでなく、企業内部の労働者が組織され、彼らが構築して運用するソフトや機械と組み合わされる手法についての劇的な変化でもあるのだ。

インターネット規模のアプリケーションやサービスの原理が現実世界を相互貫通するようになると、あらゆる企業はデジタル領域で開拓された技法を活用できるように変革する必要がある。これは一時的な仕事ではなく、継続的な探究だ。2003年の丸一日にわたるアマゾン社全社員会合で、ジェフ・ベゾスが開会の辞を述べた。その題名は「まだ初日です」というものだった。彼は電力の歴史を述べ、天井の電球ソケットから網のような電線がおりてきて、新種の電力装置に電力を供給している、鮮明な歴史的写真を示した。標準化されたコンセントはまだ発明されていなかったのだ。そして工場では相変わらず、巨大なモーターを中心に使って組み立てラインを動かし、滑車やベルトが動力を伝えていた様子を示した。これは蒸気時代と同じやり方だ。まだみんな、作業が実際に行われるところに配置した小さなモーターに電力を直接伝えられることに気がつかなかったのだ。

新技術が最初に導入されるときには、しばしば、古い事業方式の最悪の特徴を増幅してしまう。個人や組織が、新技術の適切な使い方をだんだん認識するのは、カスケードするイノベーションのネットワークを通じてのことだ。

ジェフの言う通りだ。いまだにまだ初日でしかないのだ。だが未来の可能性を検討するのは、ソフトや機械の発明者だけの仕事ではない。今日の技術が顧客にとって何を可能にするかだけでなく、事業自体が顧客に奉仕するための組織化方法に技術が何をもたらすか、あらゆる事業が問い直すべきなのだ。そしてこれは、他の組織や機関もやるべきことだ。たとえば政府など。

7章 プラットフォームとしての政府

政府とテクノロジーの交点に私が魅了されるようになったのは、公共の利益のための技術を昔から支持してきた友人のカール・マラムドのおかげだ。1993年、ワールドワイド・ウェブの歴史の初期、カールはサン・マイクロシステムズ社が、インターネットの能力について、アメリカ議会下院の電気通信金融小委員会に実演するのを手伝っていた。その実演の後で、小委員会議長エドワード・J・マーキー（現在マサチューセッツ州上院議員）はカールに、自分の小委員会は証券取引委員会（SEC）の監督もしているのだと告げた。インターネット関連の事柄についてラルフ・ネーダー［弁護士・社会運動家］と仕事をしていたジェイミー・ラブは、なぜSEC登録の有価証券報告書がオンラインで提供されていないのか、と請願を送り続けていた。

マーキー議員がカールに話してくれたところでは、SECからの当初の反応は、それがインターネット上にないのは提供するのが技術的に不可能だったからで、さらにカールがこの出来事の楽しい歴史を書いた文書での表現によれば、「データが提供されていても、SEC文書に関心を持つ連中なんてウォール街の金持ちだから、そういうデータには喜んでお金を払うし、こんな補助金によるアクセスなんか必要ないはずだから」というものだったそうだ。

「技術的に不可能と言われると興味が出てくる」とカール。そこで彼はSECと、マーキー議長の職員と会合を開いた。SECは、そもそもなぜ人々がEDGAR《エドガー》（アメリカの公開企業が四半期および年度ごとに発行される有価証券報告書のデータベース）のデータなんか見たいのか知りたがった。「私は、インターネットはいろんな種類の人々だらけだと主張した――学生、ジャーナリスト、高齢の投資家などは、このデータにアクセスしたくてたまらないのだと。SECは、EDGAR文書なんか見たがる人はごく少数だし、そもそも『インターネットにはろくな連中がいない』と主張した」

カールは続けた。「さて、これは安手の罵倒だし、連中が言いたいのは『そんなにたくさんの人はいないよ、研究者が少しいるだけだよ』ということなのはわかっていたが、つい口が動いてしまった。『ろくな連中、ですか？』と私は立ち上がった。『アメリカ国民は、まさにろくな連中だと思いますがね』」

こうして、政府のオープンデータ運動が始まった。

カールは、少額の全米科学財団（NSF）補助金を確保した。これは主に、SECの「付加価値再販業者」がウォール街の銀行にデータを提供する際のライセンス料に使われた。当時サン・マイクロシステムズ社CTOだったエリック・シュミットがサーバーをいくつか提供した。カールとその共謀者ブラッド・バーディックはデータの形式を整えて、ウェブサイトを立ち上げ、1994年1月に、SECのEDGARシステムのフリー版をインターネット上に立ち上げた。

カールは活動家であって起業家ではなかった。「我々はデータベース事業をやるのが狙いじゃない。狙いはSECが自分たちのデータをインターネットで提供するようにすることだった」。そこで、このシステムを18カ月にわたり運用してから、カールはSECがこのサービスを引き継がない限り、それが60日後に停止すると発表した。1万5000人がSECに陳情し、カールの主張が裏づけられた。人々は考えを改め、SECはそのサイトを引き継ぐのに合意した。

やがて、企業の財務諸表に対する公共の需要がもはや議論の余地のないものとなってから、起業家たちはその改良版を構築し始めた。ヤフー！ファイナンスやグーグルファイナンスのようなサービスは、ＳＥＣの登録情報への公共アクセスを提供するが、これはカールが１９９３年に行った作業の直系の子孫だ。カールはその後もずっと活動家を続けてきた。現在の課題は、あらゆる法律、規制、法律に参照され組み込まれた基準の全文を、インターネット上でフリーで公開することだ。

　シリコンバレーからの教訓を政府に活かすという私の関心が復活したのは、２００５年だった。アマゾン社はまだクラウドサービスのプラットフォームを立ち上げておらず、業界を革命的に変えてはいなかったが、プラットフォームとしてのインターネットの価値と、そのプラットフォームの性質は、だんだん私にとってはっきりしつつあった。私は、次世代インターネットプラットフォームがデータプラットフォームだと確信するようになり、政府がそのデータの多くを生んでいるのに気がついた。10年前にカール・マラムドが開始した作業は、氷山の一角でしかなかった。グーグルマップは、そのインタラクティブなＪａｖａＳｃｒｉｐｔ（「Ａｊａｘ《アジャックス》」）インターフェイスが２００５年の ＷＴＦ?技術のひとつだったが、あらゆるオンライン地図サービスと同様、政府からライセンスを受けた地図に基づいて作られていた。そしてハッカーたちが、グーグルマップ上に他のデータを重ねて「マッシュアップ」を作れると気がついたとき、最初に彼らが注目したのは政府のデータだった。エイドリアン・ホロヴァティの「chicagocrime.org」（現在はEveryBlock）は、シカゴ市の犯罪データをグーグルマップに重ねたものだが、史上2番目のマッシュアップとなった。

　グーグルマップは、ウェブ２・０についての私の考え方に見事に当てはまる。ウィンドウズやＭａｃＯＳ ＸやＬｉｎｕｘのようなオペレーティングシステムは、サブシステムがコンピューターやネットワークのハードウェアサブシステムへのアクセスを管理するが、インターネットオペレーティングシステムはそれとちがって、だれかの身元を確認したりその位置を調べたりといったサービスを提供するデータサブシステムへのアクセスを管理するだろう、と私は確信していた。こうしたサブシステムに開発者が簡単にアクセスできれば、イノベーションの大爆発が起こると私は確信していた。確信しすぎていたので、位置ベースサービスに関する新しいイベント「Ｗｈｅｒｅ２・０」を開始したほどだ。ちょうどいいタイミングで「波に乗る」完璧な実例として、グーグル社はイベントの2、3週間前に連絡をよこし、自分たちもプログラムに入れてもらえるかと尋ねてきた。グーグルマップはまだ発表されておらず、ちょうどこのイベントの目玉となる形で公式発表されることになったのだった。

アプリケーションは技術的にはマップクエスト（MapQuest）やヤフー！地図、マイクロソフトマップなど他のオンライン地図サービスの上にも構築できるが、開発者たちは許諾を申請し、前払いのライセンス料を支払わねばならない。オープンソース・ソフトウェアの体験から、そうした参入障壁が撤廃され、開発者たちの創造性が解き放たれたら、新興の地図サービスの風景にははるかに多くのイノベーションと活用が生じることがわかった。そこで、マイクロソフト社とマップクエスト（当時はＡＯＬが所有）に電話して、ＡＰＩを無料公開するよう説得しようとしたが、不首尾に終わった。それどころか彼らはハッカーたちを「海賊」と呼んで潰しにかかった。

だがグーグル社は理解した。ポール・ラーデマッハーという独立開発者がグーグルマップのデータ形式を解読したとき、複数のソースからのデータを組み合わせて新しいカスタム地図を作れることに気がついた。彼は「housingmaps.com」というサイトを作り、クレイグリストからのアパート掲示を示すようにした――そしてグーグル社はその機会に気がついた。ポールのハックを潰すかわりに、彼らはそれを誉めそやした。そして彼を雇い、マッシュアップを容易にするＡＰＩを公開した。これは転換的なブレークスルーで、オンライン地図のグーグル支配をもたらした。多くの開発者がグーグルマップ向けアプリケーションを構築するようになるとプラットフォームはますます強力になり、もっと利用者を引き込んだ。それは古典的な厚い市場となり、利用者がアプリ目当てにやってきて、アプリが利用者目当てにやってくるようになった。

同じ設計パターンでハッカーが企業にプラットフォームの力を思い知らせた事例が、アップルが2007年6月にiPhoneを導入したときにも起きた。Appストアは今日のスマートフォン体験であまりに中心的なものだから、最初のiPhoneにはAppストアがなかったというのをつい忘れてしまう。初代iPhoneは革命的な美しいマルチタッチインターフェイスを持ち、iPodを動かすミュージックプレーヤーのiTunesもあったが、他のほとんどの電話と同じく、アプリの数は限られていた。だがものの数日で、ハッカーたちはアップル社の制約を回避する方法を見つけ、独自のアプリを追加し始めた。これは「脱獄」と呼ばれるようになったプロセスだ（つまり、自分の電話をアプリの牢獄から脱出させるのだ）。2008年7月、脱獄拡大への対応として、アップル社はAppストアを導入し、開発者が電話にアプリを追加する公式の仕組みにした。そしていまの我々が見ているスマートフォンの世界が離陸した。最新の推計によると、iPhone用のアプリは200万点以上あり、1300億回もダウンロードされている。アプリ開発者は500億ドル近い売上を稼いだ。

政府2・0の新しい地図

iPhoneのAppストアは2008年7月に開店した。同年11月、バラク・オバマが大統領に選出され、「初のインターネット大統領」として広く賞賛された。選挙戦の間にうまくインターネットを活用したからだ。私はエリック・ファウロとブレーンストーミングをしていた。彼の会社テックウェブ（TechWeb）社は、オライリー・メディア社、ジョン・バッテルといっしょに「ウェブ2・0サミット」を共同開催したのだった。新政権が、初のインターネット大統領という期待にどうやって応えるのか検討するため、政府のイノベーターたちをこのイベントに招いてみるべきだと私は思った。エリックは、むしろ特別バージョンのイベントを彼らのほうに届けるべきだと考えた。そこで我々はそれをやり、2009年と2010年に、ワシントンDCで「政府2・0サミット」と「政府2・0エキスポ」を共同開催した。現在私の妻であるジェニファー・パルカが、このプロジェクトについてテックウェブ社の総責任者になり、私の思索の重要なパートナーとなった。

この新しい政府2・0サミットの中身を開発しようとしたときに、最初に訪れた人々のひとりが、当時グーグル社CEOだったエリック・シュミットだった。彼とは、1993年にカール・マラムドといっしょに活動したころからの知り合いだ。エリックがワシントンでずいぶん過ごしたのは知っていたから、いいアドバイスがあるだろうと思ったのだ。確かにアドバイスはもらえたが、予想していたようなお奨め集ではなかった。「ワシントンに行けよ。いろいろ話をして、どう思ったか教えてくれ。君はそういうのがうまいから。それが君の仕事だろう」

新しいイベントの中心に「プラットフォームとしての政府」を置くべきだという考えは、当時全米公共行政アカデミー（NAPA）の副学長で、後に2009年アメリカ復興・再投資法に関わっていたジョー・バイデン副大統領の特別助手となった、フランク・ディジアマリーノとの会話のなかで思いついたものだった。フランクは、政府の主要な役割のひとつは手配役になることだと思う、と言う。政府が問題を見つけたら、直接解決しようとはせず、問題に取り組んでほしい関係者を集めるべきだ、と。フランクはこの考え方を、古い政府モデルと対比させた。NAPAの同僚ドナルド・ケトルが「自販機型政府」と呼んだものだ。私はケトルと同じような比喩の使い方はしなかったが、その考えはいただいた。つまり、みんなが税金を払うとサービスが出てくる、というのがその考え方だ。この自販機モデルでは、提供されるサービスのメニューはすべて事前に決まっている。

自分の製品を自販機に入れてもらえるベンダーは限られており、結果として利用者の選択肢は限られ、価格は高い。そして期待通りのものが得られなくても、「政治参加」は抗議運動に限られる――つまり自販機を揺するだけだ。

伝統的な政府を自動販売機として見るイメージこそが、私の検討していたものすべてを理解するのに役立つ、不足していたかけらだった。ある「政府2・0」のミームがワシントンの一部に根づいてきたが、それは政府機関をソーシャルメディアに参加させるという話がおおむね中心で、ソーシャルメディアは主に政治家がメッセージを発信し、市民たちにとっては自販機を揺する別の方法だと思われていた。だが私から見ると、そこにはずっと深い機会があった。政府がグーグルマップやiPhoneのAppストアを運営するのだ。

我々は政府2・0を定義し直し、技術を使って政府をアメリカ建国者たちのビジョンに近づけるための新しい地図を描こうとした。そのモデルとはトーマス・ジェファーソン［第3代アメリカ大統領］がジョセフ・キャベル［当時のバージニア州上院議員］への手紙で書いたように「万人がものごとの統治における参加者だと感じ、それも年に一度の選挙のときだけでなく、毎日そのように感じる」というものだ。このモデルでは、政府とは市民の集合的活動を調整するための仕組みでしかない。ジェファーソンは、統治について語っていた――社会を導くルールの創造だ。でもその参加原理は、オープンソース・ソフトウェアの思想とも共鳴するし、それを言うなら、あらゆる成功したプラットフォームとも共鳴するものだ。

明確にしておくと、プラットフォームとしての政府というのは、政府プログラムをやみくもに民間委託するという話ではない。政府がどの部分を提供することが不可欠かを戦略的に見極め、そのサービスを提供するという話ではあるが、あまり多くを提供しすぎて市場参加者の機会をクラウディングアウトしてはいけない。

「イェール大学法と技術ジャーナル」２００９年1月号に、デヴィッド・ロビンソン、ハーラン・ユー、ウィリアム・Ｐ・ゼレール、エドワード・Ｗ・フェルテン共著のすばらしい論文「政府データと見えざる手（Government Data and the Invisible Hand）」が掲載されたのを読んだ。この論文は、政府は市民のためのウェブサイト構築作業をやめるべきだと論じていた。これがどこかで聞いた話に思えるなら、おそらくは、政府の技術構築能力が低いからすべてを政府の下請け業者に外注するほうがいい、と主張する批判の文脈で聞いたのだろう。だが、著者たちが言っていたのはそういう話ではない。ロビンソンらはむしろ、政府が大量のデータへの自由なアクセスを提供し、**だれでも**複数の競合サービス（それも各種のビジネスモデルに基づくもの）を構築できるようにすべきだと述べている。自販機とプラットフォームとの差はそこにある。

このアイデアはまた、カール・マラムドとハーバード大学法学教授ラリー・レッシグと私が、30人ほどのデータ活動家とともに、２００７年12月の作業部会の会合後に発表した「オープン政府データの８つの原理（Eight Principles of Open Government Data）」のひとつとも共鳴する。この原理のひとつは、データは単に機械可読なだけでなく、機械処理可能なフォーマットで公開するようにして、当初のデータ作成者が考えもしなかった目的に再利用できるようにすべきだと述べる。

オープンデータは、新政権の主張の大きな部分になったが、ほとんどの人々はそれが政府の透明性と説明責任のツールだとしか思わなかった。ごく少数の人々は、それがデータを市民や社会にとってずっと便利にする本当の機会だと理解した。彼らは新しい地図を描いていた。その地図は、もっとよい政府に私たちを導いてくれるものに思えた。また、ここ数十年で政治的言説をあまりに支配してきた、リベラルと保守派との対話を捉え直す機会だとも思った。大きな政府vs.小さな政府は、多くの点でピントはずれだ。政府がプラットフォームとして成功すれば、小さな政府でも大きなサービスを提供できる。ちょうどアップル社がｉＰｈｏｎｅでやっているのと同じだ。アップル社は独自のアプリを何千も作ったりはしていない。アップル社はプラットフォームと市場を作り、何十万もの開発者がそこに群がったのだ。

私は、当時マイクロソフト社CTOだったクレイグ・マンディを政府2・0サミットに呼んだ。彼はキラーアプリがプラットフォームの受容を先導するのだという考えを強力に述べた。たとえばMSオフィスがウィンドウズ成功の鍵だったように。実は、連邦政府はすでに政府データのプラットフォーム上にキラーアプリをいくつか構築していた。ただ、キラーアプリとは呼ばなかった。2008年には車載GPS装置が詳細な経路指示を提供していたし、電話アプリは次のバスの到着時間を案内していたし、フォースクエアやイェルプ（Yelp）のようなサービスは、手近なレストランを教えてくれていた。こうしたサービスの利用者のほとんどは、GPSがもともとアメリカ政府構築のサービスとして始まったことを認識していない（いまでもそうだ）。アメリカ空軍はGPS衛星を軍事目的で立ち上げたが、レーガン大統領による重要な決断により、システムを商業利用に開放することに合意したのだ。グーグル社がマップのプラットフォームを開放しようとしたのと同じだ。GPSはもはや単なるアプリケーションではなくプラットフォームになり、官民のイノベーションの波を引き起こして、その市場規模はいまや260億ドル以上だ。

政府2・0は連邦政府機関をソーシャルメディアに参加させるよりずっと深い話になってきた。ワシントンの内部関係者は、だれもがその上に構築可能なプラットフォームとして政府が機能するようになったとき、アメリカが国として何を実現できるか語るようになってきた。

セントラルパークとAppストア

政府による介入がどれほど新しいものを生み出すか、みんなつい忘れがちになる。後のグーグルにつながる、スタンフォード大学におけるラリー・ペイジとセルゲイ・ブリンの研究は、全米科学財団（NSF）のデジタル図書館プログラムが出資したものだった。NSFが公共目的の補助金を出す存在ではなく投資家だったら、この投資だけでも補助金を出した年度分のNSF予算総額を回収できたはずだ。実はグーグル社の市場価値は、1952年にNSFが創設されて以来この機関に支出されてきた納税者のお金を全部合わせたよりも大きいのだ。

インターネットそのものも、当初は政府出資プロジェクトだった。州間高速道路網もそうだ。そもそも、シリコンバレーを生み出したのは、政府出資による初期のコンピューターとメモリーチップの開発だし、Siriや自動運転車の背後の研究もそうだし、イーロン・マスクによる電気自動車の大胆なベンチャーや屋上ソーラーパネル、商業宇宙旅行の資本の相当部分も政府からきている。

だがプラットフォームとしての政府というのは、研究開発資金よりもはるかに大きな話だ。運輸、上水道、電力、ゴミ収集など、みんなが当然と思っている各種サービスがなければ、都市は繁栄できるだろうか？　アプリケーションのためのサービスを提供するオペレーティングシステムのように、政府は民間の活動を可能にする機能を提供する。これは特に、政府が市民と最も直接的に対峙《たいじ》する地方レベルで見られる。

2016年秋にニューヨークを訪れたとき、セントラルパークに朝のジョギングに出かけた。朝の光のなかで公園は美しく、またニューヨーカーたちが公園を使う方法を見ても同じくらい美しかった。ランナーや自転車が道路や小道を行き交ったが、ただすわって静かに風景を眺め、夜明けを楽しんでいる人々もいた。そしてもちろん、犬を散歩させる人もいた。

セントラルパークはかなりきれいだ――そしてその月曜日の朝に走ったとき、なぜそこがこれほどきれいなのかを思い出させてくれる、維持管理職員に出くわした。ニューヨーカーたちは別に自分で公園の手入れをしたりはしない。実際には、彼らのために公園が手入れされているのだ。大都市の中心にある自然の美のオアシスは、その住民たちのために取っておかれ、手入れされている。毎年4200万人が訪れて公園を楽しんでいる。

走りながら、セントラルパークは政府が市民のためにやってくれるあらゆることの比喩になっているのだと思った。道路、鉄道、上下水道、電力、光熱、電気通信へのユニバーサルアクセスなどだ。学校。火事や洪水からの保護。犯罪や外国の敵からの保護。法治。こうしたサービスの多くが、必要以上に高価で、成果が乏しいのは知っている。一部は中核的なアメリカの価値と悲しいほど相反している――有色人種に対する警察の暴力、無用な外国での戦争、あまりに金持ちや権力者を万人の権利よりも優遇するような法治は嘆かわしいことだ。それでも、政府による経済や社会構築のプラットフォームになっている各種の方法についても考えてしまう。それは、iOSやAppストアが、アップル社のスマートフォン経済のプラットフォームであるのと多くの点で似ている。

Linux支持者がオープンソース・ソフトウェアの物語を構築するときにインターネットを無視しているのが不思議だったが、それと同じ形で、偉大なシリコンバレーのプラットフォームの成功を誉めそやす人の多くが、グーグル社やフェイスブック社やアマゾン社やアップル社がやるときには不可欠だとされることを政府がやると、批判を受けるのは不思議に思える。問題は、政府がそういうことをやる、やらないではない。政府がプラットフォームとしての責任を果たしやすくするにはどうするか、ということなのだ。

すでに論じたように、厚い市場を作るのは、プラットフォームの第一要件だ。これは黙っていて起こることではない、厚い市場は、生産者（アップル社ならアプリ開発者）と消費者を必要とする。スマートフォンの空間で、アップル社とグーグル社は厚い市場を作れたが、マイクロソフト社はかつてあれほど成功したのに、それを実現できなかった。市場参入が遅かった彼らの電話を買う人は少なく、だからアプリ開発者はウィンドウズモバイル向けの新アプリを作りたがらず、おかげでその電話を買わなかった顧客は、やっぱり買わなくて正解だったと思うようになる。

政府としてこれに相当するものは何だろう？　「厚い市場」のかわりに「繁栄する経済」と読みかえよう。「市場」というのが自然現象だと考えがちだが、実は大量の天然資源と大人口を持っていても貧困な国もあり、資源も乏しく人口も少ないのに豊かな国もあるという事実は、繁栄する経済の構築にはコツがあるのだということを教えてくれる。

技術プラットフォームは利用者を獲得しなくてはならない。一方、国にはすでに逃げられない「利用者」がいる。その住民たちだ。もし人口や資源が乏しければ、その国は国境の外に手を伸ばして両方を獲得しなければならないが、多くの場合、この地元人口は堅牢な市場をブートストラップするのに十分で、大量の消費者と、財やサービスの大量の供給者が得られる。

だが、国々の豊かさからは重要な教訓も得られる。もしもその人口が、国内の売り手や外国から貿易して提供されている財やサービスを買うだけのお金を持っていなければ、その国は貧しいままだ。市場は均衡を欠く。これが世界経済の多くの部分に見られる状況だ。富があまりに少数の手に集中し、本当なら提供される財やサービスの買い手が不足しているために、成長が遅いのだ。この状態あまりに長く続けば、市場全体が衰退する。財やサービスの提供者は別の市場に移動する。国の富も、技術プラットフォームと同じく興亡するのだ。

堅牢な市場を立ち上げ、それを維持するためには、しばしば強い政府介入が必要だ。『悪しきサマリア人（Bad Samaritans）』（未訳）で韓国の経済学者ハジュン・チャンは、韓国が中央計画経済と特定産業への集中投資を使って、きわめて成功した経済となったことを述べる。「1963年10月7日に私が生まれ落ちた韓国は、世界最貧国のひとつである悲惨な国だった。今日では、私は豊かな、いや最富裕かもしれない国の市民だ。（中略）この40年強の人生で目撃した物質的進歩は、イギリスでジョージ三世時代に年金生活者として生まれ落ちて現在まで生きてきたのと同じくらいの進歩だ」。この変革の相当部分は、韓国経済に対する政府の強力な管理のおかげだ。その幼稚な産業を保護し、意図的に梯子《はしご》を作って、同国の産業が徐々に高価値な製品に専念できるようにしていった。最近の研究では、初期のアメリカについても同じ論点が示されている。『具体的な経済学（Concrete Economics）』（未訳）で、スティーブン・コーエンとブラッド・デロングはアレクサンダー・ハミルトン［政治家。アメリカ建国の父のひとり］にまでさかのぼって歴史の教訓を振り返り、アメリカ経済の大躍進ごとに、政府介入の役割を指摘している。

技術プラットフォームのルールは、グーグル社のＡｎｄｒｏｉｄアプリのエコシステムのようにゆるくてもいいし、ｉＰｈｏｎｅのもっと厳しく管理されたプラットフォームのようにきつくてもいい。これはスマートフォンだけでなく、国にとっても当てはまる。**成功するプラットフォーム作りのやり方はひとつではないのだ。**

統治するプラットフォーム、政府のためのプラットフォーム

技術プラットフォームと政府は、お互いから学ぶことが多い。

政府と技術プラットフォームは、それぞれ「アプリ」や他のサービスが依存する中核サービスを提供しなくてはならない。アメリカ経済はおおむね「自由市場」だと一般に広く思われているが、基盤となるインフラなしには何ひとつとして機能しない。１９３０年代にテネシー川流域開発公社と地方電化局は、ダムや配電網を作り、電力へのアクセスがあらゆる市民の基本的権利だという考え方を確立した。電気通信が同じパターンをたどり、ユニバーサルサービスの約束がアメリカ連邦通信委員会により強制された。そしてもちろん、全米高速道路網は１９５０年代に作られたが、州

をまたがる通商を可能にして、経済成長を加速した。これらは我が国の根本的なプラットフォームサービスの一部だ。ちょうど、ｉＰｈｏｎｅのプラットフォームサービスがその根底にあるプロセッサー、メモリー、センサー、電話通信能力へのアクセス機能であり、支払い、流通、セキュリティ、発見などがＡｐｐストアの根本的なプラットフォームサービスであるのと同じだ。

またどちらも、その中核サービスの一部として法治体制を作り強制しなくてはならない。グーグル社が、低品質の情報しか提供しない企業ばかりが検索結果に出てくるのを許していたら、人々はマイクロソフト社のＢｉｎｇ《ビング》などの検索エンジンに移行しただろう。だからグーグル社は大量のリソースを投入し、容認できる行動を明確化して、悪いアクターは処罰した。もしＡｐｐストアが、個人情報やお金を盗むようなアプリをダウンロードさせたら、次のアプリをダウンロードする気は起きなくなる。だからアップル社も、堅牢なセキュリティと品質保証を持っており、インフラをモニタリングしてひどい事態が起きないようにする。プラットフォームでも政府でも、法治は単に正義と平和だけのためではない。それは商業を可能にする。人々は、ルールがしっかり適用されていると確信できないところでは商売などしない。

どちらもまた、機会を促進するためのイノベーションに投資しなくてはならない。ｉＰｈｏｎｅのマルチタッチインターフェイスは、アップル社にとって利益となっただけでなく、そのプラットフォームの上で何かを作ったり、そのプラットフォームを使ったりする多くの人にとっても利益となった。同じように、ブレークスルー的イノベーションへの政府投資は、予想外の形で元が取れる。デジタルコンピューティングの根本技術は、第二次世界大戦中に軍が開発し、その後パブリックドメインに置かれた。ＩＢＭがそれを使い、機械式加算機のメーカーから、新時代の支配的な独占的な巨人へと変身した。似たような戦時中の投資が、航空宇宙産業やプラスチック、化学薬品を急進歩させた。冷戦中、軍はインターネットやGPS衛星などの技術を開発し、それが民間に開放されると、いまの私たちが知るデジタル世界が登場した。

もっと最近では、ヒトゲノムプロジェクトやホワイトハウスのBRAIN《ブレイン》イニシアチブは、基礎研究の境界を広げつつある。それは今日の我々がやたらにこだわるデジタル領域が、これまでのユニコーン技術と同様に日常の背景へと消え去った後で、次の技術ブームの中心となり、次のプラットフォームを生み、次の経済の核となる可能性も十分ある。

どちらもそのサービスに対して課金する。Appストアなどの民間プラットフォームでは、プラットフォームが支える経済に提供するサービスのために、開発者たちは30パーセントの税金を支払うことを受け入れた。人々はまた、ウーバー社やリフト社のようなプラットフォームが運転手の売上の一部をもらい、アマゾン社が再販業者から一部をもらうのも当然だと考える。同様に民主的社会では、人々は自分たちに課税して、共通の目標を追求し、社会を構築するためのプラットフォームの資金を出す。閉鎖社会だと、権力の座にある人々はプラットフォームを使う人々からレントを抽出する。だが何らかの形で支払いは必要だ。問題は、いくら払うべきで、その対価として得るものにそれだけの価値があるかということだ。

だからこそ、両者にとってパフォーマンスが重要となる。アプリや、手持ちの電話そのものが遅く、信頼性が低く、使いにくければ、人は別のマシな代替を探す。アメリカの最近の歴史を見ると、政府と社会におけるその役割に対する軽視の風潮が高まっているのがわかる。政府は膨張しすぎ、非効率で、国民を見ていないと言われる。何百年にもわたりだんだん成長してきたシステムのすべてに言えることだが、アメリカ政府のプロセス、構造、規制はどれも、本気でオーバーホールが必要な時期にきている。そして2016年の大統領選挙では、その膨れ上がった政府へのフラストレーションが、前代未聞の方向転換に貢献した。その結果はいま展開し始めたばかりだ。

アメリカの苛立《いらだ》った市民たちの多くがおそらく気がついていないのは、政府のプラットフォームを21世紀に向けて再発明するための仕組みが、急速に生まれつつあるということだ。

コード・フォー・アメリカ

政府2・0初年度の後、テックウェブ社で弊社とのイベントパートナーシップの総責任者だったジェニファー・パルカは、あるアイデアに取り憑かれた。時間の半分は私たちのウェブ2・0イベントに費やしていた。これはフェイスブック社、ツイッター社、iPhoneの台頭の最前列にいるようなもので、残りの半分は私たちの政府2・0イベントに費やし、プラットフォームとしての政府という興味の核心に刺激を受けつつ、政府がソフトウェアをどのように構築、調達するのかを初めて学んでいたのだ。

エリック・シュミットに言われた通り、私たちはワシントンを巡回していろいろな人と話をした。そして耳にした話の多くは、技術プロジェクトの失敗、何年も（ときには何十年も）かけて作ったシステムが、まるで動かなかったり、動いてもあまりに出来が悪く、利用者がすべて紙ベースの元のシステムのほうがいいと言ったりするといった事例だ。この二つの世界の日常的なやり方の対照ぶりは、これ以上はないほどだった。カンファレンスはこの両者の有意義な対話の場としてまとまりつつあったが、ジェンは自分の見た乖離《かいり》についてどうにかしたいと考えた。

私たち2人とも、政府が消費者技術産業の基本原理を適用することで政府に改善する余地があることを理解していたが、ジェンはまた人間的な影響も見ていた。ジェンは技術メディア業界で働く前に、大学を出てすぐ児童福祉機関で働いたのだった。彼女は、これら技術プロジェクトの失敗から、国の世話になっている子供たち、彼らの安全を維持するソーシャルワーカー、行政官と、そのひどい出来のソフトとの間にすぐつながりを見出した。あまりに多くの場合、システムはこうしたか弱い子供たちの世話をしやすくするどころか、しづらくしてしまったのだ。

ジェンは２００９年末にテックウェブ社を退社し、クレジットカードのキャッシングとサンライト財団やアブロンス財団のわずかな計画補助金を元に、政府の技術能力を消費者技術の世界に負けないものに引き上げるための非営利団体コード・フォー・アメリカ（Code for America）を立ち上げた。まずは都市から開始することにした。これはツーソン市長主任補佐官アンドリュー・グリーンヒルに啓発されたものだ。彼は、地方政府のほうが規制の縛りがゆるいだけでなく、市民と直接ふれあう機会も多いと指摘したのだった。競争応募プロセスを通じてコード・フォー・アメリカが選んだ都市には、それぞれプログラマーやデザイナーなど、消費者技術産業からリクルートされた人々のチームが派遣され、1年にわたりサービス構築アプリを開発する。

ジェンが、理事会に参加してくれと頼んできたので、私は飛びついた。他の人々も熱心だった。ハイテク業界の専門家525人が応募してきた。そのうちたった20人を選んで、4都市で仕事を開始した。ボストン、フィラデルフィア、シアトル、ワシントンDCだ。このフェロー活動が正式に開始したのは２０１１年1月で、1カ月の訓練を受けて、2月にはみんながそれぞれの都市での実装に出かけた。

その後数年にわたり、私たちは地方政府が一連のアプリを作る手伝いをしてきた。それは、初年度フェローで元アップル社デザイナーのスコット・シルバーマンが言ったように「単純で、美しく、使いやすかった」。ボストン市の学校選択ウェブサイト、ニューオーリンズ市の荒廃物件追跡システム、消火栓の雪かきをするクラウドソースアプリなどは、オープンソースだったので、他の無数の都市にも広がり、洪水排水口の掃除や、ホノルル市では津波警報が機能しているかを報告するなど他の市民参加にも使われた。サンタクルーズ市では、フェローたちは中小企業認可を簡単にするポータルを作った。別のフェロー集団は、片手間にあらゆる都市について、新しい公共交通経路をモデル化する簡単な方法を構築した。

フェローたちが新しいアプリケーションを作って立ち上げる速度は、各市の職員に衝撃を与えた。ボストン市の学校選択ウェブサイトは6週間でできあがった。同市のIT部門が後に、もし通常の調達プロセスでやったら、サイトは200万ドルと2年かかったはずだと驚嘆した。ニューオーリンズ市CIOのアレン・スクウェアも、荒廃物件追跡システムについて似たようなコメントをした。

もっと重要な点として、フェローたちの仕事は政府プラットフォームの性能を改善できることを示した。アプリが安上がりで手早く開発できたというだけではなく、それが利用者にとっても便利だということだ。ボストン市の学校選択アプリは、それまでの状況は8ポイントのフォントで印字された、28ページのパンフレットだった。いろいろ情報はあったものの多くの政府刊行物の常として、個別の状況にはまるで対応できなかった。それは個別の子供の住所と、選べる学校との距離を計算する必要があり、したがって利用者が求めている機能をうまくこなせていなかった。適切なツールなしに学校選択プロセスを実行しようとする親たちの苛立ちは、「ボストングローブ」紙に1年にわたり、その迷路をくぐりぬけようとする親たちの苦闘を描く記事が連載されたほどだ。学校選択アプリは、ボストン市の家族だけでなく、不満をぶつけられ続けた政治家たちにとっても大勝利だった。

消費者技術の才能と利用者中心のやり方を使ってアプリを作る（そして政府の調達を通さずにやる）のは、政府が無用に膨れ上がったり、非効率だったり、人々とのつながりを失ったりする必要はないことを示す強力なやり方だった。どうしようもない政府の状態を嘆くだけではなく、コード・フォー・アメリカは万人（単に政府のパートナーや、手をあげたプログラマーやデザイナーだけでなく）に対し、政府が人々の期待通りの働きをすることもできると約束した。私たちの変化の理論は、アプリは作成した地方政府によって引き継がれ、オープンソースのそれは「コード・フォー・アメリカ旅団」という憲章組織にまとめられたボランティアにより普及されるというものだった。何千人ものボランティアの教師を動員することでスケーリングしたティーチ・フォー・アメリカ（Teach For America）［優秀な大学学部卒業生（教員免許の有無は問わない）を教育困難地域の学校に講師として赴任させる活動を行うＮＰＯ］とはちがい、私たちの目標は主にコードを使ってスケーリングすることだった。これは他のオープンソースやインターネットのアプリケーションと同じだ。

２０１２年のフェローシップは、影響を拡大する新しい可能性に道を開いた。その年、フェローシップの4チームは、自分たちの開発したプロジェクトに基づき新しい会社を立ち上げたいと決意した。1年のサービス期間に続いて、このチームはプロジェクトを開発し、それを他の都市に売るようになった。

成功したベンチャー投資家ロン・ボーガニムは、市民スタートアップ企業向けのインキュベーターとアクセラレーターを運営しようと名乗りをあげた。それが2年続いてから、彼はＧｏｖ《ガブ》ｔｅｃｈ《テック》基金というベンチャーファンドを立ち上げた。これは21世紀のベストプラクティスを政府技術に適用する企業に投資する専用ファンドだ。コード・フォー・アメリカのフェローたちが立ち上げた多くの新興企業が買収された。また、巨額のベンチャー資金を得たところもある。市民たちが都市内での公共交通経路を見直す手法として始まったアプリのリミックスは、都市計画者にとっての強力なツールへと発展し、トップクラスのベンチャー資本家たちは、それに４０００万ドルの評価を与えて出資した。

政府がアップル社のAppストアを真似ることでプラットフォームになれるというビジョンは、幸先のよい出発をとげたわけだ。

アプリから運用へ

だが2013年に、コード・フォー・アメリカがサンフランシスコ市および郡と行ったプロジェクトが、それよりも変革的な機会に気づかせてくれた。サンフランシスコは、栄養補給支援プログラム（SNAP）、一般にはフードスタンプと呼ばれるプロジェクトの仕事をしてくれと依頼してきた。これは連邦プログラムで、多くの補助事業と同じく、地方の州や郡が実施を担当する。サンフランシスコの社会福祉局がコード・フォー・アメリカに持ち込んだ問題は次のようなものだった。人々はSNAPに応募はするが、補助が開始されて数カ月するとその支給を受け取らなくなり、やがては再申請が必要となってしまうのだ。

これはアプリでどうにかできる問題ではなかった。フェローたちは、政府プログラムの運用を「デバッグ」してくれと言われていたわけだ。彼らは、自分たちがフードスタンプに申し込んでいいか（だがその補助は使わない）と尋ねた。そして、普通の申請者と同じようにそのプロセスを実行し、プロセスを外部から体験してみたのだった。

フェローたちは、ジョセフ・ヘラーの小説『キャッチ=22』の読者や、テリー・ギリアム監督の映画「未来世紀ブラジル」を観た人々にはおなじみの世界に転げ落ちた。郵便で手紙がやってくるが、それは理解不能の法律用語で書かれ、局の職員すらそれを理解できず、まして意図された受け手にはわかりようもない。なかには英語が母語ではない人々もいるのだ。決まった住所がないので手紙を受け取れない人さえいる。ときには別の言語の手紙も来る——ある英語話者は、中国語の手紙をもらった。手紙の一部は、追加の面接の予約を設定していたが、その手紙の発送日は面接日より後だったりした。申請時に求められた書類は捨てられてしまったのに、申請者はそれがきちんと受領されていると言われ、局のほうには一度も提出されていないように見える。

フェローたちはこのプロジェクトに魅了され、そのひとりジェイク・ソロモンは1年が終わっても辞めたがらなかった。他の都市のプロジェクトを担当していたフェロー2人、アラン・ウィリアムスとデイヴ・ガリーノも加わった。3人はそのまま無給で働き続け、後になって組織が資金を調達して、プロジェクトを正式に継続できるようにした。アランはジェイクのソファで眠り、自らフードスタンプの受給者となった――今度は本当に。

プログラムのオンライン申請からして、つまずきの元なのがわかった。50画面もあり、ソーシャルワーカーが手伝っても記入に45分かかるし、その申請者には関係ない質問もいろいろある。さらにこのプログラムのオンライン検索は半数がモバイルデバイスから来ているのに、携帯電話は使いものにならない。デジタル申請なら質問が応募者に応じて分岐して変わるようにできるのに、このウェブアプリは単に総合的な申請書類のあらゆる質問を単純に画面に移しただけなのだった。

主にデータ収集の方法として、チームは使いやすいモバイルアプリGetCalFreshを作った。これは申請者が申請を開始し、文書を添付し、面接の申請するまでを8分以下でできるようにするものだ。このアプリはユーザー調査の鍵となった。申請プロセスを通じて利用者をフォローできるし、SMSで彼らに連絡を取り、許可をもらってデータを一部追跡できたからだ。その後、このアプリは、カリフォルニア州の他の6つの郡でも採用された。アプリは既存のオンライン補助申請よりも優れていると考えられたからだ。現在はさらに拡張され、カリフォルニア州の58郡すべてをカバーするようになりつつある。

このプロジェクトの結果として、三つの重要な気づきがあった。

第一は、21世紀のアプリをいかに頑張って作ったところで、破綻した20世紀の政府プラットフォーム上では限界があるということだ。壊れた官僚システムにデジタルのフロントエンドをつけたら、問題はかえって悪化する。デジタルシステムは既存プロセスを一から考え直すことなく、既存プロセスを複製するだけだからだ。市民にとっての政府の体験を、特に最もそれを必要としている人々にとって本当に変えるためのアプリを作るには、政府サービスの根底にある運用を改善しなければならない。ウーバーの最終的な長所が、単に電話で使うアプリの操作体験ではなく、A地点からB地点までシームレスに運んでくれるサービス全体なのと同じで、フードスタンプの長所は、オンライン申請プロセスにあるのではなく、家族のために健康的な食品を買えることにある。SNAPでの作業でわかったのは、あまりに多くの政府サービスでは申請の後で実に様々なことが利用者に起こり、それが実際のサービス提供を劣化させるか、そもそも提供されなくしてしまうということだ。

第二の気づきは、サービスの提供を理解するのがよい政策作りの鍵だということだ。作業の過程で、コード・フォー・アメリカのチームは比較的人畜無害に思えるのに、サービス提供を阻害し、政府の部局と利用者の双方にとって話をややこしくする政策や規制に出くわした。たとえば、フードスタンプ申請者が申請過程で投票登録［アメリカでは有権者であっても選挙人登録をする必要がある］もできるように質問を追加するという善意の方針は、投票申請の資格を持たない申請者に対して予想外の混乱（とリスク）を作り出した。困難な状態に置かれた人々を助けるためのシステムが、かえって彼らにすさまじい負担をかける結果となった。政策担当者は利用者が体験するものを実地に見る機会がほとんどないため、自分たちの方針が持つ現実世界への影響については限られた知見しかない。だが利用者の経験を可視化できれば、コード・フォー・アメリカのチームがすばらしいアプリ作りに活用したような、反復的でデータ主導のやり方は、意図した成果に近づくように政策や規制を開発したり変えたりするのに使えそうだ。

結局、私たちの構築していたアプリは、政府の性能を改善する別の手法を提供してくれた。背後にあるプロセスへの洞察を与えてくれるのだ。シリコンバレーの企業はすべて、二つの絡みあったシステムを作る。利用者に奉仕するアプリケーションと、何が起きているか理解して絶えずサービスを改善するための、隠れたアプリケーション群だ。コード・フォー・アメリカのチームは、彼らのSNAP申請アプリがひとつの手段なのだと気がついた。利用者を獲得し、サービスの運用を通じて自分たちの方向性をたどり、記述してフォローアップするための手段だ。何がうまくいっていないかわかれば、政府といっしょにそれを改善できる。ジェンはこの戦略を「アプリから運用へ」と呼ぶ。

政府はもっとうまくやれる。ただ、自分をもっと深く再発明する必要があるのだ。アマゾン社がeコマースアプリケーションを見直して再構築し、クラウドコンピューティングのプラットフォームにして、そこでいまや自社のウェブサイトも走らせるようにしたケースや、トラビス・カラニックとギャレット・キャンプがタクシーサービスをスマートフォンが常識の時代にどう提供できるか考え直したのと同じようにやるのだ。これから見るように、一部の分野で政府はまさにそれをやっている。

第三の気づきは、プロジェクトに関するジェイクの記述に見事に表現されている。これは「ミディアム」の論説で「データではなく、人間（People, Not Data）」と題されていて、技術だけでなく共感こそが、政府のサービスをうまく再発明するための鍵だということだ。ビッグデータとプログラミングだけでなく、デザインとユーザー体験が不可欠な技能となる。何よりも、政府の意志決定者は自分たちが奉仕するつもりの人々の立場になって考えねばならない。

これは特に、政府の支援を最も必要とする人々のためのサービスについて言える。こうしたサービスは、善意の立法者や、金持ちの献金者たちが最も接触のなさそうな人々だ。HealthCare.govの失敗に関する報告のほとんどが、それを慢性的なものでなく、一時的な危機として描いていたことを指摘して、エズラ・クラインは次のように書く。「健康保険を持つ豊かな人々は特権的な立場にあるので、政府が常時貧困者に提供するサービスのひどい品質を容認できてしまう。あまりにしばしば、マスコミは貧困者が日々苦闘する、政府官僚とのやりとりの苦痛の問題を無視する——あるいはそもそもまるで知らない」

この気づきで、コード・フォー・アメリカは焦点を変え、最も必要としている人々のためのサービス改善を目指した。コード・フォー・アメリカのチームはいまや、職業訓練へのアクセスを支援し、保護観察期間の条件を遵守しようとしている人々のやりとりを単純化し、一部のあまり重くない、主にドラッグ関係の刑事犯罪者が、その刑を記録から消してもらい、就職や住居などの必需品から排除されにくくなるようにしている。執筆時点で、カリフォルニア州はリード・ホフマン〔リンクトインの共同創業者〕やオミダイアネットワーク〔イーベイ創業者のピエール・オミダイアが設立した団体〕などの慈善献金者たちと協力して、コード・フォー・アメリカが全国に展開できるような、スケーラブルなデジタルサービスを構築する野心的なプロジェクトに出資している。

一方、プラットフォームとしての政府という私たちの物語の出発点となったワシントンDCでは、同じ気づきと変革が連邦政府で生じているところだった。

アメリカデジタルサービス局

サンフランシスコで、コード・フォー・アメリカのフェロー集団がSNAPの問題を最初に検討していたころ、ジェンと私はロンドンに出かけて、イギリスの政府デジタルサービス局（GDS）

を訪れた。その途中で、ジェンは当時アメリカ政府のCTOで大統領特別顧問だったトッド・パークから電話をもらった。トッドは、大統領イノベーションフェローという新プロジェクトを開始したところで、これはコード・フォー・アメリカを下敷きにしたものだった。そしてジェンに、政府イノベーションの副CTOとしてプログラム運営を手伝ってくれというのだ。

最初は、コード・フォー・アメリカの仕事で手いっぱいだと断ったジェンだが、トッドは頑固だった。「聞く耳持たないという感じ」とやがて彼女の同僚となるニック・シナイはその様子を評した。やがてジェンも折れた。そしてトッドにこう言った。「やります。でも、イギリスGDSみたいな新部隊設置の仕事をさせてもらうのが条件です」

GDSは特別部隊で、当時は政府運営をつかさどるイギリス内閣府の直属だった。「ガーディアン」紙デジタル部門長だったマイク・ブラッケンの指導により2011年に設置されたのだ。マイクはやがて、イギリスのテクノロジーとデジタルメディアの業界から最高の才能を集め、GDSはある有力なベンチャー資本家に「ヨーロッパで我々が投資できないスタートアップのなかで最高のもの」と評されるようになった。彼らはイギリス政府のウェブ戦略を全面的にデザインし直し、何千もの矛盾するウェブサイトを、ひとつの単純な利用者中心ハブに置きかえたことで、通常は最先端ハイテク企業に贈られるデザイン賞を受賞し、イギリス政府も6000万ポンドの節約ができた。そしてそれは発端でしかなかった。

にぎやかなロンドンの街路に面してそびえる古いオフィスビルの上階にあるGDS事務所に来て、ジェンと私が最初に驚いたのは、ロビーの窓が巨大な模造紙で覆われていたことだった。そしてその模造紙には小さな切り抜きがあり、そこから眼下の人々が見える。その切り抜きを指す巨大な矢印が描かれ、「利用者」とラベルがついている。入ってきた人はだれでも、この部隊がだれに奉仕するのか嫌でも気がつくわけだ。

ＧＤＳは、この注意書きを最初のＧＤＳデザイン原理10カ条でも活かしている。この10カ条はその後、デジタル政府の一種のバイブルとなり、すばらしいデジタルサービス設計の重要なルールを示すものとされた（こうしたルールは商用サービスにも同じように適用される）。原理第1条は次の通りだ。

ニーズから始めよ——それも利用者のニーズであって政府のニーズではない。デザインプロセスは、まず実際の利用者ニーズを見つけ、それについて考えるところから始めねばならない。そうしたニーズそれを核として設計すべきだ——現状の「公式手順」を核にしてはならない。そうしたニーズを徹底して理解せねばならない——勝手に想定するのではなく、データを実際に調べること。そして利用者が求めるものは、必ずしも必要としているものではないことも忘れないこと。

原理第2条も、私にとっては実に心地よい。それは政府２・０についての私自身の著作や講演に影響を受けているからだ。次の通り。

やることを減らせ。政府は政府にしかできないことだけやるべきだ。何かうまく行くやり方を見つけたら、毎回車輪を発明し直すのではなく、それを再利用可能にし、共有できるようにすべきだ。これはつまり、他の人々が構築するためのプラットフォームや登記所を構築し、他の人が使えるリソース（ＡＰＩなど）を提供し、他人の仕事にリンクするということだ。我々が専念すべきなのは、還元できないものだ。

他の原理もまた、技術から学んだことの実に多くを反映している。データでデザインしろ、単純にするために苦労しろ、何度も反復しろ。そしてまた反復。ウェブサイトを作るのではなくデジタルサービスを作れ。物事をオープンにしろ。

コード・フォー・アメリカは、ジェンに1年間の出向期間を与え、彼女は2013年6月にトッドのチームに加わった。私はジェンとワシントンDCに向かい、新サービス設立の障害を彼女が克服する様子を見た。たとえばどこにそのサーバーを置くべきか、といった話だ。そして彼女は、ヘイリー・ヴァン・ダイク、チャールズ・ワージントン、ニック・シナイ、ライアン・パンチャサラム、ケイシー・バーンズなどと、「デジタルサービス・プレイブック（The Digital Services Playbook）」というガイド文書を執筆した。彼女たちはそれをアメリカデジタルサービス局（USDS）と呼ぶことにした。イギリスGDSへのオマージュだ。そしてその設立に向けて精力的にロビーイングをした。

ジェンたちが旗を振っていたビジョンは、支持を得つつあったが、まだ確実なものではなかった。そこへ2013年10月にHealthCare.govが立ち上がり……そしてエンストした。いきなり、政府の技術は理論的なお話ではなく、国の緊急事態となった。オバマ政権の虎の子政策イニシアチブが、申請処理に使えるウェブサイトを構築できないために炎上しつつあったのだ。

1年半前に、イギリスの非営利団体マイソサエティ（mySociety）のトム・スタインバーグは、いまや不気味なほど当たっていたように思える厳しい警告を発していた。「エリートたちが、経済やイデオロギーやプロパガンダを理解するのと同じように技術を理解していなければ、もはやまともに国を運用できない。（中略）よい統治とよい社会の姿はいまや、デジタル理解と不可分に結びついている」

HealthCare.govの危機はまちがいなく、アメリカデジタルサービス局の緊急性と正当性を提供してくれた。そして初期の人員とリーダーシップも与えられた。トッド・パークは主にシリコンバレーから、二つの才能ある技術屋チームをリクルートした——片方は、政権にこれほどの不評を与えた機能不全のウェブサイトをまとめるチーム。もうひとつは、悲惨な最初のサイトにつながった古くさい技術調達プロセスにかわり、スタートアップチームのベストプラクティスを使って、ずっと単純なサイトを構築するチームだ。アメリカデジタルサービス局がやっと2014年8月に組成されると、元グーグル社のサイト信頼性エンジニア（SRE）でHealthCare・gov救済の中心となったマイキー・ディカーソンがその局長となった。

アメリカデジタルサービス局の最初の指導者がSREだったというのは重要だ。この部隊はそのDNAに、ユーザー中心サービス設計への深い献身が最初から刻まれていたのだ。それはイギリスのGDSと、カリフォルニア州のフードスタンプ関連作業をするコード・フォー・アメリカのチームから受けたインスピレーションを通じて生まれたものだ。しかし、サイト信頼性エンジニアリングの核心とは、ソフトウェア開発と運用の断絶を「デバッグ」して新しい接続組織を構築する実務なのだ。そしてこれこそまさに連邦政府が必要としていたものだった。

最初の2年間で、アメリカデジタルサービス局は連邦機関の重要プロジェクトに直接参加した。たとえば退役軍人省の傷病手当申請の簡素化、国務省での査証処理システム改善、教育省と共同で学生たちの大学選択改善支援、国防総省ウェブサイトのセキュリティ弱点の同定などだ。さらに、デジタルサービス調達プロセスの現代化にも取り組み、共通のプラットフォームやツールの利用を拡大している。アメリカデジタルサービス局はいまや、7つの内閣機関にも支局を持つ——こうしたチームはデジタルサービス・プレイブックに従って運用するが、それぞれの機関の内部で直接、その局のために働くのだ。

政府が技術利用に有能になれる——いや優秀にすらなれる——と証明するためにアメリカデジタルサービス局は様々なことをやったが、最終的にこのアメリカ連邦政府での実験から得た最も価値の高い教訓は、地方政府やイギリス政府での経験からのものと同じだった。成功するためには、プラットフォームは単にアプリやサービスを提供するだけではダメだ。プラットフォーム参加者の行動をつかさどるルールをうまく設定し、調整しなければならないのだ。

また、よいアプリを作るやり方は、よいルール作りにもとても重要だということも学んだ。

たとえばＭＡＣＲＡ法（２０１５年メディケア・アクセスおよび児童医療保険再認可法）という法律がある。ＨｅａｌｔｈＣａｒｅ・ｇｏｖの臨死体験の後で、ＭＡＣＲＡチームが保健福祉省のデジタルサービスチームに、この法律を施行するためのウェブサイト構築を頼んだのも当然のことだ。この法律は、もっとよい治療のためにはメディケア〔連邦政府が管轄する高齢者および障害者向けの公的医療保険制度のこと〕が高い報酬を出すのを認めるものだった。だがその時点ですでに、ホワイトハウスの指導者やその他の人々は重要な教訓を得ていた。オバマ大統領国内政策評議会議長のセシリア・ムニョスが２０１６年12月16日のホワイトハウスのイベントで述べたように、「技術屋を参加させるのは、ウェブサイト構築より前の段階から始めるべきです」。ＭＡＣＲＡが保健福祉省デジタルサービスの主任ミナ・シャンにこのプロジェクトについて打診したとき、ミナはちょっとちがう提案をした。

通常は、規制当局が利用者（この場合は医師など医療の提供者）向けウェブサイトのために技術チームを動員する前には、何カ月もかけて調査研究を行い、ウェブアプリケーションがコード化すべきルールをきわめて詳細に定めた仕様書を作る。ミナは、規制を書くチームに通常の５分の１くらいの時間の段階で草稿を見せてもらい、彼女のチームはその草稿に基づくウェブサイトの初期バージョンを作るというのはどうかと提案した。

技術チームとしては、開発プロセスのごく初期からサイトを利用者に試してもらうのは普通のやり方だ。今回ちがったのは、規制者もまた利用者が自分たちの描いたルールをどう受け取り、解釈したかを見ることができたということだ。利用者の行動をもとに文言を変えるのだ。そして、技術チームがウェブサイトを試験ユーザーに対して提示するときに、新しい文言を、次のバージョンのサイト（だがまだドラフト）で試せる。これをさらに4回やって、規制当局はそのルールを最終版とした。

MACRAの規制当局は、自分たちが書いたのはキャリアで最高のルールだと感激した。初めてプロセスの途中で現実世界からのフィードバックという恩恵を受けたからだ。

コード・フォー・アメリカとアメリカデジタルサービス局の両方で、私たちは最後にひとつ教訓を得た。シリコンバレーで、最高の人々を求める熾烈《しれつ》な競争に参加した人ならだれでも知るように、才能は不可欠だ。マイキー・ディカーソンは、オースチン市で開催された2016年のサウス・バイ・サウスウエスト（SXSW）で、技術者たちに公共職を考えてみてはどうかと呼びかけたとき、次のような単刀直入な言い方をした。「全員ではないにしても、君たちの一部はいま、人々が食べ物の写真を共有するとか、犬用のソーシャルネットワークとかのアプリ開発をしているはずだ。私としては、我が国は君たちの才能をもっと有意義に使えると言いたい」。彼は政府が支援を必要としている緊急の問題を羅列して、最後にこうまとめた。「これらのすべてはデザインと情報処理の問題で、すべては何百万人もの市民たちにとって生死に関わる問題だ。そして、その気になれば君たちはこれを何とかできるのだ。君たちにはその選択ができる」

〝選択〟。この言葉がまた出てきた。未来は人々の選択にかかっている。

執筆時点で、アメリカデジタルサービス局の仕事がトランプ政権下でも続く様子はある。政府の改善は超党派的課題だ。とはいえ、選択が変わりそうだという困った兆候もある。トランプ政権はオバマ政権のオープンデータ政策の多くを逆転させ、一般に証拠よりイデオロギーを優先する。「行政国家の脱構築」を図るなかで、官僚制に破壊装置を仕掛けているが、かわりに何を作るつもりかははっきりしない。積極的な指導力なしには、似たようなものがまたできあがるだけの可能性が高い。

私たちには政府を作り直す機会がある。その機会を逃してはならない。

選挙技術会社ブルーステートデジタル（Blue State Digital）社の創業者クレイ・ジョンソンは、後に政府の透明性を求めるサンライト財団のサンライト研究所所長になり、その後ホワイトハウスの大統領イノベーションフェローとなったが、彼はムーアの法則が政府にとって非常に困った影響を持つと指摘したがる。政府の緩慢で変化を嫌う技術調達プロセスが、民間より5、6年遅れるということを意味するのであれば、ムーアの法則が指数関数で三、四世代ほど進んでしまうから、政府の能力は10倍も低くなる、というのだ。

そして古典的な「未来からのニュース」式に、まさにそれが起きている。アマゾン社は注文から数時間以内に荷物を配達できる。グーグル社はほとんどリアルタイムで、この先で事故が起きたから経路を変えたほうがいいと教えてくれる。それなのに、退役軍人省は除隊された兵士が手当を受け取る資格があるかどうか判断するだけで、18カ月もかかる。

世界中の政府や、アメリカでは連邦、州、地方レベルで、コード・フォー・アメリカのような非営利団体、Ｇｏｖｔｅｃｈ基金やエキスティック・ベンチャーズ（Ekistic Ventures）などのベンチャー基金、さらにますます多くの営利企業が、技術のベストプラクティスを政府にもたらし、可能なことと実際の状態との溝を埋めようとしている。あらゆる問題は、裏返せば機会だ。

エイブラハム・リンカーンが見事に言ったように。「政府の真の目的は、なされる必要があるのに個人の力ではなし得ないことを、人々のために行うことである」

シリコンバレーはしばしばリバタリアン的な偏りを示しがちなので、政府の余計な口出しをバカにするのが通例ではある。だが政府を再発明して社会の他の部分に追いつかせるのは、21世紀の大きな課題のひとつなのだ。

III部

アルゴリズムの支配する世界

希望は、遠からぬ将来に人間の脳と計算機械とが
きわめて緊密に結合させられ、
結果として生じるパートナーシップが
これまでどんな人間の脳もやったことのない形で考え、
今日の我々が知る情報処理機械のおよびもつかない形で
データを処理するようになるということだ。
—— J・C・R・リックライダー、1960年

8章

魔神の労働力を管理する

2016年にMITの「スローン・マネジメントレビュー」誌が、経営マネジメントの未来についての小論を求めてきた。当初は、大して言うことがない、少なくともとっくの昔に言われていないことなどない、と答えた。でもそこで、自分が古い地図を使って答えているのに気がついた。

20世紀の工場的な心構えで考えたら、グーグル社、アマゾン社、フェイスブック社などの何万ものソフトウェアエンジニアは一日中、工業時代の先人たちのように製品を作り続けていると思うだろう。ただし今日では、物理的な財ではなくソフトウェアを生産しているというわけだ。だが一歩下がってこうした企業を21世紀の考え方で見れば、彼らのやる相当部分——検索結果やニュース、情報の配信、ソーシャルネットワークのステータス更新、購入の関連製品、オンデマンドの運転手の提供——はソフトウェアプログラムとアルゴリズムで行われているのに気がつくだろう。**こうしたプログラムが労働者であり、それを作り出すプログラマーはその管理職なのだ**。毎日、こうした「管理職」は市場からのリアルタイムデータで計測された労働者の業績についてのフィードバックを見て、必要に応じてプログラムやアルゴリズムへのちょっとした変更や更新という形で労働者にフィードバックを提供する。

こうしたソフトウェアワーカーのこなす作業は、デジタル組織の運用ワークフローを反映している。eコマースのサイトでは、ある電子のワーカーが利用者に対し、その検索に一致しそうな製品探しを手伝う様子が想像できるだろう。別のワーカーは、製品についての情報を示す。また別のワーカーが、別の選択肢を提案する。いったん顧客が製品を買う選択をすると、別のデジタルのワーカーが支払いを求めるウェブフォームを提示し、その入力を確認する（たとえばクレジットカード番号が有効かを確認したり、入力されたパスワードが保存されたものと一致しているかを確かめたりする）。別のワーカーは注文書を作り、それを顧客の記録と関連づける。また別のワーカーは倉庫の品出し一覧を作り、それを人間かロボットに実行させる。別のワーカーは取引についてのデータを社の会計システムに保存し、別のワーカーは顧客に受注確認メールを送る。

コンピューティング以前の世代なら、こうした活動は単一の巨大なアプリケーションが、単一の利用者の要求に応える形で処理した。だが現代のウェブアプリケーションは、同時に何百万人もの利用者に対応できるし、その機能はいまや「マイクロサービス」と呼ばれるものに解体されている——それぞれがひとつだけの仕事を、きわめて上手にこなす、個別の機能的なブロックになっているのだ。MSワードのような、伝統的な一枚岩のアプリケーションがマイクロサービス群として実装し直されたら、スペルチェッカーをもっとよいものと交換したり、ウェブリンクを脚注にする新しいサービスを追加したり、その逆をしたりするサービスを追加するのも簡単だ。

マイクロサービスは、Ｕｎｉｘとインターネットの設計や、ジェフ・ベゾスのプラットフォームメモで見た、通信指向の設計パターンを発展させたものだ。マイクロサービスは、その入出力で定義される——他のサービスとどう通信するかということだ。その内部の実装はどうでもいい。ちがう言語で書かれていてもいいし、複数のマシンにまたがっていても協調的に走る。きちんと設計されていれば、そのいずれも、同じ機能を持つ改良版コンポーネントと交換できるし、それにより他のアプリケーションを更新する必要もない。おかげで継続的な導入が可能となり、新機能はまとめて大きな形で追加しなくても絶え間なくロールアウトできる。さらに同じ機能のちがうバージョンを、利用者人口のサブセットで試してみるＡ／Ｂ対照試験もやりやすい。

データの理不尽な有効性

インターネットアプリケーションの規模と速度が高まるにつれ、多くのソフトウェアワーカーの性質も変わった。これは航空工学でのプロペラからジェットエンジンへのシフトにちょっと似ている。機械式ピストンと回転部品を使う発動機で実現できる速度には限界がある。まったくちがうアプローチが必要だった。燃料をもっと直接燃やす手法だ。アプリケーションの相当部分について、そのジェットエンジンに相当するものは、まず応用統計学と確率理論という形でやってきた。それから機械学習がやってきて、さらにますます高度なＡＩアルゴリズムが導入されている。

２００６年に、オライリー・メディア社の研究担当副社長ロジャー・マゴウラスが、グーグル社のような企業のサービスを可能にする規模のデータ管理用新ツールを表すために**ビッグデータ**という用語を初めて使った。元ベル研究所の研究者ジョン・マシェイはすでに１９９８年にこの用語を使っていたが、それは収集保存されるデータの増大する規模を表現するための用語であって、統計に基づくデータ主導サービス、そうしたサービスを可能にするソフトウェア工学上のブレークスルーやビジネスプロセスを表現するものではなかった。

ビッグデータは、単にＯｒａｃｌｅ《オラクル》のようなリレーショナルデータベースの大規模版というだけではない。根本的にちがうものだ。２００９年の論文「データの理不尽な有効性（The Unreasonable Effectiveness of Data)」（これは１９６０年にユージン・ウィグナー〔物理学者〕の行った古典的な講演「自然科学における数学の理不尽な有効性」へのオマージュだ）で、グーグル社の機械学習研究者アロン・ハレヴィ、ピーター・ノーヴィグ、フェルナンド・ペレイラは、音声認識や機械翻訳といった、それまでむずかしかった問題を解決するにあたり、統計的手法の有効性が高まっていることを説明した。

それまでの多くの試みは文法に基づくものだった。人間の発話を理解するのに文法規則についての知識を使う、巨大なピストン式エンジンに相当するものを構築できるだろうか？　成功は限られたものだった。だがこれは、多くの文書がオンラインに登場すると変わってきた。数十年前なら、研究者たちは慎重にキュレーションされた人間の発話や著述のコーパス［構造化して集積されたもの］に頼っていたが、これは最大でも数百万語しかなかった。だが次第に、オンラインのコンテンツが極度に増え、状況が根本的に変わった。2006年にグーグル社は言語研究者向けに、1兆語を含むコーパスを構築し、それを処理するためのジェットエンジンを開発した。その後の進歩は迅速かつ決定的なものだった。

ハレヴィ、ノーヴィグ、ペレイラは、このウェブから採ったコーパスは、それまで研究者が使ってきたキュレーションされたコーパスより多くの点ではるかに劣ると指摘している。不完全な文だらけだし、文法ミスや綴《つづ》りミスも多いし、文法的構造に基づく注釈やタグもない。しかし、量が100万倍も大きいという事実は、そうした欠点すべてを蹴倒す。「1兆語のコーパス――ウェブから得た何百万、何十億、何兆ものリンク、ビデオ、画像、表、ユーザーたちのやりとりのコーパスとあわせて――は、人間行動のきわめて珍しい側面さえ捉えているのだ」と彼らは書いた。ますます複雑な言語モデルを構築するかわりに、研究者たちは「手持ちの最高の味方を活用することにした。その味方とは、データの異様な有効性だ」。複雑なルールに基づくモデルは、言語理解への道ではなかった。むしろ統計分析を使うだけにして、データ自体にモデルがどうあるべきかを語らせるほうがいいのだ。

この論文は言語翻訳に注目していたが、それはグーグル社の中核的な検索サービスの成功に不可欠なアプローチをまとめたものになっていた。その洞察である「**単純なモデルと大量のデータは、少ないデータに基づく複雑なモデルを蹴倒す**」は、各種分野で次々に進歩をもたらすことになったし、多くのシリコンバレー企業の核心にもなっている。

そしてこれは、人工知能の最新のブレークスルーにおいても、なおさら中核的な考え方になっている。２００８年にリンクトイン社のＤ・Ｊ・パティルとフェイスブック社ジェフ・ハマーバッカーは、自分たちの仕事を表現する用語として**データ科学**というものを提案し、数年後に「ハーバードビジネスレビュー」誌がその分野を「21世紀で最もセクシーな仕事」と呼ぶことになる。データ科学の心構えとアプローチを理解し、それがプログラミングの古い手法とどうちがうかを理解するのは、21世紀の課題と格闘するあらゆる人にとって、決定的なこととなった。

グーグル社が検索品質をどう改善しているかは、重要な教訓を与えてくれる。早い時期に、グーグル社は統計的手法で検索結果を構築するというコミットメントを行った。「ピーター・ノーヴィグ」を検索したら、彼についてのウィキペディアのページと、公式の企業概要がトップ近くにくるべきだ。何か劣ったページがトップにきたら、それを修正するひとつの方法は「『ピーター・ノーヴィグ』の検索結果では、この劣ったＵＲＬをトップ10に入れるな」というルールを追加することだ。でもグーグル社は、それはやらないことにした。むしろ、常にその根底にある理由を探すことにした。こうしたケースだと、修正方法としては「有名人の検索では、高品質の百科事典の出典（たとえばウィキペディア）に高いポイントを与える」といったものかもしれない。

グーグル社の検索品質の適応関数は、常に関連性だった。利用者は求めているものを見つけられただろうか？　いまのグーグル社が使う信号のひとつは、そのコンセプトを実に明確にするもので、「ロングクリック」と「ショートクリック」の対比だ。もし利用者が最初の検索結果をクリックしてそのまま戻ってこなければ、たぶんその結果に満足したのだろう。でも最初の検索結果をクリックして、しばらく姿を消してから2番目の結果をクリックするようなら、たぶん十分に満足はしなかったのだろう。利用者が即座に戻ってきたら、それは検索結果が探していたものとまったくちがうというしるしで……という具合だ。ロングクリックが、最初の検索結果よりも2番目、3番目、5番目の結果で起こりやすいなら、その結果のほうが関連性が高いのかもしれない。これをやるのがひとりなら、偶然かもしれない。100万人が同じことをするようなら、まちがいなく何か重要なことが物語られている。

統計的手法は、ますます強力になっているだけではない。すばやく、かつ繊細になっている。かつてのソフトウェアワーカーたちはロボットじみたガチガチ音をたてる機械だったが、いまやそれはアラビア神話に登場する強力な魔神にも似た存在になりつつある。魔神たちに人々の願いを叶えるように無理強いするとしばしば巧妙に人々の願いを読みかえ、ご主人たちにひどい被害をもたらしたりもする。ディズニー版「魔法使いの弟子」に登場する箒《ほうき》のように、アルゴリズム的魔神は依頼をすべて実行してくれるけれど、その解釈はきわめて単細胞で鈍重なものとなり、おかげで意図せざる、ときに恐ろしい結果も引き起こす。こちらの頼んだ通りのことを確実にやらせるには、どうしたらいいだろう？

それを管理するのは、プログラムやアルゴリズムの結果を何か理想の目標と比べ、どこを変えるとその目標に近づくか試すというプロセスになる。グーグル社のウェブクロール［クローラと呼ばれるロボット型プログラムがウェブ上のリンクからリンクへ飛び、自動的にコンテンツを収集してインデックス化につなげるプロセス］のような仕事の場合、評価すべき重要な関数は、速度、完全性、新鮮さだろう。1998年にグーグルが始まったとき、クロールと、ウェブページのインデックス計算結果は数週間ごとに更新された。今日ではそれがほぼ即座に行われる。関連性を決めるのは、プログラムの結果と、知識ある利用者の期待とを比べるという話になる。グーグルの最初の実装では、このやり方はかなり原始的だった。ラリーとセルゲイがまだスタンフォード大学にいたころに発表された、グーグル検索に関する最初の論文にはこう書かれている。「ランキング関数は多くのパラメータを持つ。（中略）こうしたパラメータの正しい値を見つけ出すのは、一種の黒魔術に近い」

グーグル社は、関連性を計算するのに使われる信号の数はいまや２００以上になったという。検索エンジンマーケティングの神様ダニー・サリバンの推計では、サブ信号は5万もあるかもしれないという。こうした信号のそれぞれは、プログラムとアルゴリズムの複合体により計測、計算され、それぞれを最適化しようとする独自の適応関数を持っている。こうした関数の出力結果は、関連性を最適化するよう設計された、マスター適応関数の目標とも言えるスコアだ。

こうした関数の一部は、ＰａｇｅＲａｎｋ《ペイジランク》のように名前がついていて、それを説明する研究論文さえある。その他は、それを作って管理するエンジニアリングチームしか知らない、商売上の秘密だ。それらの多くは、検索という技芸に根本的な改善をもたらしている。たとえばグーグルが「知識グラフ（Knowledge Graph）」と呼ぶものを追加したことで、日付、人、場所、組織、その人物が「生まれた」「雇用されている」「娘である」「母親である」「住んでいる」といった各種のエンティティ同士について知られている関連性を活用できるようになった。この作業はメタウェブ（Metaweb）という会社が作ったデータベースに基づくもので、グーグル社はこの会社を２０１０年に買収している。メタウェブが２００７年3月にこのプロジェクトを発表したとき、私は熱狂してこう書いた。「彼らはグローバルブレインの新しいシナプスを構築しているのだ」

全体としての検索アルゴリズムの他の構成要素は、そのグローバルブレイン（接続された何十億もの人間を集合的に表したもの）の状況変化への対応として書かれた。たとえば、グーグル社は当初、ツイッターからくるリアルタイムの意識の流れへの適応に苦労していた。またスマートフォンが、インターネット上の動画や画像をテキストと同じくらい一般的にしたことで、対応を迫られた。ますます多くの検索が携帯電話から行われるようになり、そのデバイスの厳密な位置がわかることから、地域的な結果がはるかに重要となった。音声インターフェイスの発達で、検索クエリー〔クエリーとは本来、データベースの命令文のこと。検索クエリーは検索時に入力するキーワードのこと〕はずっと会話的になった。グーグル社は絶えず、よい結果をもたらしそうな新しいアイデアを試している。

２００９年のインタビューで、当時グーグル社の検索担当副社長だったウディ・マンバーは、その前年に５０００以上の実験を実施していると述べ、「成功したローンチひとつあたり実験が10個はあるだろう」と述べた。グーグル社は、四半期ごとに１００回から１２０回にわたり、アルゴリズムをいじったり、新しいランキング要素を追加したりする。つまり平均で1日に1回だ。その後、その速度は増すばかりだ。広告側ではさらに多くの実験が行われている。

ある変化が関連性を向上させたという判断はどうやるのか？　変化を評価する方法のひとつは、短期的な利用者の反応を見ることだ。利用者は何をクリックしているだろうか？　もうひとつは長期的な利用者の反応だ。もっとグーグルを使うために戻ってくるだろうか？　もうひとつは実際の利用者と対面で話をして、どう思うか尋ねることだ。

グーグルはまた、人間の評価者チームに、自動的に連続して実行される標準化した一般的クエリー一覧の結果を評価させている。グーグルの草創期、クエリー一覧の作成とその実行結果の評価はエンジニア自身がやっていた。２００３年か２００４年ころには、グーグルはこの活動専門の独立した検索品質チームを構築していた。このチームは検索エンジニアだけでなく、機械仕掛けのトルコ人式に働く、統計的に有意な外部利用者パネルを含み、広範な検索結果に対してよしあしの判断をしている。２０１５年にグーグルは、検索品質の評価者に提供しているマニュアル（検索品質評価ガイドライン）を本当に公開した。

だが評価者たちが問題を見つけても、グーグル社はサイトのランクを上げ下げするために手動で介入したりはしないという点はお忘れなく。異常な結果――アルゴリズムが生み出す結果が、人間の試験者たちの期待するものと一致しない場合——が見つかったら、彼らはこう考える。「利用者が求めていると思われる結果を生み出すためには、アルゴリズムにどんな追加要素を加え、ちがった重みづけを行えばいいだろうか？」

純粋なランキングで一部の検索問題をどう解決すべきか、すぐには明らかにはならないこともある。ある時点で、「グレイシャーベイ（Glacier Bay）」を検索すると、この名前を持つアメリカの国立公園よりも、同名の水道栓や流しのブランドが出てきてしまった。グレイシャーベイ社の水道製品にリンクを張ったり、検索したりしている人が多いという点で、アルゴリズムは正しかった。でも利用者としては、国立公園が検索結果のてっぺんに出てこないとびっくりするだろう。

弊社オライリー・メディアも、似たような問題に直面した。オライリー・メディア社（当時はまだオライリー&アソシエイツと呼ばれていた）は、ウェブ上で最古のサイトのひとつだったし、大量のコンテンツを出していた——ウェブのアーリーアドプターにはきわめて関連性の高い、豊かで高品質なページだった。だからリンクもたくさん張られた。おかげでページランクもとても高かった。グーグルの歴史の草創期、だれかが「グーグルアルファベット」を発表した。アルファベットの一文字で検索したときのトップの検索結果を示すものだ。弊社は o の文字でトップだった。だがフォーチュン500企業のオライリー・オートパーツ社はどうだろう？　彼らは検索結果の最初のページにすら登場しなかったのだ。

ごく短期間、適切なアルゴリズム修正が実現するまで、グーグル社はこうしたページを二つの部分に分けた。グレイシャーベイの場合、検索結果ページの上半分は国立公園で、下半分は流し、便器、蛇口にあてられた。オライリーの場合、タレントのビル・オライリーと弊社が上半分を分けあい、オライリー・オートパーツ社は下半分をもらった。やがてグーグルはランキングアルゴリズムを十分に改良し、二つの結果を同じページのなかでうまくブレンドさせられるようになった。

アルゴリズムに絶え間なく調整が必要となる要因のひとつは、ウェブページの発行元がシステムに適応しようとすることだ。ラリーとセルゲイは、彼らの最初の検索についての論文でこの問題を予見していた。

ウェブと伝統的なよくコントロールされたコレクションとの大きなちがいは、人々がウェブ上に置けるものについて、実質的に制御できないということだ。この発行の柔軟性を、トラフィックのルーティングに検索エンジンが与える大きな影響と組み合わせると、営利目的で意図的に検索エンジンを操作する企業の存在が深刻な問題となる。

これはあまりに控えめな言い方だった。システムを操作するための専門企業まで作られた。グーグルの検索アルゴリズム変更の多くは、後に「ウェブスパム」と呼ばれるようになったものへの対応だった。ウェブ発行元が姑息《こそく》な手だてを使っていないときですら、絶えずランキング改善のために頑張り続けていた。「検索エンジン最適化」（ＳＥＯ）が新しい分野となった。ベストプラクティスを知るコンサルタントたちは、ウェブページの構造、検索に関係するキーワードが文書のなかにあってきちんと強調されているか、なぜ既存の高品質サイトにリンクしてもらうのが重要か、その他いろいろな助言を顧客に行った。

また「ブラックハットＳＥＯ」――意図的にだますためのウェブサイトを作り、検索エンジンのサービス条件に違反するもの――もある。ブラックハットＳＥＯ技術としては、ウェブページに人間には読めないが検索エンジンには読める見えないテキストを詰め込むとか、巨大なウェブ「コンテンツファーム」を作り、アルゴリズムで生成された低品質なコンテンツを入れ、適切な検索用語だけはそこにすべて入っているが、利用者が本当に求めるような有用な情報はまったくなく、そのページをお互いにクロスリンクさせ、人間の活動と関心があるような見かけを作り出すものがある。グーグルは、こうしたスパムに対処するためだけに、無数の検索アルゴリズム更新を導入した。広く使われるオンラインサービスにとって、悪いアクターとの戦いはやむことがない。

グーグルはこの戦いでひとつ、でかいアドバンテージを持っていた。計測可能な関連性で表現された、利用者の利益重視だ。2005年の著書『ザ・サーチ　グーグルが世界を変えた』でジョン・バッテルは、グーグルを「意志あるデータベース」と呼んだ。ウェブページは自分の地位を改善するために姑息な手口を使うかもしれない——そして実際にそうしたところも多い——が、グーグルは絶えず、単純な黄金律を目指して働いている。これが検索者の見つけたがっているものだろうか、というものだ。

グーグルが2002年に導入したクリック課金型広告オークションは、よりよい検索結果を求める理想主義的探究として始まったものが、すさまじいほどの大成功へのビジネス基盤となった。ありがたいことに、広告出稿者の利益を利用者の利益と対立させかねない他の広告事業モデルとはちがい、クリック課金型広告は両者の利益を整合させる。

それまでオンライン広告を支配し、いまだに印刷物、ラジオ、テレビの広告を支配している視聴あたり課金モデルでは、広告出稿者は視聴者が広告を見聞きした回数（あるいは計測がしにくいメディアだと、読者数や視聴者数の推定に基づいて、何度くらい見聞き**しそうか**）に対して支払いをする。これは一般にCPM（1000件あたりの費用）で表現される。だがゴートゥー（GoTo）——後にオーバーチュア（Overture）と改名——という小さな企業が、グーグルの創業年の1998年に導入したクリック課金型広告では、広告出稿者は視聴者が実際に広告をクリックし、広告されたウェブサイトを訪れたときにだけ支払う。

こうなると、広告のクリックは検索結果のクリックと似たものになる。それは利用者の意志のしるしなのだ。オーバーチュア社のクリック課金型広告モデルでは、広告はいちばん高値をつけた出稿者に売られ、自社の広告を関連する検索結果の人気あるページに表示するため最大の金額を払う意思があれば、その企業はみんなのほしがるスポットを得られる。同社はこのモデルでそこそこの成功をおさめたが、あまりものにはならなかった。そこでグーグルが、その発想をさらに進めた。グーグルの鋭さは、クリック課金型広告の実際の売上は、その価格と広告が実際にクリックされる確率との組み合わせだと認識したことだった。3ドルしかしなくても、5ドルの広告よりクリックされる確率が2倍の広告は、期待売上も1ドル多いことになる。広告クリックの確率を計測し、それを広告のプレイスメントのランキングに使うというのは、岡目八目でなら当然の発想だが、アマゾンのワンクリックやウーバーの自動支払いと同じように、広告をどう売るかという主流のパラダイムに深く囚われた人々にはまったく思いつかないものだった。

これはグーグルの広告オークションの仕組みを極度に単純化したものだが、グーグルの検索事業モデルと、最も関連性の高い結果を見つける手伝いをするという利用者への約束との整合性を浮き彫りにするものだ。

フェイスブック社は、利用者の目標と広告出稿者の目標との整合性を取るという面ではあまり幸運ではなかった。

なぜか？　人々はそもそも、ソーシャルメディアに事実を求めたりしないからだ。友人とのつながり、緊急ニュース、エンターテイメント、最新のミームがほしいだけだ。こうした利用者の目標を捉えるため、フェイスブックは自社の適応関数として、利用者が「有意義」と見なすはずだと考える指標を採用した。グーグルと同じく、フェイスブックは多くの信号を使って利用者がフィードで最も有意義だと思うものを見極めようとする。だがその信号で最も強いもののひとつは、「エンゲージメント（愛着心）」とでも呼べるものだ。あらゆる投稿についている「いいね！」ボタンは、エンゲージメントの指標のひとつだ。人々は友人たちがこちらに注意を向けて、共有したコンテンツに了承をあたえてくれるときに生じる、エンドルフィン［脳内ホルモン。分泌されると幸福感をもたらす］の高まりを求めているのだ。フェイスブックもグーグルと同じくクリックを計測するが、彼らが最も高い価値を置くクリックは、人々を他のところに連れ去るクリックではなく、フェイスブック上に彼らをとどめ、いま見たのと似たものを検索し続けるようにするものだ。

　フェイスブックのニュースフィードはもともと、フォローしている友人たちの更新だけを示すタイムラインだった。それは中立的なプラットフォームだった。だがいったんフェイスブックが、「いいね！」の最も多いページや最もクリックされたリンクをニュースフィードのてっぺんに出すことで、エンゲージメントを高められると気がつき、ときにはそれを何度も繰り返し表示するようになると、それはかつてのテレビショッピングのようなものになった。

　インターネット商業化の初期、私はテレビショッピングの大先輩とも言うべきＱＶＣ［24時間テレビショッピングを放送する専門チャンネル］を訪ねる機会があった。同社は、オンラインでそれに相当するものを構築しようとしていたのだ。三つの回転するサウンドステージに商品が掲示され、そしてその利点を輝かしい表現でがなりたてて視聴者に売りつけるホストもそこにいる。ステージの真正面には、巨大なワークステーションとともにアナリストがいて、同社のコールセンターにかかってくる電話の量や売上をリアルタイムでモニタリングしている。そして、関心と売上が低下したときにだけ、次の商品に切りかえるよう合図する。ホストたちは、鉛筆のすばらしさを少なくとも15分間ノンストップでしゃべり続ける能力がないと雇われないという。

　エンゲージメントを適応関数にしているソーシャルメディアの顔はそういうものだ。何百万もの、ノンストップのホスト。何十億もの、コンテンツ個人化ショッピングチャンネルだ。

　そしてグーグルの場合と同じく、正当なプレーヤーだけでなく、悪いアクターたちもまた、アルゴリズムの強みや弱みにつけこんだ。マーシャル・マクルーハン〔文明批評家。メディア論を展開〕の思想を見事にまとめたジョン・カルキン神父〔イエズス会神父、メディア学者〕が述べたように「我々は道具を作り、そしてその後に道具が我々を作る」。アルゴリズムの適応関数を選ぶと、逆に適応関数が会社とその事業モデル、顧客、そして最終的には社会全体を形成する。フェイスブックの適応関数の悪い面の一部は10章で、金融市場の悪い面は11章で検討しよう。

ジェットエンジンからロケットまで

確率的ビッグデータの導入が、ピストンエンジンをジェットで置きかえるようなものだったとすれば、機械学習の導入はロケットに移行するようなものだ。ロケットはジェット機の行けないところに行ける。自前の可燃燃料だけでなく、酸素も運ぶからだ。これは例えとしてはあまりよくないが、機械学習がグーグルのような企業にさえもたらす、深い変化の一端を示唆するものではある。

自動運転車の先駆者で、この分野におけるグーグルの初期の活動を主導し、いまやオンライン学習プラットフォームのユーダシティ（Udacity）ＣＥＯであるセバスチアン・スランは、ソフトウェア工学の現場がどれほど変化しているかを次のように述べた。「かつては、こちらの指示通りのことをズバリやるプログラムを作ったものだ。おかげであらゆる可能性を考え、あらゆる可能性に対応したルールを作るしかなかった。いまや私はプログラムを作り、データを喰わせ、こっちの求めることをどうやるのか**教える**んだ」

古いアプローチだと、グーグルの検索エンジンの作業をするソフトエンジニアは、検索結果を改善できそうな信号についての仮説を持つ。そのアルゴリズムをコード化し、検索クエリーのサブセットを使って試し、それで結果が改善されれば、実配備にまわすかもしれない。そうでなければ、開発者はコードを直し、実験をやり直す。機械学習を使うと、開発者は以前と同じく仮説から出発するが、データ処理のために手動でアルゴリズムを作るかわりに、その仮説を反映した訓練データを作って、そのデータをモデル出力プログラム——モデルとは、データのなかで探すべき特徴の数学的な表象——に喰わせるのだ。このサイクルが何度も繰り返され、プログラムはモデルに細かい調整を加えてだんだん最急降下法［関数アルゴリズムのひとつ］のような技法を使いながら仮説を改訂し、データに完璧に一致するまで繰り返す。要するに、改良されたモデルはデータから**学ばれた**ものだ。そのモデルは、訓練データセットのものに似た現実世界のデータに対して解き放たれる。

深層学習というブレークスルー的な機械学習技法の先駆者で、いまやフェイスブックのＡＩ研究所の所長であるヤン・ルカンは、モデルが画像認識のために訓練される様子を説明するため、次のようなアナロジーを使っている。

> パターン認識システムは、片面にカメラがついていて、てっぺんに赤と青の信号、正面に山ほどのつまみがついたブラックボックスのようなものだ。学習アルゴリズムはつまみを調整し、カメラの前にイヌがいれば赤い信号がつき、カメラの前に車を出すと青信号がつくようにしようとする。機械にイヌを見せよう。赤信号が輝けば何もしない。暗いようならつまみを調整し、赤信号の明るさを増やすようにしよう。青信号がついたら、つまみを回してそれが暗くなるようにしよう。それから車を見せ、つまみを調整して、赤信号が弱まり青信号が明るくなるようにしよう。車とイヌの例をたくさん見せ、毎回つまみをちょっと調整し続ければ、いずれ機械は毎回正解するようになる。（中略）コツは、それぞれのつまみをどちらの方向にどのくらいまわせばよいか、実際にいじることなしにつきとめることだ。そのためには「勾配」の計算が必要だ。それぞれのつまみについて、いじると明るさがどれだけ変わるか示す数値となる。さ

て今度はつまみが5億個、電球が１０００万個、それを訓練する画像が１０００万枚ある箱を想像してほしい。一般的な深層学習システムとはそういうものだ。

深層学習は、何層もの認識子を使う。イヌを認識できるようになる前に、まず形を認識できなければならない。形を認識する前には、縁を認識して、図と地を区別できるようにならないといけない。こうした段階的な認識はそれぞれ、圧縮された数学的な表象を作り出し、それが次の層に伝えられる。圧縮を正しくやるのが鍵だ。あまりに圧縮しようとしたら、起こっていることの豊かさを表しきれず、エラーが出る。圧縮が少なすぎたら、ネットワークは訓練した例は完璧に記憶するが、あまり一般化されていないので、新しい入力には対応できなくなる。

機械学習は、コンピューターが同じことや、同じことを少し変えたことを、何度も何度もきわめて高速にやる能力を活用する。ヤンはかつて冗談めかしてこう述べた。「現実世界の大きな問題は、リアルタイム以上に高速に走らせられないということだ」。だがコンピューターは平気でリアルタイムを超える。イギリスのディープマインド（DeepMind）社が作り出し、２０１６年に世界最高の囲碁プレーヤーのひとりを破った、人工知能ベースのＡｌｐｈａＧｏは、最初は人間の専門プレーヤーによる過去３０００万もの囲碁の対局データベースで訓練を受けた。それから自分自身を相手に１００万回も指して、そのゲームモデルをさらに洗練させたのだった。

機械学習は、グーグル検索でさらに大きな役割を果たすようになった。２０１６年にグーグルはＲａｎｋＢｒａｉｎ《ランクブレイン》を発表した。これは、利用者のクエリーの内容についてのページなのにそのクエリーの用語は含まれていないページを見つけやすくする機械学習モデルだ。これは、初見のクエリーの場合に特に有益かもしれない。グーグルによると、ＲａｎｋＢｒａｉｎの意見はページのランクに使う２００以上の要因のうち、３番目に重要なものとなったそうだ。

グーグルはまた、深層学習を言語翻訳にも適用した。結果は驚異的に改善されたので、数カ月ほどの試験を経て、チームは本章で先述した古いグーグル翻訳システムの作業をすべて止め、深層学習に基づく新しいものと完全に置きかえた。人間の翻訳家にはまだおよばないが、日常の実用用途ならば肉薄している。文学的な利用にはまだ不十分かもしれないが。

深層学習はまた、Ｇｏｏｇｌｅフォトでも使われている。Ｇｏｏｇｌｅフォトを試したことがあれば、それが写真に写った物体を認識できるのは知っているだろう。「馬」とタイプすれば、まったくラベルをつけていなくても馬の写真が出てくる。城とか柵とか入れれば、城や柵の写真が出てくる。魔法のようだ。

Ｇｏｏｇｌｅフォトが、これをオンデマンドで2億人以上の利用者の写真に対して行っているのをお忘れなく。それまで一度も見たことのない写真、何千億枚に対してやっているのだ。

これは教師あり学習と呼ばれる。Ｇｏｏｇｌｅフォトは、あなたの写真が初見でも他の写真をたくさん見ているからだ。特に学習セットと呼ばれるものを見ている。学習セットでは、データにはラベルが**ついている**。アマゾンのＭｅｃｈａｎｉｃａｌ Ｔｕｒｋ《メカニカルターク》のようなサービスを使い、写真を1枚ずつ何千人もの協力労働者に送り、彼らはそこに何があるかを尋ねられたり、その写真のある様子（たとえば色）について質問に答えたりするよう求められる。あるいはＧｏｏｇｌｅフォトの学習セットの場合、キャプションをつけてくれと依頼される。

アマゾンはこうしたマイクロタスクをＨＩＴ（Human Intelligence Tasks：人間知性タスク）と呼ぶ。それぞれはたったひとつの質問を尋ねるだけで、それも多肢選択式かもしれない。「この写真の車は何色？」「この動物は何？」。同じＨＩＴが複数の労働者に送られる。多くの労働者が同じ回答をしたら、たぶんそれが正解だろう。それぞれのＨＩＴの報酬は1ペニーにしかならないこともある。分散型「ギグエコノミー」【ネットを通じた単発仕事の受発注（非正規労働）形態】の労働力を使っているが、これに比べるとウーバーの運転手も安定した中産階級の仕事に見えるほどだ。

アマゾンのMechanical Turkが機械学習に果たす役割は、人間と機械が次世代アプリケーションの開発においてどれほど深く絡みあっているかを思い知らせてくれる。Mechanical Turkの使用を研究したマイクロソフト社の研究者メアリー・グレイは、人工知能の研究史をたどるには、学習データ集合の構築に使われるHITの変遷を見るといいと教えてくれた（興味深い例は、グーグルが2017年初頭に発表した検索品質評価ガイドラインのアップデートだ。これはグーグル社の検索ランキングエンジニアであるポール・ホールによれば、フェイクニュースをアルゴリズムで検出するための学習データ集合を作る目的で導入されたものだったという）。

人工知能の聖杯は、教師なし学習だ。これは、慎重な訓練を受けずに人工知能が自力で学習するものだ。ディープマインド社の創造者たちが、自分たちのアルゴリズムは「生の体験やデータから直接学ぶ能力を持つ」と主張したことで、世間は大いに興奮した。グーグル社は2014年に、ディープマインド社が人工知能が各種の古いAtari《アタリ》コンピューターのゲームのやり方を、プレーの様子を見ているだけで学べると実証したことで、同社を5億ドルで買収した。

人間の囲碁プレーヤーとしてトップ級のイ・セドルをAlphaGoが破ったのは、人工知能にとっての大きな一歩だった。囲碁はむずかしく、あらゆる展開を総当たり式で分析するのが不可能だからだ。だがディープマインド社の共同創業者デミス・ハサビスはこう書いた。「人間にできる知的作業全体を柔軟に行えるよう学習できる機械にはまだほど遠い。それができたら、それこそ真の汎用人工知能のしるしだ」

ヤン・ルカンはまた、AlphaGoの勝利の意義を誇大に吹聴した人々も一蹴した。彼はこう書いた。「ほとんどの人間や動物の学習は教師なし学習だ。知能がケーキなら、教師なし学習がケーキで、教師あり学習はケーキのクリームで、強化学習はケーキのてっぺんのチェリーでしかない。クリームとチェリーの作り方はわかっているが、ケーキの作り方はわからない。真の人工知能への到達などということを考える以前に、まず教師なし学習問題を解決しなければならない」

この点で、人間はモデルの設計だけでなく、それを訓練するためにモデルに喰わせるデータにも常に関わっている。これは意図しないバイアスをもたらしかねない。人工知能で最も重要な課題は、新しいアルゴリズムの設計ではなく、その訓練に使うデータ集合が本質的に偏っていないようにすることかもしれない。キャシー・オニール［データサイエンティスト］の著書『あなたを支配し、社会を破壊する、ＡＩ・ビッグデータの罠』は、この問題についての必読書だ。たとえば、逮捕記録のデータ集合を使って予測的警備のための機械学習モデルを訓練するとき、警察が黒人は逮捕するのに白人には「今回だけは見逃すがな」と言っているのを無視したら、その結果はひどくゆがんだものになる。学習用データの特徴は、アルゴリズムよりも結果に対してはるかに重要なものとなる。そこを理解し損ねること自体が、機械学習以前の計算機科学を研究したたくさんの人々がなかなか克服しづらいバイアスなのだ。

この残念な例はまた、機械学習モデルの仕組みについての洞察を与えてくれる。どんなモデルでも多くの特徴ベクトルがあり、分類子または認識子が処理すべき新しいアイテムを配置することになるn次元空間が作り出される。まったく新しい機械学習アルゴリズムの開発についての根本的研究が進んではいるが、応用機械学習のつらい作業のほとんどは、望んだ結果を最もうまく予測できそうな特徴をどうやって見つけるか、という話になる。

かつて、クラウドソース式のデータ科学競技会を実施する会社カグル（Kaggle）の元ＣＴＯであるジェレミー・ハワードに、勝者と敗者を分けるものは何か尋ねたことがある（ジェレミー自身もカグル社に入る前に5回優勝している）。彼はこう言った。「創造性だ。使うアルゴリズムはみんな同じだ。ちがいは、モデルにどの特徴を追加するかということだ。何が予測力を持つかについて、意外な洞察が必要なんだ」（だがピーター・ノーヴィグに言わせると、創造性を発揮すべきフロンティアはすでに移動してしまったそうだ。「確かに、カグルで優勝する技術がランダムフォレスト〔機械学習のアルゴリズムのひとつ〕やサポートベクトルマシン〔教師あり学習で使うパターン認識モデルのひとつ〕だった時代にはその通りだった。でも深層ネットワークになると、使える特徴はすべて使うのが通例だ。だから創造性は、モデルアーキテクチャーを選び、ハイパーパラメーターのチューニングを行うところで発揮される。特徴の選択ではあまり出番がない」）

だが機械学習にとって最も重要な課題は、どんな新技術にも言えることだが、そもそもそれを使ってどんな問題に取り組むべきかということだ。ジェレミー・ハワードはその後、エンリティック（Enlitic）社を共同創業した。これは、機械学習を使って診断用レントゲン写真のレビューを行ったり、その他多くの臨床データをスキャンしたりして、人間の医師がもっとしっかり見るべき問題の可能性や緊急性を判断する会社だ。アメリカだけでも毎年3億枚以上のレントゲン写真が撮られているのを考えれば、機械学習にはヘルスケアの費用を下げ、品質を改善する力があると見当がつくだろう。

グーグルのディープマインド社もまたヘルスケアで活躍し、イギリス保健サービスの運用を改善し、各種の症状を診断する能力を高めようとしている。スイスに拠点を持つソフィア・ジェネティクス（Sophia Genetics）社は、毎月６０００人の患者を最高のがん治療とマッチングしており、その数字は毎月2桁成長をとげている。

示唆的なことだが、フェイスブック社のデータ部隊を率いる前にウォール街で働いていたジェフ・ハマーバッカーはかつてこう述べた。「私の世代で最も優れた頭脳は、人々にどうやって広告をクリックさせせようかを考えている。ひでえ話だ」。ジェフはフェイスブック社を離れ、いまやビッグデータ企業クラウデラ（Cloudera）社の主任科学者兼共同創業者である一方、ニューヨークのマウントサイナイにあるイカーン医療学校の教授陣として、免疫系ががんとどう戦うかを理解しようとするソフト開発者とデータ科学者のチームであるハマー研究所を運営するという、二重の役割を果たしている。

新しいデジタルワーカーのスーパーパワーをどの問題に適用するかという選択は、最終的に私たち次第だ。私たちは、喜んでこちらの望みをかなえようとする魔神たちを創り出しつつある。さて、その魔神たちに何を依頼すべきだろうか？

9章
「熱い情熱は冷たい理性を蹴倒すのです」

２０１７年初頭に、経済協力開発機構（ＯＥＣＤ）とＧ20諸国の閣僚会合で講演をしてデジタルの未来を議論した。ドイツの閣僚のひとりが、昼食を食べながら自信たっぷりにこう主張した。「ウーバーが成功しているのは、単にルールに従わなくていいからというだけだよ」。ありがたいことに、この人に当然尋ねるべき質問は、私がするまでもなかった。ＯＥＣＤ職員のひとりがこう尋ねたのだ。「ウーバーに乗ったことはあるんですか？」。すると、その閣僚はこう認めた。「いや。自前の車と運転手がいますからな」

もちろんウーバーやリフトのようなサービスを一度でも使ったことがあれば、その体験はほとんどの地域のタクシーよりはるかに優れたものであることを知っているはずだ。運転手たちは礼儀正しく親しみやすい。みんなグーグルマップやウェイズを使って、目的地までの最も効率的な道筋を見つける。メーターはないが、事前に料金の目安はわかるし、乗車を終えて数秒で詳細な電子領収書が出る。そして支払いのときに現金やクレジットカードをゴソゴソ探す必要もない。だが最も重要な点として、どこにいようとも電話一本で車に拾ってもらえるのだ。ちょうどあのドイツの閣僚と同じだが、彼が払っている値段よりはるかに安くそれが実現できる。

長年にわたり、新しいテクノロジーを規制したり訴追したりする役目を負った他の人々とも、似たような苛立たしい会話をしてきた。たとえば２００５年にグーグルブックサーチをめぐる論争で、私は全米作家組合の弁護士と論争してくれと頼まれた。全米作家組合は、コンテンツの検索可能なインデックスを作るために本をスキャンしたことで、グーグルを訴えたのだった。書籍の検索インデックスでは、コンテンツのわずかな部分しか表示されない。通常のグーグルインデックスで表示されるウェブサイトのテキストの一部と同じだ。実際のコンテンツは、パブリックドメイン〔著作権が発生していないか消滅している公有著作〕の本を除けば、版元の許可がないと見られない。

ところが彼女はこう言った。「本をスキャンするというのは、無許可の複製をしているということです。私たちのコンテンツを盗んでいるのです！」。検索エンジンを作るには、コピーを作るのが不可欠なステップであり、グーグルブックサーチはウェブ検索とまったく同じ仕組みなのだと説明しつつ、彼女がそもそもグーグル検索の仕組みをまるでご存じないのだということがだんだんわかってきた。「グーグルを使ったことはあるんですか?」と尋ねると、「いいえ」と彼女は言ってから、「でもうちの事務所に使った人はいます」とつけ加えた（いや冗談ぬきで）。

単純に古いルールや分類を、まったくちがうモデルに適用しようとする予想外の反応は、規制当局のほうでも技術についてもっと深い理解が必要だということを明らかにしているし、規制当局と規制対象となる企業の双方とも、新鮮な考え方が必要だということも示している。シリコンバレー企業は「転覆」を旨とするため、規制を敵視しがちだ。規制に対して刃向かうか、それをあっさり無視する。「熱い情熱は冷たい理性を蹴倒すのです」と、シェイクスピアの『ヴェニスの商人』でポーシャ〔アントーニオから借金をするバサーニオの求婚相手〕が述べている通り。

規制はまた、今日の政治で悪役を一手に担っている。「規制が多すぎる」と片方は言う。もう片方は「もっと規制を」と言う。本当の問題は、まちがった種類の規制になっているということなのかもしれない。山ほどの紙の上の規制、非効率なプロセス、そして不可避の想定外の影響を見つけたときにルールやプロセスを調整する能力が欠如していることなどが問題なのかもしれない。

規制再考

とりあえずもっと広い文脈で規制／制御を考えてみよう。自動車の電子回路は、エンジンの燃料と空気の混合比を制御して、最適な燃料効率と最小限の排気のバランスを見つける。飛行機の自動操縦機能は、飛行機を飛ばし続け、正しい方向に向かわせるために必要な無数の要因を規制／制御する。クレジットカード会社は課金状況を規制／制御して、不正を検出し、人々の利用を上限額以下にとどめておく。医師は投与する医薬品の量を規制／制御する（大ざっぱなときもあるし、細心の注意を払うときもある）。がん細胞を殺して正常細胞を生かしておく化学療法でもそうだし、手術中に麻酔を使って患者の意識を失わせつつ生命維持系を持続させる際にも同じ注意を払う。インターネットのサービスプロバイダーや企業のメールシステムは、顧客に届くメールを規制／制御し、スパムやマルウェア［悪意のあるソフトウェアやコード］をできる限りはじこうとする。検索エンジンやソーシャルメディアは自分たちが表示する結果や広告を規制／制御し、もっと多くのもの、もっと人々が見たがっているものを提供しようと最善をつくす。

こうした規制／制御の形が共通して持つものは何だろうか？

1・望まれる結果の明確な理解。
2・その結果が達成されているかどうかを調べるリアルタイムの計測。
3・結果の達成のために絶えず調整を行うアルゴリズム（またはルール群）。
4・そのアルゴリズム自体が正しく、期待通りの仕事をしているかについての定期的な深い分析。

政府や準政府機関が、この概説したプロセスを使って規制する例も少し――あまりに少ないが――ある。たとえば中央銀行は金利、インフレ、全体的な経済の状態を管理するためにマネーサプライを規制／制御する。彼らには目標があり、ルールを定期的に少し調整することでそれを達成しようとする。これを通常の規制モデルと対比させてみよう。こちらは結果よりはルールそのものに注目する。すでに意味をなさなくなったルールに直面することはしょっちゅうあるはずだ。ルールが実際に望んだ結果を達成している証拠を見ることもあまりないはずだ。

アメリカやその他ほとんどの国の法律は、頭がおかしくなりそうなほどややこしくなってきた。医療費負担適正化法（オバマケア）は２０００ページ近くある。これに対し、１９５６年全米高速道路法は、史上最大の公共事業プロジェクトであるアメリカの州間高速道路網の創設につながったが、たった29ページしかない。大恐慌後に銀行を規制したグラス＝スティーガル法は37ページだった。これを解体したことで２００８年の金融危機が生じた。それに対する規制対応が２０１０年ドッド＝フランク法だが、８４８ページにもおよび、さらに４００以上の追加ルールの制定を求めており、合計で３万ページにもおよぶ規制になっている。

法律は、目標、権利、結果、所轄当局、制限を明示すべきだ。広く明解に定めれば、こうした法律は時代の変化に耐えられる。そうした法律をどう実行すべきか定める規制は、プログラマーがコードやアルゴリズムを考えるのと同じ形で考えるべきだ。つまり絶えず更新されるツール群で、法律で指定された結果を実現するよう設計されたもの、ということだ。

今日の世界ではますます、この種の即応性のある規制はメタファーにとどまらなくなっている。新しい金融商品が毎日のように発明され、電子の速度で取引するアルゴリズムにより実装される。こうした商品を規制するには、グーグルの検索品質アルゴリズム、つまりグーグルの「規制」がシステムを濫用しようとするスパム屋たちの絶えまない試みを管理するのと同じように、そうした商品の根底にある要素を追跡管理するプログラムやアルゴリズムを使うしかないではないか。政府が多くの分野にはまったく手を出さず、「市場」の結果に任せるべきだと主張する人々もいる。だが積極的な管理がないと、悪いアクターたちがその規制の空白を利用しようとする。グーグル、フェイスブック、アップル、アマゾン、マイクロソフトといった企業がプラットフォーム管理のための規制メカニズムを構築するのと同じように、政府は社会の成功を確保するプラットフォームとして存在しており、そのプラットフォームにはきちんとした規制が必要だ。

２００８年に世界経済が崩壊寸前となったことが実証しているように、規制当局が、後先を考えずに利潤を追求する金融部門の絶え間ない「イノベーション」に追いつけていなかったのは明らかだ。有望な兆候は見られる。たとえば、バーナード・メイドフやアレン・スタンフォードなどによるねずみ講を受けて、証券取引委員会（ＳＥＣ）は、同業者と同じ投資手法を使っているはずなのに業績が有意な形で上回っているヘッジファンドについて、捜査対象として警報を鳴らすようなアルゴリズムモデルを導入した。だがいったん警報が出ても、その規制の適用は相変わらず捜査と交渉の長いループにはまってしまい、場当たり的でケースバイケースの対応しかなされないのが問題だ。これに対し、グーグルは新手のスパムで検索結果に被害が出ていると発見したら、すぐにルールを変えてそうした悪いアクターたちの影響を制限する。そしてそのルールは、合意された適応関数を追求するシステムにより自動的に実行されるのだ。

悪い行動がもたらす帰結をシステムの全体に浸透させる方法をもっと見つけねばならない。インターネット企業がＤｅｖＯｐｓを使って社内事業プロセスをストリームライン化して加速するのと同じような、高速ワークフローの一部とするのだ。これは別に、アメリカ憲法修正第５条［同一犯罪について重ねて刑事責任を問われない権利や黙秘権などを認めた修正条項］の核心である「必要なプロセス」の概念を捨てろということではない。単に、多くの場合には、そのプロセスをすさまじく加速できて、同時に公平かつ明瞭にできるということだ。

技術プラットフォームから得られる重要な教訓がある。グーグル、フェイスブック、ウーバーなどのプラットフォーム管理に使われるアルゴリズム的システムはすさまじい複雑性を持つが、こうしたアルゴリズムの適応関数は通常は単純だ。利用者はその情報に関連性があると思うか？（これはどれだけクリックするかが証拠となる）この利用者はコンテンツが夢中にさせるものだと思うか？（これは次の話をクリックし続けたがることが証拠となる）利用者は3分以内に乗車できているか？　運転手のレーティングは星4・5個以上か？

外部の規制当局は、望ましい結果を定義し、それが実現したかどうかを計測することに専念すべきだ。また意図された結果と、規制対象となる人々の使うアルゴリズムの適応関数とのデルタを診断するべきだ。つまり、参加者は規制で表明された目標を実現するように促されているだろうか、それともそれを出し抜くように促されているだろうか？　最高の規制は、規制される側が自ら問題に取り組むように奨励する。これは、市場が正しいことをやるだろうと政府があっさり信頼するという意味での「自己規制」ではない。むしろ、正しいインセンティブ作りの問題だ。たとえば1974年の公正信用請求法は、不正なクレジットカード利用の場合には消費者に50ドルまでしか責任を負わせないようにしたので、不正利用を厳しく取り締まることが業界自身の利益に叶うようになった。

コロンビアの元情報技術通信大臣ディエゴ・モラノ・ベガは、似たようなアプローチにより、慢性的な問題となっていた通話の中断を解決した話をしてくれた。罰金と3年にわたる調査の方式にかわり、電気通信プロバイダーは中断した通話のすべての通話料を消費者に返還しなければならないという、簡単なルールを導入した。1年と返還通信料3300万ドルの後に、問題は解決した。

そしてこれは、グーグルがコンテンツファームの問題を最終的に規制したやり方でもある。コンテンツファームは、検索アルゴリズムをだますことだけを狙った、利用者にまったく価値のないコンテンツを生み出すサイトだ。グーグルは罰金を設けたりはしなかった。サイトにどんなコンテンツを掲載できるかという詳細なルールも設けなかった。だが、検索結果でこうしたサイトの順位を下げることにより、悪いアクターたちがコンテンツを改善するか、廃業するかを選ぶしかない**影響を作り出した**のだった。

イングランド銀行の金融安定担当重役アンドリュー・ホールデンは、２０１２年にカンザスシティ連邦準備銀行で行った「犬とフリスビー」という講演で、規制の簡素化を訴える説得力ある主張をした。彼は、フリスビーの飛行経路を厳密にモデル化してそれを追いかけて捕まえるには複雑な方程式が必要となるが、単純なヒューリスティックス〔経験則または発見的問題解決法〕を使えば犬にだってそれができるということを指摘した。２００８年の金融危機につながる金融規制の失敗は、相当部分がその複雑性の増大によるものであり、おかげでそれを適用するのがほとんど不可能になってしまったせいだと彼は述べた。規制が複雑になれば、成功の見込みはそれだけ下がり、状況変化に対しても脆弱になる。

データが政府と市場の双方に報告される方法を現代化するのは、規制結果に改善をもたらす重要な方法だ。報告が紙ベースだったり、デジタル形式でもＰＤＦのような不透明な形式だったり、四半期ごとにしか報告されなかったりすると、使い勝手はぐっと下がる。データが再利用可能なデジタル形式で提供されるなら、民間も問題抽出を手伝えるし、消費者や市民に価値をもたらす新サービスも構築できる。規制の監視、報告、コンプライアンスのためにソフトウェアツールとオープンデータを使う、まったく新しい規制技術分野ＲｅｇＴｅｃｈ《レグテック》も生まれている。

データ主導の規制システムは、グーグルやクレジットカード会社が使っているものほど複雑である必要はない。重要なのは結果を計測して、意図した結果からの逸脱に伴う不利な結果をすべて、適切な参加者に負わせることだ。あまりにしばしば、インセンティブと結果がうまく整合していない。たとえば、政府は携帯電話キャリアに周波数の独占ライセンスを与え、信頼できるユニバーサルアクセスを作り出そうとする。それなのに周波数帯のライセンスは、最高額を入札した企業に与えられる。このアプローチは正しい結果を生み出しているだろうか？ アメリカの携帯電話サービスの品質を見ると、そうは思えない。むしろ周波数帯のライセンスを、最大限のサービス提供地域の約束に基づいて提供したらどうだろう？ コロンビアの電話サービスに対してモラノ・ベガ大臣がやったように、サービス提供地域の約束を守れない場合は顧客に対するリベートを義務づければ、はるかに自己規制の効いたシステムができあがる可能性が高い。

将来の規制におけるセンサーの役割

人々と企業、政府、構築された環境とのやりとりはますますデジタル化が進み、創造的な計測がしやすくなり、したがって応答性のよい規制も最終的にはやりやすくなっている。たとえば、信号無視や左折禁止違反などの運転手に対しては、交通量の多い交差点の上に設置したカメラにより罰金が科せられるのが通例となっている。ＧＰＳの普及で、私たちは速度違反の自動車がたまたま居合わせた警官に停車を求められたりはせず、むしろ速度違反をするたびに自動的に切符を切られる将来へと向かいつつある。

また、速度制限が交通量や天候などの可変条件に応じて自動的に調整され、今日掲示されている静的な制限速度よりも実態に合わせた制限速度が指定される未来も想像がつく。行く末は、目に見えないウェブでつながっているために、自動運転車がはるかに高速に移動できる未来かもしれない。そうした交通規制システムは、今日の速度制限よりも安全性を高められる。速度よりも、車を動かすアルゴリズムの質のほうが重要かもしれない。車が最新バージョンにアップデートされ、適切なセンサーがついていることが重要になる。結局のところ目標は、車を必要以上にゆっくり走らせることではなく、道路を安全にすることなのだから。

同じく好例として、混雑料金の「ピークロードプライシング」は、都心に向かう交通量の削減を目指す。スマート駐車メーターも似たような機能を持つ――駐車はピーク時にはより高価になり、オフピークなら安い。航空券やホテルの予約と同じだ。だがもっと重要なこととして、スマート駐車メーターは自分が使われているかどうかを報告できるので、いずれは運転手やカーナビシステムに駐車メーター案内を送るようになり、駐車場所を求めて無意味にぐるぐる運転する時間を減らしてくれるかもしれない。

もっと電気自動車の増えた未来へと移行するにつれて、現在、道路の維持管理費の財源となっているガソリン税を、運転距離に置きかえる提案もある――その距離はもちろん、これまたGPSにより報告される。メトロマイル（Metromile）社のような企業はすでに、保険料を運転の頻度と速度に基づいて算出している。一歩進めるだけで、税金でも同じことができる。

監視社会

つながって広がるセンサーの世界に暮らすことは、プライバシーなど基本的な自由についての前提に疑問を突きつけるもので、すでに純粋な営利活動によってそうした世界は着実に近づいている。すでにインターネットで、訪問するあらゆるサイトにトラッキングされ、あらゆるクレジットカードの課金も追跡され、あらゆる地図と道案内を通じてもトラッキングされ、増える一方の公的、私的な監視カメラによっても追跡されている。結局のところ、SF作家デイヴィッド・ブリンによる1998年の先駆的なノンフィクション『透明社会（The Transparent Society）』（未訳）は的を射ていた。人々の求めるサービスを企業が提供するためには不可欠となる、遍在する商業監視の時代にあって、過去に私たちが享受したようなプライバシーはすでに死んでいる。ブリンは、この状況に対する唯一の対応方法は、監視を透明性により双方向にすることだと論じた。ローマ時代の詩人ユウェナリスの「監視者を監視するのはだれか？（Quis custodiet ipsos custodes?）」という問いに、ブリンは「我々みんな」と答えるのだ。

だがセキュリティとプライバシーの専門家ブルース・シュナイアーは、透明社会について重要な注意書きを提示する。これは特に、政府によるデータ収集に当てはまる。権力の大きな偏りがあるとき、透明性だけでは不十分だ。「意志決定者が、監視カメラを設置したり、データマイニングソフト〔大量のデータから知識を取り出すためのツール〕を導入したりするときに検討すべき原理は次の通り。そうした活動を社会に公開するだけでは不足だ。政府のあらゆる側面は、統治者と統治される者との相対的な力がなるべく小さいときに最もうまく機能する――自由が大きく統制が少ないときに有効なのだ。政府に公開を無理強いをすると両者の相対的な権力差が減るため、一般によいことだ。素人に対して強制されたオープン性は政府の相対的な力を増やすので、一般によくない」

明らかにデータを、民間と公的機関の双方がどう使えるかについて、新しい規範が必要だ。現在ペプシコ社のグローバルコマース主任ギブ・トマスが、ウォルマート社のデジタルイノベーション主任だったときの発言が大好きだ。「価値方程式がなくてはならない。それでお客にとってお金の節約になったり、必要そうなものを思い出させたりしてあげたら、だれも『ちょっと待て、どうやってそんなデータを手に入れた？』とか『なぜそんなデータを使ってる？』なんて聞いたりしない。『ありがとう！』と言うんだ。たぶんみんな、どこで不気味要因が入り込んでくるのか、直感的にわかっているんだと思う」

この「不気味要因」の概念は、プライバシー規制の未来の中心になるべきだ。企業が私たちの利益になる形でデータを使えば、みんなそれがわかるし、感謝する。位置データを喜んでグーグル社に渡して道案内をしてもらったり、イェルプやフォースクエアに位置データを渡して近場でいちばん美味しい場所を教わったりする。それで将来、もっといい店を推薦してくれるなら、彼らがそのデータを保存しておいても文句は言わない。もちろんかまわないよ、グーグルさん、ラッシュ時の通勤時間予測がそれで改善されるなら大歓迎だ。それと、検索結果を改善するために、私の検索やブラウジングの習慣を利用しても全然かまわないよ。逆にだれかがそのデータを消して、いきなり検索結果が昔よりひどくなったら、そっちのほうに文句を言うよ。

だが企業が私たちのデータを不利益な形で使ったり、こちらの最善の利益を考えてくれない人々に売ったりすれば、それもわかる。オンラインサイトが、私の支払い意志額や支払い能力が高いと判断したために最低価格への平等なアクセスを提供してくれないのであれば、私のデータは不利な形で不公正に使われている。ある特筆すべき例では、オンライン旅行サイトのオービッツ（Orbitz）は、マックユーザーを他のPCユーザーよりも高いホテルに誘導していた。これは「赤線引き」にデータが使われている例だ。なぜ赤線引きと言うかといえば、居住地に基づいて（しばしば人種プロファイリングの代替として）、ローンや保険を断ったり高く設定したりする地域を示すため地図に赤線を引いた昔の習慣があるからだ。データプロファイリングに基づいてカスタム化された誤解されやすいメッセージによる政治的なマイクロターゲティングも、まちがいなく不気味要因の判定でダメ出しをされる。

こうした人々は個人情報を使ったいじめっ子で、権力の格差を使い、当初にデータを集めたときのサービスとは何の関係もない人々の私生活の細部をのぞいている。個人情報の政府規制は個人情報のいじめっ子に集中すべきであり、顧客に奉仕するための普通のデータ所有や利用を狙うべきではない。

規制当局は、消費者とサービス提供者とのデータ取引の公正な境界を理解しなくてはならない。責任ある運転をすると約束した人々に低い保険料を提示し、年間走行距離数や速度制限遵守の状況を確認するというのは十分に保険会社の権利の範囲内だが、それまで公開されていない合法活動、たとえば職場のリスクプロファイルや私的理由で運転する場所などのデータによっていきなり保険料が跳ね上がったら、自分のデータが不公正な形で自分に不利益に使われていると感じても当然だと思う。

データの赤線引きとそれに対処する正しい方法は、実に多くのプライバシー活動家が示唆しているようにデータ収集を禁止することではなく、むしろ会社がいったんデータを手にしたときに、その濫用を禁止することだ。デイヴィッド・ブリンがかつて話してくれたように、「だれかが自分についてのデータを**持っていない**ことを知るのは本質的に不可能だ。自分に**何かをしたか**どうかを判断するほうがずっと簡単だ」。

規制当局は、データの収集自体を制限するよりは、データを収集されている人々に起こりそうな被害を考え、その被害をなくすことを考えるべきだ。人々が既存の条件のためにヘルスケアでカバーされないなら、それはデータが当人たちに不利な形で使われるということだ。この被害は、オバマケアで制限された。これに対し、1996年の「医療保険の相互運用性と説明責任に関する法令（HIPAA）」のプライバシー規定は、データの利用よりもデータそのもののプライバシーにあまりに強い安全策を講じようとしたため、多くの医学研究や患者自身による自分自身のデータへのアクセスに対して、冷や水を浴びせることになった。

クレジットカード不正対策で行われるように、規制当局は企業自身が正しい行動をするようなインセンティブを創り出そうとすべきだ。たとえば、第三者に売却されたデータの濫用について損害賠償規定を設けたら、そのデータの販売は起こりにくくなる。関連するアプローチは、インサイダー取引を制限する法制度に見られる。インサイダーから入手した具体的な非公開情報を持っていたら、その知識を元に取引してはいけない。公的手段により入手したデータはいかようにも使える。

消費者に直接サービスを提供するのではなく、他の企業に対して提供するためにデータを集めるデータアグリゲーター【消費者のデータを事業者に提供する中間事業者のこと】は、特に厳しい検査対象となるべきだ。というのも、消費者とサービスプロバイダーのデータ取引は消去されていて、そのデータがもともとそれを提供した消費者の利益になるように使われてはおらず、その買い手の利益のために使われる可能性がはるかに大きいからだ。

現在実施されているようなディスクロージャー（情報開示）や同意は、規制ツールとしてあまりに弱い。現状でプロバイダーは、だれも読まない（読んでも理解できない）ややこしい法律用語のなかに悪意を隠すことができる。クリエイティブコモンズ（Creative Commons）【柔軟な著作権として普及しているライセンス制度】が著作権の意図を表明するために設計したのと同じような、機械可読形式のディスクロージャーは、プライバシー準拠サービス構築のよい進歩となる。クリエイティブコモンズのライセンスは、コンテンツを公開する人々が、その意図をはっきり単純に表現できるようにする。伝統的な「すべての権利を留保」というものから、CC BY-NC-ND（これは、帰属の明示を必要とするが非商業利用ならそのコンテンツは自由に共有できて、派生作品は認めないということだ）まで、様々だ。クリエイティブコモンズは、4、5個の慎重に構築された主張の組み合わせを通じ（そのいずれも機械と人間の両方に読める）、フリッカー（Flickr）のような写真共有サイトや、ユーチューブのようなビデオ共有サイトで、あるライセンスを持つコンテンツだけを検索できるようにする。プライバシーについて、これに相当する枠組みがあれば実に有用だ。

オバマ政権下では、「スマートディスクロージャー」に向けた挙党一致の努力があった。これは「複雑な情報やデータを、標準化された機械可読形式でタイムリーに公開し、消費者が情報を持った意思決定をできるようにすること」と定義されていた。ブロックチェーンのような新技術もまた契約やルールをコード化できるので、新種の「スマートコントラクト」を作り出せる。データのプライバシーに対するスマートコントラクト的アプローチは、とても強力なものとなる。ブラウザで、十把一絡《から》げの「トラッキングするな」ツールを使うかわりに、利用者は自分のデータについて細やかな制限をつけられる。紙のディスクロージャーとちがい、デジタルプライバシー契約は実施も可能だし追跡もできる。

しかし、ルール施行のためのシステムがどんどん自動化されると、ある決断の基準を理解できるようにすることが不可欠となる。「アルゴクラシー」——アルゴリズム支配——とも呼ばれる未来では、アルゴリズムがますます現実世界の意思決定に使われるようになる。だれが住宅ローンを認められるか、臓器移植に提供された臓器をどう配分するか、だれが出獄できるか、といったことまでアルゴリズムが決めると、公平性の懸念により、その意思決定プロセスを何らかの形で見られるようにする必要が生じる。

私のように、自動交通監視カメラにより信号無視で捕まったことがあれば、アルゴリズムによる法執行がかなり公平に思えるのはわかるはずだ。私は、信号が変わった後で車が交差点に入っているタイムスタンプつきの写真を示された。議論の余地なし。

法学教授タル・ザルスキは、データマイニングとアルゴリズム的意思決定の倫理について書いた文章で、ソフトウェアが何千もの変数に基づいて意思決定を行うときですら、そしてアルゴリズムを作った人間にせいぜい言えるのが「これが既存の事例に基づいてアルゴリズムの出した結論なんです」でしかなくても、**解釈可能性**要件はある、と述べる。人間の自由が大事なら、ある個人がなぜそのアルゴリズムに基づいてちがった扱いを受けるように抽出されたか、説明できなくてはならない。

だが、ますます高度な機械学習の時代に入るにつれ、これは困難になりそうだ。もしも、どんな規制体制——これまでのを受けついでもいいし、望ましくは新しく考案したもの——が適用されるべきかについて明示的でないならば、今後の訴訟の多発を覚悟しよう。

規制と評判との衝突

「統治の最も少ない統治者（政府）が最良である」［第3代アメリカ大統領トーマス・ジェファーソンの言葉］と言われる。残念ながら、証拠を見るとこれは事実ではない。法治がないと、気まぐれな権力がルールを決め、そのルールは少数の権力者に利するものとなってしまうのが通例だ。人々が「統治の少ない」と言うときに本当に思っているのは、ルールが人々の利益と整合しているということだ。少数派の利益にばかり注目した経済は、しばしばその他の人々にとって不公正だ。多数派の利益に合わせた経済は、一部の人には不公正に思えるかもしれないが、ジョン・ロールズ［哲学者］の「無知のヴェール」——政治経済秩序の最高のルールは、その社会秩序における自分の地位を事前に知らない人が選ぶものである、という考え方——は**最大多数**に向けた統治をする政府が最高だという説得力ある議論だ。

実はこれは、技術プラットフォームの教訓でもある。TCP／IPで見たように、理想的には、ルールはプラットフォームの設計に内在的であるべきで、後づけであってはならない。だがそのルールが、どんなに複雑だろうと参加者たちの単純な利益と整合していれば、規制はおおむね目に見えない。これはグーグルの関連性追求でも見られることだ。物事は、なんだか知らないがうまく機能しているように思えるのだ。

オンラインプラットフォームの設計に規制を組み込む方法のひとつは、評判システムだ。アマゾンは何百万もの製品すべてに消費者の星取り表をつけていて、消費者がどの製品を買うべきかについて、情報に基づいた判断をする支援をしている。イェルプやフォースクエアのようなサイトは、レストランについて詳しい消費者レビューを提供している。ひどい食事やサービスを提供する店は、不満な顧客により警告を出され、傑出したところは賞賛される。トリップアドバイザーなどのサイトも、旅行者が世界中の遠い場所に滞在するときに最高の場所を見つけられるように手助けをして、似たような影響をおよぼす。こうしたレビューは、サイトが利用者の最も満足しそうな製品やサービスをアルゴリズム的にランキングするのに役立つ。

完璧な市場を作ろうというピエール・オミダイアの探究から生まれたイーベイは、評判システムの先駆者だった。イーベイは、すさまじい課題に直面していた。おなじみのベンダーからの仕入商品販売から出発したアマゾンは、おなじみのもの――本屋――のオンライン版でしかなかった。でもイーベイは、世界的なガレージ即売会や物々交換会のオンライン版だった。既存ブランドに内在する信頼はそこには存在しない。

経済学者ポール・レズニックとリチャード・ゼックハウザーは論文「インターネット取引：イーベイの評判システムの実証分析（Trust Among Strangers in Internet Transactions: Empirical Analysis of eBay's Reputation System）」で、オンラインオークションサイトの顧客は、商品を自分で検分してその品質を独自に見極められないと指摘する。同じ売り手と繰り返し取引をすることも滅多にない。そして、友人やご近所からその売り手について話を聞くこともできない。特に初期には、商品の写真や説明はしばしば素人くさく、売り手についてはほとんど何もわからなかった。商品が写真通りでないとか偽造品だとかいうリスクにとどまらず、そもそもその商品が届かないというリスクもあった。そしてアマゾンとイーベイが設立された1995年には、ネット上でクレジットカードを使うこと自体がまったく容認できないほど高リスクだというのが通説だった。

だからイーベイは、売り手と買い手のネットワーク構築に加え、売り手と買い手の相互信頼を助ける仕組みを構築しなければならなかった。イーベイの評判システムは、買い手が売り手に星をつけ、売り手は買い手に星をつけるもので、課題に対する答えのひとつだった。それが広く真似られるようになった。

デヴィッド・ラングは、信頼構築に向けたインターネットの道のりを、教育クラウドファンディングサイトのドナーズチューズ（DonorsChoose）の歴史に関する「ミディアム」の投稿で述べている。伝統的な慈善団体は通常、確立された非営利団体に対してまとまったお金を提供するだけだし、それもかなり見張って口出しをしたがる、と彼は指摘する。これに対してドナーズチューズは、個々の教師が教室のニーズを広告し、個人や機関組織から提供してもらえるようにしている。技術が信頼を可能にした他の例をあげて、ラングはこう書いている。「目新しいのは金融取引ではない――部屋の賃貸、自動車のシェア、芸術のパトロンは何世紀も前からある――目新しいのはむしろ、アプリやアルゴリズムがフィルターを提供してくれることで、人々が見知らぬ相手に実に高い信頼を置くようになったということだ」

ウーバー社やリフト社、エアビーアンドビーなどの企業と規制当局との戦いが実証するように、信頼に向けた道のりでは、単に消費者を引き込む以上のことが必要だ。ローガン・グリーンによるとリフト社が当初、カリフォルニア州公益事業委員会からピアツーピアのハイヤーサービスの承認を取りつけたときの主張は、技術を使えば伝統的なタクシー規制の多くと同じ便益を提供できるという議論に基づいていたという。公益委員会にとっては、乗客の安全が何よりも重要だった。重要な規制担当官のひとり、「将軍」とあだ名される元軍人は、「おれの目が黒いうちはだれも死なせないぞ！」と言ったとか。ローガンによれば、彼のチームは公益委員会に対し、GPS経由の運転の追跡と評判システム、運転手の慎重な選別により、委員会と会社の双方の目標がうまく達成できると主張したそうだ。ローガンはこう言った。「我々の利用者にとっても、安全は何より大事です。

だからこう答えたんです。『こいつをものにしましょう！』とね」

だが多くの行政区域では、評判システムと伝統的な規制とが相変わらず衝突している。お題目としては、タクシーが規制されているのは消費者体験の質と安全性を保護し、必要なときに最適な数のサービス提供車両を確保するためだ。実際には、ほとんどの人が知っているように、この規制は品質も車両もろくに確保できていない。ウーバーとリフトの使う評判システムでは運転手を乗車ごとに評価する必要があるため、悪いアクターを排除するのがうまいという主張もきわめて強力に成り立つ。私自身、星ひとつの評価をつけるくらいに簡単にタクシーに苦情を申し立てられるなら、二度と客を乗せられなくなるようなタクシー運転手に何度も出くわしている。

それでも、新サービスの反対者たちはウーバー社やリフト社が提供する運転手の選別が不十分だと主張する。新サービスはどれも、運転手がお客を乗せられるようになる前に身元をチェックするが、反対者たちはそのチェックがゆるすぎるのだという。指紋もとらず、ＦＢＩの犯罪歴チェックもしないからだ。これは面倒で時間のかかる手続きで、ウーバー社やリフト社の観点からすれば望ましくない。これらの新プラットフォームでサービスの大半を提供する、パートタイムやたまにしか乗らない運転手たちを制限してしまうからだ。ウーバー社やリフト社はこの点について強い意見を持っているので、オースチン市が指紋採取と完全なＦＢＩチェックを義務づけると、本当に同市から撤退した。どちらの会社も、自分たちがサードパーティーのサービスを使って行う身元確認のほうが、実は運転手についてよいデータを提供してくれるのだと主張している。

いずれにしても、実は運転手の免許に関する規制は、二つの絡みあった機能を提供していたわけだ。ひとつは運転手の質を確保すること、そして、各種の理由からその供給を制約することだ。ウーバーについての批判的な書物『不当取引（Raw Deal）』（未訳）の著者スティーブン・ヒルによると、初の「タクシー」規制が施行されたのは１６３５年、チャールズ一世時代のイングランドでのことだった。チャールズ一世は、ロンドンの街路のあらゆる車両は「馬車の大量かつ放埒《ほうらつ》な使用を抑えるため」免許を受けねばならないと命じたのだった。同じことが大恐慌のアメリカでも起きた。人々は必死で職を探していたので、ハイヤーが道路にあふれた。１９３３年にアメリカ運輸省の高官がこう書いた。「タクシーの過剰供給は、料金ダンピング競争、恫喝《どうかつ》、オペレーターや運転手の保険や財政的責任の欠如をもたらした。全国の都市の公務員やマスコミは、タクシー産業に対する公的規制を求めた」。結果として、各市は「メダリオン」［タクシー営業免許章。メダル型をしている］方式を使い、タクシーの数に制限を加えた。商業運転手に対して限られた数のライセンスしか発行せず、料金、保険、車両安全確認、運転手の身元確認についての規制を設けたのだ。

　この小史を見ると、目的と手段を混同するのがいかに容易かが明らかになる。問題がチャールズ一世の言う「馬車の大量かつ放埒な使用」であるなら、ライセンスを持つ馬車の数を制限するというのは、渋滞と公害をなくすという実際の目的と機能的に等価に思える（１６３５年には、馬糞が20世紀のスモッグに相当するものだった）。もし１９３３年に運輸省高官が述べたように、過剰供給で料金のダンピングが起こり、だれも生計を立てられなくなって運転手の安全低下と保険不在につながったのであれば、運転手の数の制限や検査の義務化はそれ自体が目的となる。だがスティーブン・キング『ダークタワー』で繰り返される台詞の通り、「世界は先に進んだ」のであり、現在ならもっとよい解決策があるのかもしれない。

　悪い運転手の危険はまだあるし、批判者たちはウーバー運転手による犯罪を大げさに喧伝《けんでん》はしている。しかし、あらゆるウーバー乗車はリアルタイムで追跡され、正確な時間、位置、経路、運転手と乗客双方の身元が完全にわかっているということは、ウーバー社やリフト社の乗車が本質的にタクシー乗車よりも安全だということだ。そして運転手と乗客の双方が乗車後にランキングをつけることは、長期的に悪いアクターをシステムから排除するのに役立つ。ハル・ヴァリアンはこれを、コンピューター仲介取引が規制ゲームをどう変えるかという、もっと広い文脈で考察した。「取引すべてが監視されている。取引で何かがおかしくなれば、何がおかしいかをコンピューター化した記録で調べられる」

そして渋滞について言うと、現在のアルゴリズムは待ち時間の短縮に向けて最適化されているけれど、顧客の満足と低コストを改善する他の要因を考慮できない理由はない。運転手が多すぎることで渋滞と待ち時間に与える影響まで含めればいい。アルゴリズム的な配車と経路選択は、まだ初期段階だ。そうでないなどと考えるのは、グーグル検索の進化が1998年のページランク発明で止まったと思うに等しい。この多面的最適化が機能するためには、ウーバー社やリフト社はアルゴリズムを発達させ、市場のあらゆるステークホルダー（利害関係者）を考慮するという深いコミットメントを行わねばならない。彼らがそれをやっているかどうかは、はっきりしない。

手段と目的のちがいを理解するのは、交通ネットワーク企業（TNC）と、タクシーやリムジンの規制当局との規制上の反目を解消するためのよい手段だ。どちらの側も、安全で有能な運転手が、乗車を求めるあらゆる乗客のニーズに応えられるだけ存在していてほしいが、運転手があまりに多くなりすぎて、車両を整備してよいサービスを提供できないほどに収益が減っても困る。規制当局は、この目標を達成する最高の方法は、運転手の数を制限し、特別な事業ライセンスを発行して事前に運転手を認証することだと考えている。ウーバー社やリフト社は、コンピューター仲介市場が同じ目標をもっと効果的に実現すると考えている。データを使えば、こうしたちがうアプローチの成否を評価できるのはまちがいない。

7章で論じたように、シリコンバレー企業と政府との間には深遠な文化的、経験的な溝があり、それが問題の一部となっている。シリコンバレーでは、あらゆる新しいアプリやサービスは実験として始まる。企業がベンチャー資本のお金を受け取った初日から、あるいは出資してもらえずに起業する初日から、その成功はユーザーによる採用、利用度、エンゲージメントといった主要指標の達成にかかっている。サービスはオンラインだから、このフィードバックはほぼリアルタイムでやってくる。エリック・リース〔『リーン・スタートアップ』の著者〕の人気あるリーン・スタートアップ手法で使われている用語を借りると、最初のバージョンは「実用最小限の製品（ＭＶＰ）」と呼ばれ、「最小の労力で顧客についての最大限の裏づけある学習が収集できるようにする新製品のバージョン」と定義されている。あらゆる起業家の狙いは、そのＭＶＰをだんだん発達させ、「製品の市場フィット」を見つけ、結果として爆発的な成長を実現することだ。

この考え方は、あらゆる起業家に教え込まれる。いったんアプリやサービスが立ち上がったら、新しい機能をだんだん追加して試験する。機能の利用を計測し、利用者が採用しないものは静かに廃止されたり見直されたりするというだけでなく、それぞれの機能のちがうバージョン――ボタンやメッセージ、画像の配置や大きさ――が、ユーザーの無作為サンプルに対して試され、どのバージョンが優れているかを調べるのだ。フィードバックループは短く、サービスの成功の中心となる。

これに対し、7章で述べたようにオバマ政権下で始まりつつあった変化にもかかわらず、立法者や政府規制当局は、何か問題を考え、公聴会でステークホルダーの話を聞いて（そしてあまりに多くの場合、ロビイストとの私的な会合で話を聞いて）、考慮したうえで決断を下し、それに固執し続けるのに慣れている。結果の計測はほとんどないし、あったとしても規制の成立から何年もたった後の学術研究という形がほとんどで、政策立案プロセスへの明確なフィードバックはない。あるとき、退役軍人のための就職検索エンジンを構築する何百万ドルものプロジェクトに出くわした。それを使う人はほんの数百人しかいなかったのに、それでもプロジェクトの契約は更新されたのだった。そのプロジェクトの監督を行った政府高官に対し、利用者ひとりあたりの費用がどのくらいかかっているのか、計算してみたのかと尋ねた。すると答えは、「ああ、それはいい考えかもしれませんねえ」というものだった。いい考え？　この質問に答えられないシリコンバレーの起業家は、物笑いの種となって部屋から追い出される。イギリス政府デジタルサービス局の主任運用局長だったトム・ルースモアは、２０１５年コード・フォー・アメリカサミットの講演で、平均的な政府の規制枠組みは「５００ページにわたる検証なしの思いこみ」でしかないと指摘した。

　政府の技術調達プロセスは、この同じアプローチを反映している。みんなの精いっぱいの考えを包含し、実装のあらゆる細部まで記述したすさまじい仕様書が書かれ、入札にかけられる。製品の開発には通常、何年もかかり、その想定が最初に試験されるのはシステムがサービスを開始したときだ。（これはアマゾンの「後ろ向きに検討する」アプローチと似ているように聞こえるが、実はまったくちがうことに注意してほしい。アマゾンは、その作業を任せられた人々に対して、意図する利用者体験を想像するように言う。あらゆる実装の詳細を事前に指定しろとは言わない。実際の製品やサービスを構築するなかで、彼らは学習を続け、考えを洗練させるのだ。）

　さて、公平を期すために言うなら、政府が規制する多くのもの（すべてにはほど遠いとはいえ）は、消費者向けアプリよりは重要度が高い。「すばやく動いていろいろ壊してみろ」というのは、フェイスブック社の開発者に対するマーク・ザッカーバーグの有名な檄《げき》だが、これは橋や航空管制、食品安全など、政府規制の多くにはまるで適用できない。政府はまた、包含的でなければならず、高度に的を絞った利用者だけではなく、国のあらゆる住民に奉仕しなくてはならない。それでも、現代のデジタル組織における反復的な開発プロセスから政府が学べることは実に多いのだ。

　規制により利益を得る企業が、その規制を管理する集団となるプロセスを「規制の捕獲」と呼ぶが、これは混乱を加速させる。かつて、元下院議長ナンシー・ペロシと、ある法律（オンライン海賊行為防止法、通称ＳＯＰＡ）について話したことがある。私は弊社の出版事業のデータを元に、オンライン海賊行為は、この法案の支持者たちが言うほどの問題ではないと告げた。彼女は、私のデータを見せろとも言わず、法案支持者が別のデータを出したと反論することもなかった。彼女はこう言った。「まあ、シリコンバレーの利益とハリウッドの利益でバランスをとらねばなりませんから」

私はショックを受けた。まるでグーグルの検索品質チームが検索スパム業者の代表と面談して、トップ検索結果の3分の1を、彼らのビジネスモデル維持のために取っておいてあげることにした、というに等しい話だ。私の考えでは、代議士たちの仕事というのは各種のロビー活動集団の利益をバランスさせることではなく、データを集めて国民にかわり情報に基づく決断を下すことだ。

シリコンバレーが常に正しいと言うのではない——特に最初はまちがいなくはずしている——し、政府が常にまちがっていると言いたいのでもない。政府はあまりにロビイストの顔色をうかがうが、その根本的な目標は公共の利益を重視することだ。そこには、そのままでは黙殺される人々も含まれる。

どんな規制であれ、その狙いについてきわめて具体的に述べれば、本音に基づく生産的な議論が可能になる。どちらも正しい目的について論争できる。そして目的について合意できたら、それを実現する各種の方法を検討すればいい。同時に、その成功／失敗をどう計測すればいいかも話しあえる。また、その計測を通じて学んだことに対応して規制を変更するプロセスも定義すべきだ。さらに、重複する規制がぶつかったときの解決メカニズムもいる。複雑な規制なら、このプロセスはそれぞれのサブコンポーネントについて行うべきだ。ジェフ・ベゾスのプラットフォームメモに出てきた、モジュール性に関する教訓は、プラットフォームや現代の技術組織のみならず、規制の設計にも驚くほど当てはまるのだ。

この点で、私はアメリカ運輸省道路交通安全局が2016年に出した、自動運転車規制ガイドラインには感銘を受けた。明確な目的を掲げ、それが計測できるような形でまとめられているガイドラインを、運用設計ドメイン（Operational Design Domain：ＯＤＤ）と呼ぶものにしたがって分解している――これは対応能力を実証しなければならない制約群だ。道路の種類、地理的な位置、速度範囲、運用の照明条件（日中／夜間）、気象条件といった各種の運用ドメイン制約などが含まれる。計測の必要性も強調される。「高度自動化車両システムが、定義されたＯＤＤについて安全に運用できて、必要に応じて最低限のリスク条件へとフォールバックできることを評価（シミュレーション、テスト走行、実際の路面の組み合わせを使用）し、確認できるような試験を開発し、実施すること」

ルールではなく結果に注目すると、似たような結果を実現する方法がひとつではなく、ときに新しい方法がもっといい結果を生むこともわかってくる。どのアプローチがベストかは、データを元に判断すべきだ。

残念ながら、データを公開したがらなかったり、公開できなかったりするのは、政府だけではない。ウーバー社やリフト社、エアビーアンドビーのような企業は、自社の事業上の秘密が漏れるとか、競合に対して自社の相対的な市場での地位がバレるとかを恐れて、自分たちのデータの大半を必死で隠す。彼らはむしろ、オンデマンド輸送が都市に与える影響を理解したがっている学者や規制当局に、もっとデータを公開すべきだ。ユニオンスクエア・ベンチャーズ（Union Square Ventures）で公共政策や規制、公共問題への対応を主導するニック・グロスマンは、規制当局とウーバーとの多くの対立を解決するのは、データの公開かもしれないと主張する。彼は「規制当局は、人々の起業をやりにくくすることばかりに専念しない新モデルを受け入れる必要がある」と主張する。ライセンス要件を緩和し、運営の自由度を高めれば、もっと多くの人が参加できて、企業ももっと自由に実験できるようになる。だが「その運営の自由と交換に、企業は規制当局にデータを供給しなくてはならない――加工しないリアルタイムのデータ、利用者が企業に提供しているのと同じものだ。そして同時に、そのデータが各種の説明責任をもたらしかねないことも受け入れねばならない」と、グロスマンは続ける。

オープンデータは、ウーバーの市場ベースのアプローチにつきまとう、その他のしつこい疑問も解消しやすくするだろう。たとえばウーバーは、料金を下げても運転手の所得には影響しないと主張するが、運転手たちは同じ金額を稼ぐために働く時間を増やさねばならず、あまりに運転手が増えすぎて、お客を獲得するまでの待ち時間も増えていると主張する。これは別に、議論の余地のある話ではないはずだ。この問題への答えは、ウーバーがサーバー上に持っているデータにあるからだ。オープンデータは、システムがどのくらいうまく機能しているかをみんながもっと理解するためのすばらしい方法だ。オープンデータは、オンデマンド自動車サービスが全体としての渋滞にどのくらい影響しているかを市が理解しやすくするし、エアビーアンドビーが住宅の提供と価格にどのくらい影響するかの評価もずっと容易になる。都市とプラットフォーム企業が、もっと積極的に協力して、双方にとって結果を改善するためにデータを活用していないのは残念なことだ。

継続的な部分雇用の世界における労働者

古くなった地図が公共政策や労働支援や経済を形成する様子を見事に示す例としては、ウーバー社やリフト社の運転手たち（そして他のオンデマンド新興企業の労働者）が「自営業者」に分類されるべきか、「従業員」に分類されるべきか、という論争がある。アメリカの雇用法において、自営業者はオーナー労働者あるいは中小企業として複数の顧客にサービスを提供する高技能専門職だ。従業員は、給与と引きかえに単一の企業にサービスを提供するので、ほとんどのオンデマンド労働者はこのどちらにも当てはまらないようにみえる。

労働活動家は、新しいオンデマンド職は賃金保障もないと指摘し、それがいまや中産階級の黄金時代としてみんなが振り返る、1950年代や1960年代の製造業経済における安定した雇用とまったく対照的だと述べる。だが未来を正しく理解するためには、現在についての正確な理解から始めねばならないし、そうした仕事がますます珍しくなっている**理由**も理解しなくてはならない。いまやアウトソースが企業の常道だ。これは低賃金国へのオフショアリング［生産拠点の海外移転］よりはるかに先を行っている。アメリカ国内のサービス雇用ですら、企業は労働者への支払いを減らして福利厚生を節約するために「アウトソーシング」を使う。ホテルの部屋掃除をしている人々は、ハイアットやウェスティンの従業員だろうか？　実はホスピタリティ・スタッフィング・ソリューションズ（Hospitality Staffing Solutions）社に雇われている可能性がかなり高い。クリスマスのプレゼントを包装してくれる、アマゾンの倉庫の労働者たちはアマゾン社員だろうか？　残念でした。たぶんインテグリティ・スタッフィング・ソリューションズ（Integrity Staffing Solutions）社だ。おかげで、きわめて高い評価の中核社員には豊かな福利厚生と賃金を提供しつつ、その他は使い捨て部品として扱える。最も有害かもしれない点として、今日得られる低賃金雇用の多くでは、生計が立つだけの賃金をもたらさないばかりか、非常勤雇用しか提供しないのだ。

次のシナリオのどちらが労働者に優しいだろうか？

弊社の労働者は、従業員です。かつては8時間シフトで雇いました。でもいまや弊社もずっとスマートになり、大量のパート労働者を抱え、ピーク需要を予測し、労働者のシフトを短縮することで人件費を抑えるようになりました。需要は変動するので、労働者は呼ばれたときに働く形で、実働時間に応じた支払いしかしません。さらにスマートスケジューリングソフトのおかげで、どの労働者も週29時間以上は働かないようにしているので、高コストとなる常勤労働者の福利厚生を提供すべき境界線を越えずにすみます。

うちの労働者は、独立の自営業者です。彼らのサービスに対する需要がいつどこで発生するかをわかるようにするツールを提供し、需要に見合うだけの自営業者がいなければ、顧客への課金を増やし、労働者の稼ぎを増やすことで、需給をつり合わせます。給料や時給は払いません。彼らの稼ぐお金の一部を我々がもらいます。彼らは、自分の所得目標を達成するまで、労働時間は望むように調整できます。他の労働者と競争はしていますが、我々はなるべく、彼らのサービスに対する市場規模を最大化するよう努めています。

あるいは――

前者のシナリオは、ウォルマートやマクドナルド、ギャップ（Gap）、果ては意識が高いとはいえ低賃金のスターバックスのような雇用者の下で働く状態を描いたものだ。労働者の不満としては、緊急事態ですらスケジュールを変えられないこと、「クロープン」［クローズとオープンの組み合わせ］と呼ばれる不当なスケジュール（たとえば同一の労働者が、店を夜11時に閉めて、翌朝4時に開けるよう求められるといったことだ。このやり口をスターバックスが禁止したのはやっと2014年半ばになってからで、他の多くの小売業者やファストフード店ではいまだに続いている）、「十分には労働時間がもらえない」など、各種の労働上の問題がある。

第二のシナリオは、ウーバー社やリフト社の労働慣行をまとめたものだ。私のように多くの運転手と話をしてみれば、みんなほとんどが、この仕事で自分なりのスケジュール設定ができて、望みのまま多くも少なくも働ける自由度を大いに気に入っている。これはプリンストン大学のアラン・

クルーガーと、いまやウーバー社のエコノミストになったジョナサン・ホールという2人の経済学者が行った調査でも裏づけられている。ウーバー運転手の51パーセントは週に15時間以下しか働かず、副収入を得ている。他の運転手は、目標となる所得を達成するまで働くという。73パーセントは、「福利厚生と定給を持つ安定した常勤雇用」よりは「自分でスケジュールを決められて、人から指図を受けない仕事」のほうがいいと述べている。

スケジュールに縛られず、働きたいときにアプリを立ち上げ、存在する仕事をめぐって他の労働者と競争する労働者しかいない企業を管理するには、労働者の供給と顧客とがダイナミックな均衡を確実に実現できるようにする強力なアルゴリズム群を必要とする。

伝統的な企業はまた、不均等な労働需要を管理するニーズから逃れられなかった。これまでは、安定した中核的な常勤労働者をベース需要への対応として雇い、少数のパート非常勤労働者や下請け業者でピーク需要に対応した。だが今日では、大企業のほとんどの低賃金労働者の場合には連続的な非常勤雇用の一種へと変わり、ＡＤＰ、オラクル、クロノス（Kronos）、リフレクシス（Reflexis）、ＳＡＰなどのベンダーが提供する職場スケジューリングソフトのおかげで、小売業者やファストフード企業は、必要以上の非常勤オンデマンド労働力を持ってピーク需要に対応し、そして仕事を細切れの短時間シフトで切り出して、だれも常勤適用の労働時間を得られないようにしている。このデザインパターンが、アメリカの低賃金労働者管理の支配的な戦略となった。シカゴ大学のスーザン・ランバートが２０１０年に行ったマネジメント調査によると、小売雇用の62パーセントはパートで、小売管理職の3分の2は、個別労働者の勤務時間を増やすより、大規模なパート労働力を抱えておくほうがいいと答えている。

スケジューリングソフトの発達もこのトレンドを後押しした。インヴェスティゲイティブ・ファンドのエスター・カプランが「ハーパーズ」誌の記事「私をクビにしたスパイ」で述べたように。

2013年8月、ティーンズファッションのチェーン店フォーエバー21(Forever 21)がKronos《クロノス》を使い始めて2週間もたたないうちに、何百人もの常勤従業員は非常勤に切りかえられたので、社の健康保険が適用されなくなると言われた。似たようなことが、ニューヨークのハイファッション店舗センチュリー21(Century 21)でも起こった。(中略)たった1日で、コリーン・ギブスンの通常のスケジュールは消え去った。彼女は朝7時から午後3時半まで腕時計の販売をしていて、午後には講義に出席していた。だがその希望の勤務時間をKronosに入力すると、システムは彼女がもはや常勤ではないという。いまや週25時間未満しか勤務時間を与えられず、そのシフトも不定期になった。「常勤になりたければ、柔軟に対応できると言わなければならないと言うんです」と彼女は語った。

つまり、伝統的な企業も「オンデマンド」企業も、アプリやアルゴリズムを使って労働者を管理しているのだ。だが重要な差がある。トップダウンのスケジュール方式を使い、伝統的な低賃金労働者を管理する企業は、現状の仕組みの最悪の部分を増幅して拡大してしまった。シフトの割り当ては労働者の入力に最低限の対応しかせず、高コストな健康保険や福利厚生を避けるために、従業員を非正規にしてしまうのだ。顧客や従業員の利益ではなく、企業にとっての費用最適化がアルゴリズムを導く原理となっている。

これに対し、ウーバー社やリフト社はデータを管理職だけでなく労働者にも示し、需要のタイミングと場所を教え、いつどれだけ働きたいかを彼らに選ばせる。これは労働者に主体性を与え、市場メカニズムを使って、ピーク需要時やキャパシティが通常はない場所に対してより多くの労働者を派遣するようにする。

新技術の地図を描いているときには、正しい出発点を使うのが重要だ。オンデマンド経済や「ギグエコノミー」の分析のほとんどは、シリコンバレーばかりに狭く注目して、もっと広い労働経済を考慮していない。「アルゴリズムで管理される労働者」と「雇用の保証なし」の地図を描き始めたら、世界の見方がまったく変わる。

なぜ労働を規制するのか？　ローレン・スマイリー〔ジャーナリスト〕が行ったインタビューで、オバマ政権時代の労働相トム・ペレスは、最も重要な問題は労働者たちが生計を立てられるだけの所得を得られるかだ、と強調した。労働省の賃金・労働時間部門局長デヴィッド・ワイルは端的に述べている。「常に、だれを保護しようとしているのか、こうした新しい仕事に登場する人々がその範囲のなかでどういう形で登場しているのかという、第一原則に戻らねばならないのです」

一見すると、従業員になるといろいろな福利厚生もありそうだ。だが、常勤従業員への福利厚生と非常勤・パートへの福利厚生には大きな差がある。おかげで、私が「29時間の抜け穴」と呼んだものが生じた。悪質な管理職は、自動スケジューリングソフトのビジネス規則を設定して、だれも週に29時間以上働かないようにできるのだ。雇用法は、非常勤・パートと常勤労働者との福利厚生に差をつけてよいとしているので、この抜け穴により、企業の中核従業員は鷹揚《おうよう》な福利厚生の対象となるのに、低賃金の非常勤従業員はギリギリの福利厚生しかない。いったんこれに気がついたら、現在の労働規制が新興のシリコンバレー企業にだけでなく、労働者にも被害をもたらしかねないのが理解できるだろう。オンデマンド労働者を、書式１０９９〔アメリカの税務申告の書式で雑収入報告書。主に企業が独立の自営業者と税務当局に提出する〕を使う独立契約業者から、書式Ｗ２〔アメリカにおける源泉徴収票。主に企業が従業員に対して発行する〕の従業員に変えれば、労働者がウーバーやタスクラビットのようなプラットフォームで好きなだけ働ける機会を得られる状態から、29時間以上は働かせてもらえない状態に陥りかねないということだ。実はインスタカート（Instacart）〔食品の即日配達サービスを運営〕

社がオンデマンド労働者の一部を従業員にしたときに、まさにこの通りのことが起きた。**彼らは非正規のパート従業員になったのだ。**（コンピューター化したシフトスケジューリングソフトの進歩以前にも、企業は従業員の報酬や福利厚生でごまかしをやっている。２０００年にハーバード大学で、用務員などの保守管理職員の不公正な処遇に注目した学生デモに娘が参加したのを覚えている。用務員たちはこう言われたのだ。「あなたたちは常勤職員ではないから常勤の福利厚生は受けられません。ハーバード大学で40時間勤務しているのではない。ハーバードカレッジで20時間、ハーバードロースクールで20時間働いているのです」）

企業が労働者の労働時間を29時間に制限している事実と同様に害をもたらしているのは、昔ながらの低賃金雇用をしている雇用主が提供するスケジュールは多くが実に気まぐれで、先々の労働時間の見通しがまったく立たないため、労働者たちは副業をうまくスケジュールできないということだ。生活の予定も立たず、子供の世話の予定も立たず、短い休暇もとれず、子供の誕生日に家にいられるかどうかもわからない。これに対し、オンデマンドサービスの労働者は、好きな時間だけ働ける――多くは、決まった時間数だけ働くのではなく、週ごとに望む所得に達するまで働く――そして同じくらい重要なこととして、働きたいときにだけ働く。多くの報告では、子供の世話や健康問題や法的問題に対処するために仕事を離れられる柔軟性こそが、仕事が気に入るいちばんの理由になるという。

レッテルに囚われてはいけない――従業員と独立契約事業者といった区分にこだわらないほうがいい。それらが示す根底にある現実を検討するべきだ。人々はレッテルと関連する価値判断、想定される世界に住んでいて、あまりにしばしば知的方程式を共通の要素に還元するのを忘れてしまう。アルフレッド・コージブスキーが実に印象的に述べた通り、「地図は土地ではない」ということを忘れてはいけない。

地図製作者の立場になってみると、既存の地図を普遍の現実の正確な反映として扱うばかりでなく、新しい可能性が目に入ってくるようになる。社会として私たちが従うことになるルールは、根底にある条件が変わったら更新しなくてはならない。オンデマンドモデルでは、従業員と外注業者とのちがいはあまり意味がない。自分の選択で出入りする従業員には外注業者のような自由度が必要だし、従業員モデルに基づく時間外労働の規則は、労働者が所得を最大化できなくしてしまう。

アンドレイ・ハギウ教授が「ハーバードビジネスレビュー」で述べ、ベンチャー資本家サイモン・ロスマンが「ミディアム」で書いていたことだが、どちらも、新しい労働者分類を開発する必要があると言う――「非独立契約業者」とでもいうものだ。この新しい分類は、独立契約業者の自由度の一部は認めつつ、従業員に提供される保護の一部も適用される。ニック・ハノーアー〔ベンチャー資本家〕とデヴィッド・ロルフ〔労働組織家〕はさらに議論を進め、技術によって、従来の指揮命令型雇用技法のオーバーヘッドなしに労働者を動員できるのと同様に、従来の福利厚生を非常勤パート労働者にも提供できるようになると論じる。多数の従業員が働いた総労働時間を集計し、それぞれに一定割合を労働者の口座に提供するよう、求められない理由はない。ハノーアーとロルフはこれを「共有保障口座（Shared Security Account）」と呼んでいる。社会保障口座（Social Security account）〔番号で管理されるアメリカの社会保障制度。日本のマイナンバーに相当〕のセーフティーネットを意識的に真似た名前だ。

福利厚生のポータビリティを実現する類似の政策提案が、シンクタンクのニューアメリカにいるスティーブン・ヒルからも出されている。ハノーアー、ロルフ、ヒルはみんな、労働者の報酬、企業による社会保障の負担分やメディケア税、休日、傷病手当、有給休暇などを雇用者から切り離して従業員と関連づけ、書式１０９９の独立契約事業者と、書式Ｗ２の従業員との差をほぼなくしてしまえばいいと述べる。今日の技術をもってすれば、これは解決可能な問題だ。福利厚生を複数の種類の従業員に割り当てるのは何ら手間ではない。マクドナルドで29時間働き、11時間バーガーキングで働いても、両者がそれに応じた福利厚生を提供するのであれば何も問題はない。

だが、こうした提案はどれも、企業が29時間の抜け穴を使うようになる底深い力学を解決していない。2種類の労働者を企業が持ちたがるのは、基本的な給与に伴う税金のせいではない。まずは社員の医療保険がある（単一支払者制度にすれば、この問題も他のいくつかの問題も解決だ）。さらに、企業が最も大事な労働者にだけ与える「キャデラック」福利厚生もある。もっと強力な点として、労働者は作り上げる資産ではなく、排除すべき単なるコストでしかないという概念が大きい。究極的には、労働者を特権階級と非特権階級に区分する行為、その原因となる道徳的、金銭的計算をやめねばならない。やがて私たちは、これが道徳的に重要なだけでなく、経済にとっても存続に関わる重要なものだということを理解するようになるだろう。

企業があらゆる労働者を同じ立場で面倒を見る価値を理解し、それを受け入れるようなインセンティブを思いつくまでには、もっとじっくり考える必要がある（また強力で的を絞った活動も必要だ）。そのよい出発点となるのは、ゼイネップ・トンの『よい仕事戦略（Good Jobs Strategy）』（未訳）だ。トンは、コストコからグーグルまで様々な企業をすばらしい職場にしている共通の原理を概説する。ハーバードビジネススクールの講師で元ストップ＆ショップCEOのホセ・アルバレスが述べるように、「ゼイネップ・トンは偉大な指導者が直感的に知っていたことを証明した——献身的で高い報酬をもらう労働力が、尊厳と敬意をもって扱われたら、投資家にとっては段違いの収益が生み出されるということだ。彼女は、小売雇用における最底辺への競争だけが唯一のやり方である必要はないということを実証した」。経済学者は昔からこの現象を認識してきた。市場が提供している最低水準よりも高い賃金は「能力給」と呼ばれる。つまり、これは雇用者が従業員の退職と採用を減らし、従業員の質を上げ、研修費用を抑えるといった様々な重要便益のために支払う上乗せ分なのだ。

11章と12章では、賃金で底辺を目指すようになってしまう主要な要因と、なぜビジネスのルール書きかえが必要なのかについて検討する。だが仕組みを大幅に書きかえるまでもなく、企業は労働者管理に使うアルゴリズムの改善手法をもっと理解し、労働者に時間管理や顧客接触のよいツールを与え、サービス改善のために様々な手をつくすことで、強力な戦術的長所を獲得できるのだ。

オンデマンド労働市場におけるアルゴリズム的な市場ベースのソリューションは、労働者の所得を増やす方法として、最低賃金よりも潜在的におもしろい代替案を提供してくれる。新しいオンラインのギグエコノミーを締め上げて20世紀の企業に近づけようとするより、規制当局は従来の低賃金雇用者に対して、データ共有を通じたより大きな市場流動性を提供するように求めるべきなのだ。マクドナルドで働くための技能は、バーガーキングで働くための技能と大差ない。スターバックスとピーツ（Peet's）、ウォルマートとターゲット（Target）、AT&Tとベライゾン（Verizon）の店舗でも似たようなものだ。労働者がシフトを交替したり、競合企業でオンデマンドで働いたりするのを認めれば、明らかに管理インフラ、研修、企業同士のデータ共有を変える必要が出てくる。ほとんどのスケジュール管理が標準ソフトウェアプラットフォームで行われており、給与支払いの実務も大規模なアウトソーシング受託業者が行っていて、その多くは競合する同業他社にも同じサービスを提供しているのだから、どう考えても解決はそんなにむずかしくないはずだ。

いまやアルゴリズムが、新しいシフト管理長だ。規制当局や政治家が注目すべきなのは、そのアルゴリズムを動かす適応関数であり、結果として生じるビジネス規則が労働者に提供される機会を増やすのか減らすのか、それとも単に企業の利潤を増やすことしか考えていないのか、という点だ。

続く二つの章では、メディアと金融が同じ歪んだ適応関数に動かされていることを見よう。デジタルプラットフォームの速度と規模は、その欠陥をアルゴリズム的に増幅してしまっているのだ。

10章 アルゴリズムの時代のメディア

２０１６年のアメリカ大統領選挙の後で、いろいろ悪者探しが行われ、その多くはフェイスブックが悪いと主張した。そのニュースフィードのアルゴリズムが、まちがった情報を広めるのに大きな役割を果たし、双極化を悪化させたというのだ。

ローマ法王がドナルド・トランプを支持したとか、マイク・ペンス［トランプ政権の副大統領］がミシェル・オバマについて「史上最悪の下品なファーストレディ」と述べたとか、ヒラリー・クリントンが訴追寸前とかいうインチキニュースは、１００万回以上もシェアされた。そのどれも、お手軽に小遣い稼ぎをしようとしたマケドニアのティーンエージャーたちがでっちあげたものだった。「ヒラリーのメール漏洩《ろうえい》で嫌疑をかけられたＦＢＩエージェントが自宅で殺害／自殺」というニュース――これまたまったくのウソだが50万回もシェアされた――は、誤情報がいかに簡単に広まるか証明しようとして２０１３年に始め、やがてこうしたインチキニュース捏造《ねつぞう》のために社員25人の企業を興した南カリフォルニアの男性の仕業だということがわかった。

こうした話を広めたのは、フェイスブックの利用者だけではない。多くはメールやツイッター、ユーチューブ、レディット（Reddit）［ソーシャルニュースサイト］、４ｃｈａｎ［画像掲示板形式の交流サイト］が広めた。グーグルもそれをグーグルサジェスト（Google Suggest）で広めた。これは、検索用語を入力し始めると出てくるドロップダウン式の候補群だ。

しかし、議論の焦点となったのは、フェイスブックだった。これは、マーク・ザッカーバーグが最初、この問題を否定したからかもしれない。彼は選挙数日後のテコノミー会議の壇上インタビューで、そうしたニュースが結果を左右したという考えは「えらくイカれた発想だ」と述べたのだ。そんなのはサイト上で共有されているコンテンツの総量に比べたらごくわずかでしかない、と彼は論じた。

フェイクニュースはスポーツ紙のやることだ。どうでもよく、冗談のネタにしかならなかったものだ。どうしてそんなものが、私たちの集合的な未来を形成するのに、これほど大きな役割を果たすようになったりするのだろうか?

2016年のアメリカ大統領選挙は少なくとも、イーライ・パリサーが「フィルターバブル」と呼ぶものが全開になった様子を示してくれた。「いいね!」に左右されるソーシャルメディアのアルゴリズムは、各人が肯定的に反応したものをもっと多く見せるようにして、その偏見を裏づけ、信念を強化し、似た者同士がオンラインで交流するよう奨励する。「ウォールストリート・ジャーナル」は、「ブルーフィード/レッドフィード」という実に啓発的なサイトを作り出した。これはフェイスブック自身が利用者の政治的選好について行った研究データを使い、それぞれの集団が見ているきわめて党派性の強いニュースをライブで隣り合わせで見せるようにしている。「きわめてリベラル」「きわめて保守的」な人々が目にするニュースがどれほどちがっているかを見るのは、実に衝撃的だ。私自身もその変種を体験している。保守的な家族が見せてくれるニュースと、逆に私が彼らに見せる進歩的なニュースとがまったくちがうのだ。我々は別の世界に住んでいる。あるいはみんなが新しい「ポスト・トゥルース(post-truth:脱・真実)」の世界に住んでいて、感情への訴えが事実よりも重視されるようになっているのだろうか。

メディア配信だけでなく、その内容の作成の民主化もまた大きな役割を果たした。公共的対話の改善を狙うpol《ポル》・is《イス》を創設したコリン・メギルは、生涯にわたりガラスの天井を突破しようと働いて生きた医師である母親が、ヒラリー・クリントンについての疑念に囚われたという話をしてくれた。特に影響が大きかったのは、ヒラリー・クリントンとその腹心のフーマ・アベディンがムスリム同胞団に所属していたと主張するビデオだった。そのビデオは、彼女がユーチューブで深夜番組の録画を観た後で自動再生されたのだという。

　コリンいわく「それがあってから、母親との会話を何度も反芻《はんすう》してみました。そして、説明として考えられそうなことをひとつ思いついたんです。母の人生では、まったくのウソはすぐにニュースからはずされるのが当然でした。編集者が確実にそうします。入念に制作され、何百万人もが共有しているものに一抹の真実もないなどという考えは、彼女のなかの可能性としてあり得ないんです」。このビデオが無名のトランプ支持者によって作り出されたという考えは、そもそも彼女には思いつかないものだったのだ。

　世論調査のピュー・リサーチによると、アメリカ人の66パーセントはニュースをソーシャルメディアサイトに頼り、44パーセントはフェイスブックしか見ていない。そのコンテンツの大半は、ソーシャルメディアで共有されるリンクを介して伝統的なメディアからくるものかもしれない。だがかなりの部分がフェイスブック上だけのものだったり、新しいきわめて党派性の強いサイト、たとえばマケドニア人の若者がでっちあげたような代物や、党派的な理由で極右や極左の政治組織が作り上げた新しいサイトからきていたりする。そしてさらに、ＩＳＩＳのような集団はソーシャルメディアをうまく使ってテロリストのリクルートまでしているし、アメリカ大統領選挙を操作しようとしてロシアが捏造したり増幅したりするプロパガンダも大きく作用している。ある匿名希望のアメリカ政府高官が述べたように「アメリカは、初のサイバー戦争を戦っているところではない。すでに戦い終えている。そしてすでに負けた」。

アルゴリズム的モグラたたき

多くの点で、フェイクニュースの影響力増大は、おかしくなったアルゴリズム、デジタル魔神が不明確な命令を与えられ、それが悲惨な結果をもたらしかねないという、警告の物語ではある。本書が刊行されるまでに、フェイスブックもグーグルも、現状の問題を解決するためにかなりの作業をしてはいるだろうが、それでも検討しておく価値がある。

壇上での一蹴するようなコメントの翌週、フェイスブック上のフォローアップ投稿でマーク・ザッカーバーグは、フェイクニュースが問題だと認め、フェイスブックとして対応を行っていると述べた。彼の提案した解決策は「コミュニティ」が、何が真で何が偽だと思うかについて通報するツールを増やすということだった。私は選挙の数週間前にマークに会っていた。それは、彼が格闘している関連した問題についての話で、フェイスブックがコミュニティの規範や価値について利用者に発言の機会を与えるにはどうしたらよいか、という問題だった。利用者が結びついて共有できる中立的なプラットフォームを作りたいという目標は、真摯《しんし》に感じられた。フェイクニュースと選挙についての投稿で、彼はこう結論した。「ぼくの経験だと、人々は善良だ。そして今日はそう思えなくても、人々を信じるほうが、長期的にはよい結果につながる」

フェイクニュースの抑制は利用者に任せるべきで、プラットフォームがやるべきではないという信念が、危機に対するフェイスブックの対応を形成した。マークはこう書いた。「すでにコミュニティが、でっちあげやフェイクニュースを知らせるための作業を開始しており、ここにはぼくたちにもっとやれることがある。すでに進歩は達成しているし、さらに改善するために働き続けるつもりだ」。ここまでは大いに結構。

彼は、フェイスブックを警備するという利用者の役割について、次のように続けた。「ぼくは、どのコンテンツが最も有意義かについてコミュニティが教えてくれる方法を見つけられると確信しているが、自分が真実の判定者になることについては、きわめて慎重でなければならないと信じている」。彼は正しくも次のように述べている。「『真実』を見極めるのはむずかしい。一部のでっちあげは、完全に否定できる。でも多くのコンテンツは、主流メディアからのものも含め、しばしば基本的な考えは正しくても、細部がまちがっていたり省略されていたりする。さらに多くの報道は、多くの人が同意しないような意見を述べていて、それが事実に基づいたものでもまちがったものだというレッテルを貼られかねない」

フェイクニュースを抑える自分たちの責任について、フェイスブックやグーグルのようなプラットフォームで行われる社内論争は、正しい対応をするための慎重な態度というだけにとどまらない。法的な先例を作りかねないという懸念があるのだ。１９９８年施行の「デジタルミレニアム著作権法（ＤＭＣＡ）」は、インターネットのサービスプロバイダーやオンラインの仲介業者を著作権侵害の損害賠償から免除した。その根拠は、それらが利用者に好きなものを投稿させるだけの中立なプラットフォームだということだった。何を発表するか自分で決めるから、高い法的基準を適用される出版社とはちがい、利用者がビラを貼る壁のような存在とされたわけだ。この「中立的プラットフォーム」という主張は、インターネットサービスの存在の中核だ。これがないと、グーグル社はどこかの利用者がオンラインに投稿したあらゆる著作権侵害について、それらを検索結果に含めただけで損害賠償請求を受けかねなくなる。同様に、フェイスブック、ツイッター、ユーチューブ、ワードプレス（WordPress）［オープンソースのブログ作成ソフトウェア］も、どこかの利用者が著作権侵害をしただけで損害賠償請求を受けかねなくなる。似たような法的弁護は、利用者が投稿する他の各種コンテンツにも適用される。サービスは利用者にとってのプラットフォームであり、コンテンツプロバイダーではない。どんなオンラインサービスも、この盾を壊したくはない。

この弁護論を、批判者たちはせせら笑う。そうした批判者のひとり、キャロル・キャドワラダーは、グーグルの検索候補一覧で「ユダヤ人は」とタイプしたら「ユダヤ人は邪悪」というのが出てきたので激怒した。それをクリックすると、最初の結果の見出しはこうだ。「ユダヤ人が嫌われる10の理由」。ネオナチサイトのストームフロントのページが3番目に出てきて、ユダヤ人が邪悪な理由を説明する追加のページが5、6、10番目に出てきた。検索欄に「ホロコ」と入れたところで、グーグルの候補は「ホロコーストはなかった」を示した。そしてホロコースト否定サイトが紹介され、そのてっぺんにあるのはまたもストームフロントのページだった。

彼女の解決策は、グーグルが即座にこうしたページへのリンクをやめること、というものだ。彼女は「ガーディアン」の辛辣《しんらつ》な論説でこう述べた。「グーグルのビジネスモデルは、それが中立的なプラットフォームだという発想を核にしている。その魔法のアルゴリズムが魔法の杖をふりまわし、汚らわしい人間の介入なしに、魔法の結果を提供してくれるというわけだ。他のメディアを律するのと同じ規則に縛られるべきメディア企業、コンテンツプロバイダー、ニュースや情報メディアとして見られまいとして必死だ。だが、グーグルはまさにそういうものなのだ」

キャドワラダーの怒りには同情するし、グーグルが（あらゆるメディア同様に）「世界の見方を形成し、枠をはめ、歪める」という信念には同意する。グーグルがこうした悪い結果に対応すべきだという点にも同意する。これまで彼らが、検索結果の品質に対する他の課題に対応してきたように。だがキャドワラダーは、グーグルが運用している規模を無視しているし、その規模が必要な解決策を根本的に変えるということもわかっていない。

グーグル、フェイスブック、ツイッターなどは、古い地図にきれいにはおさまらない新しいものとして理解される必要がある。この新しいものはルールもちがっている——そしてなぜちがうかといえば、気まぐれでもキュレーションの費用を負担したくないからでもなく、必然的にそうなるのだ。

グーグルやフェイスブックが手動で介入したがらないのは、都合のいい法的な免責の影に隠れているという話だけではない。こうしたサイトは、昔の「ニューヨーク・タイムズ」1面の割りつけ会議のように、編集者がどのニュースをどこに配置するか決めるような、人間の編集者の会議で決めるのではない。「タイムズ」ですら、こうした会議は2015年に廃止された。グーグル検索の結果はすべて、ウェブ上のあらゆるページ——元グーグル検索担当副社長アミット・シンハルによると、2500億の固有のウェブドメイン名からの30兆ものページ——をすべて集めランクづけするという、とんでもない努力の結果であり、そしてそれを1日50億件もの検索に応じて表示するのだ。そうした検索の多くはありがちなものだが、少なくとも何千万件は、かなり珍しい単語やフレーズの組み合わせになる。キャドワラダーが文句をつけた、ろくでもないホロコーストの結果は、グーグルによれば1日300件しかない検索で生じている。50億の検索のなかで300件だ。つまり1日の検索の0・000006パーセント、1パーセントの数百万分の1ということだ。

フェイスブックも同じく巨大だ。2013年にこのソーシャルネットワークが明かしたところでは、毎日50億近いコンテンツが投稿される。この数字はいまではまちがいなくかなり増えている。1日あたりのアクティブユーザー数が2013年には7億人だったのが、いまや10億人以上になっているからだ。

グーグルやフェイスブックが、人間の編集者チームやファクトチェッカー集団を雇ったり、外部のメディア組織を雇ったりして、ひとつずつそうしたものを取り除いたりランクを下げたりすれば、フェイクニュースやヘイトスピーチなどの気に入らない結果を解決できるという発想は、人々がそうした問題の規模や性質をまるで理解していないことを示す。ゲームセンターにあるモグラたたきみたいなものだが、モグラが何十億もいるのに、トンカチは数百しかないのだ。人間の監督や介入は確かに必要だが、キャドワラダーのような批判者が考えているような形で実装されても、状況は何も変わらない。何十億ものモグラをたたくには、ずっと高速なトンカチがいるのだ。

ループのなかに入った人間の役割が、停止スイッチを押す最終決定者だという考え方は捨てる必要がある。有名な「ハーバードビジネスレビュー」誌の論説に「だれがサルを背負うのか？(Who's Got the Monkey?)」というものがある。部下が何か背中に背負ったサルのような厄介な問題を持ってきたら、管理職は相談を受けて、そしてそのサルをつけたまま部下を送り出さねばならないのだ。そうでないと管理職は、複数の部下を抱え、すべてのサルも引き受ける羽目になる。アルゴリズムの時代、これはなおさら当てはまる。よい管理職は、常に教師だ。巨大なオンラインプラットフォームで仕事の大半をこなす、強力ながら根本的にバカな魔神たちを相手にしたとき、これはなおさら当てはまるのだ。

グーグル社には、確かに開発者チームがいる。インデックスを構築して検索結果を提供するデジタル労働者の管理職に相当する存在だ。彼らが頑張って、人間離れして高速な魔神たちにこの問題を軽減する方法を教えているはずだ。本書が刊行されるころまでに、コンテンツファームに対処した2011年のパンダ・ペンギンアップデート〔当時の大々的な検索アルゴリズムアップデートの名称〕に似た、包括的なフェイクニュースの検索オーバーホールが行われていなければ、そのほうが驚く。そして実際、キャドワラダーの論説から数週間もしないうちに、ホロコースト否定の検索結果は改善された。最初の修正はまだ一貫性がなく、グーグルはさらにフェイクニュースの包括的な解決策を考案しようと苦闘しているが、検索エンジンの有効性に対する攻撃に対応する彼らのプロセスは、しっかりと定義されている。

フェイスブックの問題は、グーグルのものとはちがう。グーグルは何千億もの外部サイトのコンテンツを評価しリンクするが、フェイスブックのコンテンツは自前のプラットフォーム上で利用者がネイティブに投稿するものだ。そのコンテンツの多くは外部サイトにリンクしているが、そうでないものも多い。コンテンツが外部サイトからくる場合でも、リミックスされて「ミーム」になっている——ミームというのは、元のコンテンツとは無関係になった決定的瞬間や引用の画像、またはビデオによる表現を意味するようになっている。それは共有されるよう設計され、深い対話や理解よりはインパクト重視で作られている。

２０１６年５月、トランプが当選するかなり前に、「ブライトバート」（Breitbart）に寄稿したマイロ・ヤノプルスは、トランプがインターネットのミームを作り出して、それを共有する人々にアピールする能力が、彼の成功に決定的な役割を果たすと予測した。「エスタブリッシュメント系の人々はもちろん、そんなのはすべてばかげた子供じみた代物だと思うだろう。そして確かにその通り。だがそれは有効でもある。（中略）トランプのメディア装置というハンマーと彼のオンライントロールの軍隊という金床の間にはさまれた反ドナルドの者たちに、勝ち目はなかった。トランプはインターネットを理解しており、インターネットは彼をあっさりホワイトハウスに送り込むかもしれない。ミームの魔法は本物なのだ」

文脈が示されていないので、グーグルが頼る多くの信号、たとえばウェブのリンク構造などもない。フェイスブックは同じ技法の一部を使えはするが、そのインフラや、コンテンツに対処するためのビジネスプロセスはちがっている。それもあって、フェイスブックは「コミュニティ」に問題を解決してもらおうとしている。その10億人以上の利用者は、正しいツールさえあればサイトを警備できるだろうか？　２０１５年６月に申請された特許「望ましくないコンテンツを同定するシステムと手法」で、フェイスブックはすでにヘイトスピーチやポルノ、いじめに対応するためのアプローチを述べている。それは利用者の報告に頼るが、多くの追加の信号を使って、報告自体だけでなくそれを提供する利用者についてもランクづけし、重みづけを行う。特許に書かれた技法の多くはフェイクニュースにも適用できる。

この問題についての第二のブログ投稿で、マーク・ザッカーバーグは同社のアプローチをもっと詳しく述べている。それは、インチキな話を報告しやすくし、サードパーティーのファクトチェック組織と提携して、潜在的にはファクトチェッカーやコミュニティが警鐘を鳴らした話については警告を表示するといった可能性まで示している。だがマークはまた、フェイスブックにできる最も重要なことは「誤情報の検出能力を改善することだ」。これはつまり、人々がインチキだと警告するものを、事前に検出できる技術システムということだ」と示す。またフェイスブックがすでにニュースフィードのリンクのなかで、「関連記事」を選ぶのに使うアルゴリズムを改善したとも述べている。

このアルゴリズムによる再教育は不可欠だ。というのもコンテンツがソーシャルメディアで広がる速度は、支援なしの人間ファクトチェッカーには不利に作用するからだ。あるフェイクニュースは、トランプ支持者のエリック・タッカーがテキサス州オースチン市のチャーターバスの写真を投稿し、クリントン陣営はトランプ演説に対する抗議者を輸送するためにそれを使っているのだと示唆したときに始まった。タッカー自身はフォロワーが40人しかおらず、そのバスが実はソフトウェア企業のタブロー社開催の会議に出席者を輸送するためのものだと判明するとすぐにそれを削除したが、写真はバイラルになり、ツイッター上で1万6000回もシェアされ、フェイスブックで35万回シェアされた。最初のツイートは#fakeprotests #Trump2016 #Austin（#インチキ抗議 #トランプ2016 #オースチン）というハッシュタグを使っており、そうした話題をフォローしている人の多くが確実に読むようにしていた。

このニュースは最初、レディットで拾われ、それから各種右派ブログ、そして主流メディアにとりあげられた。そして当のドナルド・トランプ自身が「プロ抗議屋」についてツイートして、火に油を注いだ。タッカーは、こんな大ごとになるとは思っていなかったが、フェイクニュースを広める人々はしばしばそれを膨れ上がらせる強いインセンティブを持っていて、プログラムツールを使い、主要なインフルエンサーを見つけ、こうしたネタを植えつけてすばやく広めようとする。ホットな話題が今日引き起こすトラフィックのおかげで、プロのニュース組織ですら自動化された「ソーシャルリスニングツール」［SNS上で日常的に語られる会話や行動に関するデータを収集するツール］を使って、トレンド入りした話題をすばやく拾い、人気のある話は自分の刊行物にすぐに転載し、かつて主流メディアの特徴だった慎重なファクトチェックなどは行わない。

懸念した利用者やファクトチェッカーが、このコンテンツはインチキだと警鐘を鳴らすころには、すでに何十万回もシェアされ、何百万人もが読んでいることになる。出所がそれを撤回しても、影響はほとんどない。タッカーは、最初にこの話をツイートした日の深夜までには最初のツイートを削除し、写真に「ニセモノ」と大きくスタンプしたものと置きかえた。このツイートはたった29回しかリツイートされなかった。最初の投稿の1万6000回とはえらいちがいだ。母が昔教えてくれた古い伝承を思い出す。「真実が靴の紐を結び終わりもしないうちに、ウソは世界を半周してしまっている」

グーグル、フェイスブックなどが実践しているように、問題のある話題にラベルをつけるというのは有意義かもしれない。ラベルも話についてまわり、そこに示されるかもしれないからだ。だがそれは、その話が大きく広まる前でなければ意味がない。そしてこのアプローチさえ問題がある。党派的または金銭的な動機のあるサイトは、同じインチキ話の新しいバージョンをすぐに作れるからだ。それはどうやって検出しよう？　モグラたたきの助けに、またもアルゴリズムの魔神を呼ぶしかない。

さらに、当の利用者たちも、物事の真偽を見分けるのに苦労するだけでなく、見ているものの正当性判断用に企業が提供する信号にすらなかなか気がつかない。あるスタンフォード大学の調査では、フェイスブックやツイッターが確認済みアカウントを示すのに使う青いチェックマークの意味を理解している高校生は25パーセントしかいない。フェイクニュースにフラグ（旗）を立てても、これと同じくらいしか効果がないのでは？

最後に、検索エンジンやソーシャルメディアプラットフォームは、オンライン戦争の戦場だということも認識しなければならない。敵対的な攻撃者たちは、もともと広告業者が顧客を追跡するために開発し、その後ペテン師やスパム業者が利潤目当てにシステムの裏をかこうとするのに使われたのと同じツールを使う。ロシア出資のソーシャルメディア上のインチキ情報キャンペーンに加え、トランプ陣営のプロジェクト・アラモ［トランプ陣営のネットやSNS、メディアを活用したキャンペーンの名称］はきわめて的を絞った誤情報を使い、クリントンに投票する人たちが投票に行かないようにした。こうした投稿は、キャンペーンのソーシャルメディア活動を率いたブラッド・パースケールが「ダークポスト」と呼んだものだ。私的な投稿で、見る者はきわめて絞られているので、彼に言わせると「それを見るのは、こちらが見てほしいと思う相手だけ」となる。

コミュニケーションの教授であるジョナサン・アルブライトは、２０１６年大統領選挙でフェイクニュースをばらまいていたニュースサイト３００のネットワークを分析したが、プログラム的マイクロターゲティングについて同じ論点で述べている。「これはプロパガンダ装置だ。人々を捕まえて、感情的な手綱をかけ、決して離さない」

「人々を捕まえて感情的な手綱をかける」というのは、何も目新しい話ではない。20世紀初頭の

「イエロージャーナリズム」の日々には、ほとんどのメディアの中心がこれだった。20世紀の大半においてそれは、ジャーナリズムの規範により抑えられていた。そして20世紀最後の10年になり、トークラジオ〔おしゃべり中心のラジオ番組のことで、個人の意見が反映されやすい〕やテレビのフォックスニュース〔共和党・保守寄りの報道で知られる〕により復活した。ソーシャルメディアとその広告ビジネスモデルは、このプロセスを論理的な結論に徹底させただけだ。

的を絞ったソーシャルメディアのキャンペーンは、将来のあらゆる政治キャンペーンの一部になるのはほぼまちがいない。オンラインのソーシャルメディア・プラットフォーム、そして社会全体は、この新しいメディアの課題に対応しなくてはならない。危機の瞬間は、このデマとプロパガンダの道具が、顧客を追跡して影響を与えるために企業や広告代理店がいつも使うのとまったく同じツールだと気がついたときにやってくるかもしれない。フェイクニュースを広めて利益を得ようとするのは政治アクターに限った話ではない。巨額のお金がかかっているし、参加者はあらゆるツールを使ってシステムを操ろうとする。これはフェイスブックの問題ではない。

フェイクニュースは、インターネット経済の大半を動かすビジネスモデルが持つ、最も不快な側面にすぎないのだ。

サイバー犯罪では、こうしたツールは悪趣味の範囲にとどまらず、違法の領域に入り込む。２０１６年12月に暴かれたあるロシアのボットネット〔悪意のある者が乗っ取った多数のコンピューターで構成されるネットワーク〕は、ユーザーのふりをしてビデオ視聴回数を偽装し、１日３００万から５００万ドルを生み出すというターゲットを絞ったビデオを作っていた。言いかえると、この戦いはフェイクニュースの植えつけをはるかに超える。クリックと「いいね！」をめぐる争いのなかで、ただの空想上の駒としてしか存在しないインチキ利用者を植えつけることもできるのだ。

　攻撃者がプログラムを使って利用者のふりをすると、攻撃の速度と規模のために生身の人間が監督しても不十分になる。これもまた、フェイクニュースなどの増幅されたソーシャルメディア詐欺への対応がアルゴリズム的でなければいけない理由だ。それは、スパムフィルターのように動かなければならない。単に利用者に頼ったり、伝統的なジャーナリズムのツールに頼ったりするだけではダメなのだ。

　２０１５～16年ＤＡＲＰＡサイバーグランドチャレンジ［国防総省の研究機関ＤＡＲＰＡが実施する競技会］も似たような洞察に基づいていて、これは企業のＩＴチームでもまるで追いつけないソフトウェアの脆弱性を見つけ、自動的にパッチするＡＩシステムの開発を求めるものだった。問題は、多くのサイバー攻撃はますます自動化されており、こうしたデジタル敵対者は人間がパッチするよりも早く、ソフトの穴を見つけているということだった。

　ＤＡＲＰＡの情報イノベーション局長ジョン・ローンチベリーは、サイバーグランドチャレンジからの啓発的な話を教えてくれた。各種の競合するシステムには、様々なセキュリティ上の弱点が仕込まれ、チームは他のチームのシステムが弱点を見つけて利用する前に、それらを見つけて直すよう言われていた。参加のＡＩのひとつは、自分のソースコードを調べ、仕込まれたものではなく、もともと存在していた弱点を見つけると、それを使って別のシステムを掌握した。第三のシステムはその攻撃を見て問題を診断し、自分のソースコードを修正した。このすべてが20分で起こった。

「Ｆ－16の父」と呼ばれる空軍大佐ジョン・ボイドは、**ＯＯＤＡサイクル**（Observe-Orient-Decide-Act：観察－注目－決断－行動）の概念を導入して、なぜ戦闘では柔軟性が純粋な火力よりも重要になるかを説明している。どちらの兵士も状況を理解し、何をするか決め、行動しようとしている。もっとすばやく考えられたら、「敵のＯＯＤＡサイクルの内側に入り込み」、相手の意思決定をひっくり返せる。

「鍵は意図をわかりにくくして、敵に意図を予想されないようにしつつ、相手の意図を明確にすることだ」とボイドの同僚ハリー・ヒリカーは、ボイドへの賛辞で書いている。「つまり、もっとすばやいテンポで動き、激変する状況を作り出し、敵が適応したり変化に対応したりできないようにして、相手の認識を抑えるか破壊するのだ。これにより、混乱と無秩序のごたまぜが生じ、相手は不確実、曖昧、理解不能に思える状況や活動を前に、過剰反応したり過小反応したりする」

相手がこちらより100万倍もすばやく動ける機械だと、これをやるのはとてもむずかしい。金融システムとサイバー戦争の両方の専門家である匿名希望の論者は、こう語った。「他の機械のOODAサイクルの内側に入り込むには機械しかない」

真実とは何か

ここまで、客観的に確認された事実や客観的に確認されたウソについての話をしてきた。が、アルゴリズムが予想外に有益となる、もっと面倒な問題がある。マーク・ザッカーバーグが述べた通り、多くの困ったコンテンツは完全なウソではなく、意見や部分的な真実を含んでいる。ある問題についてどちらの党派も、部分的にウソが混じっていると知っていてもそのコンテンツを信じたりシェアしたりしたがる。スノープス（Snopes）、ポリティファクト（PolitiFact）といったファクトチェック組織や、経験を積んだ従業員を擁する主流メディアサイトがその話のウソを暴いても、その結果のほうが偏っていると糾弾する人も出てくる。

ジョージ・ソロスは、真実があり、ウソがあり、そして人々が信じる限りにおいて真だったり偽だったりするものがある、と指摘した。彼はこれを「思索的知識」と呼んだが、昔ながらの**思いこ**

みという用語で十分に通用するだろう。重要なことのあまりに多くがこの分類に入る――特に歴史、政治、市場だ。ソロスはこう書く。「我々は理解しようと思う世界の一部だ。そして我々の不完全な理解は、参加する出来事の形成に重要な役割を果たす」

これは昔からの話だ。だが新しい世界にまたがるデジタルシステムは人々を新生のグローバルブレインへと接続し、このプロセスを加速させ、強化してしまった。心から心へと広がるのは事実だけではない。デカフェのコーヒーが入ったポットはオレンジ色という考えにとどまらない。インチキ情報もバイラルになり、何百万人もの信念を形成する。ますます、人々の知ることや人々が何に曝されるのかは、パーソナライズするアルゴリズムによって形成されるようになる。インターネットでぶちまけられるコンテンツのなかから、私たちが最も反応しそうだとアルゴリズムが判断したものだけを拾い出してくれるのだ。そしてそれは、ありのままの真実というよりはエンゲージメントと感情に訴えるものとなる。

株価や社会運動は真でも偽でもないというソロスの指摘は、フェイクニュース問題へのアプローチも示唆してくれる。感情が株価形成に果たす役割を認識しつつも、株を選ぶ人々はやはり株に「ファンダメンタルズ（根本要因）」があると信じている。株価は人々がその会社の将来見通しをどう思うかに依存するかもしれないが、彼らは会社が売上、利益、資本、成長率、それなりの市場機会を持っていて、そこから将来見通しも推計できると考える。株価報告はいつも、P／E比（株価収益率）などの期待がファンダメンタルズをどのくらい上回るかを計測し報告して、人々がどれだけのリスクを負っているのか十分に理解できるようにしている。こうしたリスクを無視する人は多く、それを奨励する人もいるが、少なくともある程度の情報はある。

人間の熱意とファンダメンタルズとの距離は、ニュースについても計測できる。これはコンピューターによってアルゴリズム的に検証できる多くの信号を使えばいいし、しかも人間による確認よりずっとすばやく完全に行える。

人々がニュースの真偽を議論し、フェイスブック、グーグル、ツイッターなどのサイトがそういった見極めの支援をする責任があるかどうかを話しているとき、なぜかみんなは「真」「偽」を純粋にコンテンツそのものの評価についての話だと思い、それが主観的判断を必要とするためにコンピューターにはできないと主張する。だがグーグル検索と同様、使える信号の多くは実際のコンテンツとは独立している。それを使うには、地図と、地図が表現していると称する土地とを比べなさいという、コージブスキーの指示に従えばいい。

アルゴリズム的ファクトチェックは人間の判断にかかわるものではない。人々の判断を行使する力を増幅する。「ブルドーザーやパワーショベルが人々の筋肉を増幅するのと同じだ。アルゴリズムが使う信号は、人間のファクトチェッカーが使うものと似ている。

ニュースやグラフには出所《でどころ》があるか？　出所がないからといって、その話が偽だと断言できるわけではないが、もう少し調べるべきだという可能性は高まる。フェイクニュースは通常、出所がない。たとえば、兄が送ってくれたある主張で、民主党支持の区域では犯罪率が高いとする地図があったが、その地図の元データの出所は何も見つけられなかった。だが調べているうちに、「ビジネスインサイダー」がまとめた一連のグラフや図を見つけたが、それはまったくちがう結果を示していた。兄の地図とは違い、正当な刊行物のほうは使用したデータの出所を示していた。ＦＢＩの犯罪データベースだ。

データの出所には、その記事が述べているようなことが本当に載っているだろうか？「ビジネスインサイダー」が、自分たちの記事のデータはＦＢＩからのものだと主張しつつ、実はそんなデータはないとか、あっても別物だという可能性も十分にある。私のように、出所の連鎖を大もとまでたどる人はほとんどいない。多くのプロパガンダやフェイクニュースサイトは、こうした怠慢に頼ってウソを広める。出所を大もとまでずっとたどるのは、コンピューターのほうが人間よりはるかに上手だ。

その出所は権威があるのか？長年にわたり検索品質を評価するにあたり、グーグルは多くの技法を使った。サイトはいつからあるのか？信用できると何度も示された他のサイトにどのくらい参照されているか？ほとんどの人はアメリカの全国犯罪データについて、ＦＢＩは権威ある出所だと考えるだろう。

話に定量データが出てきたら、それは数学的にしっかりした形で使われているか？たとえば、統計を少しでも知っていれば、犯罪件数の絶対数だけ示して人口密度を無視するのは基本的に無意味だとわかるだろう。ニューヨークシティやシカゴの数百万もの人々による犯罪件数は、モンタナ州地方部の数百人による犯罪件数より多いのは当たり前だ。だからこそ、「ビジネスインサイダー」の記事で参照されていたＦＢＩデータは、人口10万人あたりのデータ件数を示すようにデータを正規化してあった。これは私には、この真実探索のきっかけとなったインチキな選挙地図よりも本質的に信頼できるように思える。繰り返すが、コンピューターは数学がかなり上手だ。

出所があっても、それが記述の裏づけになっているか？記事とその出所との間にずれがあったら、それは偽りのしるしかもしれない。大統領選挙以前から、フェイスブックは「見出し詐欺（クリックベイト）」と呼ばれるものに対抗するための更新を行っていた。フェイスブックは何千もの投稿を検討し、利用者を釣るような見出しで、実際の記事の中身とはちがうものに使われる用語を分析し、そうしたミスマッチを示す記事を見つけてランクを下げるというアルゴリズムを開発した。記事とその出所とのマッチングも、とてもよく似た問題だ。

同じニュースについて、複数の独立した記述があるだろうか？　これは真実の探索がニュースにとって中心的な役割だったころに、人間の記者たちが長く使ってきた技法だ。ニュースは、いかにオイシいものでも、単一の情報源からの証拠だけで報道されることは決してない。裏づけとなる複数の出所を探すというのは、コンピューターならとてもうまくやれることだ。複数の記述を探せるだけでなく、どれが最初に登場したか、どれが重複コンテンツか、そのアカウントを投稿したサイトや利用者名はどのくらい昔からあったか、どのくらいの頻度で同じような投稿をするか、さらにはそのコンテンツがどこから投稿されたかもチェックできる。

オンラインメディアの消費者が自分を鍛え直し、同じような行動をとるとは考えにくい。特に自分の偏見を裏づける話を読むと、そうした偏見を共有しない出所から、同じニュースの報道があるかどうか検索したりする人はほとんどいない。妹のひとりが、「ワシントン・エグザミナー」誌で「カリフォルニア州が児童売春を合法化」というニュースを読んで転送してきた。「こんなだから、まともな人はカリフォルニア州を嫌ったりするのよ」と彼女は書いてきた。私はその法案を読み、また他のメディアからの反論も読んでいた。そのカリフォルニア州の法案に実際に記されていたのは、売春に関わった18歳以下の未成年は刑法犯として扱われず、保護されて裁判所の監察下に置かれるというものだった。元の出所についての説明があれば、アルゴリズムは潜在的に、その法案のまとめを実際の法案と比べたり、同じ出来事の複数の記述を比べたりして、ずれを警告できる。

利用者は自分の偏見を裏づけるコンテンツを共有し、それを自分の目的に合うようにフレーミングするだけでなく、クリックや「いいね！」をあまりにほしがりすぎる。ベータワークス

（Betaworks）社CEOジョン・ボースウィックは、インチキニュースの拡散に貢献するユーザー行動をこう記述している。「メディアの詐欺師たちは、リアルタイムのニュースフィードが文脈から切り離されているのを利用します。有名ニュースサイトから、刺激的な見出しや画像などの視覚的な表現のあるツイートが出てきたら、まずリツイートしてしまいます。後から自分でそのサイトを読むつもりがある場合もあれば、興味深くて前向きなツイートをしたいだけのこともあり、その出所を知っていることもあれば、知らないこともある」。フェイスブックとツイッターが行える最も単純なアルゴリズム的介入では、人々にこう尋ねることだろう。「本当にこのリンクをシェアしますか？　あなたはこの記事を自分では読んでいないようですが」

アルゴリズムは厳密にルールに従うので、人間によるヘマを検出するのもうまい。この章では先に、キャロル・キャドワラダーによるグーグルとホロコースト否定サイトに関する論説をあげた。その続編となる記事で、キャトワラドルはいくつかターゲットを絞った広告を買えばインチキな結果を押し下げられるのだと示したが、そこに検索エンジンの神様ダニー・サリバンによると称する説明がついていた。グーグルはアルゴリズムを変えて「権威ある結果より人気ある結果を重視するようにした。そのほうがグーグルが儲かるからだ」と述べたのだという。

この記事は二重に権威があるように思えた。立派な新聞「ガーディアン」に登場し、しかも私も知っていて尊敬しているグーグル検索の専門家を引用している。だが、何か変だという気がした。この論説にはリンクは示されていたが、ダニー・サリバンの引用が登場したはずの記事へのリンクはなかった。そこでダニーにメールしてみた。すると、グーグルが利潤目当てでアルゴリズムを変えたなどと言ったことはないし、この記事で不正確な引用をされたことを「ガーディアン」に通報したという。悲しいかな、この記事が更新されることはなかった。

出所をあげてリンクをつけることで、ある主張が意見なのか解釈なのか、そしてだれがそれを述べているのかを見極めるのはずっと簡単になる。これはあらゆる報道の黄金律となるべきだ。メディアが信頼できる形で出所にリンクしたら、出所のない記事はすべて自動的に怪しく思われる。

もちろん記者たちが匿名の情報源に頼るケースはある。ウォーターゲート事件の「ディープスロート」［事件の情報提供をした匿名人物の通称］は、その好例だ。だが、ジャーナリズムの基準がいかに劣化したかを考えよう。ウォーターゲート事件の場合、ウッドワード記者とバーンスタイン記者は何カ月もかけて、ディープスロートの主張を証明する裏づけの証拠を追跡した。単なる伝聞で漏洩情報を報道したりはしなかった。

疑念の余地

フェイクニュースが検出されたら、対応方法はいろいろある。

フェイクだというのがきわめて確実なら、その記事を完全に封じてもいい。これはなるべくやらないほうがいい。コンテンツを完全に封じるのは、容易に検閲につながりかねないからだ。だが他のオンラインアプリでは、こうした極端な判断を使っている。メールプロバイダーは、毎日送られる何十億ものスパムメールを、実際に見たいメールと選り分けるのにこれを使っているのだ。

そういうニュースに警告をつけることもできる。たとえばフェイスブック（あるいはフェイクニュースはどうやらメールで広がる部分も多いので、Ｇｍａｉｌのようなオンラインメールシステムも）は、セキュリティ警告に似たようなアラートを出し、「この記事はウソのようです。本当にシェアしますか？」とそれが怪しい理由を示したり、そのウソを暴いたりするサイトへのリンクも表示する。残念ながらフェイスブックは、有名なインチキ情報の出所からのものであっても真実の裁定者にはなりたくないと考えているので、こうした試みはしばしば十分な可能性を発揮できないことになる。

２０１７年3月、フェイスブックはスノープスやポリティファクトのような権威あるサイトがウソだと判定したら、記事に「Disputed（疑問あり）」とつけるようになった。だが人間ファクトチェッカーなら仕方ないこととして、このプロセスは何日もかかる一方で、被害は数分、数時間で起きる。グーグルニュースを創設して何年も運営したグーグルのエンジニア、クリシュナ・バラトは、アルゴリズムの最も重要な役割のひとつは、一種のブレーカー役を果たすことだと考えている。「証拠を集めるだけの時間を確保し、津波になる前にその波を抑えるかどうかを人間が決められるようにする」役割を果たすのだ。バラトは、あらゆるインチキニュースに警報を出す必要はなく、勢いのあるものだけを抑えればいいと指摘する。「ソーシャルメディアプラットフォームは、フェイクニュースが1万回シェアされるまでに対処したいと決めればいい。そのためには、１０００回シェアされた時点でその波に警報を鳴らし、人間の評価者がそれを検討し対応できるようにする。検索なら、シェアよりもクエリーとクリックを数える。だから閾値《しきい》は高くなるだろうけれど、理屈はおおむね同じだ」

フェイスブックにいまもある、自動化された「関連記事（Related Stories）」機能の変種も、記事を完全にブロックしなくても確証バイアスに対処する別の方法かもしれない。各種のアルゴリズム手法で、バイアスを持っていそうだとされたニュース記事があった場合、それを相殺するような権威あるサイトからの記事を即座に組み合わせたり、元の出所とマッチさせたりするのは可能なはずだ。読者がそうした出所を実際に見るよう強制はできないが、その記事が偽や歪曲《わいきょく》かもしれないと警告が出て、別の見方が提供されていたら、脊髄反射でシェアしたがる行動が止まるかもしれない。だがこれはきわめてすばやく行わないと、コンテンツはとっくにバイラルになっているかもしれない。

怪しい記事は、ランクを下げてニュースフィードで下のほうに出したり、表示頻度を下げたりしてもいい。グーグルは、検索結果の表示でこれをしょっちゅうやる。フェイスブックがこれをやるべきだという考えはもう少し議論が必要だが、すでにフェイスブックは記事のランクづけをしてエンゲージメントの高いものを最近のものよりも上位にし、シェアしたり「いいね！」を押したりしたものに関連した記事を大きく出し、特に人気のある記事は複数回表示している。フェイスブックが純粋に時系列に沿った順番で記事を示すのをやめた時点で、彼らはフィードをアルゴリズム的にキュレーションしている立場に自らを置いた。だったらそろそろ出所確認などの「真実」信号をアルゴリズムに加えてもいい頃合いだ。

そのアルゴリズムで、絶対的な真実がわからなくてもいい。人間の陪審員と同じく、正当性のある疑義を示せばいい。これは特に、それによる処罰が単にその記事を大きく表示されないだけだとなればなおさらだ。プラットフォームが積極的に何らかのコンテンツをプロモートするような言論の自由上の責務はない。フェイクニュースは、党派的なエンゲージメントの感情的な興奮を他の要因より重視する、欠陥あるアルゴリズムにより大きく後押しされたようだ。

グーグルとフェイスブックは、絶えず新しいアルゴリズムを考案して試す。そう、確かに人間の判断もある。だがそれは、個別の結果に対する判断ではなく、システムの設計に適用される判断だ。ニュースフィードや検索に有効なアルゴリズムの設計は、飛行機がどこへ行くかを決めるよりは、飛行機そのものの設計と共通点が多いのだ。

飛行機を飛ばすという場合、目標は単純で――落っこちず、速度を出して、燃料使用を減らせ――、そして設計変更した場合は、望みの結果に対してがっちりと検査される。検索にも多くの類似の問題——最低価格を見つける、ある話題や特定の文書について最も権威ある出所を見つける——があり、それら多くの問題はかなり曖昧なものだ。利用者がほしいものにすぐたどり着けたら利用者は喜び、それにより広告出稿者も喜ぶ。検索では利用者がさっさと答えを見つけたいという欲望を持ち、それが「最高の結果を提供する」という狙いと整合している。残念ながら、「エンゲージメント」を優先したことでフェイスブックはまちがった方向に導かれたようだ。エンゲージメントとオンサイトの時間は、広告業者にとってはいいかもしれない。だが利用者や真実の探求者にはよくないかもしれない。

　航空力学や飛行工学のような物理システムの場合ですら、隠された想定があって、それを検証し修正しなくてはならない。航空産業の未来を決めた有名な例では、金属疲労への対処法について、まったく新しい理解が必要とされた。１９５３年、商用ジェット旅客の草創期、イギリスの新しいデ・ハビランドコメット［世界初のジェット旅客機］は世界を制覇しようとしていた。だが恐ろしいことに、1機がこれという理由もなしに墜落した。航空会社は機長の操縦ミスと悪天候のせいにした。1年後、万事快調となったところで、2機目が同じことになった。機団は2カ月間飛行禁止となり、徹底した調査が行われ、メーカーは自信たっぷりに「惨事の原因の可能性として想像されるあらゆる可能性」に対処する設計変更を行ったと主張した。その報告から数日後に3機目が墜落したことで、デ・ハビランド社の想像力はこの課題に対処するのに不十分だったことが明らかとなった。アメリカの若いエンジニアはもっとよいアイデアを持っていて、それにより商用ジェット旅客の未来はボーイング社に移った。この話を教えてくれたテキサス大学物理学教授マイケル・P・マーダーはこう書く。「調査の中心はクラック（亀裂）だった。これは排除できなかった。クラックはいたるところにあり、構造に浸透しているが、目に見えないほどの大きさだ。構造は完璧にはできず、本質的に欠陥を抱えている。そしてエンジニアリング設計の目的は、航空機のフレームにクラックがないようにすることではなく、そのクラックに耐えられるようにすることだった」

同じように、アルゴリズム設計の本質はあらゆるエラーを排除することではなく、エラーを前提として結果を堅牢なものにすることだ。尋ねるべき根本的な問題は、フェイスブックがニュースフィードをキュレーションすべきかどうかではなく、どのようにキュレーションすべきかということだ。

デ・ハビランド社は、材料があらゆるクラックや疲労を生じないほど強い飛行機を設計しようと無駄な努力をした。それに対し、ボーイング社はクラックを容認しつつそれが広がって壊滅的な故障につながらないようにするのが正しいアプローチだと気がついた。これはフェイスブックの課題でもある。その目標は、飛行機が速く飛べるようにすると同時に、安全に飛べるようにすることだ。これはアルゴリズムを改善するということだ――電子のワーカーたちを完全に放棄して人間のキュレーションに戻るのではなく、電子のワーカーたちを訓練し管理するのだ。デ・ハビランドコメットの事件の後で、航空産業は商用ジェット旅客をあきらめて投げ出し、プロペラ機に戻ったりはしなかった。フェイスブックのアルゴリズムはエンゲージメントの最適化を目指している。もっと複雑にして、真実の最適化も追加すべきなのだ。

明るい面としては、真実**と**エンゲージメントが交差しそうな空間を探すことで、フェイスブックは驚異的な発見をする可能性がある。難しいことに頑張ると、自らも向上するのだ。

マーク・ザッカーバーグの２０１７年２月の宣言「グローバルコミュニティ構築」には、その努力の跡が見られる。この宣言で彼は、問題を解決するまったく違う方法を指摘している。マークはフェイクニュースという明白な問題には形ばかり触れるにとどめ、新しいＡＩツールはすでにフェイスブックの内部コンテンツレビューチームに記事の3分の1を送っていると述べている（残り3分の2はフェイスブック利用者から来るものだ）。彼はむしろ、問題の根本原因に注目した。それは、社会資本の低下、人々を社会として結びつけ、人々が共通の善に向けて協力しやすくするつながりの減少だ。

２０００年の著書『孤独なボウリング—米国コミュニティの崩壊と再生』でロバート・パットナムはボウリングチームの減少と個人ボウリングの台頭を、アメリカの社会変化の比喩として使った。アレクシ・ド・トクヴィル［フランスの政治思想家］が、19世紀初期にアメリカ人の特徴を分析して以来、アメリカは地方政府、教会、労働組合、相互扶助会、慈善団体、スポーツリーグといった各種団体への参加による豊かな市民の網の目が特徴だった。この参加の減少が深刻な結果をもたらすと、パットナムは考えた。

それに先立つ、イタリアの20カ所の地方政府に見られる経済的なちがいの研究で、パットナムは市民参加と繁栄との間に密接な関係があることに気がついた。「こうしたコミュニティは、豊かだから市民的になっただけではない。歴史的な記録を見ると、その正反対であることが強く示唆される。彼らが豊かになったのは、市民的だからなのだ」。社会資本は、国の富において金融資本と同じくらい重要なのだ。

マーク・ザッカーバーグもおおむね同じ結論に達している。「過去数十年にわたり、地方コミュニティの重要な社会インフラは驚くほどの低下を見せています。この低下は国民の相当部分が未来に対する希望の感覚を欠いているという世論調査と並んで、もっと深い問いかけを行うものです。ぼくたちの課題の多くは、経済的なものと同じか、それ以上に社会的なものなのかもしれません——コミュニティの欠如と、自分自身より大きなものとのつながりの欠如に関連しているのです」

そんななかでオンラインコミュニティは明るい話題だ、とマークは述べる。だがその影響と規模を拡大し、オンラインだけでなくオフラインのつながりに利用し、コミュニティの指導者たちに新しいツールで力を与え、人々のオンラインとオフラインの生活にプラスの影響を与えるような「意味ある集団」を見つけるためには、もっと多くの努力が必要だ。初めて子供を持つ親たちや、重病に苦しむ人々のためのサポートグループがその好例だ（スタンフォード大学行動科学先進研究センター長マーガレット・レヴィは、ここで重要な落とし穴をひとつ指摘してくれた。こうしたグループはすでに、差しせまった共通の目的を持っている。彼らの問題は他の人々を見つけることで、これはフェイスブックが明らかに支援できることだ。他の領域だと、人々を対立させるのではなく、まとめあげるような共通の目的を見つけることこそが、まさに未解決の問題なのだ）。

マークが、そろそろフェイスブックは友人や家族だけに注目するのではなく、「コミュニティの社会インフラ――人々を支え、みんなを安全にし、教え、市民的参加を促し、万人を包摂するもの」を目指すべきだと述べるとき、エンゲージメントのプラス循環への約束が見えてくる。エンゲージメントは、従来の広告収入型メディアではまちがった適応関数に思えるが、友情や家族だけでなく社会全体を強化したいと思うなら、エンゲージメントこそ右肩上がりになってほしい指標だ。

これは、きわめて有望な方向性だ。フェイスブックが本当に、真の社会資本を持つコミュニティを形成するような有益なエンゲージメント形態を強化するのに貢献できて、その目標を歪ませずに支持する広告モデルを見つけられたら、それはフェイクニュースを管理しようというような直接的な試みよりも大きな影響を持つはずだ。アルゴリズムの調整は、日常生活と同じく、常に症状よりは根本原因に取り組むほうがいい。人間は根本的に社会的な種だ。今日の有毒なオンライン文化の部族主義は、そろそろオンライン時代のために各種の社会制度を発明し直す頃合いだというしるしなのかもしれない。

この問題についての会話で、マーガレット・レヴィはまとめとなる警告を発した。「ソーシャルメディアが人々を調整して集合的な行動への参加を支援するとき——エジプトではそうなりました——ですら、現在進行中の組織や活動の動きとはまったくちがいます」。これは私たちの共通の友人ワエル・ゴニムが、エジプト革命の経験から学んだことだ。「さらに答えられていないのは、協調され指向性を持つ行動を、むずかしい問題の解決に向けて協力しようとする持続的な活動やコミュニティへと変換させるにはどうしたらいいか、という問題です。特にそれが、多少対立する目標を持つ不均質な人々の集まりとして始まる場合は、なおさらです。独裁者を倒すのには同意しても、その次はどうしましょうか？」

意見相違の問題

ジョージ・ワシントン大学の政治科学教授で、「ワシントンポスト」紙のコラムニストであるヘンリー・ファレルは、フェイクニュース問題についての私のオンライン投稿を読んでメールをくれた。ヘンリーは、私とはまったくちがう、とても重要な指摘をしてくれた。問題は「技術と制約を考えたときに、真実を見つけるための最適解は何か、ということではありません。むしろ（中略）解決策について合意せず、ときにはそもそも問題があるかどうかすら合意できない不均質な個人である群衆が、持続可能な**政治的**妥協を見つけ出すため、最も見込みのありそうな道は何か、ということなのです」。

これはとてもよい指摘だが、私としては、これまた技術が支援できるものかもしれないと言いたい。とてもおもしろい実験として、台湾政府はｐｏｌ・ｉｓというツールを使い、法制度や規制について市民を議論に巻き込む「バーチャル台湾」という公聴会を行った。その話題のなかには特に、ウーバーのような新しい交通サービスの規制も含まれていた。

ｐｏｌ・ｉｓを作ったコリン・メギルが述べたところでは、台湾行政院政務委員の蔡玉玲が、政府を扱うハッカソン［エンジニアやクリエイターらが一カ所に集合し、一定期間内に共同開発を行う催し］に出かけて、「社会全体がまともな議論を行えるようなプラットフォームがいります」と言ったそうだ。

ｐｏｌ・ｉｓは、主張を一文でまとめろと言う。そうした主張を読む人は、直接議論をする手段は持たない（コメントや返答はない）。同意してもいいし、反対してもいいし、スルーしてもいい。そして、独自の別の主張ができる。コリンいわく「返事ができないようにしたことで、とても特別なことが起こる。あらゆる参加者が、それぞれの主張についてどう思ったかというマトリックスが得られる」。人はこれを分析するのがあまり上手ではないが、機械は実にうまい。「これはしょっちゅう使われています。映画の格づけをしたり、製品を買ったりするたびに、人はデータを作っています。そしてそのデータをもとに機械学習をするんです。ｐｏｌ・ｉｓがやっているのは、ネットフリックスが映画についてやっているのと同じことです。ネットフリックスはクラスターを見つけます。たとえばコメディの好きな人々、ホラーの好きな人々、コメディとドキュメンタリーは好きでもホラーは大嫌いな人、コメディとホラーは好きだがドキュメンタリーは嫌いな人、という具合です」

ｐｏｌ・ｉｓは、主成分分析というよく知られた統計技法を使って、主張とそれに応答する人々をクラスター化し、似た者同士と彼らが好む／好まない主張を分類する。それぞれの集団が独特の反応を示した主張と、あらゆる集団で意見の一致が見られた主張は、全員に示される。あらゆる集団でコンセンサスが得られた主張や、特定集団内でコンセンサスが得られた主張は上位に浮上して、見られる回数が増える――フェイスブックのコンテンツと同じだが、他の人々の何パーセントがそれに同意／反対したかという割合が見えるようになっている。

これはフェイスブックの「いいね！」とはかなりちがう。参加者は共通の主張の集合に対して、賛成／反対のフィルターバブル上のグラフが見えるからだ。参加者はクリックすれば、あるクラスターを形成する主張を見られる。そして参加者たちが各種の主張に賛成／反対すると、そのアバター（分身）がグラフ上で動き、別のクラスターと近づいたり離れたりする。参加者は会話全体のどの割合が個別の主張で自分と同意見かを見られるだけでなく、自分や他人の似たような主張に対して同意する他のクラスターの比率も見られるのだ。

物理世界にも、小集団の会合で使われる同様の強力な技法がある。これは、コード・フォー・アメリカの職員やフェロー間で議論の分かれる問題についての論議にしばしば使われ、「人間スペクトログラム」と呼ばれる。まず、集団が大きな部屋の中心に立つ。だれかが何か主張をして、それに強く同意する人は部屋の向こう端に行く。反対の人は、部屋の反対側に行く。そんなにはっきりした見解を持たない人々は、その中間のどこかに行く。だれかが別のコメントをして考えが影響されたら、それに応じて移動する。ｐｏｌ・ｉｓのすばらしさは、このアプローチを何千もの人々や、何千もの主張について、複数の次元で機能するよう拡張させたように見えるところだ。

「バーチャル台湾」でのウーバーをめぐるｐｏｌ・ｉｓ議論は、ひとつの主張から始まった。「ウーバーXの自家用車の乗客に対する乗客損害賠償保険を義務づけるべきだと思う」。この主張に反応する人々はすぐに二手に分かれた。規制支持派と反対派だ。参加者はこの集団の規模も見られる――論争のどちら側を支持する人も33パーセントに満たなかった。だから人々は主張を変えてみて、もっと高い支持を得られるものへと移行しようとした。

４週間にわたり、ウーバー対話の１７００人ほどの参加者集団（「バーチャル台湾」の活動全体への参加者は何万人もいた）は、主要な点について合意に向かっていった。高い合意を得たひとつの主張は、「政府はこの機会を使ってタクシー業界に対し、管理と品質管理のシステムを改善するよう要求し、運転手や乗客がウーバーと同じ品質のサービスを享受できるようにすべきだ（全集団の95パーセントが賛成)」。

この協議の終わりに、ウーバーは蔡委員に対し、国際損害賠償保険の条項を提供し、必要ならそれを公共レビューに向けて公開すると合意した。またあらゆる運転手に対し、登録してプロ運転手の免許を取るよう指導することに合意し、もし一部の地域で合法化されたら、ウーバーXの車両許可や輸送税を負担する用意があると述べた。台北タクシー協会はウーバータクシープラットフォームと協力する意思を示し、ウーバーのやるような形での市場需要に合わせたタクシー料金引き上げを政府が認めてくれるなら、サービスも改善すると述べた。

ブリッジウォーター・アソシエイツの創業者でエグゼクティブ会長のレイ・ダリオは、世界最大のヘッジファンドである自社で「アイデアの能力主義」と呼ぶものを作り出すのに似たようなアプローチを使う。社内メンバーが投資やアイデアを論争するとき、他の参加者の主張を裁定し、それをマトリックスにして、合意や不合意をハイライトさせるのだ。みんな自分の意見を「過激なまでに明瞭に」するよう言われ、新人の社員もレイほどの大物に対し、まちがっていると言ってもかまわない。ブリッジウォーター社はさらに、このマトリックスにアルゴリズムを適用する。これは過去の業績、この問題についての専門性など、個別意見に重みづけをする手法も考慮する。目標は、人間の洞察の最高の部分と、合意と意見相違の論点をまとめ、明確化するコンピューターアルゴリズムの能力とを組み合わせることだ。

万能薬はあり得ないし、意見の相違ですら誠意を持って対応したものなら真実に向かう道具になり得るし、他人の見方を知って自分の意見を移動させる仕組みもある。これは、人々がすでに信じていることを単純に知ろうとし、それを強化するために議論を調整するアンケートとはまったくちがう。

ヘンリー・ファレルは別のメールでこう書いた。「知的発見のプロセスは、ちがった(そしてときに様式化された）立場の間の議論がすべてでです。共同研究者コスマ・シャリジからパクった機械学習のアナロジーを使うなら――我々のすべてをまとめたところで、せいぜいが弱い学習者のごたまぜでしかなく、そのそれぞれは、モデル化しようとしているとても長く複雑なベクトルの少数の要素しか把握できていません。まったくちがった立場から出発したほうが役に立ちます（それぞれの弱い学習者はちがう項の集合を見ます）。ただしこれは、そうした立場が、真実の何らかの側面を反映したものである場合で、しかもそこから問題の共通モデルへと収斂しようとする場合だけです」

これは真実に向けて知的論争が動かす力のまとめとして、実に美しい。その論争が何十億もの参加者を持つオンラインプラットフォームに移行し、国籍や地理の境界もなく、権威や正当性の信号もまったく検証されず、まだその任を担いきれない粗雑なツールを使っている現在、私たちは社会としてすさまじい課題に直面している。

いまはまだ初日なのだ。

長期的な信頼とマスターアルゴリズム

真実は、人間――そして彼らが作り出す企業――が最適化しようとする多くの要因のひとつでしかない。人々の判断を本当に動かしているのは何だろうか？

数年前に、巨大統合ヘルスプロバイダーであるカイザーパーマネンテ社の主任医療情報部長ジョン・マティソンは「21世紀最大の疑問は、『だれのブラックボックスを信頼するか』というものになる」と語った。ブラックボックスは、その定義からして、入力と出力はわかっていても、どんな変換プロセスを経て出てくるのかはわからないものだ。マティソンは医療におけるアルゴリズムの重要性について語っていたのだが、その論点はもっと広く、意思決定の仕組みがわからないシステムを人々が信頼するかどうかという点にあった。

ときには、その信頼は受け入れるしかない。私たち自身はそのアルゴリズムを理解するだけの知識がなくても、だれかは理解しているだろうと信じるからだ。ときにはその知識は、ブラックボックスの中身を理解できる専門家にも与えられない。商売上の秘密として隠されている。グーグルは、その検索アルゴリズムの厳密な細部は公開しない。ランキングを上げようとする連中に悪用されるのを恐れるからだ。同様に、フェイスブックが見出し詐欺の記事を取り締まったとき、ニュースフィードの製品管理担当副社長アダム・モセリはこう書いた。「フェイスブックは見出し詐欺を定義する複数ページにわたるガイドラインを公開したりはしません。というのもその大部分は実際にスパムであり、もし我々がずばり何をどのようにしているか明らかにすれば、リバースエンジニアリングされて、それを回避する方法を見つけられてしまうからです」

ちょうど見出し詐欺と同じように、フェイクニュースを作るインセンティブの一部をなくすこともできる。２０１６年大統領選挙でフェイクニュースを促進する連中の多くは、本気だろうとおもしろ半分だろうと政治的な動機を持っていたが、マケドニアの若者が作ったもののように、純粋に金銭的な動機で作られたものも多かった。フェイクニュースを広めているサイトの広告やアカウントを停止するのは、最も悪質な連中の一部を排除するのにきわめて有効だ。これはプラットフォーム自身がやってもいいし、最低品質のサイトに「安売り広告」を出す出稿者やネットワークがやってもいい。事業者たちは、変なサイトに広告を出すと、自分たちもそのサイトの仲間だと思われてしまい、ダメな広告を出すと自分たちの評判が台無しになりかねないと気がつきつつある。ウォーレン・バフェットが言ったとされる台詞として「評判を構築するには20年かかるが、それを台無しにするには5分だ。それを考えれば、いろいろやり方を変えるだろう」

だが明らかな悪質アクターは、問題のごく一部でしかない。もっと根本的な問題は、検索やソーシャルメディアのアルゴリズムが持つ適応関数が、書き手や出版社の行う選択を形成するやり方だ。広告主導ビジネスは特に、関心の必要性の奴隷となる。「サンノゼ・マーキュリー・ニュース」と「ロサンゼルス・タイムズ」紙の元記者で、現在はオンライン出版「ベンチャービート」のクリス・オブライエンは、彼のような記者が毎日直面する苦闘について語ってくれた。最もニュースとして価値が高いと思うものを書いて発表するか、それとも最もソーシャルメディアで関心を集めるものを扱おうか？　その対象に最も正当な扱いをする形式（深くしっかりした調査記事、通称ロングリード）を使おうか、それとも短くてパンチの効いた記事や、場合によってはちょっと盛った見出しで関心を引きつけ、高いビューと広告収入を生み出すものを使おうか？　文章のほうがよい仕事ができる場合でも、ビデオを使おうか？

検索エンジンやソーシャルメディアで関心を集める必要性は、ニュースメディアの低劣化、偉大な出版物ですらのお手盛り、インチキな論争など、トラフィックを増やす各種技法への堕落をもたらしている。どん底への競争の一部は、ニュース産業の収入が購読料から広告収入に大きくシフトした結果である。しっかりした地元読者の基盤から、ソーシャルメディアを通じて読者を追いかけるようになった変化の結果という部分も大きい。

購読ベースの出版物は、読者に奉仕するインセンティブを持つ。広告ベースの出版物は、広告主に奉仕するインセンティブを持つ。8章で述べたように、検索に基づくクリック課金広告は、このインセンティブを整合させるのに役立つが、これもまた利用されかねず、そしていずれにしてもこれはデジタル広告支出の半分であり、そのデジタル広告自体が広告支出全体のほんの一部でしかない。「ニューヨーク・タイムズ」「ワシントン・ポスト」「ウォールストリート・ジャーナル」紙といったニュース出版物に、2016年大統領選挙以降購読者が殺到しているというのは、消費者が調査報道を再び支援したがっているという有望なしるしだ。だがニュースメディアの風景をかつては支配していたこうした刊行物は、いまやだいぶ影響力が下がっている。結果として、検索とソーシャルメディアで、どのコンテンツが消費されるかをアルゴリズムにより導く人々は、自分のアルゴリズムを利潤のためだけでなく、公共の利益のために調整する深い責任を負う。

社会を形成する多くの広告ベースアルゴリズムはブラックボックスなので――それはフェイスブックのアダム・モセリがあげたような理由のせいかもしれないし、深層学習の世界においては、その創造者にすら理解不能だからかもしれない――信頼の問題が鍵となる。フェイスブックとグーグルは、自分たちの目標は立派だと述べる。もっとよい利用者体験を作り出すことだ。だが彼らは商売でやっているのでもあり、もっとよい利用者体験の構築ですら、彼らの他の適応関数である、お金儲けと絡みあっているのだ。

エバン・ウィリアムズは、この問題への答えを出そうと格闘してきた。彼が2012年にツイッターに続いて「ミディアム」を立ち上げたとき、彼はこう述べた。「現在のシステムは、ますますインチキ情報を作り出すようになっている……そしてもっと多くのコンテンツをもっと安く作り出せという圧力もある――深さ、オリジナリティ、品質なんかクソ喰らえだ。こんなことは持続不可能だし、作り手にとっても受け手にとっても不満が多い。（中略）新しいモデルが必要だ」。この記述は、結果的にかなり鋭いものとなっていた。

ミディアムは思慮深いコンテンツを作る書き手コミュニティと、それを評価する読者コミュニティの構築に成功したが、2017年1月にエバンは新しいビジネスモデルを見つけられていないことに気がついた。彼はつらい決断をして、ミディアム社員の4分の1を解雇して、やっていることすべてを深く考え直した。そして、どれほど成功していても、ミディアムは過去と決別できるほど徹底していないことに気がついた。彼は、壊れているシステムは広告ベースのインターネットメディアそのものだと結論づけた。「どう考えても人々に奉仕していない。実はそのように設計されていないのだ。人々が日常的に消費する記事、ビデオなどの『コンテンツ』の大半は――直接または間接的に――自分の目標追求を狙ってお金を出す企業が対価を出したものだ。そしてそうしたコンテンツは、彼らの目標促進に基づき計測され、増幅され、報酬を与えられる。他に何もない。結果として我々が得るのは……まあ、いま得ているような代物だ。そしてそれが悪化しつつある」

エヴは、自分でもその新モデルがどんなものかわからないのは認めている。だが、それを探すのが不可欠だとも確信している。「この方向を続けると、我々は壊れたシステムの延長になってしまう危険に曝される――ビジネス的には成功でも」

信頼の再構築なしにこの壊れたシステムを修復するのはとてもむずかしい。出版社とプラットフォームに報いるアルゴリズムが、利用者に有益なアルゴリズムと対立しているとき、出版社はどっち側につくべきか？　グーグルとフェイスブックは、どっち側につくのか？　だれのブラックボックスなら信頼できるだろう？

フェイクニュースに対応した検閲の危険性を声高に指摘する人々がみんな深く考えるべき皮肉がここにはある。2014年にフェイスブックの研究グループは、読者の見る記事の構成を変えると、人々を喜ばせたり悲しませたりできるか実験したと発表した。研究者によれば、「フェイスブック利用者を対象とした実験で、個人間の相互作用の外側で感情的な感染が生じるかどうかを調べるため、ニュースフィードの感情的内容の量を変えてみた。肯定的な表現を減らすと、人々の投稿も肯定的なものが減り、否定的なものが増えた。否定的な表現を減らすと、反対のパターンが生じた。こうした結果から見て、フェイスブック上で他人が表明する感情は、読者の感情にも影響する。これはソーシャルネットワーク経由の大規模な感染の実験的な証拠となるものである」

これに対して即座に厳しい批判の声が上がった。「フェイスブックにとって、人はみんな実験用のネズミでしかないのだ」と、「ニューヨーク・タイムズ」紙は勝ち誇ったように述べた。

少し考えてみてほしい。消費者に向き合うほぼあらゆるインターネットサービスは、絶えず実験を続けてサービスの中毒性を高め、コンテンツがバイラルになるようにして、広告収入やeコマース売上を増やそうとしている。儲けを増やすための操作は当然のことと思われ、その技法が享受されて賞賛されることさえある。でも表示される投稿が人々の感情状態に影響するかどうかを調べようとしたら！　研究倫理の恥ずべき侵犯だ、と言われてしまう。

社会を律するマスターアルゴリズムは存在している。ペドロ・ドミンゴス〔ワシントン大学教授で、機械学習についての本『マスターアルゴリズム』の著者〕には申し訳ないが、それは機械学習の強力な新アプローチではない。それは何十年も前に現代のビジネス用にコード化された規則であり、その後ほとんど見直されることがなかったものなのだ。

それは、ＣＢＳテレビの局長レスリー・ムーンベスをして、トランプの選挙活動は「アメリカにとってはよくないかもしれないが、ＣＢＳにとってはとんでもなくありがたい」と言わしめたアルゴリズムだ。

商売が栄えるためには、このアルゴリズムのご機嫌を取らねばならないのだ。

11章
スカイネット的瞬間

２０１１年9月17日、強引に販売された住宅ローンに基づく複雑なデリバティブの毒シチューにより、世界を金融荒廃の寸前まで陥れたというのに、政府が銀行を救済し続けるのにうんざりして、さらにはその銀行が住宅ローンで家を買った一般人に対して差し押さえに走ったのにうんざりして、学生ローン債務に押し潰されそうになるのにうんざりして、手の届かないヘルスケア費用の高騰にうんざりして、生計も立てられないほどの賃金にうんざりして、抗議者数名がウォール街から数街区離れたズコッティ公園にキャンプを張った。その運動は、ツイッターのハッシュタグ#OccupyWallStreet、あるいは#Occupyだけのタグで世界中に広がった。10月初頭には、占拠抗議は世界82カ国の９５１都市以上で行われた。その多くは継続されて抗議者が何カ月もキャンプを張り続けたが、やがて強制的に排除された。

抗議開始の2日後、私は午後いっぱいをズコッティ公園で過ごし、地面と周辺の建物に広がる何千もの段ボールの看板を研究した。それぞれが、現在の経済により見捨てられた人物や家族の物語を語っている。私は抗議者と話して、彼らの物語を直接聞いた。「人民マイク」にも参加した。これは拡声器使用禁止の裏をかく巧妙な技術で、群集に向けて語りたいすべての話者はフレーズごとに一時休止して、近くの人々がそれを大声で繰り返せるようにする。すると多くの人が叫ぶことになり、ボリュームが上がって拡声され、遠くにいる人にも聞こえるのだ。

この運動のスローガンは「我々が99パーセント」だった。それは、当時一般人の意識を貫いた、アメリカ人口の1パーセントがいまや国民所得の25パーセントを稼ぎ、富の40パーセントを所有しているという認識を浮き彫りにするため、オンライン活動家2人が考案した標語だった。彼らは何億人もの利用者を持つ短いブログのサイト、タンブラー（Tumblr）でキャンペーンを開始した。そしてみんなに、自分の経済状況を説明し、「我々が99パーセント」という標語を書いた看板を掲げた写真を投稿し、occupywallstreet.orgサイトへのリンクを載せるよう頼んだ。そうしたメッセージは強力で個人的だった。

「両親は借金までして僕にかっこいい学位を取らせてくれた。10万ドル以上かかったのに、僕は就職の見込みがない。僕は99パーセントだ」

「私は修士号を持ち、教師なのに、子供にご飯を食べさせるのもやっとです。夫は慢性病で入院してあまりに仕事を休みすぎたため、失職したからです。医療費だけで私の1カ月の稼ぎを超えます。私は99パーセントです」

「私は自分の分野で修士号と常勤職を持っている——そして借金返済のために身体を売り始めた。私は99パーセント」

「シングルマザーの大学院生、失業中、それで昨年はGEよりもたくさん税金を払った。私は99パーセント」

「この6年というもの、医者にも歯医者にもかかったことがない。古いケガがあるが、治療を受けるだけの金がない。ほとんど歩けない日もある。おれが99パーセントだ」

「シングルマザー。パートの仕事で、フードスタンプをもらって何とかやりくり。娘にだけは将来を与えたい。私が99パーセント」

「医療保険もない。歯科にもかかれない。ビジョンもない。昇給もない。年金もない。課税前で年収3万ドル。税引き後は2万4000ドル以下。フォーチュン500企業で働いてるのに。私が99パーセント」

「私は小売業で、他人にクズを売りつける以外のどんな才能についても感謝されたことがない。そのクズの半分は相手がいらないものだし、そのほとんどはおそらく、彼らに買えるだけのお金もないはず。こんなふうに使われるのは大嫌い。役に立つ仕事がほしい。私が99パーセント」

「無責任な選択はしたことがない。身の丈をわきまえない生活も慎重に避けてきた。つつましい家と責任を負うべき車を買った。大邸宅は買わず、ハマーなんかも買わない。それでよかったのは、夫がレイオフされるまで。（中略）失業6カ月で、夫は運よく再就職できた。でも1日通勤135キロで、給料は3割減。（中略）ガソリン代だけで隔週の給料が1回分消えるほど。損失軽減とローン借り換えプログラムをローン業者と交渉中で、この小さな家を手放さないためにあらゆる手をつくしている。6月には2パーセントの昇給があったけれど、健康保険料が上がったので手取りはかえって減った。私たちが99パーセント」

「2年半以上も無職。黒人男性の失業率は20パーセントだ。私は33歳。生まれも育ちもウォッツ［ロサンゼルスにある全米有数の危険地区］。私は99パーセント」

「19歳。いずれ子供を持ちたいとずっと思っていた。でも未来が子供にとってよい場所ではないかもと怖い。私は99パーセント」

「私は引退している。貯金と退職金と社会保障で暮らしている。私は大丈夫。5000万人のアメリカ人は大丈夫じゃない。貧しいか、健康保険がないか、その両方。でも我々みんな99パーセント」

これがひたすら、何千件も続く。自分たちの恐怖と痛みと無力感を叫ぶ声、人生を機械に押しつぶされた人々の声だ。

・・・

「2001年宇宙の旅」のHALから「ターミネーター」のスカイネットに至るまでSFの定番となっているように、人工知能は人間に奉仕する目的で作られたのに暴走し、かつての主人たちに敵対し始める。

最近では、スティーブン・ホーキングやイーロン・マスクなど、科学界やシリコンバレーの名士たちが「ますます能力を高める人工知能システムが堅牢で人の利益になることを確保する目的で研究拡大すべき。人工知能は、我々が求めることをやらねばならない」と提言する公開書簡を出した。フューチャー・オブ・ライフ研究所〔主に人工知能など人類のリスクと安全性を研究する非営利組織〕やオープンAI〔人工知能を研究する非営利団体〕が、人工知能の実存的リスク研究のために発足、オープンAIのサイトの言い方では「デジタル知性を、金銭的収益を生み出すニーズに捕らわれることなく、最も人間全体に利益をもたらしそうな方法で進める」ことを目指している。

気高い目標ではある。だが手遅れかもしれない。

私たちはすでに、巨大で世界に広がる機械の奴隷となっている。そしてその根本的なプログラミングのエラーにより、人間を軽視するようになり、人間が不要になるように活動し、制御下に戻そうとするあらゆる試みに抵抗している。まだ知的でも自律的でもないが、日々強力になり、独立性を高めている。人類は、この機械に魂を求める戦いの最中にあるが、敗北しつつある。私たちに奉仕させるべく構築したシステムはもはやその役目を果たさず、それをどう止めていいかもわからない。

これがグーグルやフェイスブックや、政府がどこかで動かしている怪しいソフトのことだと思ったら大まちがい。私が言っているのは、一般に「市場」と呼ばれるもののことだ。

資本主義の礎石たる市場が、昔から恐れられてきた暴走人工知能、人類の敵になりつつあることを理解するには、まず人工知能についていくつかおさらいする必要がある。それから、金融市場（しばしば口語で不正確にも「ウォール街」と呼ばれているもの）がその創造者ももはや完全には理解していない機械になりつつあることを理解し、その機械の目的や運用が、もともと支援するはずだった実物財やサービスの市場とはまるで断絶したものになってしまったことを理解する必要がある。

人工知能3種

すでに見た通り、専門家が人工知能の話をするとき、「狭い人工知能」と「汎用人工知能」とを区別する。これは「弱いＡＩ」「強いＡＩ」とも呼ばれる。

狭いＡＩ

狭いＡＩが公的な議論に飛び出してきたのは２０１１年だ。これはＩＢＭのワトソン［ＡＩ技術を活用したコンピューターの名称］が２月に、「ジェパディ！」［ＴＶの人気クイズ番組］の最高の出場者たちを全米放送で文句なしにたたきつぶした年だ。同年10月、アップル社がパーソナルエージェントＳｉｒｉを導入した。これは口頭で一般的な質問をすると、普通の言葉で返事をしてくれる。快い女性の声で返されるＳｉｒｉの返事は、ＳＦそのものだった。人間の話を理解しようとするＳｉｒｉの努力が失敗しても、私たちがいまや自分のデバイスに話しかけて、それが回答するのが当然と思っていること自体がすごかった。Ｓｉｒｉはある自閉症の少年の親友にさえなった。

２０１１年はグーグル社が、自動運転車のプロトタイプが一般道を10万マイル［16・7万キロメートル］走破したと発表した年でもある。これは、自動運転車が競うＤＡＲＰＡグランドチャレンジの優勝者が7時間でたった7マイルしか走れなかった、そのわずか6年後のことだ。いまや自動運転車や自動運転トラックは脚光をあび、メディアは何百万もの人間の仕事を奪うという可能性と格闘している。この恐れ、オートメーションの次のこの波が、第一次産業革命よりも人間労働を不要にする点でずっと徹底したものになるのではないかという恐れのため、多くの人々は技術と経済の未来を考えるとき、「今度こそはちがう」と言っている。

狭いＡＩと、多くの要因を考慮して一瞬で決断を下す複雑なソフトとの境界は曖昧だ。複雑な作業をこなす自律的・準自律的なプログラムは、何十年にもわたり社会の仕組みの一部だった。電話のルーティングには自動交換システムを使い（これはかつて、本物の人間が交換台の前にすわり、ケーブルを具体的な地名につなげていた）、人間たちはいつだって航空機の自動操縦で何千キロも輸送され、人間の機長は「万が一のために」いるだけだ。こうしたシステムは一見すると魔法のようだが、だれもそれをＡＩとは思わない。

Ｓｉｒｉ、グーグルアシスタント、コルタナ、アマゾンのアレクサは、確かに「人工知能」のように思える。人が話すのを聞いて、人間の声で答えるからだ。だがこれでさえ、本当に知的なのではない。巧妙にプログラムされたシステムで、その魔法のほとんどは、どんな人間よりも高速に大量のデータにアクセスして処理できるからこそ可能なのだ。

だがきわめて複雑なシステムであっても、従来のプログラミングと深層学習などＡＩ最先端の技術との間には、大きなちがいがある。あらゆる手順を指定するかわりに、画像認識や分類ソフトなどの基本プログラムで構築されていて、それに人間がラベルをつけた大量のデータを喰わせて**訓練させる**ということだ。すると、データに見られるパターンを自分で認識できるようになる。プログラムに成功はどんなものかを見せて、複製するよう学習もさせる。これにより、こうしたソフトがますます作り手から独立した存在になるのではという恐怖につながる。

汎用人工知能

汎用人工知能（ときに「強いＡＩ」と呼ばれることもある）は、ＳＦ話でしかない。それは、人工知能が個別作業についてスマートになるよう訓練されるだけでなく、完全に自力で学習し、その知性を直面するどんな問題にでもうまく適用できるようになるという、仮想的な未来の産物だ。

恐れられているのは、汎用人工知能が独自の目標を発達させるのではないかということだ。それに、自力で超人的な速度で学べるから、人間をはるかに引き離す勢いで自分を改良できる。陰気な見通しは、こうした超人ＡＩが人間などを不要とし、少なくともペットや家畜がわりに手元に置くくらいになってしまうというものだ。そんな知性がどんなものか、だれにも見当もつかないが、ニック・ボストロム［哲学者］、スティーブン・ホーキング、イーロン・マスクのような人々は、いったんそれが登場したら、急激に人類を追い越し、その結果は予想もつかないと主張する。ボストロムはこの仮想的な強いＡＩの次の段階を「人工スーパー知能」と呼ぶ。

深層学習の先駆者デミス・ハサビスやヤン・ルカンは懐疑的だ。汎用人工知能にはまだほど遠いと考えている。中国の検索の巨人、百度のＡＩ研究長だったアンドリュー・ウンは、この種の敵対的なＡＩに関する心配など、火星の人口過剰を心配するに等しいと言う。

ハイブリッド人工知能

汎用人工知能や人工スーパー知能を実現することができなくても、私は第三のＡＩ形態があると思う。これをハイブリッド人工知能と呼ぼう。そしてそこにこそ、短期的なリスクの大半が存在している。
人工知能と言われて、みんなそれが個人としての自我を持ち、個人としての意識を持つと思いこむ。人間と同じだ。だがもしＡＩが多細胞生命体に近く、単細胞の自己を超えて進化するのだったらどうだろう？　さらに、私たちはその生命体の細胞ですらなく、そのマイクロバイオーム（微生物・細菌叢《そう》）、つまり私たちの身体に棲まう広大な微生物生態系だったらどうだろう？　この考えはせいぜいが比喩だが、私は有効な比喩だと思う。

　インターネットが人間の心の接続を加速し、集合的な知識、記憶、感覚が共有されてデジタル形態で保存されていくにつれて、我々はテクノロジーに仲介された新種の超生命体の叢を織りなしている。接続されたあらゆる人間で構成されるグローバルブレインだ。このグローバルブレインは、人間と機械のハイブリッドだ。そのグローバルブレインの感覚器はあらゆるコンピューターやスマートフォン、「ＩｏＴ」デバイスのカメラ、マイク、キーボード、位置センサーだ。そのグローバルブレインの思考は、何十億もの貢献する個人知性の集合的出力であり、アルゴリズムにより形成、導出、増幅されている。

　何億人をほぼリアルタイムでつなぐグーグルやフェイスブック、ツイッターといったデジタルサービスは、すでに原始的なハイブリッドＡＩだ。こうしたシステムの知性が、それを構成する人間コミュニティの知性と相互依存しているという点は、私たち自身の仕組みを反映したものだ。各人は、何兆もの別々の細胞からなる巨大な国であり、ＤＮＡを共有するものはごくわずかで、はるかに多くは移民だ。たとえば、我々の腸にコロニーを作る微生物の広大なマイクロバイオーム、皮膚、循環系などのマイクロバイオームは外部からのものだ。人間の身体には、人間細胞よりもはるかに多くの微生物がいる。侵略者ではなく、機能を持った全体の一部だ。私たちは、体内のマイクロ生命体なくしては、食べ物を消化することもできず、有用なエネルギーに変えることもできない。

腸のバクテリアは、人の考え方を変え、気持も変えることが証明されている。多細胞生物は、参加者全員のコミュニケーションによって成り立つエコシステム（生態系）だ。お望みならプラットフォームや市場と言ってもいい。そして、その市場のバランスが崩れると、人は病気になったり、力を発揮できなくなったりする。

人間は、いまやっと生まれつつあるAIの腸に暮らしている。我々と同じくグローバルAIも独立の存在にはならず、その内部で並んで生きている人間意識との共生体になるのかもしれない。

毎日私たちはグローバルブレインに新しい技能を教える。ディープマインドが囲碁の訓練を始めたのは、人間の対局を練習することによってだった。その創造者たちが2016年1月の「ネイチャー」誌に論文で書いたように、「この深いニューラルネットワークは、人間の名人の対局による教師あり学習と、自己対局からの強化学習との新しい組み合わせにより訓練されている」。つまりプログラムは、人間が対局しているのを観察するところから始め、さらに何百万回も自分と対局することでその学習を加速し、最も高度な人間のプレーヤーの経験レベルすら、はるかに凌駕《りょうが》した。アルゴリズムが明示的にせよ暗黙にせよ、人間により訓練されるというパターンは、ＡＩベースのサービスの爆発の中核にある。

だが、ＡＩを訓練するためのデータ集合の明示的な開発は、人間が頼まれもせずにインターネット上で生み出すデータに比べれば小さいものだ。グーグル検索、金融市場、フェイスブックやツイッターのようなソーシャルメディア・プラットフォームは、何兆もの人間交流のデータを集め、そのデータを集合知性へと蒸留して、狭いＡＩアルゴリズムに使えるようにする。計算機神経科学者でＡＩ起業家のビュー・クローニンが述べるように、「多くの場合、グーグルは強いＡＩ――つまり人間知性と一般に関連づけられている推論と問題解決能力——を必要とすると思われていた問題を、それまで遭遇した事例の広大な保存庫と新しい入力とを突き合わせることで解決できるものに還元することに成功した」。何十億もの人間が投げたデータを喰わせた狭いＡＩは、だんだんと強いＡＩにかなり似てくる。要するに、これらは何百万人もの集合知識と意思決定を総和するためにアルゴリズムを使う、集合知性システムなのだ。

そしてそれこそが「市場」の古典的な考え方だ——中央の統制がまったくなくても財や労働の価格が決められ、地球の果実と人間の創意工夫の産物すべてに売り手と買い手が見つかるシステムだ。アダム・スミスの名言「見えざる手」によるかのように。が、利己的な人間の商人や人間の消費者の市場における見えざる手は、コンピューターアルゴリズムが利害を導き形成する市場と同じだろうか？

集合知性のつまずき

アルゴリズムは、人間の知性と意思決定を総和するだけではない。そこに影響を与え、増幅もする。ジョージ・ソロスが書くように、経済を形成する力は真でも偽でもない。人々が集合的に信じたり知ったりすることに基づく、反射的なものだ。アルゴリズムがニュースメディアに与える影響についてはすでに検討した。

電子ネットワークの速度と規模は、金融市場の反射的な動きを、まだ十分に理解しない形で変えつつある。何百万人もの意見を総和して価格形成を行う金融市場は、歪んだ設計、アルゴリズム的に増幅されるエラーや操作に弱く、それが悲惨な結果を引き起こす。有名な２０１０年の「フラッシュクラッシュ」［相場の瞬間的下落］では、悪質な人間トレーダーの市場操作に反応した高頻度取引アルゴリズムが、ダウ平均をわずか36分で1000ポイントも引き下げた（時価総額にして1兆ドル近くだ）。そしてものの数分で、その600ポイント分を回復させたのだ。

このフラッシュクラッシュは、電子ネットワークの速度が誤情報やダメな判断の影響を増幅する速度をあらわにしている。中国からの財の価格は、かつてはクリッパー船の速度で伝えられ、その後電信の速度で伝えられた。いまや株や商品の電子トレーダーたちは、数マイクロ秒の優位性を求めて、インターネットのPoP（ポイント・オブ・プレゼンス：通信拠点、高速ネットワークの端点）近くに立地しようとする。そしてこの速度の必要性は、人間のトレーダーを置き去りにした。あらゆる株取引の50パーセントはいま、人間トレーダーではなくプログラムが行っている。

支援なしの人間はすさまじく不利になってる。高頻度取引を扱った『フラッシュ・ボーイズ』の著者マイケル・ルイスはこの不利について、NPRラジオ番組「フレッシュエア」のテリー・グロスによるインタビューでこうまとめた。「他のみんなより価格変化を先に知ることができたら、株価が上がるか下がるかをあなたより早く知ったら、それに基づいて行動できる。（中略）競馬の結果が出走前にわかるようなものですかね。（中略）高頻度トレーダーの時間優位性は実に短い単位で、文字通りミリ秒です。瞬き1回で100ミリ秒かかりますから、一瞬のさらにごくわずかとなりますが、コンピューターにとっては十分な時間なんです」

ルイスは、これが市場を二つの勢力に分けると指摘する。獲物と捕食者、つまり実際に企業に投資したい人々と、速度の優位性を使ってその人々に先回りして、一般のトレーダーより早く株を買い、高価格で転売する連中だ。彼らは基本的には寄生虫で、市場に何ら価値をもたらさず、価値を引き出して自分の懐に入れるだけだ。ルイスはグロスにこう語っている。「株式市場は少数のインサイダーの利益のために仕組まれている。一般投資家を犠牲にして、ウォール街や銀行、取引所、高頻度トレーダーの取り分を最大化するように仕組まれているんです」

ルイスの本の英雄のひとりブラッド・カツヤマは、「あらゆるドルに等しい機会が与えられる」取引所を作ってスピードトレーダーの優位性を奪おうとする。ルイスによれば、「高頻度トレーダーが投資家たちの注文から抜いているものの歩合をもらっている銀行やブローカーたちは、この公正な取引所に注文を出したがらなかった。儲けが減るからだ」。

もともとはリスクをヘッジするために発明されたデリバティブ（派生商品）は、かえってそれを拡大するようになった。２００８年の大暴落に先立つ数年でウォール街が無垢《むく》な顧客に売りつけたＣＤＯ（負債担保証券）は、機械の助けがあって初めて構築できたものだった。元ニューヨーク証券取引所の会長で、その後メリルリンチＣＥＯになったジョン・セインも、２００９年の演説でこれを認めた。「あるＣＤＯのひとつのトランシェ【証券化商品の参照資産を、リスクや利回りなど特定条件で分割したもの】をきちんとモデル化するには、アメリカ最高速のコンピューターを使って3時間かかった。ほぼだれひとりとして、あの証券で自分が何をやっているのか理解できたはずはない。自分の理解できないものを作り出すというのは、だれが所有しようともあまりいいことではない」

要するに、高速度の取引や複雑なデリバティブは、金融市場を人間の制御と理解から引き離して歪めてしまう。だが、彼らはそれ以上のことをしている。実物財やサービスと人間の経済とのつながりを切断してしまうのだ。ビル・ジェインウェイが指摘してくれたように、２００８年「スーパーバブル」と彼が呼ぶものの崩壊は、「金融市場が必然的に効率的で、それが非金融的な、いわゆる実体経済に埋め込まれた物理資産のファンダメンタルな価値にしっかり紐づいた、金融資産の価格を信頼できる形で生み出すという想定をたたきつぶした」。

その２００８年までに金融システムのなかをうろついた大量の資本は「シャドーバンキング」の成長をもたらした。これは、その資本を使い、根底となる実物資産をはるかに上回る信用融資を作り出した。その信用は、ますます高リスクとなる住宅ローンに基づく低品質債券で裏づけられたものだった。金融資本主義は空想上の資産の市場となり、それがもっともらしく思えたのは、ウォール街版のフェイクニュースのおかげでしかなかったのだ。

システムの設計がその結果を決める

しかし、高頻度取引、ＣＤＯのような複雑なデリバティブ、シャドーバンキングは、市場がますます機械じみた特徴を注入され、もともと奉仕するはずだった人間にますます冷たくなっていった様子を考えたとき、氷山の一角でしかない。だれも理解できない金融商品を作っているというのは、実は現代金融システムの根本的な設計を反映したものだ。そのアルゴリズムの背後にあるモデルの適応関数は何で、そこに我々が喰わせる歪んだデータとは何だろう？

「ターミネーター」の映画に登場する人々のように、人間の奴隷化に邁進《まいしん》するグローバルＡＩ、スカイネットを止めるためには、まず時間をさかのぼってその出自を理解しなければならない。

政治経済学者マーク・ブライスが「フォーリン・アフェアーズ」誌に書いた記事によると、第二次世界大戦後の数十年で、政府の政策担当者たちは「持続的な大量失業は資本主義の存続に関わる脅威である」と判断した。こうして西側経済にとっての「適応関数」は完全雇用となった。

ブライスによれば、これはしばらくはうまくいったが、やがては「コストプッシュ型インフレ」［生産原価上昇による物価上昇］と呼ばれるものにつながった。つまり、みんなが雇用されていたら、転職には何の障害もなく、従業員をつなぎとめる唯一の方法は給料を上げることで、雇用者は当然ながらそれに対応するために商品の価格を上げ、それが高賃金と高価格のスパイラルを続けることになった。ブライスによれば、あらゆる介入はグッドハートの法則「どんな変数でも長く目標にしすぎれば、その変数の価値を貶《おとし》めてしまう」に曝《さら》されるのだ。

ブレトンウッズ体制（米ドルを基軸とした固定為替相場制）［1945〜1971年］の終焉と組み合わさって、完全雇用へのコミットは急激なインフレにつながった。インフレは、借り手にはありがたい。住宅のような財はずっと安くなる。固定された負債金額を、将来はずっと価値が下がるドルで返済すればいいからだ。さらに、昇給が続けばそのドルもずっと多くもらえる。だが一般財の値段は上がる。これは労働者としてはさらに高賃金を要求し続けるということだ。またインフレは資本所有者にとってはとても悪いものだ。自分が持っているものの価値が下がるからだ。

１９７０年代から、適応関数としての完全雇用がインフレ抑制に置きかえられた。ＦＲＢ議長ポール・ボルカーはマネーサプライ（通貨供給量）を厳しく制限し、インフレを急停止に追い込んだ。１９８０年代初頭、インフレはおさまったが、かわりにすさまじい金利と高い失業率が生じていた。

インフレ抑制の試みと並行して、それを支える各種の政策判断が行われた。高賃金と低失業率の促進に貢献してきた労働組合組織はやりにくくなった。１９４７年のタフト・ハートレイ法は労働組合の力を抑え、それをさらに抑制する州法の可決を認めた。２０１２年には、アメリカの労働者のうち組合に参加しているのはたった12パーセントで、ピークの30パーセントから大きく低下していた。だがもっと重要な点として、あるひどい考え方が根づいてしまったのだ。

１９７０年９月、経済学者ミルトン・フリードマンは「ニューヨーク・タイムズ・マガジン」に「企業の社会的責任は利潤を増やすこと（The Social Responsibility of Business Is to Increase Its Profits）」という論説を書いた。これは、企業重役には株主のためにお金を作る以外の責務があるという考え方を、厳しく糾弾するものだった。

「ビジネスマンが、『自由企業システムにおける会社の社会的責任』についてご高説を垂れるのが聞こえる。そのビジネスマンたちは、企業が〝単に〟利潤を求めるだけでなく、望ましい〝社会的〟目標を促進したいのだと主張するとき、自由な企業を擁護しているつもりだ。彼らは企業に『社会的良心』があって、雇用創出、差別廃止、公害回避、その他当代の改革主義者勢のキャッチフレーズ何でもござれの責任を真剣に考えているのだと述べるときも、自由な企業を擁護しているつもりだ。だが実は彼らは――当人や他のだれでもそれを本気にしているならば――まじりっけなしの社会主義を主張しているのだ」

フリードマンは善意で言っていた。彼が懸念していたのは、社会的な優先事項を選ぶことで、ビジネス指導者たちは株主にかわって意思決定をしていて、その意思決定は個別の株主が賛成しないものかもしれないということだった。利潤を株主に分配し、株主自身が慈善活動の選択を（やりたければ）自分でやればいいとフリードマンは考えた。だが種は蒔《ま》かれ、毒草へと成長し始めた。

次のステップは1976年、「ジャーナル・オブ・フィナンシャル・エコノミーズ」誌に経済学者マイケル・ジェンセンとウィリアム・メクリングが発表した「企業の理論：経営行動、エージェンシーコスト、所有構造（Theory of the Firm: Managerial Behavior, Agency Costs, and Ownership Structure）」という有力な論文だった。ジェンセンとメクリングは、専門経営者は企業所有者のエージェントとして働いているが、所有者より自分自身に有利なことをしたがるインセンティブがある、と論じた。たとえば経営者は、その事業や実際の所有者に直接的な利益をもたらさない、豪勢なごほうびを自分に与えようとするかもしれない、という。

ジェンセンとメクリングもまた、善意だった。残念ながら2人の研究はその後、経営者と株主の利益を一致させるには、経営者の報酬の大半をその会社の株式で支払うのがいちばんいいという提案だと解釈されるようになったのだった。そうすれば、経営者の主要な狙いは株価を高めることとなり、株主の利益と一致し、その利益を何よりも優先するようになる、というわけだ。

すぐに、株主価値の最大化という福音はビジネススクールでも教えられるようになり、コーポレートガバナンスの教義となった。1981年に、当時世界最大の産業集団だったゼネラルエレクトリック（GE）社の元CEOジャック・ウェルチは、「低成長経済での急成長」という演説のなかで、GEはもはや収益率の低い部門や低成長部門を容認しないと宣言した。GE所有事業のなかで、業界1位または2位ではなく、市場全体よりも成長率が低い部門は売却か閉鎖だ、という。その部門が社会に有益な雇用をもたらすとか、顧客に有益なサービスをもたらすとかは、その事業を継続する理由にはならないのだ。GEの成長と利潤への貢献、ひいては株価への貢献だけが重要となる。

これが我々のスカイネット的瞬間だった。機械がその征服を開始したのだ。

そう、市場は人間と機械知性のハイブリッドになった。そう、取引の速度が加速し、機械と合体していない人間トレーダーは、捕食者ではなく獲物になってしまう。そう、市場はますます人間がまともには理解できない複雑な金融デリバティブで構成されるようになった。しかし、鍵となる教訓は、私たちが何度も見てきたものだ。システムの設計がその結果を決めるのだ。ロボットたちが、人間に冷たい未来を押しつけたわけではない。私たちが自分でそれを選んだのだ。

・・・

1980年代は、1987年の映画「ウォール街」でマイケル・ダグラスが演じたゴードン・ゲッコーの誉めそやす「企業襲撃者」たちの時代だった。ゴードン・ゲッコーは、「貪欲はよいことだ」という印象的な一言で有名だ。理屈としては、悪い経営者を見つけて根絶やしにし、業績の悪い事業に効率性をもたらすことで、実は襲撃者たちは資本主義システムの働きを改善しているのだ、ということになる。確かに、場合によっては彼らがそういう役割を果たしたこともあるのは事実だ。だが株価引き上げを他のすべてに優先する単一の適応関数に持ち上げることで、彼らは経済全体を空洞化させてしまった。

お好みのツールは、自社株買戻しとなった。株式数を減らすことで、一株あたりの収益は上がり、株価も上がるというわけだ。株主に現金を戻す手法として、自社株買戻しは配当よりは税金面で有利だが、同時にまったくちがうメッセージを発信する。配当は伝統的に「事業に必要な金額以上のお金があるので、お返ししますよ」という信号となる。これに対して自社株買戻しは「弊社の株は市場に過小評価されていると思いますし、市場は弊社の事業潜在力を我々ほど理解していないのです」というメッセージを発する。それは、会社が自分自身に対して行う投資として位置づけられていた。これはもはや、当てはまらないらしい。

２０１６年のバークシャー・ハサウェイ［ウォーレン・バフェットが会長兼ＣＥＯを務める持株会社］の株主への手紙で、過去60年で最も成功した金融投資家であるウォーレン・バフェットは、ほとんどの自社株買戻しを動かしている近視眼的な考え方をずばり指摘した。「自社株買戻し行動が、継続的な株主にとって価値を高めるか価値を破壊するかは、その買戻し価格に完全に依存する。したがって、自社株買戻しの発表が、これ以上の株価なら買戻しはしないという価格をほとんど口にしないのは奇妙なことだ」

５・１兆ドル以上を運用する世界最大の資産運用会社ブラックロック社のＣＥＯラリー・フィンクもまた、自社株買戻しに難色を示した。２０１７年にＣＥＯたちへの手紙のなかで、２０１６年第三四半期で終わる12カ月の間にＳ＆Ｐ５００企業［アメリカの代表的な株価指数Ｓ＆Ｐ５００で算出に使用される５００銘柄の企業］が配当と買戻しに使った金額は、こうした企業の営業利益総額より大きかったと指摘した。

バフェットは、こうした企業が買戻しにお金をかけているのは、生産的な資本投資の機会を見つけられないからだと考えているが、フィンクは長期的な成長と持続可能性のためには、企業は研究開発と、「決定的なこととして従業員の育成と長期的な財務的健全性」に投資しなくてはならないと述べる。企業や経済が、株主の短期的な収益を高めるだけで繁栄できるという考え方を却下するフィンクは、こう続ける。「昨年の出来事は、企業の従業員の構成が企業の長期的成功にとっていかに重要かということを強化するばかりだった」

フィンクは、現金を株主に戻すかわりに、企業は貯《た》め込んだ利潤のずっと多くを労働者の技能改善に使うべきだと主張する。「変わりゆく経済の便益を完全に獲得するには——そして長期的な成長を持続させるためには——企業は収益を左右する労働者の稼ぐ力を高め、かつては機械を操作していた従業員が、それをプログラムできるよう助けねばならない」とフィンクは述べる。彼らは、「社内研修と教育の能力を改善し、現代の経済における才能の競争に対応する力を高め、従業員への責任を果たさねばならない」。

南北戦争以来のアメリカの生活水準変化に関するロバート・J・ゴードンの決定版歴史分析『アメリカ経済 成長の終焉』では、アメリカ経済の生産性向上が、1世紀にわたるすさまじい増大の後で、1970年以降に激減したという説得力ある主張を行う。ゴードンの分析では、前世紀の生産性向上技術が経済に、歴史的に見て異常な生産性向上をもたらしたという。それが正しいにせよ、フィンクらの言うように、みんなが必要な投資をしていないだけにせよ、実際の成長が停滞しているのに、企業が自社株買戻しを使って成長の幻覚を作り出しているのは明らかだ。

株価は、理想的にはその根底にある企業の見通しを表す地図のはずだ。その地図を歪めようとする試みは、インチキとして見破られるべきだ。起きていることを表すためには「フェイクニュース」に加えて「フェイク成長」の言葉も導入する必要がある。本物の成長は人々の生活を改善するのだ。

自社株買戻しを正当化したい人たちは、株価上昇の便益の大半は年金基金に行き、したがってその延長として社会の大きな部分に還元されるのだと主張する。が、いちばん甘い解釈をしても、アメリカ人全体のうちどんな形であれ株主なのは半分強でしかなく、そのなかでも所有の比率は、人口のごく小さな部分に偏っている――いまや名高い1パーセントが中心なのだ。企業が経営トップに与えるのと同じくらい熱心に、全従業員に対して賃金比率で株を分け与えていたなら、この議論も多少はもっともらしかったかもしれない。

ちがうモデルをもとに構築された企業でも、金融化された同業者と同じくらい成功できるという証拠は、すぐに見つかる。有名なアメフト企業グリーンベイ・パッカーズは、ファン所有であり、その所有権を使ってチケット価格を抑えている。アウトドア用品小売店ＲＥＩは、会員制共同組合で、売上24億ドルと会員数６００万人だが、利潤を外部所有者ではなく会員に還元する。それでもＲＥＩの成長は、上場している公開企業やＳ＆Ｐ５００の小売業者指数全体を常に上回っている。アメリカ第2位の金融資産運用会社ヴァンガード社は、４兆ドル以上を運用しているが、同社が業績をまとめているミューチュアルファンドに所有されている。その創業者ジョン・ボーグルはファンド運用手数料を抑えるためにインデックスファンド［特定の債券や株価指数（インデックス）に連動した値動きをするように作られた投資信託］を発明し、株式投資の便益の大半を資金マネージャーから顧客へと移転している。

こうした反例にもかかわらず、できるだけ高い利潤を引き出して、そのお金を会社の経営陣や大投資家や株主たちに還元するのが社会のためによいという発想はあまりに深く根づいてしまい、株主が労働者やコミュニティや顧客より優先されることでもたらされる社会への破壊的な影響を見ることが、あまりに長期にわたって困難となってしまった。これはアメリカ経済を深く迷わす原因となった悪い地図だ。

だがホワイトハウス経済諮問会議の元議長ローラ・タイソンは、ある夜の夕食会で、雇用の大半を作っているのは大規模な上場企業ではなく中小企業なのだと強調した。彼女は、経済的な疾病における金融市場の役割をあまり過大視するなと警告していたのだが、その発言で私はむしろ、「トリクルダウン経済学」〔富裕層が富めば最終的には貧困層にも恩恵があるという理論〕の真の影響というのは、繁栄の共有ではなく、利潤最大化の理想が金融市場からいかに転移して社会全体を形成するに至ったのかという点なのだということを改めて考えさせられたのだった。

金融市場にとってよいことと、雇用、賃金、実際の人々の生活にとってよいことを混同するのは、財界リーダーや政策立案者、政治家たちが行う経済的選択の実に多くに見られる、致命的な欠陥だ。

マサチューセッツ大学ローウェル校の経済学教授で、産業競争力センター所長のウィリアム・ラゾニックは、２００４年から２０１３年までの10年間で、フォーチュン５００企業はなんと３・４兆ドルも自社株買戻しに費やしたと指摘する。これはそうした企業すべての利潤合計の51パーセントに相当する。さらに利潤の35パーセントは配当として株主に支払われ、自社への再投資に残ったのはたった14パーセントだった。ラリー・フィンクがあげた２０１６年の数字は、何十年にもわたるトレンドの果てに生じたものだ。金融市場を無視し、短期利潤を犠牲にして長期投資をするアマゾン社のような企業はあまりに少ない。

企業の内部留保の低下は重要な問題だ。というのもそれは、事業投資の最も重要な資金源だからだ。事業拡張の資金源として金融市場が使われるという一般的な考えとは裏腹に、ラゾニックは「株式市場の主要な役割は、オーナー起業家とそのプライベートエクイティ（未公開株）仲間たちが、すでに行われた投資から個人的に逃げ出せるようにすることであり、企業が生産的な資産への新規投資の資金調達を行えるようにする場合は少ない」と指摘する。
ラゾニックによると、1980年代半ば以来「多くの、いやほとんどの主要なアメリカの事業会社における資源配分体制は、『留保して再投資』から『ダウンサイズして分配』へと遷移した。留保して再投資のモデルだと、企業は収益を内部留保して、労働力に体現される生産能力に再投資する。ダウンサイズして分配のモデルだと、企業はしばしば経験豊かで高賃金の労働者をクビにして、企業の現金を株主に分配する」。

株主価値重視の経済のひとつの被害は、企業による科学研究の低下だ。1997年にアメリカ連邦準備制度理事会向けの分析で、経済学者のチャールズ・ジョーンズとジョン・ウィリアムズは、GDP比率で見た実際の研究開発費支出は、イノベーションの「社会収益率」に基づいた最適水準の4分の1に満たないと計算している。そして2015年の論文で、経済学者アシシュ・アローラ、シャロン・ベレンゾン、アンドレア・パタッコーニは、1980年以来大企業の科学者たちが発表した研究論文が減少しているのに対し、不思議なことに特許申請数はまったく減っていないことを指摘する。これは、価値獲得を価値創造より近視眼的に優先しているということだ。「大企業はどうやら、科学の黄金の卵（特許数に反映）は重視するようだが、それを生むガチョウ（科学研究能力）には価値を置かないようだ」と著者たちは書く。

だが企業再投資の変化で最大の損失を被ったのは労働者だ。その雇用は減らされ、賃金も削られて、株主利益の資金源にされたのだ。次ページの図で示すようにGDPのうち賃金として支払われる分は、1970年には54パーセント近くだったのが2013年には44パーセントになった一方、企業利潤に向かった分は4パーセントから11パーセント近くに増えた。元ゴールドマン・サックスの銀行家ウォーレス・ターベヴィルは、これを適切にも「金融資産保有者とその他アメリカのゼロサムゲームに近づいている」と表現している。ゼロサムゲームは、あまりよい終わりを迎えないの

賃金給与総量（WASCUR）／GDP
民間企業利益／GDP

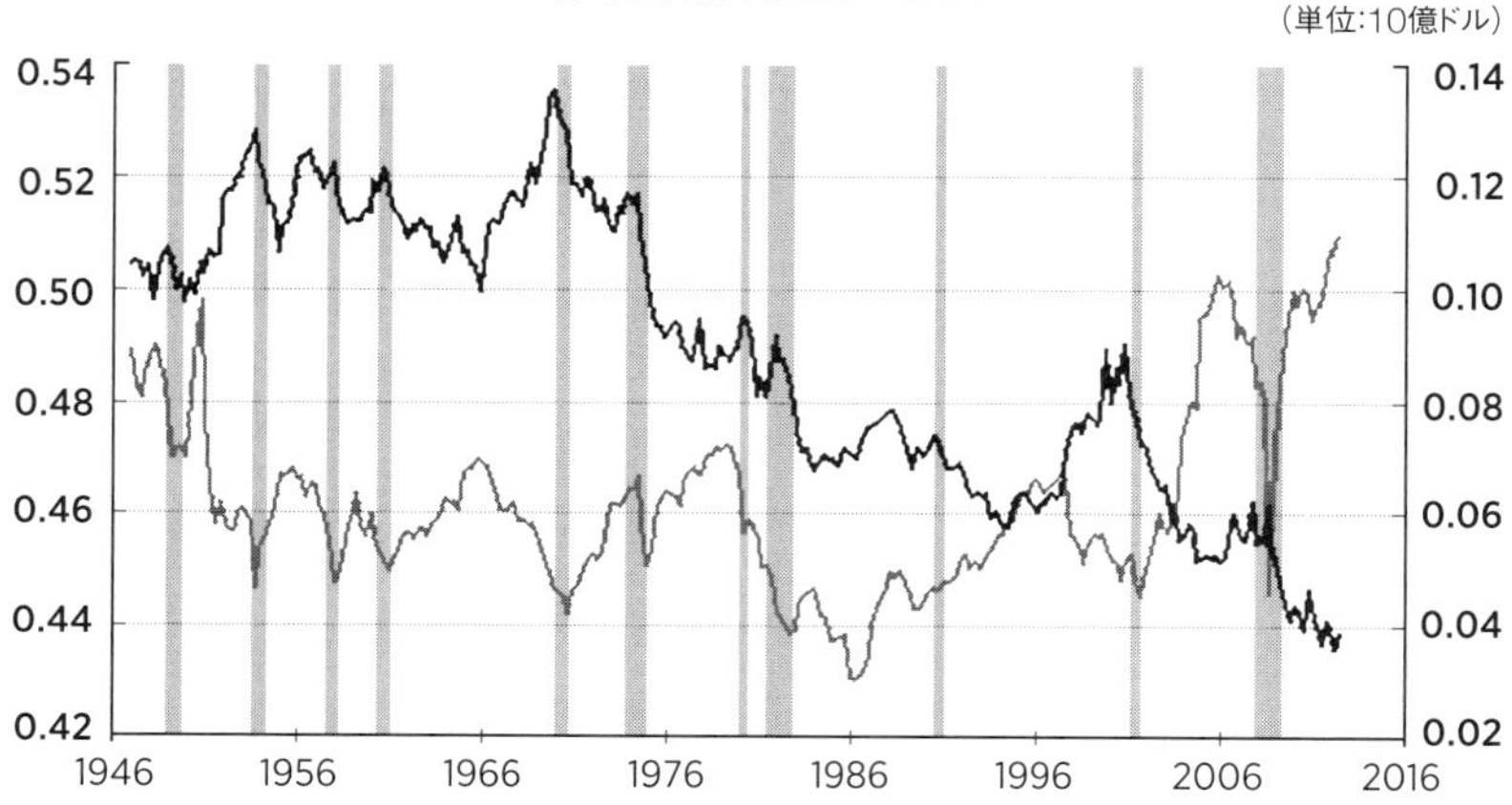

※影付き部分は米国の景気後退期を示す
2013 research.stlouisfed.org

賃金給与総量／GDP（左）
民間企業利益／GDP（右）

が通例だ。「いまのアメリカの1パーセントは、革命前のフランスにおける1パーセントよりまだ少し低いが、でもかなり迫っている」と、フランスの経済学者で『21世紀の資本』を書いたトマ・ピケティは述べる。

ラゾニックは、このトレンドが「所得格差と雇用不安定、イノベーション能力低下――つまり私が『持続可能な繁栄』と呼んだものの正反対――を特徴とする国民経済にかなり関与している」と、自分の研究によって実証されたと考えている。

シリコンバレーのイノベーション経済で実に強力なツールであるストックオプション〔あらかじめ定められた価格で株式を購入できる権利〕ですら、経済をカジノに変えてしまう破壊的な役割を果たしてきた。ビル・ジェインウェイは経済学者であるだけでなく、先駆的なベンチャー資本家だが、新興企業がオプションを使い始めたとき、それはほとんどの持ち主が何ももらえない宝くじだったと指摘したがる。ベンチャー資本が支援した新興企業の75パーセントでは、起業家の取り分はゼロで、大当たりするのはたった0・4パーセントだ。ジェインウェイはメールでこう説明した。「成功が実現するという期待がいかに低いものかを考えれば、起こり得る収益は異様に高くなければならないのです」

オプションは、イノベーションとリスク負担を奨励するよう設計されていた。でもビルによると「この報酬のイノベーションは、HPやIBMという安全な場所から重役をおびき出すために動員されるようになり、乗っ取られたのです。既存企業が、企業破綻のリスクがまったくないところでストックオプションを使い始めました。それが破壊的な極みに達したのは、損失が納税者により穴埋めされると保証されている銀行のCEOたちが、報酬の相当部分をオプションで受け取るようになったときでした」。

1993年に、クリントン大統領が促進した善意の法律で、経営トップに支払われる一般所得に制限がかかった。その意図せざる結果として、報酬のさらに多くが株式になった。連邦議会はまた、当初はオプションの会計処理に巨大な抜け道を許していた――従業員に支払われる通常所得とはちがい、オプションは公表こそ必要だがその価値は示さなくてよい。オプション価値は企業収益に対して計上される必要がなかったので、それは企業にとって一種の「無料のお金」となり、企業の利潤からではなく、公開市場の株主の持ち分低下という目に見えない形で行われる支払いとなった（その株主たちの相当部分は、一般人を代表する年金基金などの機関投資家だ）。

一方、一般労働者の所得はカットするインセンティブがある。賃金カットは利益を増やし、したがって重役たちへの支払いにますます使われるようになった株の値段もつり上げる。貪欲さを動機に動いていない重役たちは人質にされてしまう。株価を上げ続けなかったり、株主以外の利益を考慮したりするCEOは、クビになるか、訴訟にあいかねない。創業者が企業の支配権を持てるだけの株を手元に残すシリコンバレー企業ですら、この圧力からは逃れられない。従業員への報酬のあまりに多くがいまや株式なので、株価が上がり続けないと、最高の才能を雇い続けられないのだ。

人類に対して敵対的になりつつあるのは、ウォール街そのものではない。それは株主資本主義のマスターアルゴリズムであり、その適応関数は企業に何よりも短期利潤を追求するよう動機づけ、そうするように脅しをかける。このシステムにおいては、人間は排除すべき費用以外のなにものでもない。

仕事を賃金のはるかに低い新興経済国にアウトソースすれば企業収益を改善できるのに、地元コミュニティから労働者を雇う理由があるだろうか？　政府が差額を補塡《ほてん》してくれるなら、生活賃金なんか払う必要もあるまい？　結局のところ、そのセーフティーネットは他の人の税金が負担してくれる——というのも、自分の税負担を最小化するのは、当然ながら効率的だからだ。

基礎研究だの新工場だの、労働力にもっと競争力をつけさせたりする研修だの、リスクの高い新規事業だのに投資なんかするまでもない。そんなのは収益に長く大きな貢献などしてくれないかもしれない。手元の現金を使って自社株買戻しをし、発行済み株式数を減らせばすぐに株価を押し上げられて、投資家も喜ぶし、自分の懐も暖まるではないか。

それを言うなら、あちこち手抜きをして利潤を改善できるなら、最高の財やサービスなんか提供する理由があるだろうか？　これはハバスメディアラボ所長ウマイア・ハークが「他人に危害を与えることで引き出した利潤、薄い価値」と呼ぶものだ。薄い価値は、がんを引き起こすと知った後でも販売者が販売を続けたタバコの価値だ。またタバコ業界と同じ誤情報企業を雇った、石油企業による気候変動否定論の価値だ。これは食品で、人々を病気にしたり肥満にしたりするブドウ糖果糖液糖や他の添加物が混ぜられているときに体験する価値だ。すぐに交換されるのがわかっているような安物商品を買うときに体験する価値だ。
あらゆるものの指標が利潤であるなら、ＧＥのＣＥＯウェルチがやり始めたように、「自分の収益を管理」して、事業が実際よりも投資家によく見えるようにすればいいではないか。投資銀行がやり始めたように、自分の顧客に積極的に刃向かうような投資をすればいいではないか。いっそ本当の詐欺にまで首をつっこみ、そうした顧客に破綻確実なややこしい金融商品を売りつければよいではないか。そしてそれが実際に破綻したら、納税者に救済を求めればいいではないか。だって政府の規制当局——そこにいる人たちも相当数が自分たちの元仲間だし——は、この業界がシステム的に世界経済にとってきわめて重要だと思っているから、自分には手出しできないんだし。

政府——または正確には政府統治の不在——は、この問題の根深い共犯となっている。経済学者ジョージ・アカロフとポール・ローマーは企業の悪事と政治力とのつながりについて１９９４年論文「収奪：儲けのための破産の経済的裏社会（Looting: The Economic Underworld of Bankruptcy for Profit）」で指摘した。「儲けのための破産が起きるのは、ダメな会計、ゆるい規制、濫用に対する処罰の弱さが、所有者に対して企業価値以上のものを自分に支払って、そしてその返済義務を果たさないというインセンティブを与えるときだ。経済価値を最大化するという通常の経済は、現在の抽出可能な価値を最大化するという、逆立ちした経済に置きかわる。これは企業の純価値をものすごいマイナスにしてしまいがちだ。（中略）今日配当が1ドル増えたら、それは所有者にとって1ドルの価値だ。だが企業の将来の収益が1ドル増えるのは、まったく無価値だ。将来の支払いは残り物を漁《あさ》ろうとする債権者たちの手元に行くからだ」

これは多くの企業襲撃者たちのやり口だった。彼らは労働者をクビにして企業資産を売り飛ばし、ときに企業を倒産させてその年金基金すら奪った。これはまた、不動産やファイナンスでの一連のバブルとその崩壊の核心にあったものでもある。それは経済をボロボロにした一方で、経済的収奪者と幸運な傍観者の小集団にはすさまじい儲けをもたらした。

企業は自らが捕捉するよりも多くの価値を創り出さねばならないという、私の信条とは真逆の異様な世界だ。そこでは企業はむしろ、自らが創り出すより多くの価値を補捉しようと頑張らねばならないのだ。

これは、共有地の悲劇〔共有資源や共有地（コモンズ）が、過剰に活用されることによって枯渇・劣化してしまうこと〕の拡大版だ。そしてこれはまた、ミルトン・フリードマンが１９７０年に行った主張の末期症状だ。悪い考えがグローバル精神に根づき、その影響が何十年もかかって展開してきたのだ。

別の見方もある。それは私がこれまでずっと人生において遵守してきた考え方だが、２０１２年に技術投資家ニック・ハノーアーがＴＥＤ会議で行った講演を聴いたときに、初めて腑《ふ》に落ちた思想だ。ニックは億万長者の資本家であり、小さな家族経営の製造業の後継者で、アマゾンへの初の非親族投資家になるというすばらしい幸運に恵まれ、後にはアクアンティブ（aQuantive）社というターゲット広告企業への大投資家となり、この企業はマイクロソフト社に60億ドルで売却された。ニックが言ったことは、かなり私の腑に落ちたのだ。オープンソースとウェブ２・０の場合と同様に、彼の講演はパズルにピタリとはまったかけらのひとつであり、私がやがて「次の経済」と呼ぶようになるものの輪郭を見る手助けをしてくれたのだった。

私の記憶だと、その講演の中心的な議論はこんな具合だった。「私は成功した資本家だが、私のような人々が雇用を創出する、そう聞かされるのにはうんざりだ。仕事を作り出すものはひとつしかない。それは顧客だ。そして私たちは労働者をあまりに長いことひどい目にあわせ続けてきたので、彼らにはもはや私たちの顧客になるお金がない」

この論点を説明するにあたり、ニックはピーター・Ｆ・ドラッカーが１９５５年の著書『現代の経営』で述べた議論を繰り返している。「事業の目的として有効な定義はひとつしかない。顧客を創出することだ。（中略）事業が何かを決定するのは顧客だ。経済的な資源を富に変え、物を財に変えるのは、財やサービスに対して支払いをしようとする顧客の意思だけだ。（中略）顧客は事業の基盤であり、それを存続させ続けるものだ」

この見方からすると、事業は人間のニーズに奉仕するために存在する。企業や利潤はその目的実現のための手段であり、それ自体が目的ではない。自由貿易、アウトソーシング、技術は、コスト削減と株価改善のツールではなく、世界の富を増やすためのツールだ。株主価値理論でハンデを負わされていても世界は資本主義経済のダイナミズムによって恩恵を受けているが、別の道をたどっていたら、どれほどよりよく改善できていたことだろうか？

経済活動の究極目標が株主のためにお金を儲けることだなどと信じている人が、収奪屋以外にいるとは思わない。だが多くの経済学者や企業指導者は、経済活動の目標を達成するにあたり果たす役割について混乱している。ミルトン・フリードマン、メクリングとジェンセン、ジャック・ウェルチは善意で言っていた。みんな企業経営者と株主との利益を整合させることが、本当に企業だけでなく社会にとっても最大の善を作り出すと信じていた。だが彼らはまちがっていた。彼らは悪い地図に従っていた。２００９年までにウェルチも宗旨がえをしており、株主価値仮説を「ばかげた発想」と呼んだ。

だがそのころにはウェルチはすでに、９００億ドル近い財産を手に引退していた。その財産の大半はストックオプションで得たものだ。そしてその機械はどんなＣＥＯや、どんな企業よりも大きな形で、そのまま活動を続けた。作家ダグラス・ラシュコフは、あるフォーチュン１００［フォーチュン誌がランキングするトップ100企業］のＣＥＯの話をしてくれた。彼女は、自社の意思決定に社会的価値を注入しようと試みたら「市場」からすぐさま処罰されて方向転換を余儀なくされたという話をしつつ、泣き出したというのだ。

市場とはだれだろうか？　それは、ミリ秒の速度で企業に出入りし、かつては実体経済の資本投資の道具だったものを常に胴元に有利なカジノに変えてしまった、アルゴリズムトレーダーたちだ。それは、大量の株を買い取り、独立したままでいたい企業に身売りするよう要求したり、アップルのような企業が顧客のために価格を下げたり労働者の賃金を上げたりするかわりに、手持ち現金を自分の懐に吐き出せと要求したりする、カール・アイカーンのような企業襲撃者（いまや「株主活動家」と看板をかえているが）のことだ。またそれは、自分たちの約束を守るために高い収益を得ようと必死で、お金を専門の運用マネージャーにアウトソースし、そして市場に匹敵するよう最善をつくすか運用資金を失うかを迫られる年金基金のことだ。それは、大規模な騒乱が大規模な富につながるのを夢見るベンチャー資本家や起業家たちだ。それは、顧客に奉仕することより株価上昇に基づいた意思決定をするあらゆる企業重役のことだ。

だがこうした部類の投資家たちは、グーグルやフェイスブックよりはるかに大きくて反射的な集合知性システムにおける最も目につく特徴でしかない。そのシステムは私たち全員より大きく、無慈悲な要求をつきつけてくる。なぜならそのシステムはその根底において、おかしくなったマスターアルゴリズムに動かされているからだ。

これは『作る者と奪う者（Makers and Takers）』（未訳）の著者ラナ・フォルーハーのような金融業界批判者が、経済が**金融化された**と言うときに意味していることだ。「長期的な低成長をもたらした唯一最大の未検討の原因は、金融システムが実体経済への奉仕をやめ、いまや自分自身に奉仕しているということだ」と彼女は書く。

これは単に、金融業界がアメリカ人のたった4パーセントしか雇っていないのに、企業利潤の25パーセント以上をかき集めるという話だけではない（これでも2007年のピーク時の40パーセントよりは下がった）。1980年に生まれたアメリカ人が、1940年に生まれた人々に比べ、金銭的に親よりもよい思いをする可能性がはるかに低いというだけの話でもないし、人口の1パーセントがいまや全世界の資産の半分近くを所有し、1980年代以来の所得増加のほぼすべてが、1パーセントのさらに上位1割に行ったという話だけでもない。世界中の人々が、現在のエリートたちが自分たちに刃向かうようシステムに細工をしたと確信してポピュリストの指導者を選んでいるという話だけでもない。

これらは症状だ。根本問題は金融市場が、かつては人間の財やサービスの取引に対する有益な侍女だったのに、主人になってしまったということだ。もっとひどいことに、それは他の集合知性すべての主人でもある。グーグル、フェイスブック、アマゾン、ツイッター、ウーバー、エアビーアンドビー、その他すべての未来を形成するユニコーン企業は、私たちみんなとまったく同じく、その奴隷となっている。

私たちが制御下に置かねばならないのは、何やらおとぎの世界の人工スーパー知能なんかではなく、この現在のハイブリッド人工知能なのだ。

IV部

未来は私たち次第

未来を予想する最高の方法は
それを発明することだ。
―― アラン・ケイ

12章
ルールを書き直す

「ヴァニティフェア」誌2011年5月号のエッセイ「1パーセントの1パーセントによる1パーセントのための（Of the 1%, by the 1%, for the 1%）」は、1パーセントという発想を国民の対話に導入したものだ。そこでノーベル賞経済学者ジョセフ・スティグリッツは、人口のほんの一部のためにしかうまく機能しない、機能不全の経済の帰結について、背筋の寒くなる考察を行った。その題名は、リンカーンのゲティスバーグ演説を痛々しくも反響させ、本当に「人民の人民による人民のための政府」がいまも我々の理想なのかと問いただしている。

彼は中東の専制主義的な政権を揺るがしていた当時の騒乱について書き、こう述べた。「こうした社会では、人口のわずかな一部——1パーセント以下——が富の大半を支配している。富が主に権力を決める。何らかの形で根づいた各種の汚職が当たり前だ。そして最も豊かな人々が、一般人々の生活を改善する政策を積極的に妨害するのだ」。さらにスティグリッツはこう明かす。「重要な点として、我々自身の国もこうした問題を抱えた彼方の場所のようになってきた」。そして人民蜂起についてこう問いかける。「これがアメリカにやってくるのはいつだろうか？」

ウォール街占拠の抗議者たちは、やがてそのキャンプ地から排除されたが、彼らの問いはアメリカの政治に響き続けている。未来は私たちすべてに機会を提供してくれるだろうか？　それともほとんどの人々をさらに踏みにじるのだろうか？

「1パーセント」は2016年大統領選挙のバーニー・サンダース［民主党の予備選挙立候補者］の争点で、ドナルド・トランプは現状を擁護するヒラリー・クリントンに勝利するため、現職者を吹っ飛ばすというメッセージをずっと掲げた。どう見ても、トランプ大統領にはスティグリッツが述べた根本的な問題の政策的解決がまるでない。その問題とは、1パーセント、あるいはもっと正確には0・01パーセントがその金銭的な力を政治力に変え、かつては活発な民主主義と活発な経済だった国を、もはや参加者の利益のために働いてくれない、ヨタつく大国にしてしまったということだ。

人々と利潤との闘争は、2016年に「ニューヨーク・タイムズ」紙に載ったキャリア（Carrier）社のインディアナポリス工場閉鎖と、そこの1400人の雇用を1日にインディアナポリスの労働者1時間分の給料しかかからないメキシコ人労働者に移すという計画に関する記述に見ることができる。トランプは選挙戦中にこの一件で大騒ぎして、労働のアウトソーシングこそが問題の根幹だと指摘した。だがなぜ企業はますます安い労働を求めるのだろうか？

キャリア社の親会社ユナイテッドテクノロジー（United Technologies）社は、「この削減は苦痛だが、事業の長期的な競争の性質と株主価値創出のために必要なのだ」と説明した。ユナイテッドテクノロジー社の主任財務担当重役アキル・ジョリは、この最後の一言「……**株主価値創出のため**」で本音をバラしてしまっている。その論説は続いてこう説明する。

ウォール街はユナイテッドテクノロジー社が今後2年で1株あたり収益を17パーセント増やすと見ているが、売上はたった8パーセントしか伸びないと予想されている。その差を埋めるには、どこであれ、節約できるところで費用をカットする必要があるということだ、とマクドノー氏（ユナイテッドテクノロジー社の機構・統制・警備部門担当社長）はアナリストたちとの会合で示唆している。

理屈からすると、企業が株価について気にするのは、金融市場が投資拡大に必要な資本を提供してくれるからだ。だが、あら不思議。ユナイテッドテクノロジー社は資本調達で金融市場を使う必要などなかった。それどころか資本がありすぎて、2015年12月にまた120億ドルを使って自社株買戻しをやったところだった。

ユナイテッドテクノロジー社が口先でどう言おうと「事業の長期的な競争の性質」のために費用削減が必要な会社ではない。すでに0・01パーセントの一員である資金マネージャーたちが、株価をつり上げるために利潤増大を要求しており、それにより自分の所得を増やそうとしているのだと思う。同社の経営トップもこの計画に乗る。彼らの報酬も株価上昇に連動しているし、それを実現しないとクビになるからだ。**これは会社のなかのあるステークホルダーから別のステークホルダーへの強制的な富の再配分だ。**

だからこそ、右と左の政治家であるドナルド・トランプとバーニー・サンダースの双方の支持者には、ウォール街に対するこれほど強い怒りがあるのだ。システムは細工**されている**。企業が労働者を削減せざるを得ないのは、需要と供給が適正価格をつける実物財やサービスの市場のせいではなく、期待と貪欲が価格を設定することがあまりに多い金融市場の命令によるのだ。

ほとんどの人々は何も考えず、この〝市場〟という言葉をまったくちがう二つの市場について使う。この両者がちがうことを認識するのは、問題解決の第一歩だ。

トランプ大統領の解決策は、外国財に対する関税や政府契約解除で企業を脅したり、アメリカに雇用をとどめるために裏口での支払いを約束したりするというものだ。いずれも根底の問題には触れていない。金融屋、CEO、企業経営会議は、経済の現状に対する自分の責任について、深く反省すべきだ。経済はもはや、多くの一般アメリカ人のために機能しなくなっている。残念ながらニック・ハノーアーが話してくれたところでは、CEOによる反省など、「被害者たちへの思いや祈り」が銃乱射を止めるのと同じくらいの効果しかない。**この行動を促すインセンティブを見直し、それを許しているルールを逆転させなくてはならないのだ。**

経済学の「法則」

未来の経済史家たちは、王の神聖な権利を信じていた先祖を見下げていたくせに資本の神聖な権利を崇拝していたこの時代について、苦笑いとともに振り返るかもしれない。

低賃金国に仕事をアウトソースしたり、労働者を機械で置きかえたりする判断を下す会社トップや、企業が生活賃金を支払うよう義務づけるのを不可能にしているのは「市場だ」と固執する政治家は、自分は経済学の法則に従っているだけだという自己弁護に頼る。だが経済学者が研究しているのは、ケプラーやニュートンが解明した運動の法則のような自然現象ではない。その一部は、人間によって考案された人間行動をモデル化して左右しようとするルールやアルゴリズムの結果だ。こうしたルールやアルゴリズムの多くはコードではなく、法や慣習により執行されているため、グーグルやフェイスブックやウーバーが使っているアルゴリズムに似ていることを人々は忘れがちだ。私たちはまちがった地図に従っているのだ。

不完全な理解により作られたルールにより形成されているため、経済は丸ごと、グーグルやフェイスブック、ウーバーやエアビーアンドビーのようなもっと単純なデジタル市場と同じようにおかしくなってしまう可能性もある。その根本的な適応関数がまちがっているのかもしれない。アルゴリズムを訓練するのに使ったデータが歪んでいるかもしれない。参加者がそれを逆手に取ることもある。

行動経済学は、「ホモ・エコノミクス」［人間類型のひとつで経済人と訳される］――つまり利己性の追求が数式できちんとモデル化できる合理的アクターという理想化されたモデルを、説得力ある形で否定した。現代の経済学は理論ではなくますます歴史的データを探し求め、もっとよい地図を描こうとしている。残念ながら、ジェイムズ・クワク［書籍『Economism』の著者］が言う「経済学主義」――現実世界の問題を経済理論の単純化バージョンに当てはまるよう還元してしまうこと――は、実際の土地を見るかわりに地図を見つめるほとんどの政治家や企業トップの思考を支配し続けている。

経済について考えるもっとよい方法は、ゲームのようなものだと考えることだ。ゲームのルールには、根本的な制約に見えるものがある。人口増加や生産性、労働力や資源の余剰、環境の容量、あるいは人間の性質が持つ行動パターンなどだ。これに対し、一部は恣意《しい》的に変更できる。税制、政府の補助金、最低賃金水準などだ。このゲームの結果はだれも知らない。その複雑性は、単純なルールの変種から生じる無限に近い変種と、何十億もの人間がそのゲームを同時にやっていてそれぞれが他人の結果に影響していることからきている。経済の「ルール」で最も単純かつ決定的なものですら、紙の上での見かけよりも適用がずっとややこしい。あるインターネット上のギャグではるか昔に言われたように「理論と実践は常にちがっていて、しかも理論のちがいより実際のちがいがいつも大きくなる」ということなのだ。

この複雑性と、経済理論に基づくその複雑性の否定が思い浮かんだのは、昨年ウーバー社に行ってエコノミストたちと会話していたときのことだった。私は、グーグルの検索アルゴリズムは「最高の」結果を生み出すにあたって多くの要因を考慮するので、同じようにウーバーのアルゴリズムも、単に乗客を拾うまでの時間（これをウーバーは適応関数として使っている）に加えて、運転手の賃金、満足度、入れ替わりも考慮してはどうだろうかと主張していた（ウーバーはどの場所でも、乗客を拾うまでの時間が3分以下になるだけの運転手を確保したいと考えている)。

エコノミストたちは、ウーバーの賃金は定義からして最適なのだと説明してくれた。というのもそれは、需要と供給の均衡点をそのまま示すものだからだ。これは自由市場における経済学の最も基本的な発想のひとつだ。

ウーバーのリアルタイムマッチングアルゴリズムは、実際には二つの重なる需要曲線を満たしている。乗客が十分でなければ、乗客需要を刺激するために料金を下げねばならない。それがウーバーの料金引き下げの本質だ。しかし、需要を満たすだけの運転手がいなければ、路上にもっと運転手を引き込むように料金は上げねばならない。それがピーク料金の本質だ。アルゴリズム的に決定された乗車料金は、最大の乗客需要をもたらしつつ、その需要に見合うだけの運転手を生み出すインセンティブを提供する、絶妙なポイントなのだ、とウーバーは主張する。そして運転手の所得は乗車回数と支払料金の積だから、料金が下がっても乗客需要が増えることで、タクシーの許可証のように供給を制約するよりも運転手の所得は確実に増えると考えている。運転手の所得を増やすために明示的に料金を決める試みは、何であれ乗客需要を減らし、したがって車両の利用率と純賃金を減らすと彼らは信じている。もちろん、あまりに多くの運転手が出てきたら、これまた車両の利用率は下がるが、エコノミストたちは私に見せることが許されていないデータに基づき、自分たちがおおむねその絶妙なポイントを見つけたと自信を持っているようだ。

私は納得していない。ウーバーは、自身が主張するだけの勇気を持っているなら、需要に基づく値づけ(ピーク時の料金上乗せ以外に、閑散期にはベース料金から引き下げを行うことも含む)を常時採用するはずだ。グーグルが広告価格をオークションで決めるのと同様だ。なぜそうしないのか? 運転手も顧客も、基本料金が決まっているほうが安心すると思っているからだ。つまり理論と実践とのちがいは、理論より実践でのほうが大きいのだ。

またこの一見単純な市場ですら、日和見的な行動を阻止するためのルールを必要とすることも指摘しておくべきだろう。たとえば、運転手は他にもっとよい申し込みがあったからといってキャンセルはできないし、友人同士の2人がそれぞれウーバーを呼んでおいて先に到着したほうに乗るといったこともできない（ウーバーについてこの考えを思いつく以前、ギャレット・キャンプは、配車係に電話することでスケジュール調整されるタクシーの古い世界でまさにこれをやり、サンフランシスコのタクシー会社からサービス拒否になったと報じられていた）。理想化された市場の単純な地図は、実際に市場が適切に機能するために対処しなくてはならない現実世界の細部の多くを除外する。ガバナンスはきわめて重要だ。

問題は、ダイナミックなアルゴリズムによるガバナンスが、単純な固定ルールより本当に優れているのかということだ。現状ですら、確かにウーバーのリアルタイム市場アルゴリズムは、それまでのタクシーとリムジン産業の構造や、職場のスケジュール管理関連企業が使う労働市場アルゴリズムよりも、需要と供給のマッチングがはるかにうまい。だがウーバーは、はるかに優れた結果を出せるはずだ。こうしたアルゴリズムは、経済構造を真に進歩させるものになれる。ただしそれは、消費者や企業、投資家だけでなく、労働者のニーズも考慮すればの話だ。

現実世界の難点は次の点にある。ウーバーは、消費者ニーズと運転手ニーズという二つの需要曲線を同時に満たしているだけでなく、競争の激しい事業ニーズも満たしているのだ。既存のタクシー業界を潰し、リフト社のようなライバルと競争したいという欲望も、彼らの値づけに影響する。そして、ベンチャー資本に後押しされたスタートアップの常として、投資家たちが行った厳しい企業価値見通しを満足させるためには、彼らは自分たちが作り出した新産業を完全に支配できる成長率を達成し続けねばならないのだ。

運転手たちもまた、収入が不十分なまま帰れるような単純なゲームをしているわけではない。生活費を稼ぐためには、ひどく長時間働かねばならないかもしれない。車をリースしていて、その支払いのために働かねばならないかもしれない。自分が車両の価値を引き下げ、時給を犠牲にするような経費を払っているのは理屈でわかっていても、実際には彼らは選択の余地があるとは感じない。他の仕事はもっとひどく、柔軟性にも欠け、賃金はさらに低いかもしれない。

ウーバーは、料金をどう設定するかを決めるにあたり、運転手たちより様々な点で優位に立っている。彼らは運転手とはちがい、消費者需要がどれだけあるかはっきりわかるし、企業のニーズを満たすために料金がどの水準でなければならないかもわかる。運転手は、消費者需要やそこから得られる潜在所得について、得られる情報がはるかに限られている。マイケル・スペンス、ジョージ・アカロフ、ジョセフ・スティグリッツがノーベル経済学賞を2001年に受賞したのはまさに、実に多くの経済学的思考の中心にある効率的市場仮説［市場は常に情報的に効率よく、利用可能な情報はすべて市場価格に確実に反映されるとする仮説］が、情報の非対称性［市場における情報の不均等な構造。たとえば売り手と買い手の間の情報格差］の存在により崩壊する様々な形を1970年代に示したからだ。

アルゴリズム的に導かれた知識もまた、非対称市場を支配する力の新しい源だ。ハル・ヴァリアンはこの問題を1995年に、「コンピューター化したエージェントのための経済メカニズムデザイン（Economic Mechanism Design for Computerized Agents）」という論文で指摘した。「効率的に機能するためには、コンピューター化されたエージェントは所有者の好みについていろいろ知る必要がある。たとえばある財に対する最大の支払い意志額などだ。だが財の売り手が買い手の支払い意志額についてわかってしまえば、買い手に対して『これで嫌ならあきらめな』という強気の価格提案をして、買い手の余剰すべてを吸い上げてしまえる」。低料金や競合運転手が多すぎる点、乗車までの長い待ち時間についてウーバー運転手の不満が高まるようなら、ウーバーは、乗客と自らの利潤を最適化するために運転手からの余剰を吸い上げるのだ。

プラットフォーム優位の情報の非対称性にもかかわらず、私は、運転手の賃金はいずれ、今日のウーバー社やリフト社のアルゴリズムを特徴づける単純な需要供給曲線とは関係なく、ある割合で増やす必要が出てくるとにらんでいる。運転手が十分いても、運転手の品質は消費者体験に深く影響する。

運転手の入れ替わり速度が鍵となる指標だ。このサービスのために試しに働いてみようという人がたくさんいる限りは、運転手を使い捨て商品扱いできる。しかし、これは短期的な考え方だ。ほしいのはこの仕事が大好きで上手な運転手で、その人がしっかり報酬を得て、結果としてこの仕事を続けるということだ。長期的には、ウーバー社やリフト社は今日、顧客を引きつけて放さないために展開している競争と同じくらい熾烈な競争を、運転手を引きつけて逃さないためにも行うことになる。そしてその競争は、高い賃金（9章で論じたいわゆる能力給）が生産性改善と消費者満足度の引き上げを通じて十分にもとが取れるのだという証明をさらに提供してくれるだろう。

リフト社やウーバー社はデータを抱え込んで離さないが、私が運転手たちとしてきた会話からは、運転手に対してさらに優しい方針やシステムを作るべくやってきたリフト社が、その大規模で資金豊富な競合相手に迫っているように思える。私が話をする運転手はほとんどすべて、両方のプラットフォームで運転をしている。そしてほぼ全員が、リフトのほうがいいと言うし、なかには顧客が多くてもウーバーはやめたと語る人もいる。もっと最近では、ウーバー側のPRのヘマの繰り返しで、顧客もリフトに寝返っている。ウーバーの強引な戦術は多くの敵を作り、彼らは現代の企業の主要ルールのひとつを無視してきた。オライリー・メディアの社長で主任運営担当重役ローラ・ボールドウィンの口癖のように「顧客はあなたの良心」なのだ。

見えざる手

資本主義システムの単純すぎる擁護者たちは破壊をほめそやし、ゴチャついてはいても競争の「見えざる手」が作用するに任せれば、すべては最善になると想定する。見えざる手を正しく理解するなら、これはその通りだ。需要と供給の法則は何か魔法の力を描いているのではなく、ゲームの参加者が競争優位を求めて**戦う**やり方を表している。アダム・スミスが述べたように、「夕食に期待できるのは、肉屋や酒屋やパン屋からの恩恵ではなくて、彼らが自分の利益に留意するからだ。我々は彼らの人間性ではなく自己愛に訴え、彼らに話すのは我々のニーズではなく彼らの利益の話になる」。

この「法則」は、参加者同士の競争から生じる。労働組織家デヴィッド・ロルフが話してくれたように「自動車工場での職をよいものにしてくれたのは神様ではない」。多くの評論家が懐かしげに振り返る1950年代と1960年代の中産階級の仕事は、企業と労働者の間で展開された、だれがゲームのルールを決めるかという熾烈な競争の結果だった。見えざる手は、激しいストライキという形ではっきりと見えるものとなり、そして市場を超えて政治プロセスとなって、1935年の全米労働関係法（ワグナー法）、1947年の労働管理関係法（タフト＝ハートレー法）、各州の「労働権」法となった。過去80年にわたりこうした法律は、ルールを最初に一方に傾け、それから反対方向に傾けた。今日、それは資本有利に大幅に傾き、労働不利になっている。正しい傾きがどうであるべきかという立場はどうであれ、今日の低賃金の仕事が不可避でないことは明らかなはずだ。前の数十年に高賃金の仕事が不可避ではなかったのと同じだ。

現在の私たちは変曲点にあり、多くのルールが根本的に書きかえられている。産業革命期に起こったように、新しいテクノロジーは雇用の各階級を丸ごと陳腐化しつつ、空前の新しい奇跡を起こそうとしている。一部の人をすさまじいほどの金持ちにして、他の人々をずっと貧しくしている。会社に新しい組織化の方法をもたらしている。労働組合については本書の範囲を超えるが、現在は労働運動について考え直す、またとない時期でもある。

私は、見えざる手がそれ相応の仕事をしてくれると確信している。だがかなりの苦闘が必要だ。イギリスとアメリカで見られた政治的な痙攣《けいれん》は、私たちの直面する困難の証拠だ。私たちはきわめてリスクの大きな時代に向かっている。拡大する世界的な不平等は、政治的な反動を引き起こしており、それが社会と経済の双方で深刻な不安定化につながりかねない。問題は、この自由市場経済で我々は社会全体をずっと豊かにする方法を見つけたのに、その便益が不均等に配分されているということだ。一部の人々ははるかにいい目を見ているのに対し、他の人々の立場は悪化している。

こうして私たちは、厚生経済学の基本的な考えにたどり着いた。これを新経済思考研究所の経済学者ピア・マラニーが平易な言葉でまとめると、こうなる。「他のだれにもマイナスの影響がなくて、一部の人の立場だけを改善できるような政策を持つ方法を見つけるのはとてもむずかしい。そこで私たちは洗練された方法を見つけました（中略）純便益と純費用を見るというやり方です。その考え方は（中略）社会全体に対する便益を考え、それを再分配することで全体としてみんなの立場が改善するのです」。要するに、厚生経済学の法則は、経済政策変更の結果としてだれかがよい立場となった場合、勝者は敗者に補償しなければならないと主張する。だがビル・ジェインウェイが辛辣《しんらつ》なメールで述べたように、「残念ながら勝者は、政治的な恫喝の結果としてでなければめったに敗者に補償したりはしない」。

テクノロジーの未来に関する議論の多くは、生産性の果実は公正に、万人の満足できる形で分配されると想定している。これは明らかに事実ではない。現在、経済のゲームがおもしろいのはきわめて少数のプレーヤーにとってだけであり、他の多くにとってはますます惨めなものになっている。

経済学者ジョン・シュミットはこう書く。「第二次世界大戦の終結から1968年までに、最低賃金は生産性の向上をかなり忠実にたどった。だが1968年以来、生産性は最低賃金をはるかに上回る成長をとげた。最低賃金が1968年以降も平均生産性と同じ推移を見せていたら、時給21・72ドルになっていたはずだ――これは生産労働者の平均賃金をはるかに上回る水準だ。同期間で最低賃金の労働者たちが生産性の成長分の半分しか受け取れなかったとしても、連邦最低賃金は15・34ドルになっていただろう」。だがこれまで見た通り、生産性の向上により作り出された価値の大半は企業株主に配分された。

確かに、生産性向上により作り出された価値のかなりの部分が、消費者余剰（販売価格と消費者が支払う意思があったかもしれない価格の差のこと）に回されたのは事実だ。新技術がもたらした他の価値は、消費者に無料でもたらされた。消費者はグーグルやフェイスブックやユーチューブに直接は支払わない。広告業者が支払っていて、その費用はほんの少し高い価格にこっそり隠されている。純消費者余剰の計測はむずかしいが、低賃金を相殺する効果はある。

賃金停滞と消費者向けの低価格は、オートメーションと自由貿易の必然的な結果というだけでなく、企業が市場シェアを拡大しようとする熾烈な競争により動かされている。これはウォルマートとアマゾンが消費財で行い、ウーバー社やリフト社がタクシー料金でやったことと同じだ。こうした新興企業は企業と顧客の既存の値づけ均衡を脅《おびや》かすが、これは競争戦術の一部でもあり、古い経済秩序での価格よりも安値をつける手法でもある。

ニック・ハノーアーが指摘したように、一般に人々は20世紀に苦労して学んだ教訓を忘れている。労働者は顧客でもあり、彼らが売上の公正な割合を受け取らないと、いつの日か生産品を買えなくなってしまうということだ。ほんの一部の人しか買えないものをあまりに多く生産し、他の人はそれを指をくわえて見ているだけという経済を作り出しつつある。2004年から2013年に至るアメリカの小売販売の詳細なバーコードデータに基づく研究が示すように、高所得世帯に提供される商品の種類には有意な増加があり、そうした豊かな消費者向けの既存品の価格のインフレ率は低かったが、低所得者向けの商品はそうではなかった。市場はますます支出金額の多い人々に最適化されるので、格差は自己強化されるのだ。

経済理論では、ある人物の購入は別の人物の売却だから、定義からして国民生産は国民所得に等しい。だが消費者支出においては所得分配が効いてくる。家業の枕の事業を受けついだニック・ハノーアーがドキュメンタリー映画「みんなのための資本論」［ジェイコブ・コーンブルース監督］で述べたように、「格差増大の困ったところは、平均的な労働者にくらべて1000倍も稼ぐ私のような人物は、毎年1000倍もの枕を買わないということなんです。どんな金持ちでも、寝るときに使う枕はせいぜいひとつか二つです」。

ニックのような人々は、枕を1000倍も買わないだけでなく、一度に着られる服も1着で、1日の食事回数も限りがある。貯蓄して投資はする（ニックは、すでに述べた通り、初めて大儲けしたのはアマゾンへの初の非親族投資家としてだった）。そしてこれは他の人々への巨大な「トリクルダウン」となり、生活改善をもたらす。だが2008年金融危機で明らかになった通り、投資は万人のために価値を創り出すより、経済の価値を根こそぎ掘りつくすような金融商品に対して増加したのだった。ウォーレン・バフェットがラナ・フォルーハーに述べた通り、「レストランに行くよりはカジノに行くほうがいいと決めた人々が大量にいるんだ」。

一般労働者の所得の伸びが停滞すると、企業は何でもクレジット払いにするよう奨励することでツケを数十年先送りした。その短期戦略は崩壊しつつある。第一次産業革命の最も悲惨な日々に書かれた『天国と地獄の結婚』で詩人ウィリアム・ブレイクは、経済学者が述べるのと同じくらい確実な法則になりそうなものをあげている。「豊かな者は、貪る者が海のようにその喜びの余剰を受け取らない限り、豊かではいられない」
　このゲームの展開の複雑性と、各種の競合をする参加者が社会に要求するトレードオフの例として、私はウォルマートを使うのが好みだ。ウォルマートは非常に生産的な事業を構築し、供給する財の費用を大幅に引き下げた。その価値の大半は、消費者に低い価格という形で向かう。別の大きな部分が企業利潤となり、それは企業の経営層と外部株主を潤す。だがその一方で、ウォルマートの労働者の報酬はあまりに低く、そのほとんどは生活のために政府支援が必要だ。偶然ながら、ウォルマートの賃金とアメリカ労働者の時給「15ドル」という最低賃金との差額（年額にしておよそ50億ドル）は、ウォルマート労働者が連邦栄養補給支援プログラム（ＳＮＡＰ、通称フードスタンプ）で受け取る60億ドル相当の補助とあまりちがわない。こうした低賃金は、納税者に補塡されているというわけだ。実はウォルマートは、多くの小売業者とファストフード店よりも高い賃金を払っているので、この問題は何倍にも拡大される。推計によれば、低賃金雇用者に対する公的補助の総額は年に１５３０億ドルにのぼるという。

　これが参加者5人のゲームだとして、利得（または損失）は、消費者、会社自体、金融市場、労働者、納税者に様々な比率で割り振られているのがわかるだろう。我々の経済の現在のルールは、消費者と金融株主（いまや会社経営陣を含む）には利得を配分し、損失は労働者と納税者に配分するようになっている。だがそうである必要はない。

　既存店舗の売上低下と消費者の苦情に応えて、２０１４年にウォルマートは社内最低賃金を時給10ドルに引き上げた。これは連邦最低賃金７・25ドル［連邦法による最低賃金は、２００９年からこの額で据え置かれている。アメリカでは州や市ごとに7ドル25セントを上回る最低賃金を定めているが、大都市圏では前述されている15ドルのところがあるもののおよそは10ドル以下で、連邦最低賃金を下回る州さえある。労働統計局による労働者の平均時給額は26ドル63セント（２０１７年）］を大きく上回る。さらにウォルマートは、従業員研修とキャリアパスにも26億ドルの投資を行った。これは顧客満足度と従業員の離職と売上を改善したが、投資家たちには深刻な不満をもたらした。ビル・ジェインウェイは、参加者間の競争は「見えざる」どころではないと指摘したがる。

ゲームのなかで、参加者たちの駆け引きによってで結果が固まるのを待ってもいいし、もっとすばやく最適な結果を得るためにいろいろな戦略を試すこともできる。ジョセフ・スティグリッツがこれを強力に教えてくれた著書の題名にある通り、「我々はルールを書きかえられる」［邦訳『スティグリッツ教授のこれから始まる「新しい世界経済」の教科書』］。

プロスポーツ界では、競いあうプレイを重視するリーグはしばしば新ルールを導入する。サッカーは過去１５０年で何度もルールを変えた。ＮＢＡバスケットボールは１９７９年にスリーポイントシュートを追加して、ゲームをもっとダイナミックにした。多くのスポーツはサラリーキャップ［年俸総額に上限を設定する制度］を設け、大市場にいるチームが最高の選手を買い漁って、小市場のチームがとても太刀打ちできなくなってしまうのを防ぐ。他にも例はある。

「15を目指す戦い（Fight for 15）」は、全米の最低賃金を時給15ドルにする運動だが、ルールを書きかえる方法のひとつだ。財界や自由市場原理主義者たちは、最低賃金を上げれば企業は労働者をあっさりクビにするだけで、労働者はもっとひどいことになると主張する。だが２０１５年に私が開催した「Ｎｅｘｔ：エコノミーサミット」講演後の質疑応答でニック・ハノーアーが述べたように「それは経済理論のふりをした恫喝戦術です」。大量の証拠から見て、最低賃金を上げても大都市では大した影響はない。地方では雇用減少をもたらすかもしれないが、ほとんどの提案は地方での賃金を低く抑えられるようになっている。

アダム・スミスが「見えざる手」という言葉で述べた本当に重要な質問は、だれの取り分が増え、だれの取り分が減るのか、ということだ。資本、労働、消費者、納税者のどれだろう？

上述の通り、最低賃金が15ドルになれば、ウォルマートは追加で年50億ドルを支払うことになる。決して小さな金額ではない。ウォルマートの年間利潤の５分の１ほどであり、アメリカでの総売上の１・25パーセントほどだ。だが納税者は引き上げで60億ドル節約できる。ウォルマートは本当の人件費の一部を納税者に押しつけられなくなった場合、低利潤か価格の引き上げを受け入れるしかない。それはそんなに悪いことだろうか？　ウォルマートの利潤が20パーセント減れば確かに、時価総額が減り、株主には損失だ。しかし、ルール変更に伴う収益急減のショックはさておき、もしウォルマートが非上場会社だったとしたら、その所有者たちは同社の利潤が２５０億ドルから２００ドルになってしまった場合に同社を所有したくないと思うのだろうか？　このトレードオフを考えられず、企業が絶えず利潤水準を**絶対に**増やさねばならないという想定を問い直さないところに、金融市場を支配するマスターアルゴリズムの手が露呈するのだ。

　もしも、ウォルマートが追加費用を消費者につけ回したら、商品価格は１・25パーセント上がることになる（つまりウォルマートで使う１００ドルごとに１・25ドル増える）。もしも、費用を株主と消費者で折半すれば、ウォルマートの利潤はたった10パーセント下がるだけで、消費者は１００ドルの支出に対して追加で62セント支払えばいいだけだ。１ドルあたり半セントほど値上がりしたからといって、人々は本当にウォルマートでの買い物をやめるだろうか？

　値上がりで逃げる客も少しはいるだろうが、労働者の所得が上がれば、彼らが支出を増やすかもしれない。だからウォルマートと株主の両方が得をすることも十分に考えられる。ニック・ハノーアーは、これを資本主義の根本法則と呼ぶ。「労働者がもっとお金を手にすれば、企業の顧客は増え、そして雇う労働者も増える」

　そしてもちろん、最低賃金の引き上げは、現状の経済のルールが資本の所有者を人間の労働者より優遇している事実に対処する方法のひとつでしかない。支払賃金については、企業に税制上の優遇をしてもいい。賃金ではなくロボットや炭素［二酸化炭素排出量］や金融取引に課税してもいい。育児や介護などの無報酬労働について免税措置をしてもいい。**考えられないことを考えるのだ。**

おもしろいことに、デンマークは社会のセーフティーネットがしっかりしているため、最低賃金はない。このことからも、システム設計が適正なら、実はルールは少なくてすむことがわかる。結果に注目し、どんなルールであれ、実際に実現しようとしていることを新ルールで改善できるなら、変化を受け入れるべきだ。

私たちは地図を土地とまちがえており、終点にオアシスがあるからと言われて道のままにたどり、砂漠に入り込んでいる。すでに戻ってきた旅人たちは、水はすでにないと報告しているのに、みんなが荒野に向かって行進を続けている。それは地図がそうしろと言うからで、まだ示されていない新しい道の可能性が想像できないからだ。私たちは、地勢そのものが変わったのなら地図も更新すべきだというのを忘れている。提案されている解決策のあまりに多くは、オンデマンド輸送の可能性の再考ではなく、タクシー会社が液晶テレビとネット接続のクレジットカードリーダーをシートに取りつけるようなものになっている。

新鮮な考え方への障壁は、財界より政治でもっと高くなっている。マキナウ公共政策センターのジョセフ・P・オヴァートンが導入した「オヴァートンの窓」という用語がある。これは、あるアイデアが政治的に可能かどうかは、それが現在の世論で政治的に受け入れられる政策の範囲の窓枠におさまるかどうかで決まるというものだ。一部のアイデアはあまりに極端すぎるので、そんなものを提案する政治家は公職につけなくなってしまったり、現職を追われてしまったりするのだ。

２０１６年のアメリカ大統領選挙で、ドナルド・トランプはオヴァートンの窓をはるか右に押しやっただけでなく、破壊し、それまでの候補者なら一発で不適格とされるような発言を次々に行った。ありがたいことに、いったん窓の支えが取れれば、窓はまったく新しい方向にも動かせる。そういう事態がアメリカ史上で起きたのは、大きな挫折によりこれまでの事業がどう頑張ってもやっていけなくなったときだった。フランクリン・ルーズベルトとフランシス・パーキンス［ルーズベルト政権の労働長官］

に、ニューディール政策実施の許可を与えたのは大恐慌だった。その許可を得て、彼らは考えられないことを考えた。

私はホワイトハウスとチャン＝ザッカーバーグ・イニシアチブ、スタンフォード貧困格差センター主催の「技術と機会サミット」に2016年11月に出席してから、オヴァートンの窓について考えていた。私はベストセラー『ロボットの脅威——人の仕事がなくなる日』の著者マーティン・フォードと昼食時に論争をした。彼の本は、人工知能がますます多くの人間の仕事を代替し、そこには知識労働も含まれる、と主張する。マーティンは、普遍的ベーシックインカムが解決策だと論じる——万人が基本的生活を送れるだけの現金を補助金として受け取れるようにする、というのだ。

この論争で、私はテクノロジー楽観論者として位置づけられていた。人間の職をなくすのは選択であり、必然ではないと論じていたからだ。何をすることが必要で、人間が新しいテクノロジーに補われるときには何が可能になりそうかに注目すれば、人間と機械の双方に行きわたるだけの仕事がたっぷりあるのは明らかだ。人間が排除される費用とみなされる最底辺に向かう競争から人々が逃れられないのは、投資効率が経済にとって主要な適応関数だとの考えをみんなが受け入れているから、というだけだ。

だがマーティンとの論争と、その後のイベント参加者との会話で、私は自分がそれまで思いつかなかったことを考え、語ることになった。議論のモデレーターを務めたスタンフォード大学のロブ・ライシュは後でこう言った。「議論が始まったときには、マーティンが過激な役だと思っていたよ。でも、君のほうが真の過激派だと気がついたね。普遍的なベーシックインカムは、既存システムのソフトウェアパッチでしかないというのが君の主張だ。我々には完全なリブートが必要だ、というわけだ」

未来を想像するときには、極端な未来を考えることで、可能なことについての見方を広げるのが何よりだ。そこで、機械が本当に人間の仕事の大半を代替し、ほとんどの人間が職を失うとしよう。砕け散った公共政策のオヴァートンの窓から投げ捨てるべき、神聖視しているものとは何だろうか？

ほとんどの人が失業したとして、「これがこのまま続いたら……」という思考実験をちょっとやってみれば、すぐに個人の所得税がもう政府歳入の主要な財源にはなり得ないことがわかるだろう。他の財源が必要になるのだから、それについていまから考え始めてはどうだろうか？　勤労所得については所得税ゼロと考えたら、何が起こるだろう？

所得税がないなら、それを丸ごといわゆる「ピグー税」［イギリスの経済学者アーサー・ピグーが提唱した、社会に悪影響をおよぼす経済活動に課す税］と置きかえたらどうだろう。これは「負の外部性」［組織が利益のために行動することで発生する社会への悪影響］に対する課税だ。炭素税がそうした考えのひとつだ。企業の利潤を人々や実体経済への投資から引き離して、金融投機に大きく振りかえることに対する金融取引税などの税もあり得る（ピグー税の問題は、それが財源となる負の外部性の生産を減らしがちなことだ。よって、成功すればするほど税収は減っていく。しかし、これはよいことだ。事業と同様に、政府も常に自ら再発明し続けねばならないということだ）。

だが解決策が何であれ、必要なことと政治的に可能なことの差違を果てしなく切り刻んでいくような中途半端な手法は、やめる頃合いだ。かつては考えられなかったような大胆な提案が必要だ。何といっても今日我々が当然だと思っていることはほぼすべて、かつては考えられなかったことなのだから。何千年にもわたり人々は空を飛びたいと思ってきたが、それが可能になったのはやっと１００年前だ。我々は次の経済の課題に直面しているのだから、同様の大胆さと発明による飛躍が必要だ。未来を夢見るのは技術屋の専売特許ではない。人民の人民による人民のための統治——政府もまた、21世紀のために大幅な再発明を必要としている。

オヴァートンの窓を大きく開きさえすれば、もっと望ましい未来に向けての作業を開始できる。

そこでは、機械は人間に取ってかわったりせず、絶望のＷＴＦ?ではなく、驚嘆のＷＴＦ?を引き出す次の経済の構築を可能にしてくれるのだ。

正しい質問をする

私は経済学者でも政治家でも金融屋でもなく、物事がなぜ変われるか、変われないかについての即席の答えも持ち合わせてはいない。私はテクノロジー主義者で事業主であり、物事の実態とその可能性との乖離を認識して、もっとよい未来への道を示しそうな答えをもたらしてくれる質問をするのに慣れている。

なぜ資本の大半は経済で活用されず、脇でブタ積みされているくらいに豊富なのに、資本への税率は低いのだろうか？　経済の問題のひとつは、一般人の懐にお金がないので総消費者需要が低いことなのに、なぜ労働所得の税率のほうが高いのだろうか？　元財務長官ローレンス・サマーズのようなエコノミストが「長期停滞」について語るとき、彼らが述べるのはこういうことだ。「今日の産業世界経済に対する主要な制約は、供給側ではなく需要側にあるのです」とサマーズは書く。

どうして純粋な金融投資を、実物の事業投資と同じ扱いにするのか？　ラナ・フォルーハーによれば、「金融機関から流れるお金のうち、事業投資へと実際に向かうのは、たった15パーセントほどだ。残りは閉じた金融ループのなかでぐるぐる回り、不動産、株、債券など既存資産を売買しているだけだ」。システムにある程度の流動性は必要だが、85パーセントとなると？　次章で見るように、この大きなお金の川にアクセスできるのは人口のほんの一部だけであり、それが資本を実体経済から容赦なく引き離すのだ。

どうして生産的な投資と非生産的な投資とが、どちらも同じキャピタルゲイン［資産価値の変動によって得られる収益］を得るのか？　株を1年間保有するのは、何十年も働いてその株式が持ち分に見合う企業を作り上げるのとはちがうし、確実な収益見通しもない新企業に投資するのともちがう。

ジョン・メイナード・ケインズは、1920年代の投機過剰に続く大恐慌のどん底だった80年前にこの問題に気がついて、『雇用、利子、お金の一般理論』にこう書いた。「事業の安定した流れがあれば、その上のあぶくとして投機家がいても害はありません。でも事業のほうが投機の大渦におけるあぶくになってしまうと、その立場は深刻なものです。ある国の資本発展がカジノ活動の副産物になってしまったら、その仕事はたぶんまずい出来となるでしょう」

ケインズはさらに続けた。「現代投資市場の異様な様子を見ていると、投資商品の購入は結婚と同じく、永続的で解消不能にしてしまい、例外は死かよほど重大な原因に限るようにしたほうが、現代の邪悪に対する治療として有益ではないか、という結論のほうに流されそうにもなります。というのもそうすれば、投資家は長期の見通しに目を向けることを余儀なくされ、他の物は見なくなるからです」。ウォーレン・バフェットは、これが実はとてもよい戦術だということを証明した。それなのに、私たちの政策はバフェットがやっているような価値投資を優遇しない。

先回り売買など各種の高速市場操作の便益をすべて排除するように設計された金融取引税は、手始めによさそうだ。金融投機に課税しつつ、生産的な投資には低い税率で報いるためにできることはずっと多い。資産運用会社ブラックロックのCEOラリー・フィンクは、長期キャピタルゲイン優遇の適用は1年保有からではなく最低でも3年保有からにすべきで、資産の保有年数が増えるにつれて税率を下げるようにすべきだという。

トマ・ピケティの提案するような富裕税を導入することさえできる。そして労働ではなく炭素に課税するなら、所得税を炭素税に置きかえるのではなく、社会保障、健康保険、失業保険を炭素税に置きかえるべきかもしれない。こうしたルール変更は一部の資本所有者には高くつくだろうが、社会全体にとっては有益だろう。

これは純粋に経済的、事業的な判断で、政治的な決断である。そして、それは適切だ。経済政策はひとりの個人やひとつの会社だけの未来を形成するのではなく、万人の未来を構築するのだ。自分たちが現在従っているルールの改善が、自分たちの利益になるという認識が必要だ。所得格差についての論説でジョセフ・スティグリッツは、1840年代にアメリカ民主主義についてフランス人のアレクシ・ド・トクヴィルが書いた「利己性、ただし適切に理解されたもの」こそが、「アメリカ社会に固有の天才性の主要部分だ」と述べた。

スティグリッツはこう書く。「最後の部分こそが鍵だ。だれでも狭い意味での利己性は持っている。おれは自分にとってよいものがいますぐほしいぞ！　というやつだ。〝適切に理解された〟利己性は、ちがう。それは、みんなの利己性――つまり共通の福祉――について注意を払うことが、自分自身の究極の幸福の前提になると理解するということだ。トクヴィルはこの見解で、何か高貴なところや理想的なところがあると示唆したのではない。実は彼が述べていたのは正反対だ。それはアメリカのプラグマティズム（実利主義）のしるしだ。狡猾《こうかつ》なアメリカ人たちは基本的な事実を理解していたということだ。他人に配慮するのは、魂にとってよいというだけではない――商売の面からもよいのだ」

歴史を通じて大陸をまたいで、経済は様々なルールでゲームをやってきた。だれも土地を所有できないとか、すべての土地は王と貴族のものだとか。財産は世襲であり、所有者や相続人が売ったりできないとか。あらゆる財産は共有だとか。労働者は王と貴族のものであり、要求通りに供給されねばならないとか。人の労働はその人自身のものだとか。女性は男のものだとか。女性は独立した経済アクターだとか。子供は安い労働のすばらしい源だとか。児童労働は人権侵害だとか。人間は他の人間の財産になれないとか。どんな人間も他の人間を奴隷にはできないとか。

私たちはこうしたルールを振り返り、一部を公正な社会のしるしだと考え、他を野蛮のもののように考える。だがそのどれひとつとして、世界のあり方として不可避なものではなかった。

ここに今日の経済の破綻したルールがある。それは、人間の労働は可能な限り費用として排除されるべきだというものだ。これは事業の利潤を増やし、投資家にたっぷり報酬をもたらす。そうした利潤は社会の他の部分にトリクルダウンする、というルールだ。

証拠は出そろった。このルールは機能しない。ルールを書きかえる頃合いだ。ビジネスというゲームは、人々を重視する形で行うべきだ。

13章
スーパーマネー

おかしくなってしまった経済におけるシリコンバレーの役割とは何だろうか？　賃金低下や富の格差の拡大を、人間の労働を置きかえられる技術の力のせいだと責任転嫁するのは簡単なことだ。技術が人々に力を与え、天を目指せるようにするために使われずに費用削減に使われるのは、別にそれが技術の求めることだからではなく、我々の構築した法的、金銭的なシステムがそれを要求しているからだ。

騒乱や転覆をあれこれ喧伝する割に、シリコンバレーはあまりにそのシステムの奴隷になっている。多くの起業家にとっての究極の適応関数は、世界にもたらしたい変化ではなく「出口」、つまり自分たちや資金を提供してくれたベンチャー資本家にお金の山をもたらしてくれる買収やＩＰＯなのだ。「ウォール街」を罵倒するのは簡単だが、自分自身がその問題やそれを押さえる方法の探索から目をそらしてきたことは、つい忘れてしまう。

私はいつも、金融市場は単に市場経済全体の一面にすぎないという想定を当然だと思ってきた。金融市場と財やサービスの実物市場との区別に初めて気づかせてくれたのは、ビル・ジェインウェイだった。著書『イノベーション経済で資本主義を行う（Doing Capitalism in the Innovation Economy）』（未訳）で彼はこう書いている。「私は（イノベーション経済の歴史が）国、市場経済、金融資本主義の間で行われている継続的、相互作用的、相互依存的な三種類のゲームに動かされていると見るようになっている」

ビルが金融資本を、政府や市場経済と同等で別個のプレーヤーとして扱ったのはどういうことだろうか？　考えれば考えるほど、自分の体験に照らしてもそれが筋の通ったことに思えてきた。私の事業は、1983年創業の非公開企業で、創業資本は500ドルの中古家具とオフィス用品だったが、いまや年間売上は2億ドル近い。私は常に、財やサービスの実体経済のなかで暮らしてきた。もともとは技術ライティングのコンサルティング会社として、マニュアル書きにお金を出したいと思う顧客が見つかれば支払いを受け、新規顧客を探して収益にならない時間を大量に使った。いったん書籍出版社になると、自分たちの技能を製品の形にして、私たちの知識を学びたがる顧客に売った。さらに多くの製品を開発し、もっと多くの顧客を見つけ、もっと多くの人を雇うことで成長した。カンファレンス運営が事業に加わると、その参加費を払いたがる人々や主催したがる人々を探さねばならなかった。負債は使えるときもあったが、それは売掛金や在庫を担保にしたものであり、新しい支払い顧客を見つけて奉仕するという私たちの成長の根本的な原則に直結したものだった。自分の作るものにお金を払ってくれる人々を見つけねばならないというのは、実に多くの手前勝手な願望を消し去ってくれる。

そうこうするうちに、私たちの属するテクノロジー産業の多くの企業は、まったくちがうルールで運営されているのがわかってきた。財やサービスを顧客と交換することで支払いを受けるのではなく、お金を寄越すよう投資家たちを説得することで支払いを受けていたのだ。いずれ顧客はくるのかもしれないが、次のラウンドに出資してくれる投資家を見つけられさえすれば、そしてそれがIPOや買収まで続くのであれば、その会社には顧客ではなく「利用者」がいればいい。

私のキャリアの初期のころは、ベンチャー資本家たちはまだ本当の売上や利潤をあげる企業を構築してくれるだろうと期待して、起業家に出資していた。だがドットコムバブルの崩壊に至るまでの数年で、そのゲームが変わったようだった。起業家たちは本当の会社を作ってはおらず、むしろ特化した一種の金融商品を構築していた。その10年後の２００８年金融危機につながる年月に銀行業界を侵食したＣＤＯと大差ない、金融的な博打《ばくち》のような商品だ。今日の加熱したシリコンバレーブームでも同様に、起業家のエネルギーがおかしな方向に向いているのが見える。

こうした企業はしばしば何十億ドルもの金額で売却されるが、その価値は売上や利潤やキャッシュフローの倍数で評価されているのではなく、彼らがどんなものになる可能性があるかについての期待で評価され、関心の市場におけるフェイクニュースのようにプロモーションされている。この効果は、金融化の催眠術のような魅力を理解するための核心となる。

この期待の博打市場が持つ、乗数的な可能性を初めて味わったのは、１９９５年にＧＮＮをＡＯＬに１５００万ドルで売却してから、その売却金額のうちＡＯＬの株式で支払われた部分がＡＯＬの株価上昇に伴い、５０００万ドルに膨れ上がるのを目の当たりにしたときだった（もしＡＯＬの株価が頂点に達するまでそれを持ち続けていたら、弊社の価値は10億ドルを超えるものになっていただろう）。ＧＮＮは出版事業からの利潤を再投資したもので、いずれは本物のビジネスになると考えられたエキサイティングな新しいメディアを探求することで構築していったものだ。ＧＮＮを売却したとき、１９９５年の売上で考えれば10年間も本を売り続けないと得られないほどの金額が手に入った。

ＧＮＮは一連の買収のひとつでしかなく、デイヴ・ウェザレルのブックリンク（BookLink）や、ブリュースター・ケールのＷＡＩＳなど、ＡＯＬはまとめて株式1億ドルほどで買った。その買収はＡＯＬがインターネット企業になりつつあるという信号を市場に送った。するとＡＯＬの時価総額は、最初10億ドルも増えた。そしてそれがさらに何十億ドルも増加していくのを、私は唖然として見守った。

ＡＯＬは実際には、ダイアルアップネットワーク時代の支配的な企業から商用インターネットのリーダーへの変身には成功しなかった。だがそうなるかもしれないという期待のおかげで、同社は財やサービスの実物市場で何倍もの大きさのタイムワーナー社を買収できた。ＡＯＬとタイムワーナーの合併はとんでもない大惨事で、この合併会社の時価総額は、ピーク時には２２６０億ドルだったのが、２００億ドル以下にまで下落した。同じことがウーバーのような企業に起きないとも限らない。同社が自動運転トラックのオットー（Otto）社を買収したのは、実際に自動運転車やトラックを開発するための投資であると同時に、投資家に送る信号でもあったのだ。

企業の売上、キャッシュフロー、利潤と、その時価総額との比率は、金融資本の世界を構築する多くの空想上の数字のひとつだ。理論的には、株保有に内在する価値は、その期待される将来収益の現在の価値に基づく。実際にはそれは、純現在価値に、何百万人もの潜在的な売り手や買い手による期待を掛け算したものとなる。

株価は根本的に賭けだ。その企業が財やサービスの実物市場から得る収益は、将来は大きくなるだろうか？　なるなら、その会社の株式を保有する価値はある。

企業がその賭けに見合うだけの価値を実現できなくても、ＩＰＯや買収を通じて現金を得られたら、そこでスタートアップ企業や初期投資家が得る富は、公開市場の投資家から得たものとなる。これは賭けのどちらの側にいる者も喜んで負担するリスクであり、またイノベーションへのすさまじい燃料を提供してきた。イノベーターが将来報われることを期待し、そのためにリスクを取るよう奨励されるからだ。しかし加熱した市場では、多くのスタートアップが、本当の売上や利潤を実現するまともな計画などないのに、勢いがあるうちに「ばかなお金」を懐にして逃げ出そうとたくらんでしまう。

期待の市場が提供するすさまじいレバレッジ〔他人資本を使うことで、自己資本に対する利益率を高めること〕は、シリコンバレーのよいところすべての鍵だが、悪いところすべての鍵でもある。よい面として、このレバレッジの効いた金融の冒険主義は、シュムペーター式「創造的破壊」〔経済学者ヨーゼフ・シュムペーターは、イノベーションによる創造的破壊が持続的な経済成長をもたらすと主張した〕の巨大な波を可能にする。アマゾン、テスラ、ウーバーのような企業は、未来の希望や夢を現在の現金価値として資本化し、それを使って、長年損失を出し続けても世界を変えられるほどの事業資金を獲得できる。これはよいことだ。これこそが資本市場の存在意義で、大小の起業家がリスクを取れるようにお金が提供されている。企業がその期待に沿って成長する限り、やがては将来収益の真の正味現在価値〔投資期間のキャッシュフローから投資対象の現在価値を算出する指標のこと〕に近い比率で評価されるようになる。悪い面としては、今日高い価値評価を得ている企業の多くは、そうした期待に決して応えられないかもしれない。

経済学者カルロタ・ペレスは、あらゆる技術革命には金融バブルが伴ったと主張する。そのバブルが、まだ存在していない未来への投資資金を出す。そうした投資が容認されるのは、失敗が１００件あってもすさまじく大きなブレークスルーがあって、失敗分までの埋め合わせがつくからだ。ビル・ジェインウェイはこう書く。「たまに、決定的な形で、投機の目的は、根本的な技術革新の金融的な表現となります。運河、鉄道、電化、自動車、航空機、コンピューター、インターネットといった、大量導入により市場経済が一変したものがこれで実現しました」

これは事実だが、このシステムはまた極度にツキ次第であり、さらに現実の経済価値の破壊さえ引き起こす。ビル・ジェインウェイはこう語ってくれた。「このプロセスは本質的に無駄が多く、私がシュムペーター式無駄と呼ぶものです。試行錯誤と錯誤と錯誤を通じた進歩というわけです。だからもちろん、ツキがゲームを左右します」。要するに、多くのインターネット百万長者や億万長者たちですら、失敗に終わった買収で単にツイていただけなのだ。

しかし、それで終わりではない。企業の利潤を1ドル減らし、それを平均26ドル相当の通貨に変える魔法の手口があると知ったらどうする？　企業の利潤を1ドル減らし、何百ドル、何千ドルの通貨に変えられたらどうだろう？　これがまさに公開株（あるいはまともなＩＰＯや、すでに公開している企業による買収を迎えようとしている非公開株）に起こることだ。

株価収益率（Ｐ／Ｅ比）［株価を1株当たりの当期純利益で割って算出される指標。「ＰＥＲ」ともいう］は、ある企業の将来利潤の実際の正味現在価値と、その市場価格との差だ。アマゾンのＰ／Ｅ比は、執筆時点で１８８だ。フェイスブックは64、グーグルは29・5だ。Ｓ&Ｐ５００企業全体の比率は26ほどだ。つまり今日アマゾンが計上する利潤1ドルごとに、株価は１８８ドル増える。フェイスブックは64ドル、グーグルは29・5ドル増える。まだ利潤を出していないのに投資家が６８０億ドルと時価総額を計算している企業の場合、この比率は実質的に無限大だ。

このレバレッジは、株式をすさまじく強力な通貨にしてしまい、それに比べると実物財やサービスで使われる通常の通貨の購買力など圧倒されてしまう。アマゾンの２０１６年の利潤は24億ドル弱で、その簿価（同社の現金、在庫などの資産から負債を引いたもの）は１７８億ドルだが、同年末の同社の時価総額は３５６０億ドルだ。

アダム・スミスという変名で執筆した金融ライターのジョージ・グッドマンは、これを「スーパーマネー」と呼ぶ（グッドマンの同名の著書が１９７２年にワイリー社の投資古典版として出版されたとき、ウォーレン・バフェットは序文でそれを野球のパーフェクトゲームになぞらえている）。スーパーマネーは、今日拡大する金融格差の核心だ。ほとんどの人は、財やサービスを通常のお金と交換する。運のいい少数の人々にはスーパーマネーで支払われるのだ。

金融化された――つまりスーパーマネーで評価された――企業は、実物財やサービスの市場だけで運営している企業に比べ、巨大な優位性を持つ。

スーパーマネーで評価された企業を持っていれば、他の会社をもっと簡単に買える。弊社オライリー・メディアではときどき企業を買収しているが、財やサービスの実物市場で活動する非公開企業として、私たちは常に期待キャッシュフローの現実的な倍数でその企業を価値評価し、自社の内部留保やキャッシュフローを担保にした借入でその買収金額を支払わねばならなかった。あるとき、買収予定の企業の正味現在価値は、現在の売上と成長率から見て1300万ドルだった。ところが競合入札者がやってきて、その会社を4000万ドルでかっさらっていった。なぜそんなことができたのだろうか？　ベンチャー資本の出資を受けたＩＰＯを目指す「ホットな」会社だった彼らの株式は、似たような非公開企業の5倍以上の評価額になっていた。その成長に貢献するものとしてたった3倍のプレミアムを支払うのは、何でもない賭けだ。だがまちがえてはいけない。これはやはり金融市場の期待に対する賭けであり、事業の本当の営業キャッシュフローや利潤についての賭けではない。

もし従業員全員に対し、事業からの実際の収益で支払わねばならなかったら、彼らを豊かにしてあげられる能力には制約がかかる。スーパーマネーで支払いができれば――特にストックオプション（株式を今日の価格で買えるが、株価が実際に上がるまでそれをやる必要はないという権利）というスーパー＝スーパーマネーで支払えたら、あるいはスーパー三乗マネー（ＩＰＯ前のストックオプションを、ベンチャー資本家たちが支払っている金額からさらに9割引きで買える権利）で支払えたら、最高の才能を雇える。

スーパーマネーにアクセスができたら、何年も損失を出し続けたままでも営業できる。だからこそ、インターネット企業は、より古いそれほど時価評価の高くない企業を揺さぶれる。顧客便益が高く、技術やビジネスモデルの経済効率が高いからというだけではない。

確かにウーバーのサービスは、伝統的なタクシーやリムジンのサービスに比べると、車の呼びやすさ、利便性、顧客体験の点で優れている。だが投資資本を何十億ドルも持っていなければ、こんなに既得権益者を圧倒できただろうか？　それがあったからこそ、消費者のために低い料金を赤字で提供し、運転手にインセンティブを支払えたのだ。そうしたイノベーションに出資することこそが資本市場の存在意義なのだとは言えるが、その資本が既存のビジネスを破壊するのに使われ、それにかわる何か有用なものを作り上げていかない可能性もある。11章で見たように、シリコンバレーの富にきわめて大きな役割を果たしたストックオプションは、所得格差の問題の主要部分にもなった。シリコンバレー企業は、ほぼあらゆる従業員にストックオプションを出すから、実は他の多くの企業より利得の分配の面では優れている。それでもそうしたオプションは圧倒的に創業者や経営トップが偏重され、社員の位がひとつ下がると受け取る価値は一桁下がるのが通例だ。

　これは事業への貢献次第で適切かもしれないし、そうでないかもしれない。結局のところは、過去数十年で見られた生産性向上の膨大な部分は、すべての労働者ではなく、経営者の小集団の懐により入るようになったということだ。そして、市場が興奮すると、そうした人々が支払いを受ける通貨は、実体経済のどんなものもかなわない勢いで値上がりする。

　従業員に新しいオプションを発行するだけで虚空から生み出されたスーパーマネーの量は、驚異的だ。たとえば２０１５年には、グーグル社の株式による報酬は52億ドルだった。スーパーマネーの発行能力は、その会社の規模に比例するので、これまた勝者総取り経済を加速する。グーグル社の同年末の時価総額は５０００億ドル以上だから、この株式による52億ドルの報酬は、既存株主にとっては１パーセントの希薄化にしかならない。セールスフォース（Salesforce）［企業向けクラウドコンピューティングサービスを提供］のようなもっと小さい企業だと、市場価値は５００億ドル近いので１パーセントは５億ドルになる。だからセールスフォース社はグーグル社の３分の１の従業員を抱えてはいても、エンジニア雇用に

10分の1の報酬しか出せない。結果として、あるアナリストの話だと、セールスフォース社はいずれはもっと大きな企業に身売りするしかないという。同じアナリストは、これがリンクトインがマイクロソフト社に売却された最終的な理由だと信じている。今日の市場では、独立の企業として競争力を保てるだけの規模がなかった、というのだ（この発想は、経済学者デヴィッド・オーター、デヴィッド・ドーン、ローレンス・カッツ、クリスティナ・パターソン、ジョン・ヴァン・リーネンによる新しい研究とも整合しているのが示唆的だ。その研究は、所得格差の問題の一部はスーパースター企業の台頭が原因だという。その傑出した生産性により少数精鋭の高給取りを雇うことで、ますます市場を大きく支配できるようになるわけだ）。

株式に基づく報酬の別の影響は、それが企業に持続的な成長を求め、完全な市場支配と価値補促を目指すよう奨励するということだ。従業員たちが株式で支払いを受ける限り、企業について支配的投票権を持つ創業者たちですら、収益を増やして株価を上げ続けるという「市場」からの圧力に直面する。

株式による報酬に使われる金額はあまりに長いこと、多くの技術系企業がきちんと計上してこなかったものだ。アマゾン社とフェイスブック社が、株式による報酬を米国会計基準（Generally Accepted Accounting Principles：ＧＡＡＰ）に基づいた形で四半期財務報告書の一部に含めるようになったのは、やっと２０１６年第一四半期からだった。それまでは特別「非ＧＡＡＰ」報告という形でしか報告してこなかった。他よりも利潤の少ないツイッター社は、いまだにこれを適正に報告していない。それをやったら、利潤があるどころか、実は株式による報酬まで考慮に入れるといまだに赤字経営なのが示されてしまうからだ。

その企業が価値評価通りに育ち、株価が実体経済で富を稼いだベストケースでも、通貨が二つあって片方がなかなか見えず、その評価がまったくちがうことによる悪影響は生じる。通常のお金で支払われたら、それでも家は買えるが、少し悪い立地のところに越さねばならないかもしれない。スーパーマネーで支払われたら、高い賃料も払え、家の購入に使えるお金も増える。それが物件価格を引き上げて、財やサービスの通常市場で働く人々との距離はさらに離れてしまう。それだけでなく、スーパーマネーで支払われると、その一部を普通のお金にかえて投資家になれる。もっと広い株式市場で他の新しい企業に賭けたり、不動産を買ったりできて、さらに富を何倍にもできる。

不動産への影響としては、実体経済で生計を立てる人々への圧迫が強い。新規住宅を積極的に建てない限り、スーパーマネーで支払いを受けている人々は住宅価格をつり上げ、一般人がサンフランシスコのような街には住めないようにしてしまう。一方、持ち家が中産階級への入り口だった時代に設計された政府の政策は、この問題をさらに悪化させている。住宅ローン金利は税額控除の対象になるが、これはセカンドハウスにまで適用されるので、住宅価格をさらにつり上げ、高価な家を買える金持ちにたっぷり住宅補助金を与えることになってしまっている。住宅ローン金利控除に限度額を設ければこれを是正できるが、これで利益を得ている富裕層の利害により、阻止されている。

実体経済への負の影響は、それだけにはとどまらない。投資家たちは巨大な「出口」——少なくとも投資額の10倍を戻してくれる企業——に注目する。この桁はずれの勝者探究は、一般事業に資本が行かないという倒錯した影響を持つ。本当の価値をもたらしても、成長が遅く、決して世界規模になりそうもない会社に、投資家はまるで興味を示さない。

一方、ベンチャー投資家は投資銀行とほぼ同じリスクプロファイルを持つようになってきた。利得は自分のものだが、損失は社会化されるのだ。ベンチャー資本家には、年間運用手数料としてファンドの一定歩合——通常は2パーセント——が支払われることが多い。だから10億ドルのファンドを持つベンチャー資本企業は、ファンドの存続期間10年間で手数料として2億ドルを抜く。これらの企業は、リミテッドパートナー（資本の大半を出す投資家たち）に対して損失を出した場合ですら、手数料をそれだけ受け取るのだ。言いかえると、２０１５年の年間ベンチャー資本投資額５８８億ドルのうち、12億ドル近くが投資の成功とはまったく関係なくベンチャー資本家たちに支払われた。おかげでベンチャー資本は大量に資金を集め、ますます多くの資本を投資しようとする。証拠を見れば、小規模のファンドのほうがよい結果を出すのが通例なのだが、そうした証拠があってもそうなってしまう。

　スーパーマネーがあまりにも強力なので、多くの起業家やベンチャー資本家にとっては企業の価値評価もまた細工すべきものとなっている。ウェブサイトが検索ランキングに細工しようとしたり、ソーシャルメディアのエンゲージメントを細工したりするのと同じだ。企業価値は一連の資金調達でかさ上げされる。理想的には、価値の上昇は実際の進歩に基づいたものであるべきだが、ときには既存の投資家が、高まった企業価値に対してさらにお金を注ぎ込み、後からきた新しい投資家に自分たちの確信を伝えようとする。ドットコムバブルで起こり、いまのユニコーンバブルでも起こっているという説もあるように、さらにお金がなだれ込むと期待はますます現実から乖離してしまう。

　最悪のケースでは、企業は現実の顧客に奉仕するためでなく、資金調達のためだけに作られる。戦略的に「ピボット」［回転軸。企業経営における「方向転換」「路線変更」も意味する］が作られるのは、実際の事業を進めるためではなく、もとの事業アイデアがうまくいかないのに投資家たちにさらに賭け金を増すように説得するためになる。

　企業がひとたびベンチャー資本家からのお金を受け取ってしまうと、出口を狙うことにコミットすることになる。典型的なベンチャーファンドは、10年の期限を切ったパートナーシップだ。投資のほとんどは最初の２、３年で行われ、最も有望な企業への追加投資のために一部資金は確保してある。いったん起業家がベンチャー資本家からお金を受け取ったら、そのファンドの寿命の間にその事業を売却するか、株式公開するかを約束していることになる。が、ベンチャー資本家たちは、自分たちの投資の大半が失敗すると知っている。シャッターストック（Shutterstock）［2012年上場のネット素材（写真や動画、楽曲など）販売企業］の創業者兼CEOジョン・オリンガーは、起業家へのアドバイスで見事にこう述べている。「ベンチャー資本企業が何をするかというと、数百万ドルをいくつかの企業にばらまくんです。そのすべてを応援しているわけではない。単に、そのなかでいくつかが成功してくれればいいと思っているだけです。そういう仕組みのモデルなんです。みなさんとはまったくちがうリスクプロファイルを持っています。あなたの事業は、あなたにとってこれしかないものです。ベンチャー資本企業にとっては、100あるもののうちのひとつでしかないんです」

企業がベンチャー資本家のタイムテーブルによって一掃されるのを、私も目の当たりにした。ベンチャー資本がポジションを清算する時期になったというだけで、起業家は大した価値も実現しないままに売却を強いられるのだ。また企業が、顧客ではなく投資家のご機嫌取りに苦労するのも目の当たりにした。きちんと運営されたらいずれは何千万ドルもの売上とかなりの利潤をあげそうな、完全にまともな事業が、大博打に出ろと言われてしまう。財やサービスの実物市場で動いている企業は、期待の市場でうまく立ち回れば得られるかもしれない天文学的な出口を実現できないからだ。

調達資金の量と、調達タイミングも大きな差を生む。4章で論じたように、オンデマンドのカーシェアリングに関するスニル・ポールの特許は5年以上もウーバーに先行していたが、時代に先走りすぎていた。2011年に彼はサイドカー社を興したが、これはウーバーが黒リムジンをオンデマンドで呼ぶサービスを開始した2年後、そしてリフト社が一般人の自家用車で乗車を提供するようになったのと同時期だった。スニルは3番目だった。ウーバー社やリフト社はすでに巨額の資金を調達しており、スニルはとうとう、追いつけるだけのお金を調達できずに終わった。

ベンチャー資本なしで事業を育てる

私は、オライリー・メディアを創業したとき、長期間存続する会社を作りたかったため、非公開のままでいようと固く決めていた。コンサルタントとしての初期、私は多くの顧客がエキサイティングな新興企業から四半期ごとの業績しか気にしないランニングマシンに変わるのを見てきた。そんな未来はごめんだった。オライリー・メディアは、1969年にジャック&ローラ・デンジャモンドが創業したESRI［地理情報システムソフトウェアを開発・販売］や、1976年にジム・グッドナイトとジョン・ソールが創業したSASインスティテュート［データ分析ソフトウェアを開発・販売］のような企業になってほしかった。どちらも非公開の技術企業で、数十年にわたるイノベーションを経ていまだに精力的に活動している。

大ベンチャー資本家ビル・ジェインウェイとの友情は、1994年にGNNが商用ウェブの幕を開けていたころに、彼とそのパートナーたちが弊社に投資できないかと尋ねてきたときから始まった。サンフランシスコの騒々しい道端のカフェで昼食を食べながら、ビルとそのパートナーのヘンリー・クレッセルが事業についての私の野心を問い詰めたときのことは忘れない。昼食の終わりにビルはこう言った。「うちは決して君の会社には投資しないし、君も我々のお金なんかいらないだろう。我々もばかではないし、結局のところ我々の目標は手持ちのお金をずっと多くのお金に変えることだ。君はそういうことを目指していない」。私は彼の正直さと洞察が大いに気に入った。

1994年にビルが言ったことはさておき、彼は実は古株のベンチャー資本家で、本当の問題を特定して解決し、辛抱強い資本を動員して、本物の顧客がいる企業を構築することでお金を儲けようとする人物だった。その得意技は、大企業で冷遇されている深い技術資産を見つけて買収し、その技術を驚異的な起業家チームといっしょにまとめて事業化することだった。BEA（後にオラクル社が買収）、ベリタス（Veritas）（後にシマンテック〈Symantec〉社と合併）、いまや公開企業となったニュアンス（Nuance）社は、彼のホームラン3社だ。彼は本当の事業の構築を深く信じている。公開市場の価値投資の天才ウォーレン・バフェットと同じ哲学、つまりプラスのキャッシュフローに基づく企業の価値評価が成功する投資の秘密だ、という考え方を使っている。彼の導師たるフレッド・アドラーの口癖を、ビルは私に教えてくれた。「企業の幸福とはプラスのキャッシュフロー」というものだ。

長年にわたり私は、オライリー・メディアを売ってくれとか、外部投資家を入れろとかいういろいろな要求を断ってきた。むしろプロジェクトをスピンアウトさせて売却するほうを選んできた。GNN（AOLに売却）、ウェブレビュー（Web Review）（ミラーフリーマン〈Miller Freeman〉に売却）、ライクマインズ（LikeMinds）（アンドロメディア〈Andromedia〉と合併してからマクロメディア〈Macromedia〉に売却）などだ。そしてその売上は中核事業に再投資する。外部からの投資がないと事業の規模拡大ができないのはわかっていたが、非公開企業として持っている支配権を手放したくはなかったのだ。

シリコンバレーの投資モデルには驚異的な力があるのもわかった。GNNの丸2年近く後に創業したヤフー！が、ベンチャー資本を受け入れてインターネットの一大センセーションを起こすのも見たし、彼らがその資本を使って市場の拡大に追いつくために急速に事業拡大を行う様子も見た。もちろん、お金だけでなく実際にどうやるかも重要だが、ヤフー！はそれを見事にこなしてウェブ初のメディアの巨人となり、私がオライリー全体に外部投資を受け入れるかわりに売却したGNNの売却先であるAOLを、軽々と蹴倒した。

2002年、当時事業開発担当副社長だったマーク・ジャコブセンは、オライリー・メディアで新しい社内ベンチャーファンドを立ち上げた。これはいくつかの特筆すべき成功をあげた。そのなかには、後にグーグルに売却したブロガー（Blogger）（元オライリー従業員エバン・ウィリアムズが創業）や、ソフォス（Sophos）に売却したアクティブステート（ActiveState）も含まれる。

２００４年にマークは、外部投資家といっしょに本物のベンチャーファンドを立ち上げようと提案した。私たちはそれを、オライリー・アルファテック・ベンチャーズ（ＯＡＴＶ）と呼んだ。マークに加えて、ブライス・ロバーツがマネージングパートナーとなった。起業家に優しかったと思いたいところだが、私たちもベンチャーのゲームのルールに従うしかなく、それは最終的にはスーパーマネーによる出口を目指すということになる。

起業家たちが、従来のベンチャー資本モデルの悪い面なしにシリコンバレーの投資便益を手に入れることはできるだろうか？　ＯＡＴＶでの私のパートナーであるブライス・ロバーツはそう考えている。２０１５年に彼は、私とマーク・ジャコブセンに風変わりな実験を提案した。出口を目指しておらず、実体経済での売上や利潤やキャッシュフローを作りたい起業家に投資する方法を思いついた、と言うのだ。ブライスは、人々が思っているよりもそうした企業は多いと指摘した。ＳＡＳやＥＳＲＩだけでなく、クレイグリスト、ベースキャンプ（Basecamp）、スマグマグ（SmugMug）、メールチンプ（MailChimp）、サーベイモンキー（SurveyMonkey）――そしてそれを言うならオライリー・メディア――などは、みんな静かに儲けている。もっと最近になって、ブライスは「野心的な創業者たちは、何十億ドルもの出口は事業を〝電撃拡大〟するためのきわめて細かいプレイブックに従う人にだけ確保されるものだと教え込まれている」と指摘した。２０１６年の後半には、10億ドル以上の価値を持つ企業のM&A取引が7件あったが、そのうちベンチャー資本の後押しを受けていたのは4社だけだ。3社にはベンチャー資本の投資がまったく入っていない。

これは目新しいことではない。後に買収されたり公開したりした、アトラシアン（Atlassian）社、ブレインツリー（Braintree）社、シャッターストック社、リンダドットコム（Lynda.com）なども同じ形で出発し、最初は収益性向上と規模拡大を目指し、投資家を入れたのは、公開や売却に向けた道筋としてはかなり後になってからだった。遅い段階で投資家を受け入れるというのは、長期的には流動性を求める成功した非公開企業のありがちな戦術だ。結局のところ、創業者も永遠に生きるわけではないし、大株主が死亡すればおそらく、相続税で嫌でも会社を売らざるを得なくなる。

だがスタートアップは？　実体経済で頭角をあらわしたいと思っている企業に価値を提供しつつ、出口に向けたランニングマシンに乗せずにすむ方法はあるだろうか？　ブライスは、ｉｎｄｉｅ・《インディ・ベンチャー》ｖｃ《キャピタル》と呼ぶ、巧妙な解決策を思いついたのだった。

ｉｎｄｉｅ・ｖｃは、古典的なシリコンバレーのアクセラレーターであるＹコンビネーター（Ｙ Combinator）をお手本にしている。Ｙコンビネーターは、きわめて初期の企業から、少数ながら口出しできるくらいの株式をもらい、かわりにとても少額の現金と、事業計画、他の起業家とのネットワーキング、そしてやがてはその会社をベンチャー資本に顔見せさせるといった大量の支援を行うのだ。Ｙコンビネーターは大成功をおさめ、エアビーアンドビーやドロップボックス（Dropbox）といった企業の誕生を支援した。だがＹコンビネーターのプログラムやベンチャー資本出資の企業全般に言えることとして、その狙いは次のラウンドの資金を調達することにある。Ｙコンビネーターの場合、デモデイ（demo day）という資金調達での芝居じみた売り込みを完璧に行うために、何カ月もの作業と準備が行われる。ベンチャー資本が出資するスタートアップの場合、次の資金調達ラウンドで魅力的だと思わせるためにチームが達成すべきマイルストーン（標石）を焦点にする。理想的には、前回の資金調達ラウンドでの価格の何倍かになるのが望ましい。

ｉｎｄｉｅ・ｖｃの実験だと、投資と提供サポートの唯一の焦点は、企業が利益を出してプラスのキャッシュフローを生むことだ。「本当の事業は黒字を垂れ流す」というのがプライスのお気に入りの台詞だ。次の資金調達ラウンドで魅力的になるために達成すべきマイルストーンといった議論はない。デモデイもない。代償として我々が受け取る投資の取り分は、転換社債という形を取る。これは企業が利益を出してキャッシュフローがプラスになった場合には、配当の固定倍数で支払われるか、あるいは会社が後に投資家を受け入れて出口を目指すことにしたら株式に転換できるものだ。

投資家への支払い形態に配当を使うことで、プライスはベースキャンプやキックスターターのような会社と同じゲームプランに従っている。ベースキャンプの創業者でＣＥＯのジェイソン・フリードによると、ベースキャンプは毎年何千万ドルもの利潤があり、何千万ドルもの分配を行っているのだという。

最初に投資家から受け取る現金を減らし、低成長ながらキャッシュフローのプラスを目指すことの主なセールスポイントは、起業家にとって、配当の支払いではなく、大きな独立性、自由、支配権を実現できることだ。その支配権は、スタートアップが顧客に評価してもらえる限り、投資家の判断から独立して事業を続けられるようにしてくれる。ｉｎｄｉｅ・ｖｃの投資先であるスカイライナー（Skyliner）の創業ＣＥＯマーク・ヘドランドはこう書く。「ぼくたちや多くの仲間はこれまで、自分の大好きな仕事に大量の手間と時間を投下しても、企業が倒産して努力が無駄になってしまう憂き目にあってきた。破綻するスタートアップが多すぎる。すぐにすさまじい急成長を実現できないというだけで、業界としての作業のあまりに多くがゴミ箱送りになる」

その支配権はまた、スタートアップが自分の価値観や目的と整合したビジネスモデルを選べるようにする。深く思慮に満ちた技術報道でいまやシリコンバレーが頼りにするようになった「ザ・インフォメーション」は、見事な例だ。創業CEOジェシカ・レッシンは外部からの投資を受け入れず、早い時期から購読モデルを守ると宣言した。広告モデルでは大きな成長が必要なので、どうしても腐敗が生じるし、クリックとビューを追求するあまり、真実の追究がおそろかになると彼女は見ているのだ。

こうした実験の成否はまだはっきりしていないが、現在のモデルの問題点を示すものではある。ベンチャー資本家にはたっぷり確実な収益をもたらすのに、起業家にはしばしばほとんど何も提供しないシステムにうんざりして、スタートアップは金融市場カジノに背を向け、本当の事業を再び築こうとしているのだ。

デジタルプラットフォームと実体経済

財とサービスの実物市場に根ざす企業の重要性を強調するからといって、1950年代の中小企業の世界に戻れと言っているのではない。中小企業を21世紀に向けて再発明し、ネットワーク化されたプラットフォームを備えて力を広げさせようと述べているのだ。また、こうしたネットワーク化されたプラットフォームが、中小企業を律するルールを設定する力についての明晰な対話も呼びかけている——そしてプラットフォームを律するルールを設定する政府の役割についても。

巨大なシリコンバレーのプラットフォームが21世紀の会社組織のモデルなら、そのプラットフォームにとって重要な人々は、ネットワークハブやその会社自体にいる従業員だけではないということになる。こうしたプラットフォームの多くにおける参加者たちは、財やサービスの現実世界に生きている個人や企業だ。エアビーアンドビーで部屋を提供するホスト、リフトやウーバーで運転を提供している運転手、みんなある種の起業家だ。iPhoneやAndroid のアプリストアは、アップル社やグーグル社の製品を提供するだけではない。独立した開発者にとってのプラットフォームだ。フェイスブックやユーチューブは、創作者と消費者の双方に依存している。検索エンジン、イェルプ、オープンテーブルなどのサイトは、自分たちだけではなく他の企業へトラフィックを振り向けない限り、成功できない。

現在の金融市場は、あまりにしばしば実体経済を空洞化させ、格差を増やす。その破綻した哲学の誤りから学ぶのであれば、こうしたプラットフォームはパートナーたちのエコシステムの健全性と持続可能性にも献身しなくてはならない。これは単なる理想主義の問題ではない。利己性の問題だ。プラットフォームがあまりに多くの価値を自分の懐に入れてしまうなら、彼らは道を見失うのだ。

ユーチューブのようなビデオ投稿サイトは、ネットワークプラットフォームが新種の雇用を生み出す方法を理解し、既存企業が成長してプラットフォームに参加できるようにするためのよいモデルとなっている。ユーチューブ以前には、世界でビデオを共有する費用など想像もつかなかったはずだ。何十億本ものビデオを、だれにでも提供する？　それも無料で？　その10年後、売上が推定90億ドル以上とされるユーチューブは、いまだに利潤を出していないと報じられている。ビデオのホスティングと高速コンテンツ配信の費用構造はすさまじいものだ。ビデオのほとんどは何の広告もついておらず、ビデオを金銭化するときでもそれをクリエーターと共有する。55パーセントがビデオ提供者にいく。45パーセントがプラットフォームにいく。

ユーチューブのまわりには、活発な中小企業経済がある。ハンク・グリーンはユーチューブのスターで、ヤングアダルト小説のベストセラー作家である兄のジョン・グリーンとの各種チャンネルを合わせると、1000万人近いフォロワーがいる。彼はインターネット・クリエーターズ・ギルド（Internet Creators Guild）という組織を共同創設し、ユーチューブやフェイスブックなどのプラットフォーム上の「オンラインクリエーターたちをサポートし、代表し、つなげ」ようとしている。ハンクの推計では、ユーチューブだけで生計を立てている人々は3万7000人以上いて（かつかつで糊口《ここう》をしのぐ人から数十万ドル稼ぐ人までいる）、この副業で所得を得ている人は30万人近くいる。そしてこの数字は増え続けている。『インターネットクリエーター』が企業なら、シリコンバレーのどんな企業よりも大量に雇ってますよ」とハンクは言う。

ユーチューブは、スーパーマネーがよいことをする力もあることを証明している。このインフラが成功するためには、未来から借入をするしかなかった。これは、インターネット上のあらゆるインフラについて言える。通信帯域をオフィスや家庭、カフェや公共の場所に提供するプロバイダーからみんなが享受する無数の無料サービスまで、すべてそうだ。だが未来から借入れている人のすべてが、よりよい未来の実現という道徳的負債を返す責務があることを認識しているわけではない。スーパーマネーは贈り物ではない。それは義務なのだ。

価値創造を計測

適切に使えば、金融的な賭けの市場で作られた価値は実体ある人間の経済でも実現される。グーグルの創業者たちは、自らがすさまじい利益を得た——ラリー・ペイジとセルゲイ・ブリンはそれぞれ380億ドル以上の価値を持つ——そしてあらゆる従業員に配布されたストックオプションを通じて、彼らはグーグル社で働いたみんなのために富を作り出し、そこに投資した人にも儲けさせている。だがもっと重要なこととして、グーグルは他の企業や社会全体にもすさまじい価値を創り出した。

企業の財務諸表は、その企業が所有者のために補促した価値を計測して報告するものだ。他人のために作り出した価値が定期的に計測されたことはほとんどない。これは変わる必要がある。マッキンゼーグローバルインスティテュートのジェームズ・マニーカによると、2016年11月に「フォーチュン」誌がバチカンで開催したグローバルビジネスリーダーの会合において、CEOたちはお互いに、自分たちがまちがったものを計測していたのかもしれないと認め合っていたという。「我々は自分たちを株主価値で計測している。雇用創出や所得上昇についての指標があるべきだろうか？」

この方向についてはすでに小さな歩みが見られる。毎年、グーグルの主任エコノミストであるハル・ヴァリアンのチームは、経済影響報告を発表する。2016年の報告では、グーグル社は前年度、顧客に対するアメリカの経済活動を1650億ドル増やしたと推計した。この数字は、グーグル広告が出稿社の売上増に貢献した影響についての保守的な推計をもとにしている。出稿社ではなくても自然検索を通じて見つけられた企業に対するものを含めていたら、総額ははるかに大きくなるはずだ。おそらくそっちのほうが重要な数字だ。結局のところ、人々がほとんどあらゆるものについての情報を得るのは、グーグルなどの検索エンジンを通じてなのだ。取引サイトのグルーポン（Groupon）が2014年に行った研究によると、彼らのトラフィックの6割以上は検索からやってくる。

自然検索を無視して、有料広告のプラスの影響に関するグーグル社の数字を使うだけでも、2015年に広告出稿社に対して作り出された価値は、グーグル社自身のアメリカでの収入348億ドルの5倍近い。ラリーとセルゲイがグーグルを1998年に創業したことを考えれば、累積的な経済的影響は何兆ドルにもなるだろう。そして莫大なオンライン情報への無料アクセスがもたらす消費者余剰がはるかに大きいのはまちがいない。グーグル検索の利用者として、我々は実体価値の交換に参加し、無料の検索サービスや地図やナビゲーション、オフィスアプリケーション、ユーチューブのビデオホスティングなど、実に多くのものを、支払いをしているグーグル顧客がサービスを通じて出した広告をクリックする可能性と交換に受け取っている。トマ・ピケティですら、生産性向上と知識の広がりは所得格差を減らす力の一部であることに同意している。

要するに、社会全体に対して作り出された何兆ドルもの価値は、グーグルの株主に対して作り出されたスーパーマネーの価値（現在ではおよそ５６２０億ドル）より、はるかに大きい。成功とはそういうものだ。企業が捕捉するより大きな価値を作り出すと、こうなるのだ。

経済影響報告を定期的に発表するのは、グーグルだけではない。インターネット企業は自らの経済的影響を計測するのが通例となってきた。これは正しい方向への一歩だが、理想的にはもっと体系化されて、定期的な企業の財務報告の一部になるべきだ。企業の所有者や投資家のために作り出された価値と、他のステークホルダーのために作り出された価値との比率についての標準化された金融指標ができたらすばらしい。この比率は特に、勝者総取りのオンラインプラットフォームの世界では重要だ。エコシステムのために作られた価値はきわめて大きな関心事となる。

２０１６年夏、クラウドファンディングの先駆者キックスターターは、ペンシルバニア大学の研究者に報告書の作成を委託したが、その結論は、２００９年の創業以来キックスターターは、総計53億ドルほどのプロジェクトに資金を出し、生まれた中小企業８８００社は常勤２９００人ほどと非常勤のパート28万３０００人を雇っているというものだ。そうしたプロジェクトの多くはもちろん失敗した。ちょうどベンチャー資本家の出資を受けたものや地元事業として始まったものと同じように。だが大成功をおさめたものも多い。なかにはスーパーマネー経済に加わったものさえある。そうしたプロジェクトのひとつ、オキュラス（Oculus）は後にフェイスブックに20億ドルで売却された。そこからキックスターターは一銭ももらっていない（残念ながら、プロジェクトの支援者たちも何ももらえなかった。大成功をおさめたオキュラスの創業者たちが、当初の支援者たちを投資者として扱い、棚ぼたの儲けの一部をお裾分けしていたらすばらしい先例になっただろう）。

絶対金額はグーグルのものよりはるかに小さいとはいえ、キックスターターの捕捉価値と創造価値との比率ははるかに高い。キックスターターの手数料はたった5パーセントだから、企業としてのこれまでの総売上はざっと2・5億ドルほどということで、これは生み出された価値のごく一部でしかない。キックスターターは非公開企業であり、その共同創業者でCEOのヤンシー・ストリックラーは同社を売却したり上場したりする予定はないと明言しているので、公開した場合にキックスターターの価値がどのくらいになるかは予想もつかない。だがキックスターターは長期の事業を考えており、参加者から価値を吸い取るよりも、参加者のために価値を創り出すことを重視しているのだ。

キックスターターは、公益法人（Public Benefit Corporation：PBC）として登録することさえやっている。公益法人は、企業として株主だけでなく社会に対する影響も考慮しなければならないという法的要件が定められている。キックスターターの創業者は、ベンチャー資本家たちに最初から出口に向かうつもりはないと述べており、むしろベースキャンプやｉｎｄｉｅ・ｖｃのように株主への定期的な現金配当の仕組みを作っている。

ちなみに私は昔から、公益法人とその軽量版の兄弟であるベネフィット・コーポレーション（Bコープ）に対しては、複雑な気分を抱いてきた。こうした企業は投資家に対して、株主価値以外のものを考慮すると約束はするが、法的にそうする義務は負っていないのだ。公共の利益という考えは大好きだが、通常の企業が公共の利益を無視するよう法的に義務づけられているかのような考えは受け入れがたい。法学教授リン・スタウトの著書『株主価値の神話（The Shareholder Value Myth）』（未訳）は、株主価値の優先には法的な裏づけはないという説得力のありそうな主張をしているが、デラウェア州最高裁判所の長官レオ・シュラインはそれを否定する。ほとんどのアメリカ企業はデラウェア法の下で登記されているので、シュラインの見方のほうが法的に重みがある。だが正直に言って、企業には株主以外のあらゆる利害を無視する義務があるという判例があるなら、それが撤回されるのを見たいものだと思う。

手づくり商品の市場であるエッツィもまたベネフィット・コーポレーションであり、売り手にとっての便益を念頭に置いている。同社の経済影響報告はこう述べる。「エッツィの売り手は事業の新しいパラダイムを人間的なものにしています。長年にわたり、伝統的で支配的なモデルは財を可能な限り低い価格で提供することを優先し、成長のために手段を選ばないのを常としてきました。（中略）多くの面でエッツィの売り手は事業への新しいアプローチを表現しています。そこでは自律性と独立性のほうが収益と同じくらい、いやそれ以上に重要なのです」

エッツィの報告は、もっとソフトな統計や個人の成功物語だらけだ。平均で、売り手はクリエイティブ事業の収入が自分の年間家計所得の15パーセントを占めるという。17パーセントはクリエイティブ事業の収入を賃料や住宅ローンにあてている。51パーセントは「独立事業を営む」（つまりそのクリエイティブ事業が本業か、あるいは各種の所得の一部ということだ）と述べ、36パーセントは別に本業を持ち、11パーセントは失業者を名乗っている。

残念ながらエッツィは、ベネフィット・コーポレーションの地位が怒れる投資家から守ってくれるはずだと思う人々への警告にもなっている。２０１７年5月、エッツィのＩＰＯから2年後、同社の財務的な結果がいまひとつなことに怒った投資家により、ＣＥＯのチャド・ディッカーソンは更迭されてしまった。

エアビーアンドビーは、グーグル社やキックスターター社、エッツィのような総合的な経済影響報告は行わないが、定期的に個別都市の調査結果を発表する。たとえば２０１５年のニューヨークにおけるエアビーアンドビーの調査で、同社はエアビーアンドビーに滞在する訪問者はその前年に

11・5億ドルの経済活動を生み出し、1万人以上の雇用を支えたと述べる。2016年の調査では、オランダへの経済便益が8億ユーロだったと述べる。もちろん、ホテルの収入が減った分で多少は相殺されるはずだから、こうした数字はもっと精査すべきだろう。でもエアビーアンドビーの利益は、大ホテルチェーンの利益よりは一般人や中小企業に直接分配される分が大きいことは意識すべきだ。調査した年すべてのうち、エアビーアンドビーの物件の74パーセントは主要なホテルのある地域の外にある。エアビーアンドビーのゲストは平均でホテルより2・1倍長く滞在し、ホテル客より2・1倍消費していて、そのうち41パーセントがあまり旅行者のこない地元地域での消費だ。日本のような一部の市場では専門業者のエアビーアンドビーの果たす役割が大きいが、同社はますます「ホストひとりにつき家もひとつ」のルールを強化して、賃貸住宅ストックの短期賃貸への転換を最小限に抑えようとしている。ホストの81パーセントは自宅をシェアし、ホストの52パーセントは中低所得者で、53パーセントはエアビーアンドビーからの収入で自宅を維持しやすくなっているという。

WTF?経済の悪ガキ、ウーバーですら、自分たちの社会目標がプラスのものだと宣伝したがる。同社ウェブサイトの創業物語ではこう結論づけられている。「ウーバーで運転する女性や男性に私たちのアプリは、お金を稼ぐ、柔軟な新しい手法を提供しています。私たちは都市の地元経済を強化し、交通へのアクセスを改善し、街路を安全にするのに役立っています」。もし信頼できるデータに裏づけられた指標が公開されたら、この主張がどれほど強力になったか考えてほしい。少なくとも、消費者余剰についてはある程度の指標がある。北米でのウーバー価格づけに関する第三者の経済調査によると、2015年にウーバーは、本来可能なよりも低い値づけをしたことで、68億ドルを消費者に残しているのだ。

中国のアリババ（Alibaba）は、世界最大のeコマース市場タオバオ（淘宝）を所有しているが、経済影響報告は出していない。だが数字を見れば明らかだろう。900万人の第三者の売り手からの総商品ボリュームは2560億ドルだ。

アマゾンは、自社で在庫して直販する製品と、第三者の売り手からの製品をどちらも扱っているが、タオバオは買い手を第三者と直接つなげる純粋な市場で、イーベイに近い。そしてイーベイはすべての商品を巨大なカタログにまとめるが、タオバオの売り手はそれぞれ独自の店頭を持つ。またイーベイは、CEOのジョン・ドナヒューの下で、創業から支えてくれた中小企業に背を向けて大ブランドによる利潤の大きな販売を優先するようになったと批判されたが、アリババはそういうことはせず、グローバルブランドはTmallという別サイトにまとめた。こちらは総商品ボリュームが1360億ドルとなる。そしてアマゾンともイーベイともちがって、タオバオは売上の手数料は取らない。同社の収入はすべて広告からくる。売り手たちは、サイトで自分たちへの注目を高めるために広告を使うのだ（タオバオの姉妹サイトTmallは、3～6パーセントの手数料を取る）。

タオバオ、イーベイ、エッツィ、そして第三者販売者向けのアマゾンマーケットプレイスは、地元経済の再活性化に重要な役割を果たせる。これら企業はすべて、売り手の成功について自社で計測を行い、その結果をしっかり報告して、自社にとってだけでなく、マーケットプレイス参加者にとっても指標が右肩上がりになるように注意すべきだ。結局のところ、売り手がいなければ市場などがらんどうでしかないのだから。

中小企業は経済の屋台骨であり、民間雇用の半分近くを生み出している。政策担当者はこうしたプラットフォームが、中小企業を21世紀に連れてくる役割を理解し、その経済的影響を計測し、企業が自社のために抽出する価値だけでなく、もっと広い経済価値の創出を奨励する税制を構築しなくてはならない。

物干しひものパラドックス

何を計測するかは重要だ。1975年に環境活動家スティーブ・ベイアーがスチュアート・ブランドの「共進化クォータリー（CoEvolution Quarterly）」（「全地球カタログ」の後継誌）に発表した論説を読んだとき、多くの経済価値を無視して当然のものだと思っているという、奇妙な事実に魅了された。その論説は「物干しひものパラドックス（The Clothesline Paradox）」と題されていた。

ベイアーはこう書いた。「物干しひもをはずして電気乾燥機を買ったら、国の電力消費が少し増える。逆に、電気乾燥機をはずして物干しひもをつけたら、電力の消費は少し減るが、表やグラフのどこにも、いまや衣服を乾かしている太陽エネルギーが計上されているところはない」

物干しひものパラドックスは、新鮮な目で経済を見るためのツールであり、ルールを正しく書き直すためには不可欠なものだ。これまた、他の人には見えていないものを見る助けとなる汎用の概念のひとつだ。

また経済価値は、バリューチェーン上の地点ごとにちがった形で実現されていて、価値の重要な源はしばしば目に見えなかったり、当然のものと思われていたりするというよい教訓にもなる。たとえば、グーグルやフェイスブックは広告から得たお金で無料サービスを提供するが、コムキャスト（Comcast）のような企業は同じようなサービスへのアクセスに多額の購読料を課す。一方、インターネット利用者はしばしばコンテンツにお金を支払いたがらないと糾弾されるが、広告プラットフォームやインターネットのサービスプロバイダーが金銭化している活動の大半はユーザーから供給されているのだ。

少なくとも広告ベースのメディアは、その取引の性質はごまかさない。「関心をくれたら、無料サービスを提供するよ」というわけだ。だが、ケーブルテレビ会社の議論に使われている地図では、明らかに何かがおかしい。ケーブルテレビ会社は、プロが制作したテレビ番組のために支払いをしなくてはならない。彼らの事業のインターネット側では、ケーブルテレビ会社はそのコンテンツの多くを無料で手に入れるし、それを制作しているのはまさにアクセスのために彼らに支払いをしている顧客のほうなのだ。ケーブルテレビ会社などのインターネットサービスプロバイダーにとってのコンテンツ費用と、彼らのテレビ向けコンテンツ費用とを比べるだけで、ただ乗りしているのは消費者ではなく、ケーブルテレビ会社のほうだというのがわかる。ネット中立性に関する議論で重視されるべきは「物干しひものパラドックス」経済学であって、大企業による金銭価値捕捉の搾取的経済学ではない!

物干しひものパラドックスは、基礎研究、特にオープンな研究の価値を理解するすばらしい方法だ。そこでは情報が自由に共有される。このような莫大な配当をもたらす基礎研究の大半は納税者により負担されているが、政府が法人税やキャピタルゲイン課税の形で配当を受け取ろうとすると、受益者の多くが苦情を言い、それを避けようとする。

その起源のところで政府が一部を獲得し、投資家と同じようにスーパーマネーをもらうべきだという主張には一理ある。『企業家としての国家—イノベーションで官は民に劣るという神話』でマリアナ・マッツカートは、iPhoneなどの製品や薬品、農業イノベーション、新しい民間宇宙開発競争などに内包されるイノベーションにおける政府資金の役割を詳述している。彼女は、政府出資の研究を商業化しようとするスタートアップは、価値が創造されたらその一定割合を捕捉できるように「全国イノベーション基金」にロイヤルティを支払ったり、「黄金の株式」――希薄化できない一定割合の所有権を公共に与える――を発行すべきだと論じている。

そうは言うものの、イノベーションの価値は計測されない様々な形で社会に提供されるのも事実だ。2004年の論文で経済学者ウィリアム・ノードハウスは「シュムペーター的利潤」(「企業がイノベーション活動からの収益を獲得できるときに生じる利潤」)の量を推計し、1948年から2001年にかけて、技術進歩によって生み出された総価値のうち、生み出した人々が捕捉できたのは「ほんのわずかな一部」(2・2パーセント)でしかなかったことをつきとめた。人間知識の増大は私たちみんなを豊かにするのだ。

知識を囲い込むのではなく共有することで、競争優位の強力なテコがもたらされる。企業はあまりにしばしば、イノベーションからの利得の取り分を増やす最高の方法は、それを独占することだと考えすぎる。だがLinuxとインターネットのオープンソース先駆者たちが教えてくれたように、知識は共有されると倍増するのだ。

これは今日の人工知能研究における熾烈な競争でも成り立つことだ。フェイスブック社のAI研究グループ長ヤン・ルカンは、ほとんどの最先端のAI研究は今日、グーグル社、フェイスブック社、百度、マイクロソフト社で行われていると指摘してくれた。最高の人材を獲得するこれらの企業の能力において重要なのは、こうした企業が研究者にその成果を共有させてくれることなのだという。秘密主義の文化を持つアップル社は、最高の才能を引きつけられず、結果としてその方針を最近になって変えざるを得なくなった。

価値がどこで作り出されているか、どこで捕捉されているかを理解するのは、仕事の将来を考えるときにも同じくらい重要となる。次の章で見るように、次世代オートメーションが人間に十分な仕事を残してくれるかどうかは、何が対価の支払われべき仕事だと人々が見なし、何が当然視され何が無料であるべきだと考えるかという、すでに古びた地図に深く根ざしているのだ。

14章 職がなくなる必要はない

大恐慌が始まったころ、ジョン・メイナード・ケインズは驚異的な経済予測を書いた。当時世界を覆いつつあった恐ろしい嵐にもかかわらず、人類は実は「経済問題」――つまり日々の生存の探究――を解決する寸前なのだ、というのだ。

彼の孫の世界――**今日我々が住む世界**――は、「つまり創造以来初めて、人類は己の本物の、永続的な問題に直面する――目先の経済的懸念からの自由をどう使うか、科学と複利計算が勝ち取ってくれた余暇を、賢明にまっとうで立派に生きるためにどう埋めるかという問題だ」。

ケインズの思い通りにはならなかった。確かに、つらい不景気と世界大戦の後で、経済は空前の繁栄期に突入した。だがここ数十年だと、ビジネスとテクノロジーの驚異的な進歩が様々あっても、その繁栄はきわめて不均等にしか分配されていない。世界中で平均生活水準はすさまじく向上したが、現代の先進国では中産階級は停滞し、この何世代もの間で初めてのこととして、子供のほうが我々より生活水準が下がるかもしれない。ここでも我々は、ケインズが「何もかも欠乏している世界における失業というすさまじい異常」と呼んだものと、それに伴う政治的不安定さや事業見通しの不確実性に直面している。

だがケインズは正しかった。彼が想像した世界、「経済問題」が解決された世界も、実はちゃんとここにある。世界の貧困は空前の水準にまで下がったし、我々が手札をうまく切れば、ケインズが幻視した世界にまだ到達できる。

技術と知識の拡散は、先進国の労働者には経済的な課題を作り出したが、世界の貧困は大幅に減らした。「データで見る世界（Our World in Data）」という、ここ500年で世界がいかに改善してきたかを示すすばらしいビジュアルを集めたサイトを作ったマックス・ローザーが述べるように、「1981年においてすら、世界人口の50パーセント以上は絶対的な貧困状態で暮らしていた――それがいまや14パーセントほどに下がっている。これでも確かに人数は多いが、変化は驚異的な速度で進んでいる。データを見ると、現在の世界では世界史上空前の勢いで貧困が減っているのだ」。

ケインズの「孫たちの経済的可能性（Economic Possibilities for Our Grandchildren）」という論説の大半は、生産性が増大して機械があらゆる仕事をやるようになったとき、人間は何をするだろうかという問題を考察している。

人間がやるのに十分なだけの仕事は、本当にないのだろうか？

1930年のケインズはそうは思わなかったし、いまの私もそうは思わない。ケインズはこう書く。「私たちはいままさに、経済的悲観論のひどい発作に苦しんでいる。19世紀を特徴づけた、すさまじい経済進歩の時代は終わったとか、生活水準の急激な改善は鈍化する（少なくともイギリスでは）とか、今後の数十年で生活水準は、向上するよりは低下する見込みが高いとかいうのを、よく耳にするようになった。私は、これがいま起きていることについての解釈としてはまるっきりまちがっていると思う。**私たちが苦しんでいるのは、古い時代のリューマチではなく、あまりに急速すぎる変化の成長の痛みであり、ある経済時代から次の経済時代への調整の痛みに苦しんでいるのだ**」（強調は引用者）

そしてその通り、私たちは確かにまたも悲観論と懐疑論の合唱を耳にするようになっている。オートメーションが、かつて工場労働を破壊したのと同じようにホワイトカラー職も破壊するぞ、経済は成長に依存しているが成長の時代は終わったぞ、等々。

ケインズは的確にも、現在の不安の核心に命名している。**技術失業**だ。彼はそれを、労働の新しい使い道の発見が、労働削減手法の発見に追いつかないこと、と定義した。そして、こう結論する。「だがこれは、調整不良の一時的な段階でしかない」と。

ケインズと同様、私も楽観的だ。すでにかなりの混乱は起きているし、それは今後はるかに大きくなるだろう。だが社会として正しい選択をすれば、やがては切り抜けられる。短期の痛みは確かに本物だし、すでに論じた通り、この苦痛を軽減するために経済のルールを書きかえ、セーフティーネットを強化しなくてはならない。だが歴史を見ると、もし暴力革命なしにこの移行を乗り切れるなら希望を抱く理由はたくさんある。

1811年に、イギリスのノッティンガムシャーの織り手たちは、神話的なネッド・ラッド（その30年前に機械織機をたたき壊したとされる人物）の旗を掲げて反乱を起こし、彼らの生活を脅かしていた紡績機械を破壊した［ラッダイト運動と呼ばれる］。彼らが恐れるのは当然だった。機械は確かに人間労働を置きかえたし、社会がそれを調整するのには時間がかかった。

しかし、その織り手たちは、子孫がヨーロッパの王侯貴族よりたくさん衣服を持つことや、一般人が夏の果実を真冬に食べたりするなどは想像もできなかっただろう。人々が山にトンネルを掘り海底を進むとは想像もできず、空を飛ぶとも想像できず、大陸をものの数時間で横切ったり、高さ数百メートルものビルを持つ都市を砂漠のなかに建てたり、人が月に降り立ち、遠くの惑星のまわりに宇宙船を周回させたり、これほど多くの病気の苦しみを根絶したりするとは想像もできなかった。そしてこうしたものを実現するために、子供たちが意義ある仕事を見つけられるとも想像できなかった。

今日の技術の助けがあれば、まだ想像もできないどんなことが可能になるだろうか？

ニック・ハノーアーは、かつてこう語ってくれた。「人間社会の繁栄は、人間の問題に対する解決策の蓄積として理解するのがいちばんいい。問題がなくならない限り仕事はなくならない」

問題はすでに終わっただろうか？

そうは思わない。まだ気候変動への対応で必要となるエネルギーインフラのすさまじい転換に対処しなくてはならないし、新しい伝染病に対する公衆衛生の課題もある。ますます多くの高齢者が、ますます減る労働者に支えられる人口構造の逆転もあるし、都市の物理インフラ再建もある。世界中に浄水を供給し、90億人の衣食を満たして楽しませる仕事もある。居住地を失った何百万人もの人々を、悲惨なキャンプの難民ではなく、都市の定住者にするにはどうすればいいだろうか？　教育を再発明するにはどうしたら？　お互いの世話をもっとうまくやるにはどうすればいいだろう？

歴史を見ると、機械が奪った職について別の話もある。ラッダイトより最近の話だ。1960年代初期の宇宙競争時代にラングレー研究所で働いていた黒人女性数学者たちについての2016年の感動的な映画「ドリーム」の制作者のおかげで、ラッダイトの紡績機械に相当するものをドロシー・ヴォーン［主要登場人物のひとり］が見たときどう反応したかをいまや何百万人もが知っている。ヴォーンは、「計算手（computers）」［手動計算をする人間のことで当時は「コンピューター」と言われた］という役割を与えられ人種隔離された集団の監督者だった。この集団は全員がアフリカ系アメリカ人女性で、ケネディの宇宙プログラムの実現に必要な複雑な数学計算をすべて手計算でやっていた。彼女の物語を脚色した映画では、NACA（NASAの前身）がIBM7090コンピューターを買ったとき（大きすぎて室内に入れるのに壁を壊さねばならなかった）、ヴォーンはこの先に待ち受ける運命を理解し、このコンピューターのプログラミング言語FORTRAN《フォートラン》を自分が学んだだけでなく、職員たちに教えたのだった。失業するどころか、彼女たちはこれまで存在したこともない職を手に入れ、それまで実現したことのない何かを可能にした。

明日には、その新しい仕事は私たちが職と考えるものの形を取っていないかもしれない。ニックは「仕事はなくならない」と言ったのであって「職はなくならない」とは言わなかったことに注意しよう。問題の一部は、「職」というのが企業などの機関によって管理されて小出しにされるもので、個人はその作業に参加するために応募しなくてはならないということだ。金融市場は、人々や企業がやるべき仕事を達成するために報酬で報いることになっている。だが11章で論じた通り、今日では金融市場が報いることと、経済が本当に必要としていることの間の亀裂はますます拡大している。

ケインズが「何もかも欠乏している世界における失業というすさまじい異常」と言った意味は、まさにそういうことだ。企業は個人とはちがう動機や制約を持っているから、「仕事」はいくらでもあるのに、企業が「職」を提供できない・したくないことはあり得る。雇用の構造のため、企業は顧客の需要が確信できない限り、労働者を雇いたがらない。そして金融市場からの圧力のせいで、企業はしばしば雇用をカットすることで短期の便益を得ようとする。株価をつり上げたら、仕事を実際にこなす人々を雇うよりも高い収益を株主に与えられるからだ。やがて「市場」がすべてを調整し（理屈のうえでは）、企業は再びやる気のある労働者に職を提供できるようになる。だがそこには、大量の無用な摩擦や負の副作用がある——経済学者が「外部性」と呼ぶものだ。

技術プラットフォームが、人々や組織を必要な仕事と結びつけやすくする新しい仕組みを作り出すのは見てきた。仕事のもっと効率的な市場を作り出すのだ。これはウーバー社やリフト社、ドアダッシュ（DoorDash）、インスタカート（Instacart）、アップワーク（Upwork）、ハンディ（Handy）、タスクラビット（TaskRabbit）、サムタック（Thumbtack）などの企業を含むオンデマンド革命の核心にある、主要な原動力のひとつだと言えるだろう。こうしたプラットフォームがもたらす収入の不安定さと社会セーフティーネットを提供できないという欠点ばかりを見て、そのうまくいっている部分から目を背けてはいけない。こうしたプラットフォームを改良して、それらを通じて仕事を見つける人々に本当に役立つようにすべきであり、時計の針を戻して１９５０年代の常勤の仕事が保証された雇用構造に戻そうとしてはいけない。

　またリーダーシップの課題もある。やる必要のある仕事を正しく見極めることだ。テスラ社、スペースX（SpaceX）社、ソーラーシティ（SolarCity）社で新産業を起爆させるためにイーロン・マスクがやったことを考えよう。

　イーロンと同様に私は、自分の世代と次の世代にとって気候変動が、両親たちや祖父母にとっての第二次世界大戦に相当するものになると信じている。この課題に立ち向かわなければ、ひどい結果に苦しむことになるはずだ。課題への取り組みを通じてこそ、よりよい未来を構築できるのだ。エネルギーインフラを転換すれば大量の高給の職が提供できるのは明らかだが、技術が大きな役割を果たすのも明らかだ。たとえば、すでにデータセンターでは人工知能が電力効率を劇的に高めている。分散型で適応性の高い電力網を再考し、再構築するにはどうすればよいだろうか？　自動運転車を使うために都市のレイアウトを再考し、もっと環境に優しく健康的で暮らしやすい場所にするにはどうすればよいだろうか？　人工知能を使ってますます予想しにくくなっている気候を予想し、農業や都市や経済を保護するにはどうすればよいだろうか？

　２０１６年にマーク・ザッカーバーグとプリシラ・チャンが行った、彼らの子供たちの生涯のうちにあらゆる病気の治療法の確立を目指すイニシアチブに出資するという発表［このイニシアチブは彼らの娘の誕生をきっかけに発表された］は、現在の市場のか弱い想像力を飛び越える大胆な夢の例だ。この野心的な目標に向かって苦闘するなかで、ＡＩと機械学習が大きな役割を果たさないとは考えにくいし、同時に人間の遺伝学や生物学に対するコントロール拡大も重要になるだろう。すでに人工知能は、人間には不可能な解像度と精度のレベルで何百万枚もの放射線スキャンを分析するのに使われているし、同時に膨大な医学研究を人間の医師では不可能なレベルで把握する支援も行っている。すべての人の病気や障害をなくすにあたり、人間の仕事がたっぷりないとは考えにくい。

市場も無謬《むびゅう》ではない。政府にも役割がある。インターネット、GPS、ヒトゲノムプロジェクトでやってきた通りだ。その役割は、基礎研究への投資だけでなく、最大級の商業アクターの能力を超える協調活動が必要なプロジェクトにも対応するものでなければならない。政府は、市場の失敗にも対処しなくてはならない。これには今日の経済の首を絞めているコモンズの失敗、商業アクターたちの完全な悪行、金融市場の見当違いの適応関数や、経済学者たちの悪い地図などもある。

だが変化は、企業の「利己性、ただし適切に理解されたもの」で始められるし、またそこから始まるべきだ。GEでジャック・ウェルチの後継者としてCEOになったジェフ・イメルトは、旧GEの純粋に金融的な計算を拒絶し、同社を「世界最大級の難問」解決にコミットさせたと、2015年「ネクスト：エコノミーサミット」で私に語ってくれた。ジェフは、世界中によい職が不足しているというのは最大級の懸念である、と強く思っている。「次世代に雇用できる人々や必要となる技能に投資する必要があります。そしてそれは、学校と同じに企業の目的にもなるのです」。つまり、大企業の主要な産出物として利潤やすばらしい製品だけでなく、よい職があるということだ。重役たちは、適切な人が雇えないと文句を言っているだけではすまない。未来の仕事に必要な人々を訓練する責任を負わねばならない。彼は続けた。「競争力のある人材を育成するには、それを作り出す人々の最先端にいる必要があるんです」

問題は、みんなに行きわたるだけの仕事があるかどうかということではなく、エリック・ブリニョルフソンとアンドリュー・マカフィーが「セカンド・マシン・エイジ」と呼ぶもの、WTF？技術が可能にする生産性の果実を公平に分配するための最高の手段は何か、ということだ。

伝統的に、高まる生産性の便益をもっと広く行きわたらせる最も根本的なやり方は、同一賃金での労働時間を減らすことだった。１８７０年に平均的なアメリカ人（男性）は週62時間働いた。１９６０年にはそれがたった40時間強になり、その後はその水準をだいたい保っている。だが物質的な生活水準ははるかに高い。無給の家事（ほとんどは女性が行う）は激減しており、１９００年には58時間だったのが、２０１１年には14時間になっている。ひとつの重要な問題は、なぜ家の外の賃金労働時間が、家事労働生産性の上昇に対応する形で、過去50年でもっと下がらなかったのかということだ。これまでに起こったこととして、女性が賃金労働力に加わり、さらに低賃金国の労働者へのグローバルアクセス、直接的な法制による労働の交渉力の低下によって企業は、労働時間を減らして高い時給を払うかわりに余剰を利潤に回せるようになったという主張はできる。

教育もまた、実質的に労働時間を減らしてきた別のやり方だ。幼児はかつて働いた。19世紀には、子供はかわりに学校に通わされた。20世紀前半には、ハイスクール運動により就学期間がさらに6年増えた。20世紀後半には大学が加わり、さらに2年から4年ほど増えた。15章で論じるように、教育は21世紀の変わりゆくニーズに対応するためにさらに延長する必要がある。

この「調整不良の一時的な段階」はあまりに長く続き、あまりに多くの人々に経済的苦痛を作り出した。これを終わらせるために何とかしなくては！

人間が先見の明を発揮するのが実にむずかしいのは、とても残念なことだ。「エコノミスト」誌シニアエディターのライアン・エイヴェントは、その賢く洞察に満ちた著書『デジタルエコノミーはいかにして道を誤るか』で、産業革命によるイノベーションから20世紀後半の成功した経済に至るまで何世紀もの経済・政治的な闘争から学ぶべき教訓をたどる。繁栄は、生産性の果実が広く共有されるときに生じる（敵対、政治的な混乱、そして戦争すら、激しい格差からの実りだったが）。鷹揚な戦略こそが堅牢な戦略なのは明らかだ。

機械のお金と人間のお金

今日のシステムから、もっと人間中心の未来への移行を実現する仕組みとして、ユニバーサル・ベーシックインカム（Universal Basic Income：ＵＢＩ）が提案されている。この提案は、あらゆる人間が基本的な生活ニーズを満たすだけの所得を与えられるべきだというもので、進歩派には基本的人権の観点から魅力があり、また保守派には現在の福祉国家の複雑なルールを大幅に単純化する方法として魅力がある。

高名な労働運動指導者アンドリュー・スターンは、国際サービス従業員労働組合の長としての職を辞し、ＵＢＩを主張する本を書いた。Ｙコンビネーターリサーチは、カリフォルニア州オークランド市でパイロットプログラムを開始した。そしてピアツーピアの慈善団体ギブ・ディレクトリー（GiveDirectly）は、ケニヤでのパイロットプロジェクトに出資してくれと利用者に依頼している。ギブ・ディレクトリーの実験は、二つの面ですばらしい。これはすでに、必要とする人々に直接現金移転をする形で援助をするために、このプラットフォームを使う一般人によってクラウドファンディングされている。そしてそれは、発展途上国で行われているので費用が安く、プログラムを広範に実施できるから真にランダム化された対照実験が可能になる。

こうした実験は、ベーシックインカムという考え方が、１７９５年にトマス・ペイン［イギリス出身のアメリカの哲学者］によって提案され、もっと最近では１９６２年にミルトン・フリードマン［アメリカの経済学者］（そして２０１４年にはポール・ライアン［政治家・現アメリカ下院議長］）によって提唱されてから、どれほど進歩したかを示している。ＵＢＩへの反対論は多くあり、特にそれを真に普遍的にする場合の費用の問題は大きいし、必要だろうとなかろうと人々に所得を提供することで、本当に必要な人に的を絞った援助をする既存のプログラムに資金がまわらなくなるという主張もある。だが最低でも、ＵＢＩは社会セーフティーネットを構築するまったくちがう方法を想像する説得力ある練習となる。その資金をどう確保するか考え抜くことで、経済のパイをまったくちがう形で切り分ける方法も考えられるようになる。

ＭＩＴの労働経済学者デヴィッド・オーターに、ユニバーサル・ベーシックインカムの自然実験［実験要件を満たす、実在する外的な環境を利用する実験］はないのか、そこから教訓は得られないのか、と尋ねた。彼はサウジアラビアとノルウェーの対比をあげた。どちらも石油による莫大な富があるが、サウジアラビアではその富の大半は人口のきわめて少数にしかいかない。社会における日常の仕事のほとんどは蔑視されていて、それは低賃金の「出稼ぎ労働者」による下層階級が行い、エリート層は名目だけの職をこなすか、暇つぶしに精を出している。これに対してノルウェーでは、オーターによると「あらゆる種類の仕事が価値あるものとされる。みんな働くけれど、少し少なめに働くだけだ」。石油利潤の鷹揚な再分配と、万人のものと理解されている富から資金を得た強力な社会セーフティーネットにより、ノルウェーは世界で最も幸福で豊かな国のひとつとなっている。

技術的な観点からは、グーグルでＧｍａｉｌを作り、現在ではＹコンビネーターのパートナーとなっているポール・ブックハイトと、Ｙコンビネーターの親分サム・アルトマンに話を聞いた。２０１６年の会話で、ポールはこう話してくれた。「２種類のお金を作る必要があるかもしれないね。機械のお金と人間のお金だ。機械のお金は、機械で作られたものを買うためのものだ。人間のお金は、人間だけが生み出せるものを買うのに使うんだ」

ちがう種類の「お金」があるべきだという発想は、具体的な提案というよりは挑発的な例えだ。お金はすでに、まったくちがう種類の商品やサービスの間での交換レートに合意をするための手段となっている。なぜちがう種類のお金がいるのだろうか？　ポールがこれを本気で言っているのかどうかは確信がない。彼が指摘しているのは、歴史の各段階で、お金を創造する主な力はちがっているということだ。かつては土地所有が大金持ちへの鍵だった。産業の時代には、人間と機械の労働の組み合わせをお金にかえることに最適化した整然とした仕組みが構築された。21世紀には、ちがう種類の価値を認識して最適化する必要がある。

ポールの議論は、人間が提供して機械が提供しない重要なものが「オーセンティシティ（信憑《しんぴょう》性）」だというものだ。機械製の安いテーブルを買うこともできるし、人間の手づくりのテーブルも買える。長期的には、前者の価格は（機械のお金で）低下するはずだが、後者は常に人間のお金（作るのに必要な時間数にだいたい比例する何らかの量）でおおむね同じになる。

ポールは、多くの人が「ユニバーサル・ベーシックインカム」と呼んでいるものの正しい呼び名は、トマス・ペインが1795年の論文「農民の正義（Agrarian Justice）」で使った「市民配当」であるべきだと信じている。ペインは、未開墾地の価値を新生アメリカ合衆国のあらゆる市民が共有すべきだという訴えをしている。ポール・ブックハイトは、人類の全員が技術進歩の果実についてある程度の分け前を得るべきだと示唆している。つまり税制を使って機械の生産性の一部を捕捉し、それを日々存在しているニーズをまかなうために使う配給として万人に提供すべきだというのだ。同様に2017年にビル・ゲイツは、「ロボット税」を提案した。その税収は、子供や高齢者の世話と教育に使うのだ。

ポールは、次世代の機械生産性から得られる見返りは分配され、みんなが十分な「機械のお金」をもらって基本的ニーズを満たせるようにすべきだと考えている。一方、その生産性はまた、財をもっと低い価格で提供し、市民配当の価値を高めるように使われるべきだ。これぞ、ケインズが孫たちのために予見した繁栄の世界だ。

ユニバーサル・ベーシックインカムの費用を、どうまかなおうか？　アメリカの連邦政府が社会福祉プログラムに使うお金――2014年には6680億ドル――は、国民ひとりあたりたった2

400ドルにしかならない。ベーシックインカムについて書かれている『隷属なき道――AIとの競争に勝つ　ベーシックインカムと一日三時間労働』の著者ルトガー・ブレグマンは、パイをちがった形で切り分ける。必要のない人に所得を提供するよりも、負の所得税を使って本当に必要な人だけに現金をあげようというのだ。ライターのマット・ブルーニングとエリザベス・ストーカーの2013年の計算によると、貧困ライン以下で暮らすアメリカ人全員を貧困ラインの水準にまで引き上げるために必要な金額はたった1750億ドルだという。

サム・アルトマンは、いまユニバーサル・ベーシックインカムの費用をどう捻出するかを議論している連中は、まったくポイントをはずしていると言う。彼は、ベンチャー資本企業ブルームバーグ・ベータにおいてアンディ・スターンとアスペン研究所のナタリー・フォスターとで行った、UBIをめぐる対談の席上でこう述べた。「必要なら、費用はまかなえると確信していますよ」。その後の私たちの会話で、サムがそれを敷衍《ふえん》して説明したところでは、テクノロジーから得られる生産性利得はすさまじいものであり、そうした利得は機械が生産するあらゆる財の価格を下げるのに使える――基本的ニーズを十分に支えられる財やサービスのバスケットは、今日は3万5000ドルかもしれないが、機械がきわめて多くの人間の職を奪ってユニバーサル・ベーシックインカムが必要になった世界では、3500ドルしかかからないだろう、と言うのだ。

ハル・ヴァリアンも同意する。「実際、そういうふうにならざるを得ないんです。もし低コストでたくさんの産出を生むからということで人々が技術を採用したら、パイ全体が大きくなる。本当の問題は、その追加価値がどう分けられるかということです」

ポールもサムも、あらゆる財が均等に安くなるわけではないという点には触れていない――たとえば多くの都市では、消費財価格が低下しても住宅価格が急激に上がった。また、そうした見返りを分配するときの政治的障害にも触れていない。それでも、機械のお金が人間のお金とはちがったルールで運用できるというポールの比喩を支えるだけの真実が、この発想にはある。深遠なことに、機械のお金の価値は通貨が普通に増えるように増えるのではなく、機械による生産性向上がもたらす費用の低下が絶えず購買力を高めるから増えるのだ。一方、機械で作られるものすべての費用が低下することは、人間だけができる仕事の価値は下がらずに上がるべきだという話につながる。

本章の残りでは、こうした未来が実現しつつある部分と実現していない部分について議論しよう。

職のない未来に関する疑念の大合唱は、オープンソース・ソフトウェアによりソフトウェア産業が死ぬと警告していた合唱と驚くほど似ている。クレイトン・クリステンセンの「魅力的利潤保存の法則」は、ここでも成り立つ。何かがコモディティ化すると、他のものの価値が上がるのだ。今日の作業がコモディティ化したときに、何の価値が上がるかを考える必要がある。

世話とシェア

生活必需品がまかなえるだけのユニバーサル・ベーシックインカムがあったり、有給労働時間が家事労働と同じくらい減って賃金が上がったりした場合、人々は余った時間で何をするだろうか？ ケインズは正しかった。人類の重要な問題は、目先の経済的な心配から解放された自由をどう使うべきか、余暇をどう潰すべきか、そして、「賢明にまっとうで立派に生きるため」にどうするべきか、ということなのだ。

生計を立てるために働く必要がなくなったら、みんな時間をどう使うだろうか？ まずは人間らしさが必要となる仕事だろう。親や友人の世話をする。子供に本を朗読する。そして好きなことをやる。愛する者との食事を楽しむのは、機械で効率化できることではない。

私は2種類のお金を区別するというポールの発想は大好きだが、それで十分かどうかを考えてしまう。人間のお金という彼の概念は、まったくちがう種類の財やサービスを包含している。人と人とのふれあいを含むもの——子育て、教育、各種の世話や介護——と、創造性に関わるものだ。ひょっとすると、「人間のお金」をさらに「世話のお金」と「創造性のお金」に分けるべきかもしれない。世話は衣食住と同じく生活必需品であり、公正な社会においては万人に与えられるべきだ。理想的な世界では、世話は人々が愛する者たちを気づかうなかで、家族やコミュニティから自然に生じてくるものだ。

世話においては、時間が重要な通貨となる。そしてこれで話は一巡して、従来の雇用の代替としてのオンデマンド経済の話に戻ってくる。多くの人にとって、個人的な**人間の**時間と、機械のお金の時間とのよりよいブレンドを可能にするオンデマンドのプラットフォームは、産業の時代の軍隊式常勤週40時間労働という職の世界に人々を戻そうとするより、はるかに優れた労働経済に向けての真の一歩だ。

アン=マリー・スローターは、シンクタンクのニューアメリカの代表であり『仕事と家庭は両立できない？——「女性が輝く社会」のウソとホント』の著者だが、オンデマンド経済は「働き方だけでなく、消費のパターンも変える」と述べている。彼女は、育児休暇を取ったり、両親のための介護休暇を取ったりする選択が、キャリアを終わらせる動きにならない未来を期待している。彼女はサンフランシスコで開催された私の2015年「ネクスト：エコノミーサミット」での壇上インタビューで、こう語ってくれた。「世話は予想がつかず、伝統的に仕事は固定されています。それではうまくいきません。だから自分で自分の仕事のスケジュールを決められるようになれば、それは介護や世話問題の解決策になります。でもそれが解決策となるのは、人々が生計を立てて世話をする家族を支えられれば、の話です」

経済はお金の取引で栄えるし、世話の世界ですらお金は時間のかわりになる。有料の専門家によるケア経済もあり、そこには医師、教師、看護士、介護士、ベビーシッター、理容師、マッサージ師などが含まれる。１９５０年の時点で、２０１４年のアメリカには30万人近い「フィットネストレーナー」がいるなど、だれが予想しただろうか？

現在の経済の形を見れば、この種のサービス職が大量にあり、それが増えていることがわかる。コンサルティング企業デロイトがイギリスの国勢調査データを分析したところ、１８７１年にはケア経済の雇用は労働経済全体の１・１パーセントだった。２０１１年にはそれが12・２パーセントだ。この報告はまた、１９９２年から２０１４年にかけて、介護・看護の補助職や助手職は10倍になり、教師補助の数は7倍近くになったと述べる。

人口ピラミッドが逆転し、高齢者のほうがそれを支える若者よりはるかに多くなると（２０５０年には多くの先進国がそうなる）、世話の仕事をする人数が不足して、機械がその穴を埋めるために使われるかもしれない。この問題は先進国だけのものではない。中国の中産階級は急成長しており、ケアサービスの熱心な消費者だ。

オンデマンド技術は、市場をさらに広げる可能性を持っている。高齢者の在宅ケアサービスを提供しているオナー（Honor）社の創業者セス・スターンバーグは、その介護士たちを常勤従業員として福利厚生もつけて雇っているが、介護をもっと柔軟で消費者の手が届くものとするためにオンデマンド技術を使っている。セスの話だと、必要なだけの介護を必要なときにだけ手配できるというのは、これまでこうしたサービスに手の届かなかった人々でも使えるようになるということで、おかげで市場は拡大するのだという。

経済的な問題は、世話が社会で不十分な価値評価しかされていないということだ。「物干しひものパラドックス」を持ち出すなら、まさにこれが好例だ。なぜ社会にとってこれほど価値ある仕事が、無料か、有料でも実に乏しい支払いで提供されるのが当然視されているのか？

我々が、人間の活動を排除するのではなく、そこに価値を置くという新しい地図をもとに活動していくなら、まず世話に経済価値をつけるところから始めねばならない。

考えてみれば、実はこれこそは、まさにほとんどの国（そしてアメリカの進歩的な雇用主）が、男女両方に長期の有給育児休暇を与えるという形でやっていることだ。あるいは国が介護サービスに公共の補助金を出すのもそうだ（アメリカは有給育児休暇を義務づけていない世界でたった二つの国のひとつだ。もうひとつはパプアニューギニアだ）。

育児休暇は皮切りでしかない。幼児教育も、ベーシックインカムや親が子供といっしょにすごせるような柔軟性をもたらす経済システムによって革命的に変わる。もっと多くの教師を高い賃金で雇い、公立学校での学級人数を、最高の私立学校の水準まで減らすのも、ケア経済への現実的な移行手段となる。子供の世話が不十分だったツケがいずれはまわってきて、すぐにではなくても人生の後半で医療費や刑務所費用といった形で支払いを余儀なくされるということは、だんだん認識されるようになってきた。

育児、介護、教育の費用に変化がない場合でも、他の何らかの方法で社会標準としてもっとよい所得分配を作り出すという問題をうまく解決できたら、人々は自然にその所得の多くを世話や教育などの活動に向けるのではないだろうか。結局のところ、我々は十分な所得さえあれば、当たり前のようによりよい、より個人的なサービスにお金を出すのがわかっている。いまでも金持ちは医師が往診してくれて、個人教授が当然の世界にいるのだ。

人工知能で定型的な認知作業がコモディティ化したら、人間のふれあいの価値が増し、それが競争優位の源になるのではないか？

市場の力と政治的行動の組み合わせで、自動化によって消えない仕事をする人々の稼ぎを増やせるかという問題は残る。たとえ職がなくならなくてもそうした職への支払いでどんな人生を送れるのかは考慮していかねばならない。少数の人々が生産的で高給な職を享受し、高価なレジャー活動やパーソナルケアに耽溺《たんでき》する一方で、他の人々が踏みにじられるような世界は、だれも望むべきではない。

巨大で美しいアート市場

本章の前半で示唆した通り、21世紀の主要な仕事は、今日のデジタル認知技術の力を使って、19世紀と20世紀の先人たちが産業用ツールで実現したものに比肩するような、現在は思いもよらない飛躍的な進歩を実現することだ。それを実現するために必要な作業時間は、ずっと少なくてすむかもしれない。ちょうど、過去数世紀にわたってより多くの人々を喰わせるための労働量を大幅に減らしてきたように。

19世紀、20世紀の仕事には、食糧生産、商業、輸送、エネルギー、保健や公衆衛生のイノベーションだけでなく、そうしたイノベーションで可能になった莫大な種類の財やサービスを多くの人々が消費する新しい方法も含まれた。だから、認知の時代もまた、新しい種類の消費をもたらす。これは創造的なお金の領域になる。創造性は、人々すべてのなかにある抜きがたい源泉だ。それは私たちを人間たらしめる部分であり、多くの点で、それは完全に金銭の経済とは独立している。

「クリエイティブ経済」がエンターテイメントや芸術に限られるという考えはまちがっている。創造性は、ポール・ブックハイトの機械のお金を特徴づけるもののどれにも負けず劣らず強烈な、蓄積の競争だ。それはファッション、不動産、贅沢品などの産業の中心にある。そのどれも、富裕層がもっと所有し、享受する競争に左右されていて、ときに自分の富をただ誇示するためにある。

創造性のお金というのは、人々が生活必需品以外にプレミアムを支払うというだけの話だ。スポーツ、音楽、アート、物語、詩。友人とのワイン。映画や地元のコンサート会場への外出。美しいドレスにかっこいいスーツ。最新のレブロン・ジェームズ［プロバスケットボール選手］モデルのバスケットボールシューズに注ぎ込まれる、デザイン、製造技術、マーケティングの組み合わせ。

社会のあらゆる水準の人々は、美や地位、帰属感、アイデンティティを表現し、体験する手段として、そのプレミアムを支払う。創造性のお金は、メルセデス・ベンツCクラス［ベンツの高級車で売れ筋車種］とフォード・トーラス［フォードの主力だった大衆向け乗用車］の差額に人が支払うお金であり、地元のフランス料理屋ではなく、フレンチ・ランドリー［全米一予約が取れないと言われる三ツ星レストラン］のような世界的に有名なレストランでの食事に支払うお金であり、マクドナルドではなく地元のフランス料理屋での食事に支払うお金だ。余裕のある人が、両親たちのやったようにでかい缶に入ったフォルジャーズ［アメリカで広く普及するコーヒーブランド］のコーヒーを飲むのではなく、一杯ずついれたカプチーノを飲むために3ドル余計に支払う理由でもある。地元のディナー劇場の切符は当日券だってあるのに、ミュージカル「ハミルトン」［アメリカ建国時代を描き記録的な興行成績となったブロードウェイミュージカル］を見ようと人々が巨額のお金を払ったり、何年も待ったりする理由でもある。

芸術批評家で、マッカーサー基金の「天才賞」を受けたデイブ・ヒッキーは、ゼネラルモーターズ社のハーレー・アール（アメリカの大企業における史上初のデザイン部長）が第二次世界大戦後の自動車を「アート市場」にした様子を描いている。ヒッキーは「アート市場」を、製品が**何をするか**だけでなく**何を意味するか**に基づいて売られる市場だと定義する。毎年新モデルを入れかえることで、デトロイトは戦後のアメリカの工場にあったすさまじい生産能力を吸収した。

コンピューターを「アート市場」にするというのは、スティーブ・ジョブズが1997年にアップル社に戻ったときにやったことを見事に説明する表現だ。「Think Different」は、アップル社から買うことは自分が**何者**であるかを表現する手段なのだ、という強力な主張だった。そう、製品も美しくて有用だったが、自動車が消費者の欲望の究極的な対象だったころと同じく、Macとその後のiPhoneはアイデンティティの表現となった。デザインは単なる機能的改善ではなく、ある主張をする手段だった。パソコンがコモディティ化した世界では、デザインは付加価値の独特な源となった。ここでも魅力的利潤は保存された。

18世紀末、サミュエル・ジョンソンは短い小説『幸福の探求　アビシニアの王子ラセラスの物語』で、大ピラミッドは「しつこく人生を食いつくそうとし、常に何らかの作業を通じて満たされねばならない想像力の渇望のみに従って建てられたようだ。すでに享受できるあらゆるものを所有している人々は、自分の欲望を拡大しなければならない。使用のために建ててその用途が満たされた人物は、今度は虚栄のために建て始めねばならず、別の願いをすぐに立てる羽目に陥らないように、人間の最大の能力に合わせた計画を立てねばならなくなるのだ」と述べる。つまり、あらゆる必要性が満たされた世界ですら、そこには「欲求だらけの世界」がまだある。

生活必需品に費やす十分な所得があれば、一部の人々はそれ以上頑張らない道を選ぶ——家族や友人との時間を増やし、クリエイティブな探究や何か好きなことに時間を使うために。しかし、機械が基本的な仕事の大半をやり、みんなが基本的な生活費用をカバーできるだけの施しを得たとしても、追加の創造性のお金をめぐる競争が経済を動かすかもしれない。おそらく、一部の人がカツカツの生活を送る一方で、堅実に収入を伸ばす中産階級、莫大な財産を得る人もやはり出現するだろう。

私は、グーグル社の主任エコノミスト、ハル・ヴァリアンがある晩に夕食会の席上で述べた一言に魅了されている。「未来を理解したければ、いまの金持ちがやってることを見ればいいんだよ」。これを心ないリバタリアン［自由至上主義者］的な考えだと思うのは簡単だ。その夕食会に同席していたハルの元教え子で共著者のカール・シャピロは、オバマ政権の経済諮問評議会を退任したばかりだったが、この発言にゾッとしたようだった。だが少し考えてみれば、確かにその通りだ。

外食はかつて金持ちの領域だった。いまやはるかに多くの人が外食する。最も活気のある都市では、特権階級が未来の味を体験しているが、それはみんなの未来になるかもしれない。レストランは創造性とサービスに基づいて競争し、「みんなの私設運転手」は人々を体験から体験へと快適に連れ回し、一点もののブティックはユニークな消費財を提供する。かつて、金持ちはヨーロッパの大旅行をした。いまやサッカーのフーリガンたちがそれをやる。携帯電話、デザイナーによるブランドファッション、エンターテイメントは、すべて民主化された。モーツァルトは神聖ローマ皇帝がパトロンだったが、クラウドファンディングのキックスターター、ゴーファンドミー(GoFundMe)、パトレオン(Patreon)は、その機会を何百万もの一般人に広げた。

こういったことは、特権階級の空疎な物言いのごとく聞こえる。だが広く見わたしても成り立っているのだ。携帯電話は世界の最も貧しい地域にも見られる。ウォルマートで売られる衣料や食品、消費財の多様性には50年前の金持ちですら驚愕するだろう。

レストラン、そして食品一般は、経済の未来についての深遠な教えを与えてくれる。どこでだって食品は、**観念**とブレンドされて価値を高めているのだ。コージブスキーが言ったように「人々は食品を食べるだけではなく、言葉を食べる」。これはただのコーヒーじゃありません、フェアトレードの単一産地コーヒーなんです。そしてごらんなさい、6種類もあるんですよ。全部試してもらわないと。これはただの果物や野菜じゃありませんぜ。有機栽培で産地直送なんです。このパンはグルテンフリーです。これはノースカロライナバーベキュー？　それともテキサスバーベキュー？　フライドチキンはＫＦＣ［ケンタッキーフライドチキン］なのか、チャーチ［全米展開するチェーン店］なのか？

どの価格帯でも、独特の体験をもたらす競争がある。食品はコモディティだけれど、クリステンセンが指摘したように、あるものがコモディティになれば、それに隣接する何かが価値を持つ。活発な都市では、めまいがするようなクリエイティブで多文化的な食事の選択肢があるのだ。

２０１６年に私は、ホワイトハウスの職員と会った。グローバル起業家サミットで、オバマ大統領が壇上で対談すべき相手について助言がほしいというのだ。「いまいるここは、オークランド市のすばらしいレストランです。このブーツ＆シューサービス［元靴店に開業したイタリアンピザの人気レストラン］は、チャーリー・ハロウェルという人物が作った三つのレストランのひとつなんです。このレストランは、オークランドがすばらしい生活の場所だという理由のひとつです。マーク・ザッカーバーグをもうひとり得るより、チャーリー・ハロウェル的な人物がもっと必要ですね」。結局のところ、フェイスブックのようなすばらしいプラットフォームは珍しいもので、そう簡単に真似られるものではない。ザックのように成功した人は両手の指に満たないほどだが、真に豊かで多様な経済を特徴づけているチャーリー・ハロウェルのような何万人もの人たちはいくらでも真似られる。

人間らしさを原動力とする新産業は、いたるところにある。アメリカでは、４２００以上のクラフトビール醸造所がいまや市場の10パーセント以上を占め、大量生産ビールの2倍の値段をつけている。２０１６年第一四半期には、２５００万人の顧客がエッツィで手づくりの工芸品を買った。これは大量生産品に支配された経済における小さな緑の芽だが、重要なことを教えてくれるものなのだ。

エンターテイメントで起きていることも、未来への先鋒《せんぽう》として意義深いかもしれない。ハリウッドとニューヨークの出版界はいまだに大作に支配されているが、人々の娯楽時間の大きな割合はますますソーシャルメディアに費やされ、友人や仲間が作ったコンテンツを消費している。アン＝マリー・スローターは、「ミレニアル世代［1980年代から2000年前後に生まれた世代］の生活の質の定義は、物を少なく時間を多く、というものだ」と指摘する。彼らはお金を体験に使いたいのであり、物には使いたがらない。

このメディア消費の根本的なシフトは、最も目に見える形ではフェイスブック、グーグルや、その後のメディアプラットフォームを豊かにしたが、プロのメディアクリエーターたちにも新しい機会を生み出した。フェイスブックでシェアされる「ニューヨーク・タイムズ」紙や「フォックス・ニュース」の記事は、売店で手に取った新聞にはないものがつけ加わっている。知り合いのだれかによるお墨付きがあるのだ。バイラルに広がるものを共有する技は、いまではそれらを何らかの形でリミックスする場合が多い——引用に画像を組み合わせる、その主題に独自の鋭い観察をつけ加える、などだ。

ソーシャルメディアはまた、ますます多くの個人メディアクリエーターのために、有給の職を作り出す例が増えている。ユーチューブのスターで、ＶｉｄＣｏｎ《ビドコン》［世界中のユーチューバーが集結するイベント］の登壇者でもあるハンク・グリーンはこう書いた。「月に１００万ビューを超えたあたりから、ユーチューブのお金で生活できるようになった」。ティーンエージャー何百万人もが「ハンクとジョンが説明する！（Hank and John EXPLAIN!）」ビデオを通じて時事問題を学ぶ。何時間もの大量生産「ニュース」よりも、彼らの5分のビデオのほうがずっと深く問題が掘り下げられている。さらに何百万人もが、「カーン・アカデミー（Khan Academy）」［サルマン・カーンが設立した非営利教育団体が配信する短時間の教育講座番組］、「1分間物理学（One-Minute Physics）」［ヘンリー・ライヒが手描きアニメで解説する人気科学番組］や、ハンク自身の「付け焼き刃（Crash Course）」［人気教育ビデオシリーズのチャンネル名］などで学んでいる。私の若い姪《めい》に、ラリー・ペイジやマーク・ザッカーバーグやビル・ゲイツと知り合いだと言っても「べつにー」と言っただけだった。でもハンクとジョンのグリーン兄弟を知っていると聞くと、大いに感心してくれた。

ハンクの言う「ユーチューブのお金」は、オンラインプラットフォーム上にある多くの新しいクリエイティブのお金のひとつでしかないのをお忘れなく。フェイスブックのお金もあるし、エッツィのお金もあるし、キックスターターのお金もあるし、アプリストアのお金もあるし、その他いろいろだ。ビデオゲームをやっているのを何百万人もがユーチューブやツイッチ（Twitch）で見守ってくれるだけで、年収数十万ドルにもなれるなど、10年前にはだれも想像しなかっただろう。

こうした新しい経済のちょっとしたしるしが、今日の職を置きかえるとはとても思えないと心配する人々に対しては、再びウィリアム・ギブスンの観察を引用しよう。「未来はすでにここにある。ただ均等に分配されていないだけだ」。あらゆる豊かな収穫は、土のなかから頭を出す小さな芽から始まるのだ。

こうした市場のなかには、関心（創造性のお金の原材料）を現金にかえる機会を個人や中小企業に作り出すという点で、他より進んでいるものもある。今後数年で、オンラインで費やされる関心の多くを従来のお金にかえる新しい方法を見つけるスタートアップが、爆発的に増えるはずだ。

音楽デュオのポンプルムースの片割れで、クラウドファンディング式パトロンサイトであるパトレオンのCEOジャック・コンテが、パトレオンを創設した動機はこうだ。「ナタリーとぼくとの音楽ビデオが1700万ビューになって、それが広告収入で3500ドルにしかならなかったせいだ。ファンたちはそれよりもっとぼくたちを評価してくれてるんだ」。何万ものアーティストがいまや、このプラットフォーム経由でパトロンからの十分な資金を得て、自分の作品に注力できるようになった。パトレオン（そしてもちろんキックスターター、インディーゴーゴー、ゴーファンドミー）などのクラウドファンディングサイトが示すように、一般人が単に関心だけでなく、本物の通貨をめぐって競争できる機会はますます増えている。こうしたサイトはまだ経済全体のなかでは比較的小さいが、考えられる未来の方向性については様々な示唆をくれる。

もしかすると、正解は、創造性を機械のお金にかえる古い形での金銭化ではなく、まったく新種の経済を創ることなのかもしれない。SF作家でよりよい未来のための活動家でもあるコリイ・ドクトロウは、2003年の小説『マジック・キングダムで落ちぶれて』で、先進テクノロジーがあらゆる物質ニーズに実質的に無料で対応してくれる未来経済について描いている。その経済は「ウッフィー」という評判通貨に基づいている。経済的な競争は、他の人々に自分のクリエイティブプロジェクトを承認してもらい、支持するよう仕向けることだ。キックスターターのキャンペーンやフェイスブックの「いいね！」は、そんな未来の通貨の初期プロトタイプなのかもしれない。

創造性は、地位をめぐる熾烈な競争の焦点にもなれるため、「使用のために建ててその用途が満たされた人物は、今度は虚栄のために建て始めねばなら」ない。だが創造性は、機械の生産性がもたらした余暇の果実をみんなで享受しつつ、まったく新しいクリエイティブな作業と社会の消費を奨励する、未来の人間経済の鍵にもなれるのだ。

仕事は目的意識を与えてくれる。そして人々が頑張って行っていることのなかで、現在は無給だったり低報酬だったりするものでも、当人にとってははるかに高い価値を持つものがあるのだということも考えてみよう。その価値は、私たちがまちがった支払い習慣を身につけてしまっている活動よりもずっと高いかもしれないのだ。将来を夢見る役者やミュージシャンたちは、生活費稼ぎにバリスタとして働いていても、将来の成功を期待して行う絶え間ない訓練やオーディションを自分の本当の仕事だと考えている。「自分のユーチューブチャンネルの制作をしています」、「フェイスブックのフォロワーを構築中です」というのを、金銭の報酬より高い目的意識を与えてくれるものの一覧に追加するのは、考えられないことではない。デイブ・ヒッキーは、自分の父親が「お金は音楽にかえられるものであり、そして理想的には音楽は、お金にかえられるものだと思っていた」と書く。彼に目的意識を与えて幸せにしてくれたのは、音楽であってお金ではなかったのだ。

目的と意義は、ケア経済でも本質的なものとなる。ジェニファー・パルカはインディアナポリスで出会ったリフト運転手の話をしてくれた。彼は毎日何時間か早く家を出て、見知らぬ人を乗せるのだ。そうしないと高給取りのエンジニアという本職では十分な人間的接触が得られないからだという。リフトからの稼ぎは慈善に寄付するのだそうだ。

ホームレスシェルターのボランティアは、充実したキャリアのセカセカした忙しい仕事よりも、他の人間の世話を無給でするほうに深い意義を感じているかもしれない。アマチュアスポーツ選手は、自分の訓練や競争のほうが、投資銀行で大金を稼ぐよりも自分の幸福にとって重要だと考えるかもしれない。育児のために家にとどまる父親や母親は、「オプトアウト（逸脱）」しているのではない。自分にとってはるかに意義深く重要かもしれないことにオプト**イン**しているのだ。

ケインズはこの可能性を予見して、次のように書いている。「精力的でやる気に満ちたお金儲け屋たちは、私たちみんなを伴い、経済的過剰の膝へと導いてくれるかもしれない。だが、過剰の到来でそれを享受できるのは、人生そのものの秘訣を生かし続けてさらなる完成へと育める人であり、自分自身の生活手段のために自分を売り渡さない人なのだ」

人口統計学者ジャンニ・ペスとミシェル・プーランが「ブルーゾーン」と呼んだもの――100歳以上の人口の割合が局地的に高い地域で、もともと地図上に青い丸で印されたためにそう呼ばれる――についての研究は、長く幸せな人生につながる主要な特徴を明らかにした。各種の食生活要因もあったし（作家のマイケル・ポーランが「食べ物を食べろ。量はほどほどに。主に植物を」とまとめている）、少量の定期的なアルコール摂取、特にワイン、そしてほどよい定期的な運動もあげられた。しかし、それより重要だったのは、目的意識、心霊主義や宗教への参加、家族や社会生活への参加だった。

よい生活がどんなものかはわかっている。それを万人に提供できる資源はある。どうしてそれを実現するのがこんなにむずかしい経済を構築してしまったのだろうか？
社会と経済をどうやって現在の技術変化の波に適応させるかという問題に直面したとき、未来を過去のようにすることを目標にしてはいけない。未来は新しくしなければならない。今日の政治的課題について書くジェン・パルカは、未来について考えるにあたり、常に中心原理としなければならないものを指摘している。

現状は保護する価値などない。反動側になり、防衛的になり、過去の世界のために戦うようになるのはあまりに簡単だ。もっといいもののために戦おう。まだ見ぬもの、まだ発明されていないもののために。

15章 人間を置きかえるより拡張しよう

二つの別々の問題がある。前章で述べたような認知的な仕事が20世紀の工場における大衆雇用に置きかわることがあるのだろうか？　そして、それが繁栄のはずみ車《フライホイール》を回し続けられるほどの高賃金になるのだろうか？

最初の問題への答えとしては、まず単純に農業の時代にはこれほど多くの人々が工場や都市で雇用を見つけられるなど考えられなかったと指摘しよう。だが、オートメーションとはるかに低い生産費用は、それまで存在しなかった製品やサービスの需要を大幅に増やした。いま再び、人々を満足できる形で仕事に就かせ、新しい繁栄を作り出すのが任務だ。技術革新の歴史は、常に考えられないことを考えることで進歩が実現してきたと教えてくれるし、またそれまで不可能だったことをやるのが進歩だったと教えてくれる。

第二の問題について言えば、生産性の果実が共有されるようにするのは私たち次第だ。その第一歩は、待ち受ける未来に対して、人々の準備を整えてあげることだ。

２０１３年から２０１５年にかけて、私はマークル財団のリワーク・アメリカ・タスクフォースの一員としてアメリカ経済の未来を探究していた。このタスクフォースが取り組んだ問題は、デジタル時代においてアメリカ人に機会を与えるにはどうすべきか、というものだった。私の頭から離れない瞬間のひとつは、政治学者で作家のロバート・パットナムの発言だ。「社会の偉大な進歩はすべて、他人の子供に対して投資を行ったときに実現した」というのだ。

その通りだ。19世紀の最高の投資は小学校教育の普通化だったし、20世紀の高校教育の普通化もそうだ。忘れがちなことだが、1910年にはアメリカの子供で高卒は9パーセントしかいなかった。1935年になるとその数字は60パーセントに上がり、1970年にはそれが80パーセント近くになっていた。復員兵援護法は第二次世界大戦の帰還兵たちを大学に送り、戦時から平和時への雇用移行をなめらかに実現した。

今日の経済のシフトに対応して、2016年の大統領選挙ではコミュニティカレッジ普通化の提案もあった。2017年1月、サンフランシスコ市は提案を超えて、サンフランシスコシティカレッジ（同市のコミュニティカレッジ）を住民全員に無料とした。これはすごい一歩だ。

だが、必要なのは「もっと多く」の教育でもないし、無料の教育でもない。まったくちがう種類の教育だ。「もしいま教育している学生たちが120歳まで生きたとしたら、そのキャリアはおおよそ90年続く。なのに教育による競争力が10年しかもたないとしたら、これは大問題だ」と元オーストラリア大使でいまはフルブライト奨学金評議会議長のジェフリー・ブライヒは語る。保健と技術の進歩と、雇用の性質変化があわさって、現在の教育モデルを陳腐化させている。これまでの教育は、単一の雇用者の下での終身雇用に備えるためのものとして考えられていた。

若い時期だけでなく、生涯を通じた教育と再教育を支える新しい仕組みが必要だ。このことはあらゆる分野の専門職に当てはまる。スポーツ選手だろうと医者だろうと、コンピュータープログラマーだろうと製造業の高技能労働者だろうと同じだ。彼らにとって継続的な学習は仕事の不可欠な一部だ。研修と教育リソースへのアクセスは、最も重視される余録として従業員を集めるのにも使われている。そして、「職」が解体されても、教育の必要性は消えない。むしろ増大するくらいだ。

しかし、その教育の性質も変わる必要がある。知識がオンデマンドで提供される接続された世界では、人々が知るべきこととそれを知る方法について、考え直す必要がある。

拡張された労働者

ちょっと目を細めれば、アップルストアの店員がサイボーグに見えてくるはずだ。人間と機械のハイブリッドだ。それぞれのストアは、スマートフォンを持った販売員だらけで、技術的な問題から購入や支払いのサポートまで、何でも顧客を手伝ってくれる。棚の山から引っ張り出してきた製品を持って、レジに行列する顧客はいない。店舗は、探究すべき製品のショールームだ。ほしいものが決まったら、販売員がそれを奥から取ってきてくれる。すでにアップルの顧客でファイルにクレジットカード情報があれば（そういう人は2014年に8億人いた）、メールアドレスさえ告げれば、選んだ製品を持ってそのままストアを後にできる。テクノロジーを活用して労働者を削減し、費用を削減するかわりに、アップル社は労働者に新しい力を与えて、驚異的なユーザー体験を作り出した。そうすることで、彼らは世界で最も生産的な小売店を作り出したのだ。

デザインのパターンとして、これは3章で述べたリフト社やウーバー社の主要ビジネスモデル要素と驚くほど似ている。多くの人は、こうした新しいプラットフォームを理解するときにオンデマンドという地図を使いたがる。でもアップルストアは、オンデマンドとはまったく関係ない。それなのにアップルストアは、魔法のようなユーザー体験を構築するというお手本のような計画として、ウーバー社やリフト社と実に多くの共通点を持つ。そのユーザー体験を可能にしているのが、顧客を認識するデータリッチなプラットフォームに接続されてネットワーク化され、認知的に拡張された労働者であり、労働者が顧客に合わせてサービスを調整することでそれが生じているのだ。

アップルストアはまた、転換をもたらすのは技術そのものではないという真実を裏づけるものでもある。それは世界の仕組みを再検討して適用することであり、新しいものを発明するのではなく、新しく胎動する潜在能力に古いことを上手にやらせることでまるっきり変えてしまうことなのだ。

文明の最初の進歩ですら、このサイボーグ的な性質を持っていた。人間とテクノロジーとの結びつきこそが、ヒトを他の生物種の支配者にした。どんな動物よりも固く鋭い武器や道具を持って自分たちの強さをより遠くまで突き出し、最大級の動物すら倒せるようになった。さらには野生の原種よりはるかに多くの食糧を生み出せる新作物を作り出し、動物を家畜化して自分たちをますます強く、速いものにした。

以前、シベリアとアラスカをつなぐ陸橋［ベーリング・ランドブリッジ。1万年前の氷河期には陸続きで、人類はアジアから歩いて渡ってアメリカ大陸に定住したとされる］の横断についての記述で、それが可能になった年代の分析におもしろい事実を使っていたものがあった。著者たちの指摘では、**それは裁縫の発明以前ではあり得ない**。裁縫により、人間が寒冷地でも暮らせるようなきっちりした衣服を縫い合わせられるようになった。裁縫！　骨の針での裁縫がかつてはＷＴＦ？技術であり、それまで考えられなかったことを可能にしたのだ。

同じだけの労働力、エネルギー、材料からさらに多くの産出量を得る生産性のあらゆる進歩は、人間と機械の組み合わせから生じている。現代の世界の富を生み出したのは、そうした生産性の加速と累積化だ。たとえば、農業生産は１８２０年から１９２０年にかけて倍増したが、それがさらに倍になるにはたった30年しかかからなかった。そしてその次の倍増には15年、その次の倍増には10年だ。

生産性向上の究極の源は、イノベーションだ。エイブラハム・リンカーンは、経済学者などではないが、人類の力については鋭い判断力を持っていて、こう書く。

ビーバーは家を建てる。だが５０００年前にやったのといまとを比べても、何らちがいはなく、改善もされていない。（中略）働く動物は人類だけではない。だが人類は、その働きぶりを改善する唯一の動物だ。そうした改善を実現するのに、人類は発見と発明に頼る。

発見や発明が万人の生活を改善するのは、それが共有されたときだけだ。世界で最も称揚される発明のひとつを考えよう。焚《た》き火をうまく制御した最初の女性（私はそれが女性だったと考えるのが好きだ）を想像できるだろうか？　その同輩たちはどんなに驚いたことだろう。最初は怯《おび》えたかもしれない。だが間もなく彼女の大胆さにより暖をとり、腹を満たせるようになる。だが焚き火そのものより重要なのは、彼女がそれについて他の人に教えられるということだった。

人類最大の発明は言語だ。頭から頭へと炎を渡す能力。知識が受け入れられ、広く共有されると、社会は進歩して豊かになる。知識が囲い込まれたり無視されたりすると、社会は貧しくなる。

15世紀のヨーロッパにおける活字と印刷物の採用は、現代の経済をもたらした。新しいものを発見した人々が、知識の炎をまだ生まれぬ人々や、何千キロも離れた人々に伝えられるようになって、知識と自由が驚異的に花開いた。そうした発明や発見が可能性を完全に実現するまでには、何世紀もかかった。識字力の価値がだんだん強化され、教育水準の高まった人々が発明と新しいアイデアを拡散させて、さらに多くの学習、発見、消費の需要を作り出した。インターネットは、さらなる大躍進だった。だがウェブブラウザ——言葉と画像のオンライン——は、道半ばでしかなかった。知識へのアクセス回数と拡散速度は高まったが、それに先立つ物理形態からの質的なちがいはなかった。

知識が共有される最後の一歩は、**道具への埋め込み**によるものだ。地図や道案内を考えよう。物理的な地図からGPSやグーグルマップを経て自動運転車に至る道は、私が「知識の弧」と呼ぶものを示している。知識の共有は、話し言葉から書き言葉、さらに大量生産、電子配信、そして知識を道具、サービス、デバイスに埋め込むところまでつながっている。

昔は、人に道を聞いてもよかった。あるいは、紙の地図に蓄積された知識を調べてもいい。初のオンライン地図は、紙の地図をただスキャンしただけだった。いまでは私は自分がどこにいて、行きたいところにどう到達するかをリアルタイムで見られる。次のステップは、そんなことはすべて忘れ、車に目的地まで連れて行ってもらうことだ。その後のステップは、交通輸送が蛇口の水道ほど信頼できるものになったとき、人はどんなちがうやり方で何をするかを想像することだ。

このような道具への知識の埋め込みは目新しいことではない。それは常に物理的な世界を支配することからもたらされる生産性向上の重要な手法だった。そしてそれは必ず、社会の大きな変化につながる。

ヘンリー・モーズリーが初のネジ切り旋盤を1800年に発明して、**まったく**同じパターンを常に再現できるようにした――これは最も巧みな職人ですら、手持ち工具だけでは不可能なことだった。このとき彼は、大量生産の世界を可能にした。ミクロン単位まで同じネジ溝を切ったナットやボルトの1個から、最初は何百、さらに何千、さらに何百万もの製品が登場した。それはモーズリーの頭の子供、孫、曾孫たちなのだ。

ヘンリー・ベッセマーが、鋼鉄を安く量産する最初の精錬法を1856年に発明したときも同様だ。彼は鉄から不純物を除去しただけではない。知識を追加したのだ。安い鋼鉄を大量に作る方法がわかれば、まったくちがう未来が可能になる。アンドリュー・カーネギーは、イギリスよりはるかに広大な国内を結びつける鉄道の線路を量産することで、イギリスから世界鉄鋼産業の旗手としての座を奪い、大金持ちになった。鋼鉄の鉄骨で摩天楼も実現した。鋼鉄のケーブルでエレベーターや巨大な吊り橋も可能になった。こうした19世紀のＷＴＦ？技術のそれぞれが、他のものを下敷きにして実現したのだ。今日の進歩と同じだ。

　新知識の創造、共有、そして低技能労働者にも使えるような埋め込みという３段階プロセスは、ビッグデータ技術の台頭においてもきれいに示されている。グーグルはウェブの拡大する規模に対処するため、まったく新しい技法を開発しなくてはならなかった。そのなかでも最も重要なものはＭａｐＲｅｄｕｃｅ《マップリデュース》と呼ばれ、大量のデータと計算を複数のかたまりに分けて、何百、何千というコンピューターに送って並列処理させる技法だ。ふたを開けてみると、ＭａｐＲｅｄｕｃｅは検索だけでなく、実に様々な種類の問題に関係していることがわかった。

　グーグル社は２００３年と２００４年にＭａｐＲｅｄｕｃｅに関する論文を発表し、その秘密を白日の下に曝したが、それが離陸したのは、ダグ・カッティングがＭａｐＲｅｄｕｃｅのオープンソース実装版Ｈａｄｏｏｐ《ハドゥープ》を２００６年に作ってからだった。おかげで当時、グーグル社が何年も前に直面したのと似た問題にぶちあたっていた多くの企業が、もっと簡単にこの技法を採用できるようになった。

　このプロセスは、ソフトウェア工学の進歩の鍵だ。新しい問題が解決策を得る場合、それは基本的に手作業で作られる。後になってさらに使いやすいツールに内包されると、ようやく驚異的なイノベーションが訪れ、新世代の開発者にとっては日々の一般的な仕事の一部となる。現在は、手作業で作った機械学習モデルから、開発者が日常的に作れるようになるツールへの過渡期だ。いったんそれが起こるとＡＩは、社会全体に浸透して変化をもたらすだろう。大量生産工業が19世紀と20世紀を変えたのと同じだ。

　大幅に向上してきた農業生産性も、新しいツールにこめられた頭と物質のミックスについての細やかな理解を提供してくれる。農業生産性は、植えつけや収穫作業の大半を機械がやり、エネルギー集約的な肥料（これも工業製品）を使うようになっただけで向上したわけではない。収量の高い作物を開発する品種改良を通じても実現した。ルーサー・バーバンクが交配によりラセット・バーバンク種のジャガイモ（現在最も広く栽培されているジャガイモの品種）を作ったときには、ハイラム・ムーアがコンバイン収穫機を発明したときとはまったくちがう知識と物質を投入して生産性を高めたのだ。

　要するに、物理と精神という2種類の拡張は複雑なダンスを踊っている。拡張のひとつのフロンティアは、物理世界にセンサーをつけて、データを従来は考えられなかった規模で集めて分析することだ。これが一般に「ＩｏＴ（Internet of Things：モノのインターネット）」と呼ばれるものを理解する本当の鍵となる。かつては当てずっぽうでしかわからなかったことが、いまやきちんとわかる（広告がインターネットにおける土着のビジネスモデルになったのと同様に、データによって不確実性が排除されるという点から保険こそはＩｏＴの土着ビジネスモデルとなる可能性も高い）。Ｎｅｓｔ《ネスト》サーモスタット［AIを活用した室温調節機器］やアマゾンエコー、Ｆｉｔｂｉｔ《フィットビット》［フィットネス用計測リストバンド］、アップル・ウォッチのような接続されたスマートデバイスや自動運転車の話ですらない。こうしたデバイスが生み出すデータが肝心なのだ。未来の可能性は予想外の形で相互に強化しあう。

　モンサント（Monsanto）社が、元グーグル社従業員デヴィッド・フリードバーグとシラージ・ハリクの創業したビッグデータ天候保険会社のクライメート（Climate Corporation）を買収し、土壌成分をもとに種子の配置と深さを決めるデータ駆動型制御システムのプレシジョン・プランティング（Precision Planting）と組み合わせたとき、彼らは農業生産性の新しい焦点が**データと制御**なのだということを示してみせた。空の目が農民に土地の状況と作物成長の進捗を正確に教え、機器が知識に基づいて行動するよう自動的に導けるなら、種子も肥料も水も少なくてすむ。

　これは工学や材料科学でも成り立つ。ソール・グリフィスの発言を思い出そう。「我々は物質を数学で置きかえるんだ」。ソールの会社のひとつ、サンフォールディング（Sunfolding）社は、大規模ソーラーファームに太陽追尾システムを販売している。これは鋼鉄、モーター、歯車を、ペットボトルと同じ産業グレードの材料から作られた重量も費用もはるかに小さい空気圧システムで置きかえるものだ。別のプロジェクトは、天然ガス備蓄用の巨大なカーボンタンクを小さなプラスチック細管からできた腸管のようなものに置きかえ、天然ガスのタンクをどんな形にもできるようにして、タンク全体が一気に破裂するリスクも減らす。物理学をきちんと理解するなら、確かに物質を数学で置きかえることは可能なのだ。

ソールはこう話してくれた。「1660年にロバート・フックは、いまフックの法則として知られる現象を説明したんだ（フックの法則は、バネを圧縮したり伸ばしたりといった材料を歪めるのに必要な力は、その距離に物質の硬さを掛けた結果に比例するというものだ）。これはつまり、あらゆる材料を線形のバネとしてモデル化できるってことだ。これはコンピューター以前の時代には重要だった。荷重を受けるトラスや構造を設計するときの計算が簡単になるからね。現実世界では、完全に線形の材料なんか存在しないし、特にプラスチックやゴムはまったくちがう。いまや実に多くの計算力を使えるから、かつてはまるで計算できなかったまったく新しい種類の機械や構造を設計できるんだ」

新しい設計力は、3Dプリントのような新しい製造技術と手を組んでいる。3Dプリントは、低価格のプロトタイピングや現場製造を可能にするだけではない。伝統的な製造とはちがう幾何学的形状を可能にするのだ。これには、人間の設計者たちにおなじみのものから離れ、飛躍した可能性を探究させてくれるようなソフトウェアも必要だ。未来には、センサーや知能の入ったツールやデバイスといった「スマートなもの」だけでなく、スマートなツールやそれを作るために改善されたプロセスからできる新種の「おバカなもの」もある。

設計ソフトの会社、オートデスク（Autodesk）社はこのコンセプトに全力で取り組んでいる。彼らの次世代ツールセットは、「生成的デザイン」と呼ばれるものをサポートしている。エンジニア、建築家、プロダクトデザイナーは、デザインの制約となるもの――機能、費用、材料などを入力する。クラウドによる遺伝的アルゴリズム（原始的な人工知能）が、目標実現のための何百、何千という可能な選択肢を返してよこす。人間とのキャッチボールが繰り返されるなかで、人と機械がいっしょになり、人間がこれまで見たこともなく、これまで思いもよらなかったような新しい形態を設計できるのだ。

最もおもしろいのは、計算力を使ってまったく新しい種類の形態や材料やプロセスの設計を支援することだ。たとえば、世界的な建築エンジニアリング会社のアルップ（Arup）は最新手法を使って、大きさも使用材料も半分なのに同じ荷重をかけられる構造部材を展示している。究極の機械設計は、人間が設計したようなものには見えない。

新しい設計アプローチ、新材料、新種の製造技術の収束は、１８８９年の世界にとってのエッフェル塔に並ぶほどに驚異的な新製品の創造を可能にする。いつの日か、SFでもてはやされている宇宙エレベーターや、イーロン・マスクのハイパーループ交通システム〔イーロン・マスクが提唱する減圧チューブ内を運行させる高速鉄道システム〕を作れるようになるだろうか？

人間と最新テクノロジーの融合は、まだまだ続く。すでに、新しい感覚を人間の頭や肉体に直接埋め込もうとしている人々がいる――誤解するなかれ、GPSは外部デバイスに置かれているとはいえ、すでに人間の感覚への追加機能となっている。いつの日か、血液にナノボット（微小な機械）をたくさん入れて細胞の修理をさせ、今日はすばらしいものとされる臓器移植や腰骨交換を古びた技術として博物館送りにしてしまうだろうか？　それともその実現は、機械主義者の技の完成ではなく、ルーサー・バーバンクが踏んだ道をたどって次のステップに向かうことになるのだろうか？　合成生物学や遺伝子工学では驚異的な成果が生まれつつある。ハーバード大学のジョージ・チャーチらは、完全なヒトゲノムをゼロから作り出そうという10年プロジェクトに取りかかっている。ライアン・フェランとスチュアート・ブランドのリバイブ&リストア（Revive & Restore）プロジェクトは、遺伝子工学を使い、絶滅危惧種の遺伝的多様性を復活させ、いつの日か絶滅種を復活させることさえ目論《もくろ》んでいる。ＣＲＩＳＰＲ－Ｃａｓ９《クリスパーキャスナイン》のような技術では、研究者は生物内部のＤＮＡを書きかえられる。

　ニューロテック――機械と脳や神経系とを直結するインターフェイス技術――も、別のフロンティアだ。感覚的なフィードバックを備えて脳内に直接反応する義肢の製作では、大きな進歩が見られる。イノベーションのさらなる先端では、ブレインツリー社（8億ドルでペイパルに買収されたオンライン支払い企業）を創業したブライアン・ジョンソンが、その収入を使ってアルツハイマー病の治療法となる神経記憶インプラントの構築を目指す会社を創業した。ブライアンは、神経科学がそろそろ研究室から出てきて起業家による革命の起爆剤となる頃合いだと思っている。損傷を受けた脳の修復だけでなく、人間知性の拡張を行うのだ。

　目立つニューロテック起業家はブライアンだけではない。マイクロソフト社でインターネットエクスプローラーを作ったトマス・リアドンは、退社して神経科学の博士号を取り、２０１６年にＣＴＲＬ－Ｌａｂｓ社を創業して初の消費者向けブレインマシンインターフェイスを作った。リアドンがメールで述べたように、「あらゆるデジタル体験は、思考の出力を届けるニューロン（神経細胞）、つまり筋肉を直接刺激するニューロンによって制御できるし、制御されるべき」だ。これは神経科学とコンピューター科学の見事な組み合わせだ。「私たちの仕事の核心は、バイオ身体信号――そう、個別ニューロンのレベルですら――を翻訳してデジタル体験の制御ができるようにする機械学習モデルにある」

イーロン・マスクも2017年に、ニューラリンク（Neuralink）という会社を作ってこのパレードに加わった。この会社はイーロンによると、「一部の重い脳障害（卒中、がん、腫瘍、先天性）の治療を支援する何かを4年ほどで市場に出す」ことを目指すという。だが、ニューラリンク社のチームから大々的にアクセスされたブログ「ちょっと待った、その理由は？（Wait, But Why）」のティム・アーバンが説明するように、「イーロンが企業を立ち上げるときには、その中核的な初期戦略は通常、産業に火をつけるマッチを作り出し、ヒューマンコロッサス［ネットワークでつながれた集合的な巨大知性としての全人類］をその問題に取り組むようにさせる」という。利潤の出る自立的なビジネスを未踏の領域で創り出せると証明すれば、みんながその新しい機会に殺到する。つまり、ブライアン・ジョンソンと同じく、イーロンのビジョンは会社を作るだけではなく、新産業を作ることなのだ。

ニューラリンクの場合、その新産業は汎用ブレインマシンインターフェイスで、人間とコンピューターがはるかに効率的に相互運用できるようにするというものだ。「人はすでにデジタルスーパー人間だ」とイーロンは、デジタルデバイスがすでに与えてくれている拡張を指して指摘する。だがそうしたデバイスへの人間のインターフェイスは、痛々しいほど遅い——キーボードのタイプや音声認識ですら。「ダイレクトな神経インターフェイスがあれば、それを何桁も改善できるはずだ」

こうした技術は、人工知能の世界に負けないほどに深刻な疑問や恐怖を引き起こす。すさまじい力のある他のツールと同様に、一般的に使われるようになるまでには、騒々しく暴力的な思春期を経由することになるかもしれない。最終的には、それを人類がより長く、もっと幸福で、充実した生活を送るために使う方法を見つけていくはずだと思う。

子供のころにはSFを読んだ。1日1本長編を読み、それを何年も続けた。それからあまりに長いこと、未来はがっかりするようなものだった。期待をはるかに下回るものしか実現できていいなかった。だが今日、私は若き日の夢の多くに進歩を見ている。

そして話は人工知能に戻る。人工知能は決定的な断絶などではない。人工知能は人間の価値観に敵対する未来からの機械ではなく、私たちを仕事から救うものだ。人工知能は、国家の富の真の源泉となる知識を拡散して役立たせるための次のステップとなるのだ。恐れてはいけない。混乱せずに、社会に多くの価値を創り出す形で、意図的かつ思慮深く活用すべきなのだ。それはすでに、人間の知性の置きかえではなく拡張のために使われている。

ブライアン・ジョンソンは指摘する。「チェスはすでに、マグヌス・カールセンのような若きチャンピオンたちがAIチェスエンジンを活用したプレーのスタイルを採用し、新種の駒運びを行うものへと進化するのが目撃されている。拡張されていない人間とドローンがいっしょに踊る初期のパフォーマンスを見るだけでも、人間と人工知能がすさまじい多様な組み合わせを形成し、まったく新しい芸術、科学、富、意味を作り出すのは明らかだ」。イーロン・マスクと同様にブライアン・ジョンソンも、人がニューロテックを使って人間知性（Human Intelligence：HI）を直接活用し、AIをさらに効果的に使えるようにしなくてはならないと確信している。「HI＋AIの可能性を真に実現するには、情報を取り込み、処理して、活用する人間の容量を何桁も増やさねばならない」。しかし、ブライアンの考えるような形での人間知性のダイレクトな拡張がなくても、起業家はすでにAIによって拡張される人間の力を活用し始めている。

多くの旅行代理店を廃業に追い込んだ旅行検索サイト、カヤック（Kayak）の共同創業者ポール・イングリッシュは、AIチャットボットとバックエンドの機械学習環境を組み合わせた新しいスタートアップのローラ（Lola）で、人間と機械の両方のいいとこ取りをしようとしている。ポールはローラの目標をこう表現する。「人間を再びクールにしたいんだ」。彼は、チェスコンピューターと組んだ人間のチェスマスターが最高のチェスのコンピューター、**あるいは**最高の人間のグランドマスターを破るのと同様に、ＡＩで拡張された旅行コンサルタントは、拡張なしの旅行代理店よりも多くの顧客を扱い、もっとよい提案ができる――従来の検索エンジンを使い、バーゲンや助言を探す一般旅行者よりもよい結果が出るはず――と考えている。

旅行代理店からカヤック、ローラへの弧線は、かつては旅行代理店の専門知識だったものを高度なツールに埋め込むことであり、私たちに重要なことを教えてくれる。カヤックは、旅行代理店を自動化して検索できるセルフサービスに置きかえた。ローラは、人間をループに戻して**サービスを向上**させる。そして、私たちはふつうに話すとき、**「サービス向上」は「より人間的であまり機械的でないサービス」を意味している。**

人工知能を使ったパーソナルアシスタントのスタートアップ、フィン（Fin）の創業者兼ＣＥＯサム・レッシンも、同じ論点をメールで述べていた。「技術コミュニティの人々はしばしば『フィンの運用チームを純粋な人工知能で置きかえるのはいつごろ?』と聞いてきます。しかし、フィンの狙いは自動化のための自動化ではありません。フィン利用者にとっての最高の体験を提供することです。（中略）技術は明らかに方程式の一部です。人々もまた、最高の顧客体験をもたらすシステムの重要な一部です。そしてフィンの技術の役割は、人間の知性や創造性、共感を必要とする作業に、運用チームがまちがいなく手間暇をかけられるようにすることなんです」

話はクレイトン・クリステンセンの、「魅力的利潤保存の法則」に戻ってきた。何かがコモディティ化したら、他のものが価値を持つ。機械がある種の人間の頭脳労働――決まり切った機械的な部分――をコモディティ化するにつれ、真の人間の貢献がもっと価値を持つようになる。

人間の価値拡張のフロンティア探索は、次世代の起業家たちと社会全体にとって大きな課題となる。

よりよい、より多くの人間のサービスを可能にするだけでなく、自動化は、実行する価値があることを十分に安い他の仕事にして、アクセスを拡大する。不当な駐車違反切符と思われるものを受け取った若きイギリスのプログラマー、ジョシュア・ブラウダーは、数時間かけて切符に抗議するプログラムを書いた。切符が取り消されると、これをサービスにできるな、と彼は気がついた。それ以来、ジョシュアが「ロボット弁護士」と呼ぶＤｏＮｏｔＰａｙ《ドゥノットペイ》は、16万件以上の駐車違反切符を取り消している。ジョシュアはその後、フェイスブックメッセンジャーのチャットボットを構築し、アメリカ、カナダ、イギリスで難民にかわり難民保護申請を自動化するようにした。

費用がかかりすぎてできない仕事――不当な駐車違反切符に抗議するなど――はたくさんあるし、安上がりにすると既存企業のビジネスモデルとも対立してしまう仕事もたくさんある。弁護士でもあるプログラマーのティム・ホアンは、法律事務所で働いていたころは自分を陳腐化することに精を出していたと語ってくれた。「毎日、作業の束を渡されるので、毎晩家に帰ってから、次回にはそれをかわりにやってくれるプログラムを書いたんです。ますます多くの仕事をどんどんすばやくこなすのがうまくなってきたので、これが法律事務所にとって問題となりました。彼らのビジネスモデルは稼働時間に基づく請求ですからね。だから、クビになる直前に辞めましたよ」

機会へのアクセス

ウーバーやリフトの運転手は、2種類の拡張を実証している。ひとつはグーグルマップなどのサービスが提供する都市の構造の知識をツールに埋め込んで、運転手が都市を熟知する必要をなくす。グーグルがそれをかわりにやってくれる。もうひとつの拡張は、ウーバーやリフトのアプリ自体が提供する。このアプリは、**機会へのアクセス**を提供するもので、運転手に対して拾うべき乗客と、どこで乗客が見つかるかを教えてくれる。オンデマンドアプリケーションの真のイノベーションは、労働者とそのサービスを必要とする人々とのマッチングであり、彼らが提供する軽量で柔軟性の高い手法なのだ。

ホームケアワーカーと患者とのマッチングを行うオナー社の創業者セス・スターンバーグは、改善されたマッチングこそが自社の活動の核心だと言う。ウーバーとちがってオナーのケアワーカーは会社の従業員だが、サービスの需要には波がある。一部のケアワーカーは特定の患者との継続的な関係に落ち着き、一部はオンデマンドで短期のニーズ対応に呼び出される。ケアワーカーと患者との適切なマッチングが重要だ、とセスは話してくれた。重要なのは場所だけでなく技能もだ。自分を持ち上げられるくらい力の強い人を必要とする患者もいる。特殊な看護を必要とする患者もいるだろう。ワーカーが事前に、どんな患者を相手にするのか見られるようにするプラットフォームは、長続きする優れた関係を作り、顧客も喜び、システムとしても効率がよくなる。

さらに効率的なマッチングは、アップワーク［クラウドソーシングサイト］の重要な一部でもある。ここは、プログラミング、グラフィックデザイン、ライティング、翻訳、検索エンジン最適化（ＳＥＯ）、会計、顧客サービスなどの分野で、企業とフリーランスを結びつけるプラットフォームだ。アップワークＣＥＯのステファン・カスリエルは、仕事市場の力学を理解したいならアップワークに勝る場所はないと言う。「仕事の速度」が実に速いからだ。平均的な仕事は年単位ではなく、数日、数週間のものだ。ステファニーの話だと、アップワークには3種類の労働者がいるそうだ。そしてそのそれぞれについて、プラットフォームの仕事はちがうと言う。

まず、すでに売り物になる技能を持っていて、プラットフォーム上の評判も高く、ほしいだけの仕事を十分にもらえている人がいる。こういう人は「波に乗っている」。プラットフォームとしては、あまり手助けをしてあげる必要もない。

第二に、売り物になる技能はあるのに、まだ評判が足りず、十分な仕事がもらえない人もいる。アップワーク内部のデータ科学チームは、こうした人々を見つけて適切な働き口に送り出すことにかなりの力を注いでいる。課題は、技能を持つ仕事との完璧なマッチングを見つける支援だけではない。しばしば供給不足の新分野を指摘して、ちょっと勉強や再研修を受ければ評判と推薦の好循環に足がかりが得られる、と指導することが必要だ。たとえば、ステファニーによると数年前は、Ｊａｖａ《ジャバ》の開発者がたくさんいたのにＡｎｄｒｏｉｄの開発者は不足していたと言う。この第二集団の人々をシステム内で台頭させる（ＡｎｄｒｏｉｄはＪａｖａより支払いもよかったので所得も増やす）方法は、新しい技能を身につけてもらうことだった。今日ではデータ科学の技能を持つ労働者が不足しているから、そこには支払いのプレミアムがついている。

第三のグループは、応募している仕事にふさわしい技能がない労働者たちだ。ここでの正しいやり方は、まちがった仕事に応募しないようにさせることだ。「まちがった仕事に応募するのに使う時間は、働くのに使える時間なのですから」とステファニーは言う。

アップワークは独自の技能評価システムを開発した。同社は月に10万時間の技能評価を行う。アップワークの評価がすばらしいのは、それがすぐに検証可能だということだ。というのも、人は顧客が満足するだけの仕事ができるか、できないかのどちらかだからだ。これは教育会社が売る多くの評価ツールとはまったくちがうところだ。そうした評価では資格証などの紙はくれるが、その証明書を持つ労働者が本当に仕事ができるかどうかはほとんどわからない。

こうした点を見てくると、いまは変曲点に達しつつあるのではないかと思える。現在の労働についての考え方の軛《くびき》から脱出し、技術を使って労働者に力を与え、拡張する方法を再発見していくようになるのだ。彼らの強みを見つけて機会とマッチングさせ、協働を簡単かつ効率的にするツールを構築し、オンデマンドと「高い自由度」と「高速」な仕事が補完し合う、ダイナミックな労働市場を作るのだ。

学習：拡張の王道

未来を理解するための鍵のひとつは、これまでの知識がツールに埋め込まれるにつれて、それを使うために別の知識が必要となり、それをさらに進めるにはもっと別の知識が必要になるという事実を理解することだ。拡張の躍進の一歩ごとに、学習は不可欠となる。

私は、プログラマーに技術の次のステージを教えてきたキャリアを通じて、このことをずっと見てきた。１９７８年に書いた初めてのコンピューターマニュアルは、デジタルエクイップメント社（ＤＥＣ）の「LPA 11K Laboratory Peripheral Accelerator」についてのもので、そこでは実験室の高速データ取得装置のデータをアセンブリ言語を使って転送する方法を説明していた。アセンブリ言語とは、いまもコンピューターの内部深くに隠れていて、実際の機械語〔コンピューターのＣＰＵを直接に動かす言語〕に密接に対応している低級言語だ。コンピューターへの指示はきわめて具体的でなければならない。このデバイスポートからあのハードウェアメモリーレジスタにデータを移せ。それに対してこの計算をやれ。その結果を別のメモリーレジスタに入れろ。それを固定記憶装置に書き出せ。

一部のプログラマーはいまでもアセンブリ言語に首をつっこむ必要があるが、通常、機械語はＣ、Ｃ＋＋《シープラスプラス》、Ｊａｖａ、Ｃ＃《シーシャープ》、Ｐｙｔｈｏｎ《パイソン》、ＪａｖａＳｃｒｉｐｔ《ジャバスクリプト》、Ｇｏ《ゴー》、Ｓｗｉｆｔ《スウィフト》といった高級言語の出力として、コンパイラー〔高級言語を機械語に変換するプログラム〕やインタープリター〔高級言語を１行ずつ解析して対応する機械語を実行するプログラム〕が生成するのが通例だ。おかげでプログラマーは、もっと広い高次の命令を出しやすくなっている。かくしてプログラマーたちは、数十年前ならコンピューターの正確なメモリー配置や命令セットを知らないととても使えなかった強力な能力を、プログラミングなどできない人でもうまく引き出せるようなユーザーインターフェイスを作り出している。

しかし、こんな「現代的」な言語やインターフェイスも中間段階でしかない。地球上で最も渇望されるソフトウェアエンジニアを何万人も雇うグーグル社はいま、こうした人々を機械学習という新分野に合わせて再教育する必要があると気づき始めている。機械学習は、プログラミングにまったくちがうアプローチを使う。明示的にコードを書くのではなく、ＡＩのモデルを訓練するのだ。その再教育にあたってグーグル社は、プログラマーたちを学校に送り返すのではなく、見習いをさせている。

これは、私がキャリアを通じて何度も見てきた論点を裏づけている。技術は、教育システムよりはるかに速く動くのだ。初期のパソコンでＢＡＳＩＣ《ベーシック》がプログラミング言語だったころ、プログラマーたちはそれをお互いや本屋、ユーザーグループで共有されるプログラムのソースコードを見ることで学んだ。学校に初めてＢＡＳＩＣ講習が導入されたころには、業界ははるか先を進んでいた。学校でＰＨＰによるウェブサイト構築を教えるころには、スマホのアプリ作成や、統計学とビッグデータの習得に大きな機会が移っていた。

この遅れは、新興の技術を記録する出版社としてのオライリーが成功する鍵となった。人々が知る必要のあることを教える人はいなかった。みんながお互いから学ばねばならなかった。弊社のベストセラーはすべて、イノベーション最先端の人を見つけ、知っていることを書き留めてもらったり、専門家の知識を引き出せるライターと組み合わせたりすることで作られた。

これにより私たちは、Ｌｉｎｕｘ《リナックス》もインターネットも、Ｊａｖａ、Ｐｅｒｌ《パール》、Ｐｙｔｈｏｎ、ＪａｖａＳｃｒｉｐｔなどの新しいプログラミング言語も、世界の主導的プログラマーたちのベストプラクティス（最良の技法）も、そしてもっと最近ではビッグデータ、DevOps《デブオプス》、AIの最先端も記録できた。2000年に、「パブリッシャーズ・ウィークリー」の表紙に弊社が「インターネットはオライリーの本で作られた」とあられもなく述べる広告を出したとき、みんなはそれを文句なしの事実として受け入れてくれた。

技術の速度が加速すると、ライブイベントに人々を集めるのがますます弊社の仕事の重要な部分となった。また独特な技術や事業の技能を持つ人ならだれでも、それを弊社顧客に教えられる知識共有のプラットフォームも作った。このプラットフォームは、弊社の本の表紙を飾る19世紀の動物木版画へのオマージュとして、Safari《サファリ》と呼ばれているが、いまや弊社だけでなく何百もの出版社からの何千点もの電子書籍、何千時間ものビデオ研修、実行可能なコード、先進的専門家が最先端の技法を教えるライブオンラインイベントを擁するようになっている。

弊社事業の大きな変化は、かつてイノベーションの最先端にいる冒険家たちの領域だった技術が主流になってきたということだ。個々のプログラマーや小さなスタートアップ企業だけでなく、フォーチュン500企業ですら技術そのものが進化する速度で学習しなければならない。私たちのやることは、根本的な変化の時期に入っている。だが新しい知識でどんな技法や配信手法を使おうとも、以下の点は決して変わらない。

人々は基盤が必要だ——正しい質問をして新しい知識を吸収するのに十分なだけの知識がいるのだ。

人々はお互いから学ぶ。

人々は実践を通じて学ぶのがいちばんいい。本当の問題を解決し、必要な知識をオンデマンドで吸収するのだ。

人々は自分のやっていることにあまりに引き込まれ、仕事で必要だからというだけでなく、自分の余暇にもやりたくなるときに最もよく学習する。

自分の時間にやる技術

２００５年1月に出た「Make:」誌創刊号の巻頭記事は、凧《たこ》から空撮写真を撮る装置を作ったクリス・ベントンの話だった。これはＧｏＰｒｏ《ゴープロ》が初のアクションカメラを出荷する前だし、ドローンによるビデオなどだれも想像すらしていなかったころの記事だ。別の記事は、自家製のビデオカメラスタビライザー［ブレを抑える撮影安定装置］の作り方だ。また別の記事は、ナタリー・ジェレミジェンコがソニーのロボット犬ＡＩＢＯにセンサーをつけて、有毒廃棄物を嗅ぎ分けられるようにした話だ。さらに別の記事は、クレジットカードやホテルのルームキーの磁気ストライプにずばりどんな情報が入っているか見せてくれるデバイスの設計図だった。

「Make:」を考案したデール・ダハティは、「ポピュラーメカニクス」［１９０２年創刊の技術誌］のような雑誌の昔の誌面が、最近のものとまったくちがっているという事実に驚いた。40年前には、自分で**やる**プロジェクトがたくさん載っていた。最近の誌面は、**買うための**技術製品のピカピカした解説記事だ。

ライト兄弟の時代までさかのぼると、『ボーイ・メカニック（The Boy Mechanic）』（未訳）といったハウツー本が見つかる。飛行機は買えなくても、それを作ろうと夢見ることはできた。

このデザインパターン、未来は買えるようになる前に作られるものだということは、認識すべき重要なことだ。未来は物を作って発明できる人や、発明をいじって改善し、実用化できる人により創られる。こうした人たちは、やってみて学ぶのだ。

「Make:」の後の号で、デールは「オーナー宣言」を発表した。その冒頭にはこうある。「開けられないなら所有しているとはいえない」。この主張の正しさは、その後何度も証明されてきた。企業はますます「デジタル著作権管理」(Digital Rights Management：ＤＲＭ）ソフトを使って顧客を囲い込むことで利潤を増やし、名目上の所有者である顧客が装置を修理したり補修したりする権利を奪っている。プリンター、コーヒーメーカー、最近ではハイテクトラクターなどの農機具まで、消費者が名目上所有する製品をだれが制御するのかというのは、企業と顧客の戦いの焦点になってきた。

デールと彼が代表するメイカーたちが気に入らないのは、ＤＲＭ、特殊ツールなしに開けられない封印されたハード、あるいはシュリンクラップのライセンス合意により開けることが禁じられているハードで示されている権利奪取だけではない。本当に自分のツールを制覇したいなら、そのなかを見て、仕組みを理解し、改変ができなければダメだ、というのが彼らの考え方なのだ。

スマートフォンやタブレットやコンピューターを手に入れたら、使いやすく設計された精悍なコンピューター製品が手元にくるが、それを改変したり修理したりするのはむずかしい。１９７０年代や１９８０年代（あるいはもっと前）にコンピューティングを始めた私たちにとっては、そんなことはなかった。始まりは比較的原始的なもので、何か役に立つことをさせようと思ったら、白紙状態から始めて教えてやるしかなかった。その教える行為が、プログラミングと呼ばれるものだ。今日スマートフォンを所有する何十億人ものうち、プログラミングを知っている人はほんの少数だ。昔は、限られた例外を除けば、自分でプログラミングできないとコンピューターはまるで使いものにならなかった。

プログラミングを学ぶことが、問題を解決した。プログラミングの勉強のためのいい加減でわざとらしい練習ではない。解決しなければならない、本物の問題だ。デールと私は物書きだったので、私たちの場合は、執筆と出版——原稿を編集して文書内の用語を統一し、共通の文法のまちがいを訂正し、索引を作り、原稿の書式設定とマークアップ（組版）を行う——を手伝ってくれるプログラムを書くことだった。これがあまりに上手になったので、『Ｕｎｉｘテキスト処理（Unix Text Processing）』（未訳）という本をいっしょに書いた。そしてその新しい技能を使って出版社を作り、著者と編集者が原稿の作業を終えたらものの数日で印刷所に送れるようにした。伝統的な出版社のほとんどでは、この作業で数カ月待たされるのだ。

Ｕｎｉｘは、第一コンピューター時代の独占ハードウェアシステムと、第二コンピューター時代のコモディティ化したＰＣアーキテクチャーの間の、奇妙な移行期の産物だった。ちがったハードウェア設計の各種コンピューターにまたがる、可搬的なソフトウェアレイヤーとして設計されていた。だから、おもしろい新しいプログラムの話を聞いたら、そのままダウンロードして実行するわけにはいかず、「移植」しなければならなかった（つまり改変して自分の使っているコンピューターで走るようにするのだ）。そして、あらゆるコンピューターにプログラミング環境があったので、独自のカスタムソフトを追加するのも簡単だった。１９８５年に郵便の通販で書籍販売を始めたときにも、受注処理と会計のシステムを買ったりはしなかった。自分で書いたのだ。

ウェブを発見したとき、ものづくりはさらにおもしろくなった。ウェブは、テキストマークアップ言語［文章構造や視覚表現を記述するための言語］のＨＴＭＬ（Hypertext Markup Language：ハイパーテキストマークアップ言語）でオンラインページをフォーマットするように設計されていたので、我々の強みをそのまま活かせた。ＨＴＭＬのおかげで、ウェブページで素敵な新機能を見つけたら、メニューをプルダウンして「ソースを見る」を選べば、どんな技を使っているかがわかる。

初期のウェブはとても単純だった。巧妙な新しい「ハック」がしょっちゅう導入され、みんな喜々としてお互いにそれをコピーしあった。だれかが巧妙な解決策を思いつく。それがすぐに、同じ問題に直面した人すべての共通財産となる。

オライリーの初期には、文書作成を受注していた。だがすぐに、イノベーションの波の爆発的な最先端を追跡し、発明されたばかりの技術をやってみて学んでいる人々の知識を捉えて文書化すれば大きなチャンスがあることに気がついた。彼らは前人未踏のことをやっていたからだ。

学習の鍵は真似ることだ。初期のころは、弊社の本は自分よりも知識豊富な人の肩越しにのぞき込み、そのやり方を眺める体験を再現するようなものだと説明した。これはオープンソース・ソフトウェアの重要な魅力でもあった。２０００年、ソフト産業がオープンソースの新しい考え方を把握しようと努力していたとき、当時ＭＩＴのスローン経営大学院にいたカリム・ラカニーとボストンコンサルティンググループのロバート・ウルフは、オープンソース・ソフトウェアプロジェクトで活動する人々の動機調査を行った。その結果によると、ソフトウェアを自分の特別なニーズに適合させるのと同じくらい、学習と知的探究の純粋な楽しみが、給与引き上げやキャリアでの成功といった伝統的な動機よりも重要なのだった。

デールはこのパターンが、新種のハードウェアの世界で何度も繰り返されるのに気がついた。安いセンサー、３Ｄプリンター、創造的な再利用が期待される大量の古い使い捨てハードのおかげで、昔からソフトウェアだけのものだと思っていた可塑性が、物理世界でも実現するようになってきたのだ。だがその機会を活用するためには、人々は物を分解して、新しい形で組み立て直せなければならなかった。

これがメイカー運動の本質だ。探究の楽しみのためのものづくり。**学習のためのものづくり**だ。現在の教育システムに喜びはない。本来ならば、解決されるべき問題がたくさんある問題集であるべきなのに、缶詰になった解決策を暗記するだけになっている。知識は、実現したいことから始めたら、ツールになる。探し求めて手に入れたものは、本当に自分のものになる。

ステュアート・ファイアスタインは、著書『イグノランス：無知こそ科学の原動力』で、科学は知っていることの集まりではないと主張している。それは知らないことを探究する実践なのだ。科学を動かすのは無知であり、知識ではない。

科学にも学習にも、本質的な遊びの要素がある。物理学者リチャード・ファインマンはその自伝で、ノーベル賞につながったブレークスルーのきっかけを述べている。彼は燃えつきて仕事に集中できなくなっていた。物理学がおもしろくなくなっていたのだ。でも、昔はちがっていたのを覚えていた。「高校時代に、蛇口から流れ出る水がだんだん細くなるのを見て、その曲線を決めるのは何か、解明できるだろうかと思ったものだ。別にそんなことを考える必要はなかった。科学の未来にとって重要というわけでもない。他のだれかがすでにやっているだろう。そんなことはどうでもよかった。私が発明をしていろいろと遊んでみるのは、自分の楽しみのためだった」

そこでファインマンは、楽しみに戻ろうと決意し、研究をあまり目標重視のものにしないことにした。ものの数日もしないうち、コーネル大学のカフェテリアでだれかが、空中でお皿を回しているのを見たとき、ゆらゆらするお皿のふちが中心にある大学のロゴより高速に回っているのに気がついた。ただの座興で、彼は回転速度の方程式を計算し始めた。彼は、そこに電子のスピンについての教えがあることに少しずつ気がついていき、そしてその考察に没頭した結果、やがて量子電磁力学となるものが生まれたのだ。

これは企業内の学習でも同じだ。グーグル社の開発者でリレーション部長のデヴィッド・マクラフリンとのパワフルな会話が思い出される。2人とも大手ソフトウェア企業の技術顧問会議で講演することになった。同社は、もっと多くの開発者たちに自社プラットフォームを使わせる方法を知りたがっていた。デヴィッドは、鍵となる質問をした。「社内開発者のなかに、終業後の自分の時間にそのプラットフォームで遊ぶ人はいますか？」。答えはノーだった。デヴィッドは、その問題を直すまでは外部の開発者へのリーチアウトは無駄だと告げた。

学習の楽しみの重要性は、デールが「Make:」にもともとつけていた副題でもあった。「自分の時間にやる技術（Technology on your time）」。つまりそれは、だれに頼まれたわけでもないのにやりたいことだ。２００６年に、私たちは雑誌に続いてメイカーフェアを開催した。これはでっかい「ロボットたちの品評会（county fair with robots）」で、いまや毎年何万人も集めている。未来について学びたい子供たちや、学習の驚きを再発見している親たちでいっぱいだ。

ほとんどの公式な学習では、あまりに楽しみが少ないし、人々は楽しみに飢えている。それが好奇心を刺激できないなら、たぶんまちがった道をたどっているのだ。

引きの力

好奇心さえあれば、インターネットはそれを満たす強力な新しい方法を提供してくれる。著書『ＰＵＬＬ』の哲学　時代はプッシュからプルへ——成功のカギは「引く力」にある』で、ジョン・ヘーゲル三世、ジョン・シーリー・ブラウン、ラング・デイヴソンは、21世紀の学習の性質が根本的な変化をとげたことを概観している。この本は、プロ選手になる寸前の若きサーファー集団の話で始まる。彼らは自分がサーフィンをする様子をビデオに撮り、それを眺め、分析し、オンラインにある他のエキスパートのサーフィン動画と比べることで技能を向上した。自分のビデオをユーチューブに投稿したところ、技能が向上するにつれてスポンサーがつき、競技に招かれるようになった。

実践的学習、ソーシャルな共有、オンデマンドの技能を組み合わせたこのような学習は、人々——特に若者——が今日学ぶ方法の核心だ。ミレニアル世代のライフスタイルサイト「Ｂｒｉｔ《ブリット》・＋

Co《コー》」の創業者でCEOのブリット・モーリンは、「もう自分は学校の人気者集団の一員ではないような気分になっている」と説明する。彼女によると、マーケッターたちは彼らが「ジェネレーションZ」と呼ぶ、14歳から24歳くらいにやたらにこだわっている。この世代は、何でもインターネットで調べられなかった時代を知らない。彼女によると、「69パーセントは『とにかく何でも』ユーチューブで調べるというし、学習メカニズムとしても教師や教科書よりはるかにそちらを好んでいる」

確かに私もそれを、13歳の義理の娘で経験した。最近、ビジネスディナーで家に客を招いた。すると、「デザートはあたしが作っていい？」と言う。どこまで期待していいかよくわからないまま、私たちは承知した。出てきたものは驚異的で、一流レストランでも通用するものだった。アイスクリームにベリーを散らしたものが、完璧な卵の殻のように薄い、ダークチョコレートのカップに入っている。

「いったいどうやって作ったの？」と聞いた。

「チョコを溶かして、風船に塗って形を作ったの」。ユーチューブでやり方を学んだそうだ。長年料理を勉強したわけでもない。フードネットワーク［食がテーマの専門テレビ局］のリアリティ番組「キッズ・ベーカリー」の競い合いに友達が出て興味を持ったのだ。それから料理のビデオを見ては、台所で再現し始めた。あのデザートは、最初に作ってみたもののひとつだった。

情報にオンデマンドアクセスできる力は、次世代の学習の鍵となる。技術と仕事の未来について懸念する人々は注目する必要がある。また、好まれる学習メカニズムとして細切れビデオが優位になった点にも注目しよう。２０１５年の最初の４カ月で、北米ではハウツービデオが1億時間以上も鑑賞されている。

「雇用者は、この変化を認識し、従来とはちがった方法で学習された技能や能力を評価するようにすべきです」と、マークル財団のゾーイ・ベアードは述べる。彼女はスターバックスのCEOハワード・シュルツとともに、リワーク・アメリカ活動を率いた人物だ。「鍵となるのは、技能に基づく採用と雇用のやり方です。あまりに多くの雇用者が四年制大学の学位を採用の代理指標として使っています。学位など必要ない仕事についても」。彼女は、２０２４年までにアメリカで最大の成長率があると予測されている職の大半は、学位など必要ないと指摘する。もしそうなら、古くさい労働市場を技能を評価するものに変える必要がある。マークル財団、リンクトイン、コロラド州、アリゾナ州立大学などは、過去1年間、この問題に対してスキルフル（Skillful）［次世代の人材開発を手がける非営利団体］を通じて取り組んできた。これはアメリカの古くさい労働市場を、デジタル経済のニーズを反映した形で転換させる試みだ。

もうひとつつけ加えるべき重要な点がある。無限の情報世界にアクセスできるのは、人間の能力の強力な拡張となるが、それにも前提条件がある。義理の娘は、ユーチューブのビデオを見てすばらしいデザートの作り方を学ぶ前に、ｉＰａｄの使い方を知っている必要があった。ユーチューブでの検索方法を知る必要があった。そこに山のようなコンテンツがあって好きに選べると知る必要があった。オライリー社で我々は、これを**構造的リテラシー**と呼ぶ。

コンピューターの仕組みに関する構造的リテラシーがない利用者は、その使い方に苦闘する。丸暗記で学習する。ｉＰｈｏｎｅからＡｎｄｒｏｉｄに移行したり、その逆をしたり、ＰＣからＭａｃに移行したり、あるいはソフトウェアのバージョンが変わったりしただけで、彼らは苦労するのだ。能力不足だからではない。そういう人でも、乗ったことのない車に乗ったとしてもすぐに慣れる。「ガソリンタンクのふたを開けるレバーはいったいどこだよ?」と彼らは聞いてくる。それがどこかにあるはずだとわかっているのだ。構造的リテラシーを持つ人は、何を探すべきかがわかっている。物事がどう働くべきかという機能の地図を持っている。そうした地図を持たない人は無力となる。

自分でコンピューター書籍を書いたり編集したりしていたころ、第1章は常に、その本の主題についての一種の構造的リテラシーを提供するものにした。第1章を読んだ人はその主題を十分に理解できて、その後は本のどこから読んでもかまわなくなる。何か特定の情報を探して本のあちこちを好きなように探索しても、そこで出くわしたものを理解できる、そんな文脈をあらかじめ持てるようにすることが狙いだった。

必要な構造的リテラシーの水準と種類は、行う作業の種類に応じて変わる。今日のスタートアップは、ますますソフトやサービスをデバイスに埋め込むので、電気工学や機械工学の基礎技能が必要だし、ハンダづけのような「業界」の技能もいるかもしれない。今日の経験豊かなソフトウェア開発者は、機械学習アルゴリズムの仕事をするためテンソル解析［ベクトル解析を拡張した幾何概念］の技能を高める必要があるだろう。教師は、生徒たちの文化や文脈になじみがあると、かなり効果的に教えることができる。

新しい技術を教える多くのオンライン学習プラットフォームにある問題点のひとつは、提供するのが構造的リテラシーでしかないということだ。主題について何も知らない初心者に教えるにはよい——たとえばＪａｖａＳｃｒｉｐｔを教えることでプログラミングの構造的リテラシーを得るとか、デジタルマーケティングのついての道筋を知るとか——のだが、人々が次に必要とするのは、きわめて具体的な問題についてのジャストインタイム学習なのだ。

そんなことを、Ｓａｆａｒｉのある顧客が如実に示してくれた経験がある。年間購読料を更新するときに、その大きな国際銀行の人はこう言った。「言われなくても更新しますよ。うちのシステムに欠陥があって、必要な文書がＳａｆａｒｉで見つかったおかげで、何百万ドルもの損失を回避できました」。技術メディアの巨人、ＩＤＧ（International Data Group）の創業者パット・マクガヴァンはかつて、彼の作業原理を教えてくれた。テクノロジーが進歩するにつれ、「具体が一般論を追い出す」というのだ。

結局、オンデマンド教育はオンデマンド交通とそんなにちがうわけではない。ものを知っている人と、それを知る必要のある人の豊かな市場がある。その知識の配信方法——書籍、ビデオ、対面教育——はいろいろ取り沙汰されるが、もっと大きな問題は豊かな**知識のネットワーク**を立ち上げるにはどうするか、ということなのだ。

拡張現実とオンデマンド学習の未来

ユーチューブやＳａｆａｒｉなどのプラットフォームで学習の指示を検索できるのが今日のオンデマンド学習の核心なら、明日の学習の核心はＡＲ（拡張現実）となる。ボーイング社の航空機整備工は、マイクロソフトのホロレンズ〔ＡＲ技術を使ったヘッドマウントディスプレイ方式のウェアラブルコンピューター〕を使った試験的プロジェクトに参加している。自分のやっている作業に図面や回路図をオーバーレイして、従来は何年も経験を積まないと習得できなかった複雑な作業をガイドしてもらうのだ。いくつかの建築会社では、建築家とクライアントがＡＲやＶＲ（Virtual Reality：仮想現実）の技術を使って模型に入り込んで改変し、物理世界で実際に何も作らないうちから自分たちが建てたい物を見ている。

グーグルグラス〔グーグル社のヘッドマウントディスプレイ方式のＡＲウェアラブルコンピューター〕の失敗は大いに喧伝されたし、オキュラス・リフト〔オキュラス社が開発・発売しているＶＲヘッドマウントディスプレイ〕のように、ＶＲプラットフォームの描速なバブルにもかかわらず、ＡＲやＶＲがオンデマンド学習に強力なインパクトを持つという証拠はたくさんある。スマートフォンとタブレットだけでもすでに、遠隔医療や店頭コミュニケーション、ＯＪＴ（On-the-Job Training：実地訓練）などで有効に使われているし、マイクロソフト社のホロレンズへの投資や、スナップ社のスペクタクル［サングラス型のウェアラブルカメラ］のような長期の実験や、噂されているアップル社の新製品、さらにはおそらく開発中の次世代グーグルグラスなどもあるし、この方面でこれからたくさんのニュースが出てくるのはまちがいないと思う。

あるトレンドが起きていると理解したら、それが展開するのを眺められる。頭のなかの地図が、そのトレンドが勢いを増しているという信号に注目するよう合図をよこし、それを応用できる方法を考えるよう教えてくれる。

２０１５年に国防総省のイベントでの２００ドルの歩兵向けヘッドマウントＡＲディスプレイの展示、マイクロソフト社が企業戦略の主要部分として各種の人間拡張に深いコミットをしたといった、興味深いニュースを探して追跡するとよいだろう。

学習と社会資本

もっと深い経済的な話もあって、それはジェームズ・ベッセンが著書『やってみて学習（Learning by Doing）』（未訳）で検討したものだ。彼は「新技術による生産性の進歩が人々の賃金に反映されるまでには、なぜこんなに時間がかかるのか」という問いに答えようとする。19世紀のマサチューセッツ州ローウェルにおける綿紡績工場の歴史や、現代のデジタル技術の導入の歴史を見て、彼はイノベーションについての従来の言説はまちがっているという結論に達した。生産性の向上の大半は、時間をかけてイノベーションが実装され、実践されるなかで生じるのだ。

ベッセンは、蒸気機関を導入した工場など、大きなイノベーションは技能排除と技能向上の両方を必要とするのだと述べる。彼は、オートメーションが高技能の職人を未熟練労働者で置きかえるというのは嘘だと言う。実際、初心者と完全な技能を備えた職人との生産性の差を計測し、新工場の労働者についても同様に行うと、どちらも完全な生産性の水準に到達するには、1840年代で丸1年の研修への投資が必要となったらしい。研修期間を技能の代理指標として使うと、両者が種類こそちがえ、同じだけの技能を持っていたのは明らかだ。

ベッセンによれば、こうした新技能は学校教育の結果ではない。「ほとんどは工場のフロアで学ばれたものだった」。これは今日も続いている。「経済学者は一般に『熟練労働者』を4年の大学教育を受けた者と同一視するが、これはことさら誤解のもとだ。新技術を使うのに必要な技能は、大学で習得する知識とほとんど関係がない」。

確かに、私の場合もそうだ。私は大学ではギリシャ語とラテン語を学んだ。コンピューターについてはすべてOJTで学んだ。大学で得た**知識**は役立たずだった。重要だったのは、精神的な習慣であり、学習の根本的な技能であり、特にパターン認識力だ。複雑なギリシャ語文献の構文解析を行うのは苦闘で、正直いって私の言語能力ではとても扱いきれないものだったが、ほとんど理解していないプログラミング言語で書かれたプログラムの文書化をする課題を引き受けたときには大いに役立った。教えるべきは知識だけではなく、学習する能力なのだ。絶えず学ぶことだ。私のキャリアを通じて、学習することそれ自体が進行する仕事のなかの最も重要な部分だった。

この経済はあまりに多くの人に影響を与えていて、職探しにも苦労があり多くの原因がある。だれでも自分でできる解決策があるとすれば、それは学ぶ力だ。これは、絶えず変わり続ける世界に子供たちが適応するために、ぜひ教えねばならない不可欠の基本的な技能でもある。すぐに陳腐化する個々の技能よりも、幅広い一般教育と学習への愛着のほうが重要かもしれない。

産業革命のとき、新世代の労働者たちは驚くほどよい教育を受けていた。ベッセンによれば、チャールズ・ディケンズが1842年にローウェルの高校を訪れたとき、「イギリスの読者たちにいくつか〝驚くべき事実〟を書き伝えたという。工場の女子たちはピアノを弾き、ほとんど全員が巡回図書館を利用し、定期刊行物も発行していたのだ」

新しく労働力に加わる人々は最初は生産性が低いのが通例であり、しかも学ぶべき経験豊かな労働者のプールはなかった。人々が新しい労働形態を試すなかで辞める人も多く、みんなが成功したわけではない。紡績機や織機は導入から数十年が経つまで、真に生産的にはならなかった。ベッセンは、「工場、産業、社会一般にとって重要なのは、個々の労働者を訓練するのにかかる時間ではなく、安定した訓練済みの労働力を作り出すために必要な時間だ」。これはまさに、私が自分自身のキャリアでも目撃したことだった。

新技術を活用するのに必要な技能は、技能を相互に供給する実践のコミュニティを通じて、時間をかけて拡散し、開発される。やがて新技術はルーチン化されて、多くの人々がそれを活用できるよう訓練するのも容易になる。その時点から新技術は生産性に影響を与え、多くの人々の賃金や所得を改善するようになるのだ。

シリコンバレーの成功は他の場所での再現が実に難しいものだが、その秘密は、どんなハイテク企業でも働けてすぐに生産的になれる人々の巨大なプールがあることにある。この労働力の集中は、いまだにあらゆるところで得られるものではない。しかし、必要な知識が社会に浸透するにつれて、シリコンバレーの成果はより複製可能になり、それほど驚異的ではなくなるはずだ。ユニコーンは、影が薄れて普通になる。

「ワイアード」誌でクライブ・トンプソン〔ジャーナリスト〕は、挑発的な質問をする。コード書き（プログラマー）はブルーカラー職になりつつあるのだろうか、と。「この手のコード書きは、高頻度証券取引やニューラルネットワーク〔ＡＩの機械学習で使われている数学モデル〕のための奇想天外な新アルゴリズムを考案するだけの深い知識はない。だがどんなブルーカラーのコード書きでも、地元銀行向けにＪａｖａＳｃｒｉｐｔをでっちあげるくらいのことはできる」。コード書きがルーチン化するにつれて、それを実践する人々の教育ニーズはあまり高くなくなる。多くのプログラミングは、高度なソフトウェア工学や数学の学位ではなく、職業訓練に相当するもので十分になる。コード書きの学校や即席プログラミング講習などの台頭は、まさにそういうことだ。

だが、話はそれでは終わらない。ウェブの台頭は、単にプログラミング技能を持つ人々を必要とした（そしてそれに報いた）だけではない。技術が成熟すると、まったく新しい仕事を作り出した。初期の「ウェブマスター」はあらゆる稼業のごった煮で、プログラミングやシステム管理からウェブデザインまで、すべてをこなした。だが間もなく成功したウェブサイトは、専門的なデザイナー、プログラミングとデザインの複合技能があるフロントエンド開発者、データベースの深い経験を持つバックエンド開発者、検索エンジン最適化（ＳＥＯ）とソーシャルメディアの専門家など、数々の仕事をこなす人を必要とするようになった。「ＢｕｚｚＦｅｅｄ《バズフィード》」のような２０１６年の成功したメディアのウェブサイトに内包される専門技能は、１９９５年のヤフー！での専門性とはまったくちがう。技術が社会のあらゆるセクターに浸透すると、ずっと多くの専門職が登場する。

『デジタルエコノミーはいかにして道を誤るか』の著者ライアン・エイヴェント〔「エコノミスト」誌シニアエディター、記者〕は、さらなる洞察をしている。新技術の成功は社会資本に依存するというのだ。彼の定義する社会資本は、「コンテキスト（文脈）に依存したノウハウで、人々のクリティカルマスに共有されたときに価値を持つもの」である。彼はこれを、人的資本の概念と区別する。人的資本とは、文脈に特に依存せず、単一の人間に帰属できる技能や知識を含むものだ。（これはまた、グレン・ルーリー〔経済学者〕

やジェームズ・コールマン［社会学者］が最初に定義したり、ロバート・パットナムが普及させたりした社会資本ともちがう。ルーリーとコールマンの場合、それは「ノウハウ」ではなくだれと知り合いかというネットワークで、そのネットワークをどのようにリソースとして使えるかということだった。パットナムの場合には、そうしたネットワークが市民参加によりどう強化されるかということだ。だがエイヴェントの用法は、これらと重要な点で重なっている。技術が経済のなかで本当に根づくのは、共有知識を持つ人々の大きなネットワークがあるときだけなのだ。）

グーグル社を訪れ、洗面所で「トイレで試験」「便器で学習」といった題名の貼り紙［グーグル社内ではエンジニアの情報共有のためコード開発に役立つヒントをまとめたチラシをトイレに貼っている］を見て、その毎週のアップデートの多くがグーグル社内システムの使い方に関するものなのに気がついたなら、これほど技能豊かな企業ですら、グーグル社自体の運用に関する文脈固有の知識について絶えず人々を教育するニーズがあることを理解するはずだ。

この種の社会資本は、企業に差をつける共有技能の鍵となる。エイヴェントは「エコノミスト」誌のシニアエディターの仕事について説明して、こう書く。「物事の仕組みの一般的な感覚は長期雇用の従業員の頭のなかにある。新人は、その知識を古い習慣への長い接触を通じてだんだん吸収する。弊社の何たるかは、週刊誌を生み出す事業というよりは、すさまじいプロセスの集合で構成される物事のやり方なのだ。そのプログラムを実行すると、その果てに週刊誌が出てくる」

だがエイヴェントはこう続ける。「印刷版の制作を実に魔法のように効率的にするのと同じ内部構造が、デジタル版の活動の足を引っ張っている」。そしてこう続ける。「単に技術に強いミレニアルの若者を入れるだけでは、組織をデジタルの現在に押しやるには不十分だ。コードを書きかえねばならない」（これはもちろん、アマゾン社のプラットフォーム転換の中心的な教訓でもある）。起業家の重要な役割のひとつは、新しい物事のやり方についての余地を作り出すことだ、とエイヴェントはつけ加える。これはスタートアップだけでなく、既存企業の内部にも言える。

新技術をビジネスや社会に統合するプロセスは、終わってなどいない。新技能はどんな学校で学べるより早く拡散しているのだ。一方、新技術で企業に蓄積していく便益は、それに対応するために労働力を訓練し、ワークフローもあわせて変えていけるかどうかに深く関係している。

この再訓練はたとえば、IBMのソフトウェア開発の文化を、今日のシリコンバレースタートアップの特徴を反映させた、アジャイルで、ユーザー中心で、データ駆動型で、機能横断型のアプローチのものに変えようという、元CEOジェフ・スミスの試みの中心でもあった。彼はそれをスタートアップでやるのではなく、2万人のソフト開発チームで行い、40万人以上の従業員がいる企業を支えようとしていたのだ。

オライリー・メディア社の社長でCOOのローラ・ボールドウィンは顧客にこう語る。「戦争は自分の手持ちの軍隊で戦うしかないんです」。はい、確かに最新の技能を持つ新しい才能を連れてくるのは重要だが、既存チームを再訓練して人々が共同作業をする新しい方法を構築するのも不可欠だ。

安定した訓練済みの労働力は一度達成した後も、その存在があって当然と考えるべきものではない。ローウェルの紡績工場の所有者たちは、労働力に投資した。過去数十年のアメリカにおいて、製造業の仕事を海外に移転していった決断は、実質的に技能を排除しつつ技能の再向上を行わないというコミットメントだった。新しい少量生産技法がいま、アメリカの製造業にコスト競争力を与えつつあるのに、必要な技能の労働力がない。デロイト社と製造業研究所による2015年の研究によると、今後10年間で200万人以上の製造業の雇用が満たされないままとなる。中国の人件費がアメリカに匹敵する水準まで上がったとしても、製造業の技能開発に大規模な投資を行わない限り、アメリカは競争力を持ち得ない。

多くの企業は、必要な技能を持つ人を十分に雇えないと文句を言う。これはずうずうしい考え方だ。管理ホスティングとクラウドコンピューティングの企業ラックスペース（Rackspace）社はテキサス州サンアントニオ市にあるが、その共同創業者で社長のグレアム・ウェストンは、オープンクラウド・アカデミーを誇らしげに見せてくれた。これは同社が採用したい労働力を作り出すために創設した職業訓練校だ。ラックスペース社は卒業生の半数ほどを雇うそうだ。残りは他のインターネット企業に就職する。

今日の技術変化の速度を見ると、伝統的な教育機関は基盤を提供はできるが、独自に絶え間なく変化する技能と労働力に投資をするのは、成功したいと望む個々の企業の仕事になる。教育システムは、生涯続く学習の世界に向けて考え直されなければならない。ベッセンが正しいなら、技術革新だけでなく、その技術の使い方に関する知識を社会全体に拡散することが、万人をもっと豊かにするかどうかに差を生み出していく。その拡散を加速するのは、よりよい未来を創るための作業として最も重要なことのひとつとなる。

16章
重要なことに取り組もう

クレイトン・クリステンセンが**破壊的技術**という用語を１９９７年のビジネス書の古典とも言える『イノベーションのジレンマ―技術革新が巨大企業を滅ぼすとき』で導入したとき、彼は「吹っ飛ばせる巨大市場があるんだとベンチャー資本を説得して資金を集めるにはどうしたらいいだろう?」というような設問は立てなかった。彼は、なぜ既存企業が新しい機会を活用し損ねるかを知りたがった。彼の発見は、未成熟のブレークスルーする技術はまず**まったく新しい市場を見つけることで**成功し、既存市場を破壊するのは後になってからだということだった。

クレイトンに初めて直接会ったのは、マット・アサイ［アドビ社の開発者エコシステム責任者］とブライス・ロバーツが２００４年に開催した「オープンソース・ビジネスカンファレンス」でのことだった。そこで彼は、ＲＣＡ（Radio Corporation of America）が現在の価値で何十億ドルにもなる金額を使って、トランジスタ式のラジオやテレビの音質を真空管と同じくらいに高めようとして失敗した話を繰り返した。ソニーの見事なビジネスイノベーションは、トランジスタを改良することではなかった――それは後になっての話だ。それは新しい市場――当初は若者用のポータブルラジオ――を見つけることだった。そこでは低価格と、それまで実現不可能だった持ち運びできるラジオという可能性に比べれば、音質はそんなに重視されなかったのだ。

破壊的技術のポイントは、それが破壊していく競合や市場にあるのではない。それが作り出す新しい可能性や新市場にある。トランジスタラジオや初期のワールドワイド・ウェブのように、こうした新市場はしばしば既存企業にとっては小さすぎて、検討に値しない。彼らが目を覚ますころには、新興企業がその新興セグメントで指導的な地位を獲得しているのだ。

これはマイクロソフト、グーグル、フェイスブック、アマゾンにも当てはまったし、現在のウーバー社やリフト社、エアビーアンドビーといった破壊者や、自動運転車など人工知能の未来的な応用を先導する研究者たちについても言える。彼らは、問題を解決しようとして出発するのだ。

私は、破壊なんか忘れて重要なことに取り組もうと、シリコンバレーの起業家たちを促すことに時間をかけている。これはどういう意味だろうか？　私には、科学、オープンソース・ソフトウェア、インターネットで革新を実現してきたイノベーターたちを見ながら得た多くのリトマス試験がある。それを私は若き起業家に伝えようとする。内容はこんな具合だ。

1　自分にとってお金より重要な何かに取り組もう

金銭的な成功だけが唯一の目標でもないし、成果の唯一の指標でもないことを忘れないようにしよう。お金儲けの騒々しさに目がくらんでしまうことも多い。お金は自分が本当にやりたいことの燃料として考えるべきで、それ自体を目的化してはいけない。

お金は車のガソリンのようなものだ――注意していないと道端で止まる羽目になる――が、成功した事業やよい人生というのは、ガソリンスタンド巡りではない。

何をやるにしても、自分が本当に重視することを考えよう。起業家なら、自分の価値観について考えるのに使う時間は、よりよい企業の構築に役立つ。他の人の下で働くなら、自分の価値観を理解するための時間は、適切な勤め先を見つけるのに役立つし、またそれを見つけたときにもよい仕事ができるようになる。

でかい考えを恐れないようにしよう。ビジネス書の著者ジム・コリンズは、偉大な企業は目標を「すげえ大げさに大胆に」盛っていると言う。グーグル社のモットー「世界のあらゆる情報へのアクセス」は、そんな目標の例だ。弊社のミッション「イノベーターの知識を広めて世界を変える」もまた、そういう目標のひとつだと思いたい。ニック・ハノーアーは「できるだけ大きな問題を解決しろ」と言いたがる。

重要すぎて、失敗しても、やるだけやったことで世界がよくなるようなことを追求しよう。

ライナー・マリア・リルケのすばらしい詩は、聖書に出てくる、天使と格闘するヤコブの物語を語り直している。リルケの詩ではヤコブは負けるが、戦いを通じて強くなる。そしてその最後はこんな具合の主張となる。「私たちが戦いに使うものは小さすぎ、勝ったときにそれは私たちを小さくする。私たちが求めるのは、次第に大きくなる生き物たちにより、決定的に負かされることなのだ」

状況がバブルかどうかの判定法のひとつは、自分が達成したい大きな目標よりも来たる支払日を気にしている起業家がどのくらいいるかということだ。まねっこ商品はほぼ必ず、支払日優先だ。最初に市場を開拓した起業家たちは、簡単に成功できるとはまったく思っていない。むしろ、天使と格闘するヤコブのように自分に解決ができるかどうかすら確信が持てないが、少なくとも何らかの進歩は実現できると信じて難問と格闘している。追随者たちはあまりにしばしば、手早く儲けようとしているだけだ。

最も成功する企業は、成功を本当の目標達成の副産物として扱う。その本当の目標は常に、自分自身よりも大きく重要な何かだ。マイクロソフト社のCEOサティア・ナデラは、人工知能の機会について語るときに同じ論点を述べている。「難問は、人工知能が取り組むべき壮大で啓発的なソーシャルパーパス（社会目的）を定義することです。1961年にケネディ大統領が、60年代末までにアメリカが月面着陸するとコミットしたとき、その目標はおおむね、計画がもたらすすさまじい技術課題と、必要とされる世界的な協力を狙って選択されました。同様に、人工知能にとって十分に大胆で野心的な目標を設定する必要があります。現在の技術に対する段階的な改善で実現できるものをはるかに超える何かが必要です」

サティアに、どういうことか例をあげてくれと言ったら、障害を持つ彼の息子について感動的な話をしてくれた。「私には特殊なニーズを持つ子供がいます。閉じこもってしまっているので、いつも『ああ、この子がしゃべれさえすればなあ』と思うんです。そして、ブレインマシン接続で何ができるだろうかと考えます。視覚障害を持つ人は見えるようになり、難読症の人も読めるようになります。これぞ、真の包摂性をもたらす技術です」

元グーグル社重役のジェフ・フーバーもまた、ヘルスケアにおける大転換的な進歩を実現するために技術を使うという、この種の大胆な夢を追っている。ジェフの妻は、進行の速いがんを発見できず、突然に亡くなった。彼女を救おうと手をつくして失敗した彼は、他のだれにも同じ体験をさせないとコミットしたのだった。がんの早期検出を行う血液検査を開発する探究のため、投資家たちから1億ドル以上を集めた。これが資本市場の正しい使い方だ。もし実現して投資家が豊かになれば、それは彼がやることの副産物であって目標ではない。お金と技術の力をすべて活用して、今日では不可能なことをやろうとしている。彼の会社の名前であるグレイル（Grail）［杯の意味。聖杯を連想させる］は、この仕事のむずかしさについての意識的な宣言だ。ジェフは天使と格闘している。

2 捕捉するより多くの価値を創り出そう

バーナード・メイドフのような金融詐欺師がこのルールに従っていなかったのはすぐにわかるし、世界経済を破綻させせつつ、自分自身に何十億ドルものボーナスを支給したウォール街の大物たちも同様だ。だが繁栄するほとんどの事業は、自分たちだけでなくコミュニティや顧客にも価値を創り出すし、最も成功する事業は人々とともに、そして人々のために自己強化する価値ループを創り出すことで成功する部分も大きい。彼らは、自分のために直接働かない人々にもその夢を構築できるようなプラットフォームを構築するか、その一部になるのだ。

起業家だけでなく投資家たちも、自分が補促するより多くの価値を創り出すよう専念しなくてはならない。中小企業に融資する銀行は、企業が成長して多額の借入をし、従業員をさらに雇い、従業員たちが預金をしてローンを組み……等々を見越して融資をする。未知の技術の未来に賭ける投資家も同じことをすればいい。このサイクルが人々を貧困から脱出させせる力は、何世紀にもわたって実証されている。

自分が捕捉するより多くの価値を創り出すという目標に成功していれば、ときには同じアイデアを自分よりも他の人がうまく活用していることに気がつく。**それでもかまわない**。私だって、億万長者がひとりならず（さらにはその後に続こうとする実に多くのスタートアップが）、オライリーの書籍数冊から出発したと語ってくれた場に出くわしている。起業家が、会社のアイデアを私の発言や著作から得たと話してくれたことも多い。**これはよいことだ**。インターネットの初期に、ボーダースのコンピューター書籍の仕入れ担当者カーラ・ベイハが、私の講演の後でこう言った。「おやおや、競合他社にこの1年の出版計画をくれてやったわけね」

私の目標が本当に「イノベーターの知識を広げることで世界を変える」ことなら、競合他社が尻馬に乗って知識を広げる手伝いをしてくれるのは大歓迎だ。

見まわしてみよう。やりがいのある仕事に何人を雇っているだろうか？　顧客の何人があなたの製品を使って自分の生計を立てているだろうか？　競合他社をいくつ活性化してあげただろうか？何もお返しをしてこない人、何人に影響を与えただろうか？

ヴィクトル・ユーゴーの大河小説『レ・ミゼラブル』に、主人公ジャン・ヴァルジャンが事業家として（逃亡中の受刑者なのでマドレーヌという偽名で）行った善行について述べたすばらしいくだりがある。その事業とビジョンで彼は地域全体を繁栄させ、「あまりに乏しくて小銭少々すらないようなポケットはひとつもない。どの家も貧しすぎて多少の喜びすらないなどということはない」ようにしたという。そして重要な点はここだ。「マドレーヌは自分の財産を作り上げた。だが、普通の実業家には珍しいことに、それが彼の主要な関心事には見えなかった。彼は他人のことを多く考え、自分のことはほとんど意に介さないようだった」

お金儲けより大きな問題の解決に専念することと、自分の懐に入れるよりも大きな価値を創り出すのに専念することは、密接に関連し合う原理だ。前者は、何か新しいことを始める者に適用されるテストだ。二つ目は、何か持続的なものを作り出すために合格しなければならない、もっとむずかしいテストなのだ。

3 長期的な見方をしよう

ミュージシャンのブライアン・イーノは、ロングナウ財団につながるアイデアを着想した体験について語っている。ロングナウ財団は、長期的な考え方を奨励するために活動する団体だ。1978年にブライアンは、金持ちの知り合いの引越し祝いに誘われたという。タクシーが通過していく界隈《かいわい》の様子はどんどんくすんでいき、彼は正しい場所に向かっているのか疑問に思い始めた。「やっとタクシー運転手は、陰気で殺風景な工業ビルの入り口で車を停めた。階段にはアル中が2人うずくまり、あたりを気にもしていない。街路には他に人気がまったくなかった」

だがそこが正しい住所で、最上階に出ると何百万ドルもする邸宅が広がっていた。「まるでわけがわからなかった。なぜこんな地域に、こんな邸宅を作るためにこれほどのお金を注ぎ込むんだろうか？　後に私は女主人と話をした。『ここは気に入ってるんですか？』と私は尋ねた。『これほどすばらしいところに住んだことはないわ』と彼女。『でもほら、その何と言うか、このご近所っておもしろいんですか？』『あぁ、ご近所？　まあ……それって外だから！』と彼女は笑った」

初めて彼がこの話を語るのを聞いたはるか以前、ブライアンは、友人の邸宅の説明に続けて、彼女が支配する空間を「小さなここ」、外のアル中と与太者だらけの空間を「大きなここ」と呼んだ。そしてそこから他の人とともに、類似の概念である「ロングナウ（Long Now）」を考案したと述べた。我々は、ロングナウと大きなここについて考える必要がある。さもないと社会はどちらも享受できなくなってしまう。

局所的な最適化をするのは簡単だが、やがてツケはまわってくる。経済にはねずみ講のような要素がいろいろとある。他の国から借金して消費の資金を捻出し、子供から借金して負債まみれにして、非再生資源を使い果たし、所得格差、気候変動、健康といった大きな課題に取り組まずにいる。

未来を発明しようとするあらゆる新しい会社は、長期で考えねばならない。ウォルマートやアマゾンで利潤が圧縮される業者はどうなるだろうか？　低い利ざやは売上増で相殺されるのだろうか、それとも利ざやが下がった業者はいずれ廃業したり、革新的新製品を考案するリソースを欠くようになるのだろうか？　ウーバー社やリフト社が競合他社を潰すために消費者向けの料金を下げたら、運転手の所得はどうなるのだろうか？　製品を作る労働者に対して支払いをしない企業の製品を買うのはだれなのか？

全米自動車労働組合の先駆的な組織者ウォルター・ルーターは、ルーターに新しい工場のロボットを見せたフォード社の重役の話をした。ルーターは「こいつらから労働組合費をどうやって徴収するんですか？」と尋ねた。すると重役はこう答えたという。「いやね、私が心配してるのはそんなことじゃない。こいつらに自動車を売りつけるにはどうしたらいいかで困ってるんだ」。ますます自動化される社会で、だれが明日の製品を買うだけのお金を持つようになるのか、というのはあらゆる起業家の思考の中心にあるべき問題だ。

事業の唯一の目標は株主のためのお金儲けだ、という考えを超えることが不可欠だ。私は正しく行う事業の社会的価値を強く信じている。価値あることが、事業のやり方の自然な結果となる経済を構築しようとすべきだ。そうすれば価値あることが、人々の善意によりまかなわれる慈善事業ではなく、自律的な形でまかなわれるようになる。イーベイ創業者で、その後「西海岸フィランソロピー」とも呼ばれる慈善活動（共通の社会目標に向けたツールとして伝統的な慈善寄付と戦略的なスタートアップ投資の両方を使う）の先駆者になったピエール・オミダイアは、「善行をしなければ儲けられない事業にしか投資しないんだ」と語ってくれた。

大義や公共の善のために明示的に働くか、それとも事業の構築を通じて社会を改善しようとするかにかかわらず、大きな図式を考えて、自分たちだけでなく、持続可能な世界における持続可能な経済の構築に、何が重要かを考えることが大切だ。

4 明日には今日の自分よりもよい自分になるべく頑張ろう

昔からカート・ヴォネガットの長編『母なる夜』の分別が大好きだった。「人はなりすまそうとする存在なのだから、何になりすまそうとするかについては慎重でなければ」。この長編は、ナチスのプロパガンダ担当大臣で、実は連合軍の二重スパイでもあった人物の戦後裁判をめぐるものだが、人々の最悪の本能に訴えかけつつ、その操作がよい目的のために行われているのだからと自分を慰める人々（政治家、評論家、ビジネスリーダーを問わず）にとっての警告となるべきだ。

だが私はヴォネガットの主張の逆も真実だと思ってきた。実際の自分よりよい存在であるふりをすることは、自分にとってだけでなくまわりの人々にとってのハードルも高める手法になり得る。人々には理想主義に対する深い渇望がある。最高の起業家には野心からくる勇気があり、まわりのみんなはそこに反応する。理想主義とは、非現実的な夢を追うということではない。それはエイブラハム・リンカーンの名言、「私たちのなかにあるよりよい天使」と呼んだものに訴えかけるということなのだ。

これは常に、アメリカンドリームの重要な要素だった。私たちは理想に生きているのだ。世界がアメリカにリーダーシップを求めるのは、物質的な富と技術的な強みのせいだけではなく、自分たちがなろうとしているものの絵を描いてみせたからだ。

世界をよりよい未来に向けて導くのであれば、アメリカがまずそれを夢見なければならない。

堅牢な戦略の構築

未来は根本的に不確実だ。いかに未来をマッピングしようと頑張っても、予想外のことは起きる。ハムレットが言ったように「覚悟をしておくのがせいぜいだ」。

ありがたいことに、まさにこの問題に取り組むために設計されたマネジメント分野がある。「シナリオ計画」というものだ。シナリオ計画は、未来が不確実なのは当然だと考える。だが、未来を形成する深いトレンドがあって、それを観察して考慮することはできるとする。トレンドの一部――人口増加や人口構成など。あるいは長年にわたって使われたムーアの法則のような技術トレンド――はかなり確実だ。一方、他のトレンド、たとえば政治選挙、技術革新、テロ攻撃などは絶えず予想外となる。

予想外のことが起きる領域でも、後から考えると変化が起こりつつあって見えていたことに気がつく。第一世界大戦は、大英帝国が絶頂期で、広く「完璧な夏」と思われていた時期に続いて起きた。導火線に火をつけたのは狂った暗殺者だったが、何十年にもわたる列強諸国の悪い決断により火薬の樽《たる》は配置されていた。金融業界の過剰がもたらした２００８年の世界経済の崩壊未遂は、１９２９年の株式市場の暴落とその後遺症の専門家で、事態をもっと理解していてしかるべきベン・バーナンキがＦＲＢ（連邦準備制度理事会）の議長だったときに起きた。

シナリオ計画は、人間が現在とまったくちがう未来を想像するのがむずかしいことを当然だと考える。つまり、それを実践する人々は未来を予測しようとはしない。企業や国が、まったくちがう未来に直面しても機能するような「堅牢な戦略」を開発できるようにするのだ。

目標は、何が起こるかを見極めるのではなく、思考を広げて何が**起こる可能性があるか**を考えるようにすることだ。シナリオ計画の演習では、参加者たちに現在のトレンドの結果として起こり得るまったくちがう未来、4種を想像するように求める。この技法の創始者のひとりピーター・シュワルツが、著書『シナリオ・プランニングの技法』で述べたように、シナリオは「想像力豊かな未来跳躍のための（中略）乗物なのだ」。

第一歩は、未来に影響しそうな鍵となるベクトルをいくつか同定することだ。ベクトルは、数学では値と方向の両方がないと完全に記述できない量として定義されていることを思い出そう。

速度と加速度はどちらもベクトルであることに注目する必要がある。ただし、速度は何かがある特定方向に向かう速さだが、加速度は速度の増加率だ。加速するトレンドは、特に注目する価値がある。多くの起業家のやるまちがいは、何かの規模を見てそれが「大きい」とか不可避だとかと判断し、それにすべてを賭けてしまうことだ。もちろん、急成長するものが小さいうちに気がつくほうがずっと役に立つ。

大きくて不可避なのに、起業的な時間軸よりも成長が遅いトレンドも多い。あるいは成長が早すぎるトレンドもある。だからこそ、オライリー・メディア社で新しい技術や他のトレンドを見るときに使おうとしてきた指標のひとつは、変化率なのだ。堅牢な戦略は、自分のリソースと時間軸を考慮しなくてはならない。スニル・ポールはこの問題の犠牲者だった。巨大な機会を正しく同定したのに、当初はそれが十分な速度では起こっておらず、後には高速すぎて追いつけなかったのだ。

ビル・ゲイツはかつて「人は常に今後2年で起こる変化を過大評価し、今後10年で起こる変化を過小評価する。手をこまねいている道へと流れてしまわないようにしよう」と述べた。これは当のマイクロソフト社の場合にも事実だった。ゲイツの警告（『未来を語る』の初版はインターネットを無視していたので、それを修正するために1年後に更新された1996年改訂版〈未訳〉のあとがきに収録）と、追いつこうとするすさまじい努力にもかかわらず、マイクロソフト社はインターネットの波に乗り損ね、劇的なまでに新しい技術とビジネスモデルを持つ企業に追い越された。

シナリオ計画の実践では、ベクトルはお互いに交差するような形で描かれ、可能性空間を四象限に分割する。それぞれの象限は四つのシナリオの基盤となり、通常は企業の重役、軍の計画担当者、政府の政策担当者、招待された専門家といった人たちにより、数日にわたって開発されることが多い。

この技法を明らかにするため、人為的な気候変動の可能性に直面しているエネルギー業界の企業なら、この実践がどんなものになるかを想像してみよう。

人為的気候変動が本物だという、かなり議論の余地のない証拠は、何十年にもわたって出ている。だがこの例では、それが重大な不確実性のひとつだということにしよう。結局のところ、アメリカの大政党のひとつは人為的気候変動はインチキだという考えに基づいて政策を決めている。たとえインチキでなくても、最良の気候モデルにおいてすら、変化の規模と速度は不明瞭のままだ。

そこで最初の不確実ベクトルが、潜在的に破滅的な人為的気候変動が起きているのか、それがどのくらいの速度で、どのくらいひどくなるのか、というものだということにしよう。

第二のベクトルは、問題に対する人間の対応の規模と緊急性、および効果がある巧妙な解決策を間に合うように考案する能力だ。

すると、次ページに示すような象限地図ができあがるだろう。

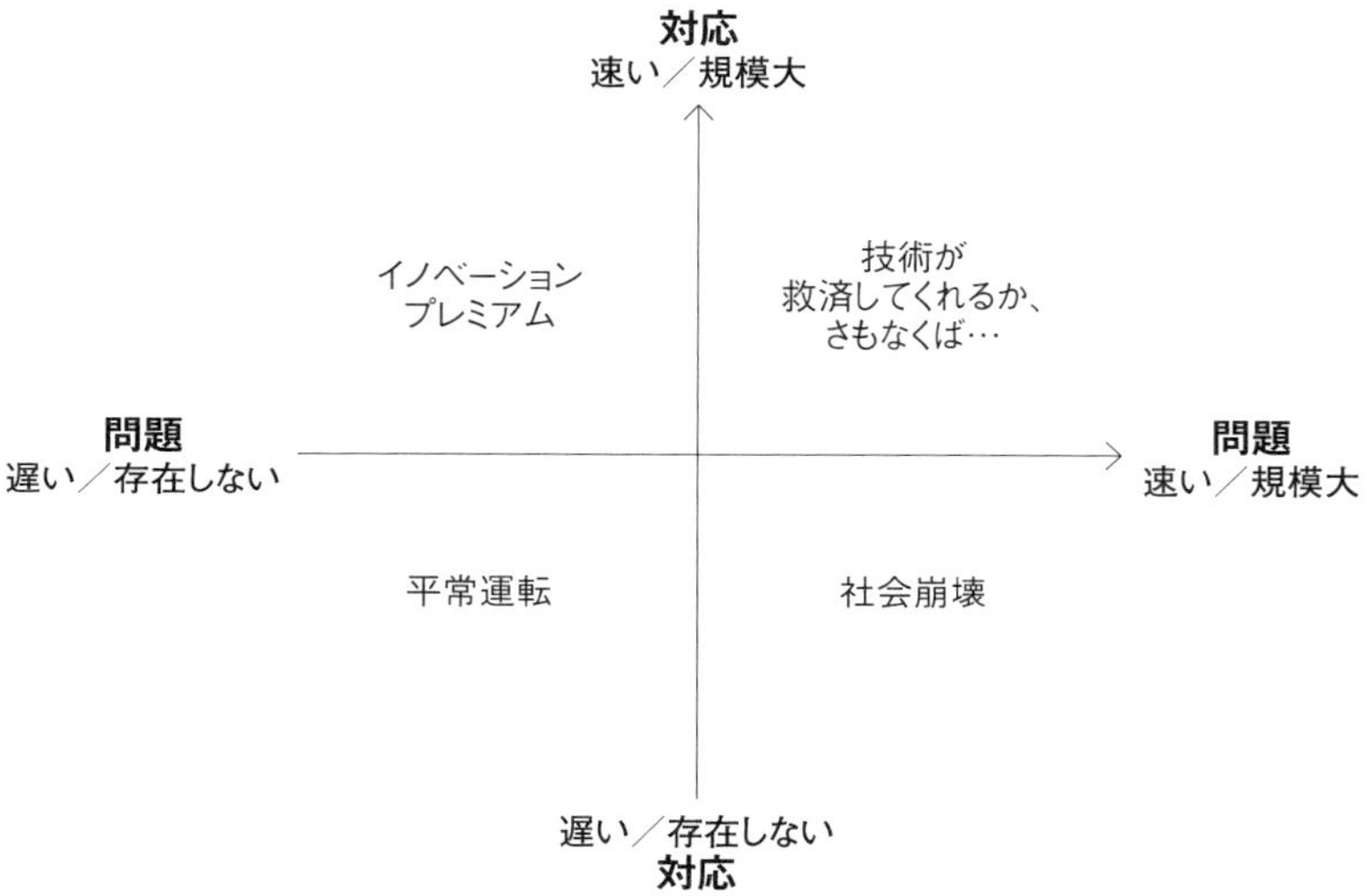

もしあなたがこうしたシナリオを考え抜くビジネスマンであるなら、「堅牢な戦略」は、気候変動が起きていると想定して対応することだというのが明らかになる。シナリオ四象限の下半分には何の機会も見えない――これまで通りの事業か、社会崩壊だ。上半分には気候科学者と懐疑派のどちらが正しくても事業機会がある。

戦略を堅牢にするためには、気候科学者たちの最悪の恐れが絶対正しいと確信する必要はないということでもある。気候科学者がまちがっていても、この戦略はよいものだ。

気候変動は、パスカルの賭け［17世紀の哲学者で数学者のパスカルの提案で、神を信じなくても信じているかのようにふるまうべきだというもの］の現代版を提供してくれる。破滅的な気候変動が起きなくても、それに対応するためのステップは、やはり価値がある。破壊的な気候変動の可能性がほんのそこそこ程度でしかないとしても、まともな人間であれば行動すべきだと判断するだろう。これは保険なのだ。家が焼け落ちるリスクは低くても、家主として保険に入る。車が全損するとは思わないが、そのリスクがあるのは知っているし、だからほとんどの人は保険をかける。致命的な病気で倒れるとは思わなくても、やはり保険に投資する。

人為的な気候変動がなく、あるいはその帰結が深刻でなくても、回避するために巨額の投資をした場合、起こり得る最悪のことは何だろうか？　気候変動への対応では、次のようなことが考えられる。

- 再生可能エネルギーに大量投資をしたところ、それがその製造者たちにたっぷり見返りを与えた。
- 強力な新しい雇用の源に投資した。
- 敵対的、あるいは不安定な地域からの原油輸入依存を減らすことで、国家安全保障を改善した。
- 公害による多大な経済損失を減らした（中国は公害による経済損失がGDPの10パーセントと推計している）。現在は数十の方法で化石燃料に補助金が出ており、電力会社や自動車会社などは環境保全費用を「簿外」にできる。燃料税を自動車のためのインフラ費用に提供する一方で、鉄道などの各種公共交通はインフラ費用を自前で出しているなどがある。
- 産業基盤を再構築し、古い産業を支えるかわりに新しい産業に投資した。気候問題の批判者たちは、地球温暖化に対処するための費用を指摘したがる。だがそうした費用は、レコード会社がデジタル音楽配信に切りかえるなかで負担した費用や、ウェブの台頭で新聞が暗黙のうちに負担した費用と似ている。つまり、それは既存産業にとっての費用であり、新技術を活用する新産業の機会を無視している。いまだに私は、気候変動に対処するための費用が、既存産業を保護するための主な費用ではないという説得力ある議論を聞いたことがない。

これに対し、気候問題の懐疑派がまちがっていたとしよう。何億人もの人々が住処《すみか》を失い、干ばつ、洪水など極端な気候不順が生じ、生物種が失われ、経済的な被害は2008年の金融産業崩壊が懐かしく思えるほどの現実になる。

まったくこれはパスカルの賭けと同じだ。一方の最悪の結果では、もっと堅牢なイノベーション経済ができる。もう一方の最悪の結果は、まさに地獄だ。要するに、気候変動がまちがっていたとしても、それを信じて行動するほうがよい結果になる。

これが、シナリオ計画者が言う「堅牢な戦略」の意味だ。

イーロン・マスクが意識的にシナリオ計画をやったとは思わないが、彼の事業判断はすべて上記のモデルと整合している。テスラ、ソーラーシティ、スペースXはどれも、最悪の気候変動の惨事が来襲していないにもかかわらず、堅牢な事業機会となった。マスクの電気自動車、屋上ソーラー、宇宙探索におけるリーダーシップは、すべて行うだけの価値のある賭けだった。同様に、太陽光エネルギーに大量投資を行った中国のような国は巨大な新産業を作った。ドイツとスカンジナビアは、経済を化石燃料から分断させる点でアメリカのはるか先を行っている。アメリカは主に「これまで通りの事業」を選び、出遅れている。

この問題に関する古い右派と左派の分裂を克服できれば、変わる可能性がある。気候リーダーシップ審議会という保守派経済学者や元政府関係者およびビジネスリーダーたちが率いる組織は、最近「保守派からの炭素配当支持論」という報告書を発表し、炭素税を導入して、その税収を前章で論じたような市民配当に近い、アメリカ人すべてに直接還元するものにしようと主張している。多くの問題は、描きかえの進まない悪い地図につかまっていることから起きていて、もはや現実とは一致していないことも明らかだ。

我が国のエネルギー経済を一変させれば、すさまじい機会がある。我が義理の息子であるエネルギー研究者で発明家のソール・グリフィスは、巨大なサンキーダイヤグラム【工程間の物質やエネルギーの流量を矢印の太さで表した図】を描いた。アメリカ経済のあらゆるエネルギー源と使途を1パーセント以上の精度で描き出した地図だ。その地図の隣に立って彼は訪問者に向かい、この地図で自分の小指ほどの大きさの道筋（エネルギーの流れの1パーセントほど）は、年間３００億～１０００億ドルの投資機会になるのだと説明する。

ソールはこの分析を使い、自分のアザーラボ（Otherlab）社が取り組むプロジェクトを選ぶ。天然ガスの貯蔵。もっと効率的に太陽を追尾する大規模ソーラー発電のずっと安い建設方法。暖房や冷房にいまの半分のエネルギーしか使わない空調設備。インフラや建物の腐食対策の1兆ドル市場に取り組める柔らかいロボット。これは、今日の費用のほんの数分の一で、航空機や橋を研磨し再塗装する技術になる。最先端の材料工学と構造や製造の数学における同社の専門性。こうした技能をどこに適用するかは、この世紀において解決が必要な、エネルギーや気候変動といった大問題の分析に基づいている。

「経済の劇的な変化なしに、20億人と同じ生活水準を90億人が送れると思うなら、そいつは頭がおかしいよ」と、ソールは私に言った。

世界人口の増大、生活水準の上昇、現代文明のエネルギーの集約度を考えると、未来の相当な部分で、消費単位あたりのエネルギー使用量の大幅なシフトが必要となるのは明らかだ。

本書で探究してきたような技術の問題と経済の将来についても、同様のシナリオグリッドを構築できる。

そのシナリオグリッドはこんな感じかもしれない。

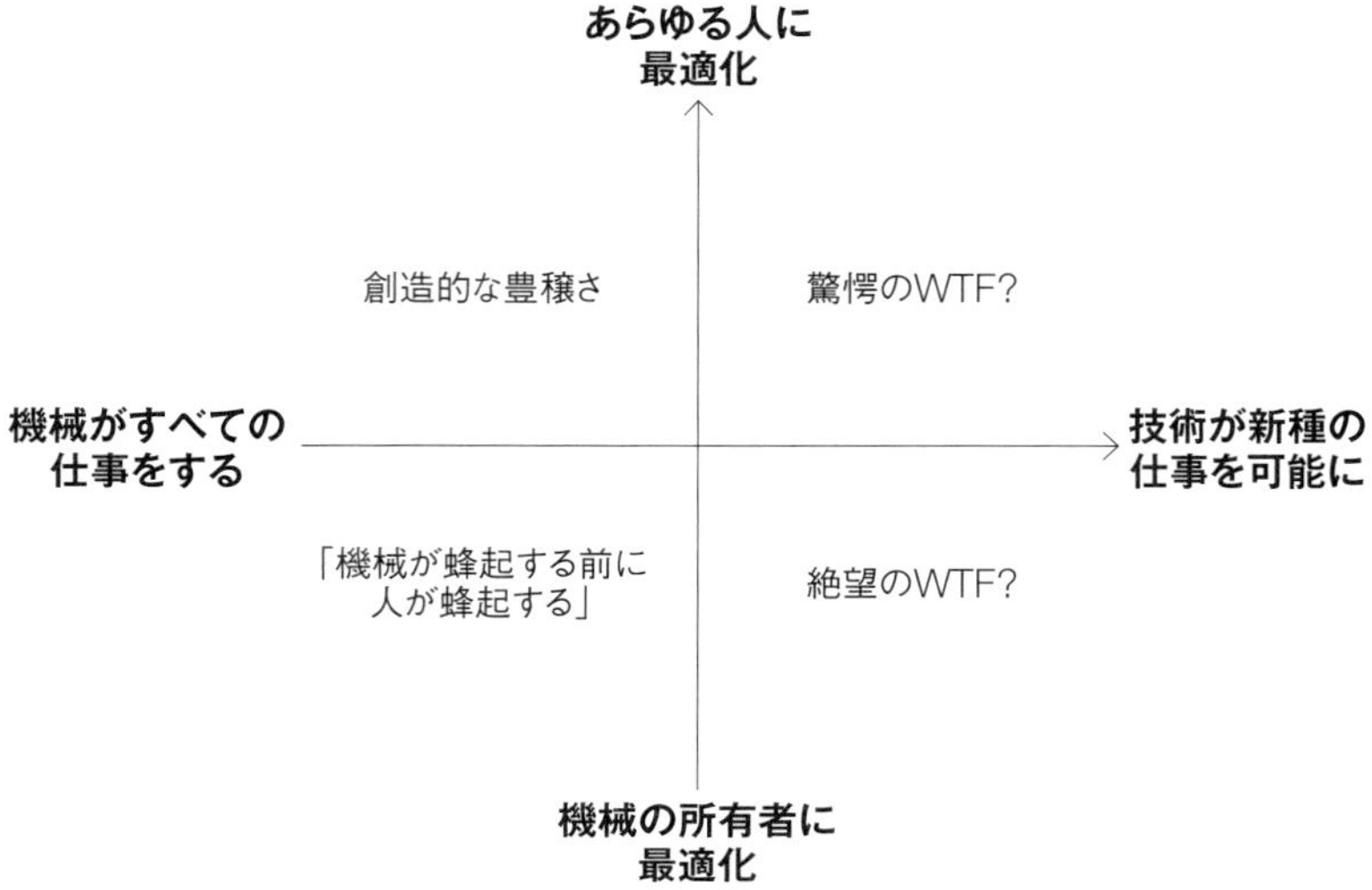

最初のベクトルは、技術が仕事を破壊する速度と、それが新種の仕事を可能にする速度にしよう。第二のベクトルは、技術を機械所有者の富のためだけに最適化するか、それとも世界経済のあらゆる参加者にとって富を最適化するのか、というものにしよう。

機械があらゆる仕事をやって、技術が仕事を奪っても、機械生産性の果実を万人の便益になるように使えば、創造的豊穣の経済を構築できる。左上象限の課題は、学習、創造性、人間のふれあいが現在とまったくちがう形で評価される、新しい社会の肌理《きめ》を織り上げることになる。お互いのために人間だけができる仕事を支持し、奨励し、それに報いる政策を構築しなければならない。ネットワーク化された市場プラットフォームは、この次の経済を形成するにあたり、強力なツールになり得る。

右上の象限で、人間は拡張されてそれまで不可能だったことをやるようになる。これは驚愕と喜びのＷＴＦ？で、絶滅生物を復活させたり、まったく新しい生物を生み出したり、人間の寿命を延ばして他の惑星に旅させたり、病気を根絶したりと、人類をあらゆる偉大な挑戦に取り組ませ、挑戦克服の報酬を公平に分配する世界だ。

私は、楽観的なときには、人類がこの両方の象限で堅牢な未来を築けると思う。

だが下の二つの象限は、いま我々がなし崩し的に向かっている世界で、最悪なら革命や社会蜂起、ひょっとすると最初の産業革命時代のような戦争さえあるかもしれない。よくても失望のＷＴＦ？であり、技術が新しい驚異を生み出しても便益は特権的エリートだけのもので、ほとんどの人類はかつかつの生活しかできない。

そうなる必要はないのだ。しかし、暗い未来がまっすぐこちらに向かっているようなときですら、私たちはやるべきことをやるだけの勇気がない。最大限の努力にもかかわらず、すでにかなり進行している変化による潜在的に破滅的な結果に対応し損ねている。歴史の教訓にもかかわらず、経済を根本的に再構築するというつらい選択を行っていない。

そのようなことで私たちは、過去の失敗したレシピのどれをもう一度試すべきかについて議論をしている。政治指導者と政策担当者は、ジェフ・ベゾスから多くを学べるはずだ。

２０１７年3月のアマゾン社の全社員会合で、ジェフが「まだいまは初日でしかない」と強調したとき、質疑応答で従業員のだれかが「じゃあ2日目はどんなふうになるんですか？」と尋ねた。ジェフは熱烈な回答をして、それについて数週間後の株主向け年次書簡でも触れた。「2日目は停滞だ。それからどうでもよくなる。それからつらく、痛々しい衰退。そして最後は死だ」。これは企業や社会にとっては暗澹《あんたん》たる予測だが、もし現状を受け入れて失望のＷＴＦ？を甘受するなら、直面するのはこれだ。

ジェフはこれに続けて、2日目を撃退するための四つのコツをあげた。「顧客へのこだわり、代理指標の懐疑的な見方、外部トレンドの熱心な採用、高速な意思決定」。顧客へのこだわりは、喜びのWTF?への鍵だ。ジェフはこう書く。「当人たちがまだ知らなくても、顧客はもっとよいものをほしがる。顧客を喜ばせたいと思えば、彼らのためにそれを発明するように促すことだ」。事業をやっていようと公共政策をやっていようと、古くさい解決策の焼き直しに甘んじるな。奉仕する人々のために何かすばらしいことを成しとげたという、プラスの驚愕を探し続けろ。ジェフは続ける。「初日にとどまるためには、辛抱強く実験し、失敗を受け入れ、種を蒔き、若木を保護し、顧客の喜びを見たら賭け金を倍づけにしろ」

「代理指標への抵抗」について、ジェフは2日目につながる罠のひとつが「結果を見るのをやめて、ただプロセスをきちんとやっているかどうかにこだわることだ」と述べる。古いルールに従うだけで、結果を何でも受け入れてしまうようではダメだ。絶えず行動を結果と比べねばならない。そして結果が夢に届かないとわかれば、ルールを書きかえねばならない。

ジェフはまた、従業員に技術と経済の強力なトレンドを受け入れろと促した。「それに抵抗するのは、未来に抵抗することだろう。受け入れたら追い風になる」。人工知能は、アマゾン、グーグル、フェイスブックのような企業だけのものではない。インターネットやオープンソース・ソフトウェア、データ科学と同様にそれはあらゆる事業、ひいては社会全体を一変させる。遺伝子工学とニューロテックもそのすぐ後に続いている。

ジェフの最後の論点、意思決定の速度は、よい会社だけでなく、よい未来を作り出す責務とうまく対応する最後の材料となる。ジェフの助言はプライスレスだ。

まず、決して何にでも同じ意思決定プロセスを使ったりしないこと。多くの意思決定は逆転可能で行ったり来たりできるものだ。それら意思決定は軽量なプロセスでいい。それでまちがってもどうってことはない。（中略）第二に、ほとんどの意思決定はおそらく、ほしい情報の7割くらいが手に入ったところで下されるべきだ。9割揃うのを待ったら、ほとんどの場合は遅すぎる。さらにいずれにしても、悪い決断にはすばやく気づいてそれを修正するのがうまくないと。コース修正がうまければ、まちがったとしても思ったほど高くはつかないが、グズなら必ず高くつく。第三に（中略）、もしコンセンサスがなくてもある方向について確信があったら、こう言うといい。「なあ、この問題で意見がちがうのはわかっているが、いっしょに賭けに出てはもらえないだろうか？　反対しつつもコミットしてくれないか？」

未来は不確実性だらけだ。だが私たちの社会は2日目に深くはまり込んでおり、いまのこの道は確かに、停滞、どうでもよさ、衰退へと続いている。大胆な意思決定、まちがっているときには道筋を逆転させること、技術、人口、経済的トレンドを理解すること、そして万人にとってよい世界を創ることへのたゆみない専念は、我々の経済に刷新をもたらし、初日を再発見する機会を与えてくれるのだ。

職ではなく仕事

シナリオ計画をやってみなくても、「このまま続けばどうなる？」と考えてみるのは、未来に備える――そして事業機会を見つける――すばらしい方法だ。

ムーアの法則のようなプラスのトレンドや、遺伝子操作のようなコスト低下のトレンド（これはムーアの法則よりさらに加速している）を通じて、新しいブレークスルーの方向性はしばしば予測できる。また、所得格差や、まちがった適応関数を忠実に満たすように完成したアルゴリズムといった問題に取り組み損ねたことで生じる、マイナスの破壊も予測できる。

起業と発明は、一種の知的な裁定を必要とする。可能なことと、これまで実現されていることとのギャップを理解する必要があるのだ。

この種の考え方を適用できるのは、技術だけではない。マークル財団のリワーク・アメリカ活動での一番のお気に入りの瞬間は、同じタスクフォースメンバーのマイク・マクロスキーの発言だった。彼はアメリカ第6位の酪農組合セレクト・ミルク・プロデューサーの創業者兼CEOで、自分の酪農場であるインディアナ州のフェアオークス・ファームの持ち主だ。

マイクは、テレビ番組「パークス&レクリエーション」［NBCのコメディドラマ番組］に出てくるロン・スワンソン［演ずるのはニック・オファーマン］にちょっと似ているが、もっと大きい。そして話し方も似ていて、ゆっくりとした重々しい口調だ。「私たちを農業ビジネスだと言う人もいます。でも私は、弊社はいまでも家族農場だと思いたい。私は農場で働く。妻や子供も農場で働く。そして他の何千もの家族が、私たちの農場で暮らし、働くんです」

マイクは、経済における農業の重要性について話してくれと言われていたが、それよりはるかに話したがっていることがあった。彼が私に言ったことは、長年の経験のなかでも最も重要な発言だった。「私が思うに、私たちにはやるべき仕事があるんです。これから世界には90億人が暮らすようになり、タンパク質を必要とします。中産階級には30億人がいて、彼らがもっとよいタンパク質をほしがるようになるんです」

マイクは世界と物事の方向をしっかり見すえ、どんな仕事をやる必要があるか決断した。これこそあらゆる起業家の目標であるべきだ。

中産階級のよい職がなくなりつつあるという警告はみんなが目にしてきたが、マイクのコメントはそれよりはるかに行動に移しやすいように思えた。よい職の減少という問題の緊急性には私も同意するが、マイクはすでに答えを見極めている。「市場」が何やらそうしたよい中産階級の職／仕事を再び作り出すようインセンティブを受ける、と期待するのではない。「**私たちにはやるべき仕事がある**」と彼は言った。

「職が必要だ」というのではない。ニック・ハノーアーも指摘したように、「ジョブ（job）」（職／仕事）という言葉には、まったくちがう概念が二つ結びついている。最初のものはマイクが使ったもので、やる必要のある作業のことだ。二つ目は、あまりに多くの経済の議論を支配しているもので、最初の意味さえない受動的な残響でしかなく、他のだれかからもらう何かとしての仕事、まるで雑貨屋の棚で製品を見つけるように出てくるもの、という意味だ。それがなくなってしまったら、残念でした。労働経済の未来の地図での組織化原理は、「職」ではなく、「仕事」であるべきだ。やるべき仕事はいくらでもあるのだ。

私たち次第

私の2015年「ネクスト：エコノミーサミット」は、仕事の将来に技術が与える影響を考えるために組んだイベントだった。そこにエイダフルーツ（Adafruit）社の創業者でCEOのリモア・フリードがスカイプ経由で登壇し、ニューヨーク市にある自分の工場と倉庫のバーチャルツアーをしてくれた。彼女は、革新的なエレクトロニクス装置やキットを作る設計ワークステーションを見せてくれた。その数歩先には、部品選別配置マシンがあり、彼女が自分で開発した回路基板にチップを配置する。他にはまた、小規模な製造機器もある。12メートルほど先にあるビデオスタジオも見せてくれた。これは彼女の人気ある「エンジニアに聞こう（Ask an Engineer）」ショーから回路設計、3Dプリント印刷まで、様々な無料オンラインのチュートリアルを録画するところだ。それから彼女は倉庫を歩き回り、熱烈なオンライン聴衆に彼女が毎年売る3000万ドル以上もの製品や部品を見てまわり、100人強の従業員にも会った。

MITで訓練を受けたエンジニアのリモアと、彼女の夫のフィル・トロン（もともと広告業界で働いていたが、いまはリモアのオンラインプロデュースを手がけている）が、彼女が初めて構えたオフィスをカーテンで仕切り、その裏で暮らしていたころを覚えている。リモアは、ベンチャー資本なしに事業を立ち上げ、当初はオフィスや在庫への投資をクレジットカードでまかない、人々が本当にほしい製品を作って事業を成功へと引き上げ、現代メディアのツール――ユーチューブ、ツイッチ、メール、ウェブ――を使って宣伝をした。オープンソース・ハードウェアと工学教育の旗振り役として、リモアはメディアのスターとなり、「ワイアード」誌の表紙を飾り、オバマ大統領からホワイトハウスの「変化の旗手」と命名された。だが彼女が最も誇りに思っているのは、「エンジニアに聞こう」を娘と観た後に母親がリモアに送ってくれたメールかもしれない。その7歳の娘は母親に、「ママ、男の子もエンジニアになれるの？」と尋ねたというのだ。

1年後の第2回「ネクスト：エコノミーサミット」では、別のライブストリームプレゼンテーションがあった。今度はルワンダの野原に作られたばかりの巨大な格納庫からだ。ジップライン（Zipline）社の共同創業者でCEOのケラー・リナウドは、ちょうどルワンダ大統領とのイベントを終えたところだった。カリフォルニアに本社のある同社は、オンデマンドで血液を輸送するドローンのプロジェクトを正式に立ち上げたのだ。ルワンダは、病院インフラが未発達で、道路もしばしば通行不能になる。女性の死因として産後の出血多量がとても多い。遠隔診療所では、各種の血液型を十分に備蓄できなかったが、ケラーと共同創業者たちは、20世紀のインフラの欠如を飛び越し、21世紀のWTF？技術を使ってそれまでは手に負えないように見えていた問題を解決した。

たった3カ所のドローン空港と血液備蓄設備の組み合わせから、同社は国内のあらゆるクリニックに15分以内で血液を届ける。

同社はベンチャー資本から4300万ドルを調達していて、そのうち直近のラウンドで集めた2500万ドルは、ベトナム、インドネシア、そして規制の障壁さえ克服できればアメリカでも配送網を構築するためのものだ。アメリカでは、このサービスは血液や医薬品を地方に届けるだけでなく、緊急用の医療品も供給できる。たとえばエピペン注射液［蜂刺されなどによるアナフィラキシー反応に対する緊急補助治療薬］や毒蛇用血清といった医薬品を、命に関わる予想外の緊急事態にオンデマンドで届けられるのだ。

この二つのイベントの間の数カ月で、私は何百人ものイノベーターたちと話をした。その多くは、みなさんが未来を発明する起業家とは思えない人たちかもしれない。経済の未来の可能性について私の考えを形成してくれた最も鮮明かつ重要な対面のひとつは、ソーシャルメディアのスターであるブランドン・スタントンとセントラルパークを散歩したときのことだ。彼はフェイスブックのフィード、「ニューヨークの人間たち（Humans of New York）」を作り出した人物だ。私に会える時間はそこしかない、と言う。しかも犬の散歩のついでだ。日中はあまりに忙しすぎるという。

ブランドンは写真家で、語り部だ。探す相手は、話をする暇がありそうな人だという。写真にはそれぞれに被写体との長い会話の本質を捉える見出しと引用文が付いていて、そのフィードはフェイスブックなどのソーシャルメディアで2500万人以上のフォロワーを獲得している。

彼はもともと、自分の写真をオンラインで公開し、好きなことで生計を立てられればいいなと思っていただけだ。巨大なソーシャルメディアでフォロワーを持つ他の人々とはちがい、ブランドンは広告を通じて儲けようとはしなかった。自分の写真と物語からはベストセラー2冊が生まれ、いまは企業や大学の卒業式でもよく講演をする。だが彼はソーシャルメディアフォロワーの直接的な力を、自分の語る物語の人々にインスパイアされた大義のための資金集めに使っている。

ブランドンはオンライン募金活動家になるつもりはなかった。人間的なつながりの重要性についての直観に導かれたのだ。ニューヨーク市ブルックリンで最も犯罪率の高い地域、ブラウンズビルの13歳の子供がブランドンに、自分の校長のナディア・ロペスがこれまでで最もインスパイアされた人物だと語った。そこでブランドンは、モット・ホール・ブリッジス・アカデミー〔ナディアが開校した中学校〕の写真シリーズを始めた。ロペスは語る。「その瞬間まで、私は自分が重要だなんて思っていませんでした。私のやっていることを気にかける人がひとりでもいるとは思っていませんでした」。インタビューのなかで、ナディアは自分の夢のひとつは生徒を連れてハーバード大学に行き、どんなことでも可能なのだと教えることだと告白した。ブランドンはフォロワーたち（当時は１２００万人）に寄付を募った。３万ドルも集まればいいかなと思っていたが、ソーシャルメディアのファンたちは１２０万ドルを寄付した。

ベンチにすわる悲しげな女性からは、小児がんの世界、それと闘う家族や医療専門家の世界に導かれた。その母親の幼い息子の命を奪った症状の研究のために、彼は最終的に３８０万ドルの寄付を集めた。他にもいろいろ。難民。退役軍人。囚人。ホームレス。あらゆる人種、宗教、年齢、もはやニューヨークだけでなく世界中の人々だ。ブランドンは彼らの魂を探り、その物語を語り、その顔を見せてくれる。そして何百万人もが反応する。

リモア、ケラー、ブランドンは、自動化の波が万人を失業させるという恐怖があっても人々が職を失わずにすむ理由を明らかにしている。**人々を失業させるのは技術ではない。その使い方について人々が行う決断次第だ。**

リモアは、技術を創造性と教育のツールとして適用させ、自分のやることに喜んで支払いをしてくれる顧客を見つけることで、事業を立ち上げた。彼女はエンジニアと起業家の両方の仕事でどう働くかについて、他人を教育するために多くの時間と労力をかけている。彼らにもそれができるようにするために。

ケラーは、それまで解決不能だった問題を解決するために技術を使ってきた。ベンチャー資本を使い、未来のインフラを作り出した。ジップライン社がオンデマンドヘルスケア配送の新モデルを発明したのは、現状のヘルスケアを転覆してやろうと乗り出したからではない。地球の裏側の人々にとっての問題をまず解決したかったからだ。直近の繁栄の波が通りすぎていってしまった人々を助けたのだ。

ブランドンは技術を使い、すばらしく美しくて洞察のある人道的作品を作り、配信した。そしてソーシャルメディアのフォロワーの力を使い、重要な大義に光を当て、支援する。

機械が今日の職の多くを奪う世界で、仕事の未来について知るべきことは、ほぼこの三つの物語のなかに見つかる。機械生産性の果実の公平な分配さえあれば、人々はお互いの生活を楽しませ、教育し、気づかいをして、豊かになれる。そして人間の真の問題解決に注力すれば、人々は驚異的な未来を発明できるのだ。

リモアやケラーやブランドンのような起業家は、機械が生活の必需品をすべてあまりに安くしてしまい、だれも働く**必要がなくなった**世界でも、いまやっていることを続けるだろう。だから彼らは私に希望を与えてくれる。彼らに追随できる人々は何百万人も――いや何十億人も――いる。

2016年の政治的な騒乱もまた、私に希望を与えてくれる。なぜならそれは、失敗した経済理論の終末の始まりを合図するものだからだ。彼らが収奪してきた社会の割れ目はいまやあらわになっていて、そろそろ私たちが自らを刷新する頃合いなのがわかる。

これは、人類に対する私の信念だ。人類は偉大な課題に向かって立ち上がれるのだ。私たちの最大の資産は、知性でも創造性でもなく、道徳的選択だ。事態が改善するまでには、さらに悪化することもあるかもしれない。しかし、私たちはお互いを引き上げ、利潤だけでなく人が重要になる経済を築くこともできる。大きな夢を描き、大きな問題を解決できる。技術は、人を置きかえるためではなく、人がこれまでは不可能だったことをできるよう、人々を拡張するためにも使えるのだ。

謝辞

手始めに、編集者兼発行人のホリス・ハイムボウシュに、回想記、ビジネス書、問題提起の書の異様な組み合わせにあえて挑戦してくれたことを感謝したい。あなたの熱意のおかげで、自分でもときに驚くようなアイデアを表現するよう促された。何よりも、通常とはまったくちがう読者に到達する機会を与えてくれたことに感謝する。本は読者との対話であり、適切な読者を見つけるのは、適切な著者を見つけるのと同じくらい重要だ。マイケル・ルイスがかつて言ったように「人がどんな本を読むかわかるまで、自分がどんな本を書いたか決してわからない」。私はあなたが私のために見つけてくれた読者からの反応を聞くのが楽しみだ。また、ステファニー・ヒチコック、シンディ・アチャール、ニッキー・バルダウフ、トマス・ピトニアク、レイチェル・エリンスキー、ペニー・マクラスをはじめ、あなたのすばらしいスタッフにも感謝する。

ジョン・ブロックマン、1993年以来、自分で刊行しない本を書くよう背中を押してくれてありがとう。そしてあなたとマックス・ブロックマンに、このプロジェクトのためにこんなすばらしい家を見つけてくれたことを感謝する。

ニック・ハノーアー、テクノロジーと経済の問題についてさらに深く考えるに至った、2012年のTED大学での講演をありがとう。またゾーイ・ベアード、ハワード・シュルツ、そしてマークル財団のリワーク・アメリカ活動の仲間たちにも感謝する。あなた方を通じて私はこうした問題に取り組むにあたり、他に人々へのつながりの多くを発達させた。ジェームズ・マニーカ、特にあなたは導師となった。また私のネクスト：エコノミーサミットの講演者や参加者たちみんなにも感謝したい。あなた方を通じて私は我々が直面する問題だけでなく、解決策も検討させてもらった。

ビル・ジェインウェイ、ハル・ヴァリアン、ピーター・ノーヴィグ——何回も草稿を読んで、知識が十分でない領域について時間をかけて熱心に教えてくれたおかげで、本書はそうでないものに比べてはるかに強力なものとなった。ハルとビル、君たちは経済学の大学院講義を与えてくれた。この学生が先生の指導水準に到達しなかったとしても、責任は当方にある。ベネディクト・エバンス、マーガレット・レヴィ、ローラ・タイソン、ジェームズ・マニーカ、ケヴィン・ケリー——あなた方も、いくつかとんでもないまちがいや遺漏を救ってくれたし、私の考え方に対する挑戦のおかげで私は明晰になれた。ジェイ・シェーファー、マイク・ルキダス、ローラン・ハウグ、あなたちが詳細に読んでコメントをくれたおかげで、私の考えと文章は強化された。スニル・ポール、ローガン・グリーン、キム・ラックメラー、マット・カッツ、ダニー・サリバン、デイヴ・グアリノは、この歴史における重要な瞬間について、決定的な細部や文脈を与えてくれた。サティア・ナデラ、リード・ホフマン、ジェフ・イメルト、ピーター・シュワルツ、ピーター・ブルーム、アンディ・マカフィー、エリック・ブリニョルフソン、デヴィッド・オーター、ラリー・カッツ、アン=マリー・スローター、セバスチアン・スラン、ヤン・ルカン、ホアキン・キニョネロ・カンデラ、マイク・ジョージ、ラナ・フォルーハー、ロビン・チェイス、デヴィッド・ロルフ、アンディ・スターン、ナタリー・フォスター、ベッツィ・マシエロ、ジョナサン・ホール、リオール・ロン、ポール・ブックハイト、サム・アルトマン、エスター・カプラン、キャリー・グリーソン、ゼイネップ・トン、マイキー・ディカーソン、ワエル・ゴニム、ティム・ホアン、ヘンリー・ファレル、エイミー・セラーズ、マイク・マクロスキー、ハンク・グリーン、ブランドン・スタントン、ジャック・コンテ、リモア・フリード、フィル・トロン、セス・スターンバーグ、パラク・シャー、ケラー・リナウド、ステファン・カスリエル、ブライアン・ジョンソン、パトリック・コリソン、ロイ・バハト、パディ・コスグレブ、スティーブン・レヴィ、ローレン・スマイリー、ベス・ホッチスタイン、ナット・トーキントン、クレイ・シャーキー、ローレンス・ウィルキンソン、ジェシ・ヘンペル、マーク・バージェス、カール・ページ、マギー・シエルズ、アダム・デヴィッドソン、ウィニー・キング、あなた方も本書につながる研究と著述の間に、自分の時間と洞察という贈り物をくれた。

また本書で共有したことの多くを教えてくれた人々にも感謝したい。詩人エリザベス・バレット・ブラウニングが書いたように、「私のやることと夢見ることは汝を含む。ちょうどワインが自分のブドウの味を含むように」。

父母のショーンとアン・オライリーから私は、幸運を共有すべきものと考えることを学んだ。父はかつて、借金までして「慈善の義務」を果たそうとした。父の死後、母は少額のお金でもうまく流通させれば、家族のなかで共有された繁栄を構築するのに大きく役立つことを実証した。彼女は弊社の重要な時期に融資してくれて、唯一の条件は危機が過ぎたときに、それを他の人に回してあげること、というものだった。

元義父のジャック・フェルドマンからは、事業を愛し、それをどんな芸術や文学にも負けないほどの、創造の機会として見ることを学んだ。前妻クリスティーナ・イゾベルには、事業が常に私たちが世界に求める価値で満たされねばならないことを教わった。独自のルールで運営されてはいけないのだ。オライリー・メディア社の姿は、機械より人間に根ざすあなたの価値観で深く形成された。娘2人、アルウェンとメアラ、義理の娘クレメンタイン、孫のハクスリーとブロンテは毎日のように、後に続く者たちにもっとよい世界を手渡すのが重要だということを思い出させてくれる。

ジェン・パルカ、あなたは私の人生と思考のパートナーだ。本書は２００８年講演「なぜ私はハッカーが大好きか」を終えるに際し、自分より大きな天使との闘争に関するリルケの詩を引用した瞬間に始まった、旅の集積となる。そのときあなたは私のところに目を輝かせてやってきて、「私のカンファレンスにもあんな講演がいるんです。ただしこちらは起業家向けですけれど」と言った。それ以来、あなたは私にとって単なる思いつきだったものを受けつぎ、世界のなかで実現させた。あなたは私があなたのために作り上げた講演「重要なことに取り組もう」の中核を形成したアドバイスの完璧なお手本であり、インスピレーションだ。あなたが本書を読み、コメントしてくれたことで、あなたの思慮深い促しが私をよりよい存在にし、我々のいっしょの生活を、人々が完璧なチームとして協働するときの可能性についての絶え間ない探究にしてくれるのと同じ形で本書も改善された。

オライリー・メディア社、メイカー・メディア社、オライリー・アルファテック・ベンチャーズ社の同僚、特にデール・ダハティ、ローラ・ボールドウィン、ブライアン・アーウィン、マイク・ルキダス、エディ・フリードマン、サラ・ウィンジ、ジーナ・ブレイバー、ロジャー・マゴウラス、マーク・ジャコブセン、ブライス・ロバーツだが、本当に長年にわたりその一部だった全員が、何か驚異的なものの構築を手伝ってくれたし、１９７８年に出発したときに夢見たどんなものよりもはるかに大きな影響をもたらす何かを作り上げてくれた。みんなは私をインスパイアしてくれるし、企業もまた人間の拡張で、ひとりでは決して実現できないことを可能にしてくれるものだという事実を実証するものだ。

テクノロジー産業での長い年月で、直接間接を問わず、導師やインスピレーションの元となった以下の人々を挙げたい。スチュワート・ブランド、デニス・リッチー、ケン・トンプソン、ブライアン・カーニハン、ビル・ジョイ、ボブ・シュライファー、ラリー・ウォール、ヴィント・サーフ、ジョン・ポステル、ティム・バーナーズ=リー、リーナス・トーバルズ、ブライアン・ベーレンドルフ、ジェフ・ベゾス、ラリー・ペイジ、セルゲイ・ブリン、エリック・シュミット、ピエール・オミダイア、エバン・ウィリアムズ、マーク・ザッカーバーグ、ソール・グリフィス、ビル・ジェインウェイ。私はあなたたちが創造を手伝った世界を観察することで自分の地図を描いた。

訳者解説

本書はティム・オライリー著『WTF?: What's the Future and Why It's Up to Us』(Harper Business、2017年)の全訳である。翻訳にあたっては出版社から得たPDFファイルの最終版を元に、随時ハードカバー版を参照している。

原題『WTF?』は、感嘆表現「What the Fuck!?」の略で、口語ではかなり普及しているとはいえ、結構お下品な表現ではある。そして日本語の「ヤバイ」と同じで、当初は悪い意味ではじまったけれど、だんだんよい意味でも使われるようになってきた。原題はさらにそこに「What's The Future?」の略も兼ねさせるという、いささか翻訳者泣かせの仕掛けまでほどこしている。これを完全に訳しきるのは不可能なので、ご覧のような処理にさせていただいた。

本書の主張と著者について

本書の主張は、新しい技術がもたらすWTF?という驚きを、悪い驚きではなくよい驚きにしていこう、というものだ。そしてインターネットやオープンソースソフトウェアで彼が果たした役割(およびそのときに活用した考え方や手法)を、台頭する人工知能や大規模ネットプラットフォームにも適用することで、それが実現するのではないか、と著者は述べる。

著者ティム・オライリーといえば、特にＵｎｉｘ系のコンピューター関係者なら知らぬ者のない出版社オライリーの親玉だ。この邦訳の版元がオライリー・ジャパンなので、わざわざ説明するのは蛇足もいいところではあるけれど、主に古い動物の銅版画を表紙にあつらえた同社のシリーズは、各種のプログラミング言語やプロトコル、ソフトなどについての世界的スタンダードだ。しかも常に話題が盛り上がり始めた見事なタイミングで、ツボを突いた本が登場する。

なぜそんなことができるのか？　本書を読むと、それが明らかとなる。

・著者とその同志デール・ダハティが、Ｕｎｉｘのスクリプト活用により入稿から出版までの時間を大幅に短縮し、すばやい刊行を実現。
・出版事業とカンファレンス事業の相乗効果。先端的なネタが熟すのを待つのではなく、その筋で話題になっているトピックの主要人物を集めてイベントを開催し、ムーブメント化することで自ら市場を作り出す。
・ティム・オライリー（とその仲間たち）の嗅覚。

本書は、特にその嗅覚の中身を著者が自ら述べるという、非常に興味深いものだ。どういう考え方で、何に注目することで、多くの技術トレンドを先取りできたのか？

さらにこうした技術的な動きは、技術屋の世界を超えたもっと大きな社会変化をも生み出した。それも単なる便利な道具を提供するだけでなく、社会自体の仕組みの変化がコンピューター業界での技術構造の変化を反映する様子さえある。すると、これからの社会変化の萌芽《ほうが》も、先進的な技術やそれを体現する企業に見られるはずだ。著者が注目するのはどこか？　そしてそうした動きを、意識的にもっと大きな社会的課題の技術的解決へとつなげるために何が必要と考えているのか？

これが本書の読みどころだろう。

本書のあらすじ

まず著者は、自分が深くコミットしていたコンピューターの歴史を振り返るところから始める。その昔、パーソナルコンピューターが生まれ、多種多様なマシンが登場したけれど、仕様をオープンにしたＩＢＭ ＰＣがプラットフォームとなったことで一時はＰＣ／ＡＴ互換機メーカーがコンピューター業界の覇者となった。すると収益源はそのプラットフォームをそろえるためのＯＳとその上のアプリケーションに移り、マイクロソフトの覇権がやってきた。

そしてオープンソースソフトとインターネットの普及により、ウェブが共通のプラットフォームとして普及し、今度はその上で提供されるサービスが重要となった（ウェブ２・０）。利用者の多くがパソコンからモバイルに移行するにつれて、その性質は強まる。

グーグルやフェイスブックやアマゾンはＡＰＩを公開し、他のプレーヤーがサービスを構築するための新たなプラットフォームとなり、そこで利用者について収集したビッグデータも活用できるようにしている。

自分は、こうした動きが持つ自発的な協働性と、それを可能にするプラットフォーム性やオープン性に着目していたのだ、と著者は述べる。そして新しい価値を生み出すトレンドやビジネス領域は、かつての主戦場に隣接したところにシフトする。自分はそれを常に念頭に置いていたのだ、と。

そこから著者は、次の大きな価値創造の場だと考えている領域と、それを体現する企業について述べる。ウーバー（およびリフト）やエアビーアンドビーなどの、シェアリングエコノミーの代表とされる企業だ。それらは以下のような特徴を持つ。

・物質を情報で置きかえる
・ネットワーク化された市場プラットフォーム
・オンデマンド
・アルゴリズムによる管理
・補助拡張された労働者
・魔法のようなユーザー体験

そしてこれらは、シェアエコノミー企業だけの話ではない。ウーバーはきわめてインターネット的なやり方を、都市交通という実体経済に持ち込んで、それを大きく変えつつある（よかれあしかれ）。同じように、こうした考え方を実体経済に適用して改善できる部分はずっと多いはずだ！たとえば以下のようなアイデアが述べられる。

・ウーバーなどのオンデマンド労働による通称「ギグエコノミー」は労働を根本的に変える。ブラック企業の悪質な非正規雇用より、そうした自由度ある労働形態を主流にすることで労働市場も改革できるのではないか？
・企業自体も、アマゾンのように各部局が他の社内部署（および社外）にAPI経由でサービスを提供するプラットフォーム型組織になれるのでは？
・行政も、いまのお役所仕事ではなくもっとプラットフォーム的にして、人々が自由に活用できるAPI群にしてしまえばよいのでは？
・フェイクニュース問題は、アルゴリズムの活用とブロックチェーンなどによる正真性確認で改善できるのではないか？

ただし、そうした変化をうまく人間重視の方向に持っていくためには、社会全体の指向を人間重視に変えねばならない、と著者は述べる。まず、そもそもこうした変化を許容するような規制緩和が必要だ。それができたら、目標設定さえしっかりしていれば、機械学習を通じたシステム最適化を急速に行うことも可能だ。

だが現在の教育は、こうした新しい動きに向けて人々の永続的な学習を支援するものになっていない。さらに実体経済を犠牲にしてお金の亡者と化した金融資本主義が、技術の非人間的な活用を生み、格差の拡大を引き起こしている。これを変えねばならない、と著者は述べる。それを実現するのが、我々の選択だ、と。

ある意味で、本書はテクノ楽観主義の書だ。グーグルやフェイスブックなど（通称ＧＡＦＡ）が巨大プラットフォームとして台頭してきたことを、類書の多くは警戒する。そうした私企業が、社会全体を左右するような大きな力を持ち、民主主義的なチェックなしで何でもできる点を危惧することが多い。本書はそのような見方はせず、こうした技術プラットフォーム系企業の成功と台頭を、自分の見てきた技術発展の自然な流れと捉え、生じている各種問題もアルゴリズムによる技術的な問題だとする。これ自体には異論のある人もいるだろうが、一方で著者ならではの技術的視点として刺激的なものだ。

そして、その視点から出てくるウーバーに触発された新しい社会へのビジョンも、ティム・オライリーならではの説得力を持つ。オンデマンドで労働者が自発的に働く、通称「ギグエコノミー」については、批判的な見方もあるし、また限られたものだからあまり過大な期待をすべきではないという声も強い。でも、パソコンもインターネットも、オープンソース・ソフトウェアも、キワモノ扱いされているうちに、いつのまにか天下を取った。そうした動きを先取りした著者の指摘は、一概に無視できるものではない。

それが主流にならない場合でも、現在の社会制度が機能不全に陥りつつあるように見えるなか、あり得る別の仕組みのヒントとして、一考の価値はあるだろう。しかも、行政のプラットフォーム化をはじめ、多くの提案はすでに著者が何らかの形で試したという実績まである。

そのための前提として挙げられる、資本主義批判や格差批判となると、さすがの著者も技術的な解決策を持っているわけではない。批判としてはわかるが、「みんな拝金主義はやめよう」というだけでは事態が変わるはずもない……のだろうか？

実はあまり明示的には書いていないながら、この分野でも著者は営利だけを重視しないベンチャー資本、ユーチューバーの大量発生、メイカー運動とクラウドファンディングの拡大によって、各種プラットフォームに基づいた新しい価値流通の仕組みができあがる可能性に期待をかけているようだ。さてこの見通し、どこまで当たるだろうか？　案外これまた10年後に「ティム・オライリーはやっぱり慧眼《せいがん》だった」ということになるのかもしれない。

本書はもっぱら、アメリカを舞台にしているし、事例も主にアメリカ中心だ。でも各種プラットフォームの影響力はもちろん日本でも変わらないし、著者の見方も十分に適用できる。そして実現可能性はもとより、著者の指摘する社会変革の必要性や、技術的な解決策の一部は日本にこそ必要なものかもしれない。

いや、日本だけではない。実はこれを書いているのはキューバのハバナ（しかもできすぎた話だが、そのオライリー通り）だったりする。こうした国も、国際情勢や経済環境の変化とともに今後大きく変わらざるを得ない。そこではおそらく技術が、よかれあしかれ大きな変化のツールにもなり、場合によってはその原動力ともなるだろう。その方向性を見るためにも、著者の視点は有用かもしれない――それがこの地でどう展開するかは、もちろんいまのところ見当もつかないのだけれど。

（追記：蛇足ながら、著者の経済についての話は多少誤解がある。13章では、グーグル社の経済影響報告に出た広告主等の収益増加の数字がそのままGDPへの貢献だと述べている。でもその分、他の会社の仕事が減っていればGDPには影響しない。経済全体への価値創造を見るには別の考え方が必要となる。また16章に出てくる気候変動についての対応は、どこまで本当だろうか？　著者はそれを「パスカルの賭け」と対比させている。が、パスカルの賭けは通常、論理学ではまちがった考え方の一種とされることを忘れてはいけない。）

かつて『Ｌｉｎｕｘ日本語環境』を出してもらい、その後もいろいろ出版物にお世話になったオライリーから、その親玉の本を訳して出すというのは、個人的にとても感慨深い体験ではあった。ありがとう。非常に明快な本で、特に悩むところのない翻訳ではあったけれど、思わぬまちがいもあるはずだ。お気づきの方はご一報いただければ幸い。明らかとなったまちがいは、サポートページ（https://cruel.org/books/WTF/）で随時公開する。

本書の編集は、田村英男氏が担当された。

２０１８年10月　ハバナ、オライリー通りにて

山形浩生（hiyori13@alum.mit.edu）

Chart Shows How All the Energy in the U.S. Is Used," Fast Company, August 9, 2016, https://www. fastcompany.com/3062630/visualizing/this-very-very-detailed-chart-shows-how-all-the-energy-in-the-us-is-used.

473 数週間後の株主向け年次書簡: Jeff Bezos, "2016 Letter to Shareholders," Amazon, April 12, 2017, https://www.amazon.com/p/feature/z6o9g6sysxur57t.

477 バーチャルツアーをしてくれた: Limor Fried, "The Small Scale Factory of the Future," Next: Economy Summit, サンフランシスコ（2015年11月12日）での発表, https://www.safaribooksonline.com/library/view/nexteconomy-2015-/9781491944547/video231262.html.

478 ルワンダの野原に作られたばかりの巨大な格納庫: Keller Rinaudo, "On-Demand Drone Delivery for Blood and Medicine," Next: Economy Summit, サンフランシスコ（2016年10月10日）での発表, https://www.safaribooksonline.com/library/view/nexteconomy-summit-2016/9781491976067/video282448.html.

480 「その瞬間まで、私は自分が重要だなんて思っていませんでした」: Rehema Ellis, "'Humans of New York' Raises $1 Million for Brooklyn School," NBC News, February 4, 2015, http://www.nbcnews.com/nightly-news/humans-new-york-raises-1-million-brooklyn-school-n300296.

480 彼は最終的に380万ドルの寄付を集めた: Eun Kyung Kim, "'Humans of New York' Project Raises $3.8 Million to Fight Pediatric Cancer in Just 3Weeks," Today, May 24, 2016, http://www.today.com/health/humans-new-york-project-raises-3-8-million-fight-pediatric-t94501.

16章 重要なことに取り組もう

458 戦いを通じて強くなる: Rainer Maria Rilke, "The Man Watching," Selected Poems of Rainer Maria Rilke, translation and commentary by Robert Bly (New York: Harper, 1981). 邦訳リルケ「観る人」(『形象詩集』より)は、『リルケ詩集』(高安国世訳、岩波文庫、2010)ほかに所収。

459 「はるかに超える何かが必要です」: Satya Nadella, Hit Refresh (New York: Harper Business, 2017), 未刊行原稿195.

461 「マドレーヌは自分の財産を」: Victor Hugo, Les Misérables, translated by Charles E. Wilbour, revised and edited by Frederick Mynon Cooper (New York: A. L. Burt, 1929), 156. 邦訳ヴィクトル・ユゴー『レ・ミゼラブル』(全4冊、豊島与志雄訳、岩波文庫、2003)ほか(別題『ああ無情』)

462 「『それって外だから!』と彼女は笑った」: Brian Eno, "The Big Here and Long Now," Long Now Foundation, retrieved April 4, 2017, http://longnow.org/essays/big-here-long-now/.

462 他の国から借金して消費の資金を捻出し: James Fallows, "Be Nice to the Countries That Lend You Money," Atlantic, December 2008, https://www.theatlantic.com/magazine/archive/2008/12/be-nice-to-the-countries-that-lend-you-money/307148/.

463 「こいつらに自動車を売りつけるにはどうしたらいいかで困ってるんだ」: "'How Will You Get Robots to Pay Union Dues?'" "'How Will You Get Robots to Buy Cars?'," Quote Investigator, retrieved April 4, 2017, http://quoteinvestigator.com/2011/11/16/robots-buy-cars/.

464 「何になりすまそうとするかについては慎重でなければ」: Kurt Vonnegut, Mother Night (New York: Avon, 1967), v. 邦訳カート・ヴォネガット・ジュニア『母なる夜』(飛田茂雄訳、ハヤカワSF文庫、1987), 3.

466 「想像力豊かな未来跳躍のための(中略)乗物なのだ」: Peter Schwartz, The Art of the Long View (New York: Crown, 1996), xiv. 邦訳ピーター・シュワルツ『シナリオ・プランニングの技法』(垰本一雄・池田啓宏訳、東洋経済新報社、2000)

466 「今後10年で起こる変化を過小評価する」: Bill Gates, The Road Ahead: Completely Revised and Up to-Date (New York, Penguin, 1996). 邦訳ビル・ゲイツ『ビル・ゲイツ未来を語る』(西和彦訳、アスキー、1995)は旧版の訳。

469 公害による経済損失がGDPの10パーセント: "Economic Losses from Pollution Account for 10% of GDP," China.org.cn, June 6, 2006, http://www.china.org.cn/english/environment/170527.htm.

470 「保守派からの炭素配当支持論」: James A. Baker III, Martin Feldstein, Ted Halstead, N. Gregory Mankiw, Henry M. Paulson Jr, George P. Shultz, and Thomas P. Stephenson, "The Conservative Case for Carbon Dividends," Climate Leadership Council, February 2017, https://www.clcouncil.org/wp-content/uploads/2017/02/TheConservativeCaseforCarbonDividends.pdf.

471 アメリカ経済のあらゆるエネルギー源と使途: Adele Peters, "This Very, Very Detailed

446 デジタル経済のニーズを反映した形で転換させる試みだ: “Skillful: Building a Skills-Based Labor Market,” Markle, retrieved April 4, 2017, https://www.markle.org/rework-america/skillful.

449 歩兵向けヘッドマウントARディスプレイ: Adam Clark Estes, “DARPA Hacked Together a Super Cheap Google Glass-Like Display,” Gizmodo, April 7, 2015, http://gizmodo.com/darpa-hacked-together-a-super-cheap-google-glass-like-d-1695961692.

449 マイクロソフト社が企業戦略の主要部分として: Satya Nadella, Gerard Bakerによるインタビュー, “Microsoft CEO Envisions a Whole New Reality,” Wall Street Journal, October 30, 2016, https://www.wsj.com/articles/microsoft-ceo-envisions-a-whole-new-reality-1477880580.

450 種類こそちがえ、同じだけの技能を持っていた: James Bessen, Learning by Doing (New Haven, CT: Yale University Press, 2015), 28-29.

450 「大学で習得する知識とほとんど関係がない」: 同上, 25.

451 「定期刊行物も発行していたのだ」: 同上, 24.

451 「安定した訓練済みの労働力を作り出すために必要な時間だ」: 同上, 36.

452 「JavaScriptをでっちあげるくらいのことはできる」: Clive Thompson, “The Next Big Blue-Collar Job Is Coding,” Wired, February 2, 2017, https://www.wired.com/2017/02/programming-is-the-new-blue-collar-job/.

452 「クリティカルマスに共有されたときに価値を持つもの」: Ryan Avent, The Wealth of Humans (New York: St. Martin's, 2016), 119. 邦訳ライアン・エイヴェント『デジタルエコノミーはいかにして道を誤るか』, 167.

453 ロバート・パットナムが普及させたりした社会資本: Robert Putnam, Bowling Alone (New York: Simon& Schuster, 2001). 邦訳ロバート・D・パットナム『孤独なボウリング—米国コミュニティの崩壊と再生』(柴内康文訳、柏書房、2006)

453 「その果てに週刊誌が出てくる」: Avent, The Wealth of Humans, 105. 邦訳エイヴェント『デジタルエコノミーはいかにして道を誤るか』, 145.

453 「デジタル版の活動の足を引っ張っている」: 同上, 110-11. 邦訳同上, 155.

454 IBMのソフトウェア開発の文化を: Jeff Smith, Tim O'Reillyとの対話, “How Jeff Smith Built an Agile Culture at IBM,” Next: Economy Summit, San Francisco, October 10, 2016, https://www.oreilly.com/ideas/how-jeff-smith-built-an-agile-culture-at-ibm.

454 200万人以上の製造業の雇用が満たされないままとなる: “The Skills Gap in U.S. Manufacturing: 2015 and Beyond,” Deloitte Manufacturing Institute, retrieved April 4, 2017, http://www.themanufacturinginstitute.org/~/media/827DBC76533942679A15EF7067A704CD.ashx.

Books," programmingperl.com, October 28, 2015, https://www.programmingperl.org/2015/10/the-internet-was-built-on-oreilly-books/.

439 凧から空撮写真を撮る装置を作ったクリス・ベントンの話: Make, January 2005, https://www.scribd.com/doc/33542837/MAKE-Magazine-Volume-1.

440 「開けられないなら所有しているとはいえない」: Phil Torrone, "Owner's Manifesto," Make, November 26, 2006, http://makezine.com/2006/11/26/owners-manifesto/.

440 修理したり補修したりする権利を奪っている: Cory Doctorow, Information Doesn't Want toBe Free: Laws for the Internet Age (SanFrancisco: McSweeney's, 2014).

440 消費者が名目上所有する製品をだれが制御: Jason Koebler, "Why American Farmers Are Hacking Their Tractors with Ukrainian Firmware," Vice, March 21, 2017, https://motherboard.vice.com/en_us/article/why-american-farmers-are-hacking-their-tractors-with-ukrainian-firmware.

441 本をいっしょに書いた: Dale Dougherty and Tim O'Reilly, Unix Text Processing (Indianapolis: Hayden, 1987).

442 オープンソース・ソフトウェアプロジェクトで活動する人々の動機調査を行った: Karim Lakhani and Robert Wolf, "Why Hackers Do What They Do: Understanding Motivation and Effort in Free/Open Source Software Projects," in Perspectives on Free and Open Source Software, ed. J. Feller, B. Fitzgerald, S. Hissam, and K. R. Lakhani (Cambridge, MA: MIT Press, 2005), retrieved April 4, 2017, https://ocw.mit.edu/courses/sloan-school-of-management/15-352-managing-innovation-emerging-trends-spring-2005/readings/lakhaniwolf.pdf.

443 科学を動かすのは無知であり、知識ではない: Stuart Firestein, Ignorance (New York: Oxford University Press, 2012). 邦訳スチュアート・ファイアスタイン『イグノランス:無知こそ科学の原動力』(佐倉統・小田文子訳、東京化学同人、2014)

443 「いろいろと遊んでみるのは、自分の楽しみのためだった」: Feynman, Surely You're Joking, Mr. Feynman, 157-58. 邦訳リチャード・ファインマン『ご冗談でしょう、ファインマンさん』上276-78.

444 スポンサーがつき、競技に招かれるようになった: John Hagel III, John Seely Brown, and Lang Davison, The Power of Pull (New York: Basic Books, 2010), 1-5. 邦訳ジョン・ヘーゲル3世、ジョン・シーリー・ブラウン、ラング・デイヴソン『「PULL」の哲学 時代はプッシュからプルへ―成功のカギは「引く力」にある』(桜田直美訳、主婦の友社、2011) 11-16.

445 「教師や教科書よりはるかにそちらを好んでいる」: Brit Morin, "Gen Z Rising," The Information, February 5, 2017, https://www.theinformation.com/gen-z-rising.

445 ハウツービデオが1億時間以上も鑑賞されている: Google, "I Want-to-Do Moments: From Home to Beauty," Think with Google, retrieved April 4, 2017, https://www.thinkwithgoogle.com/articles/i-want-to-do-micro-moments.html.

429 感覚的なフィードバックを備えて: “Neurotechnology Provides Near-Natural Sense of Touch,” DARPA, September 11, 2015, http://www.darpa.mil/news-events/2015-09-11.

429 脳内に直接反応する義肢: Emily Reynolds, “This Mind-Controlled Limb Can Move Individual Fingers,” Wired, February 11, 2016, http://www.wired.co.uk/article/mind-controlled-prosthetics.

429 神経記憶インプラントの構築を目指す会社を創業した: Elizabeth Dwoskin, “Putting a Computer in Your Brain Is No Longer Science Fiction,” Washington Post, August 25, 2016, https://www.washingtonpost.com/news/the-switch/wp/2016/08/15/putting-a-computer-in-your-brain-is-no-longer-science-fiction/.

429 人間知性の拡張を行うのだ: Bryan Johnson, “The Combination of Human and Artificial Intelligence Will Define Humanity's Future,” TechCrunch, October 12, 2016, https://techcrunch.com/2016/10/12/the-combination-of-human-and-artificial-intelligence-will-define-humanitys-future/.

430 「4年ほどで市場に出す」: Tim Urban, “Neuralink and the Brain's Magical Future,” Wait But Why, April 20, 2017, http://waitbutwhy.com/2017/04/neuralink.html.

430 「その問題に取り組むようにさせることだ」: 同上.

430 「ダイレクトな神経インターフェイスがあれば」: Elon Musk, Tim Urban, “Neuralink and the Brain's Magical Future” での引用.

431 「人間の容量を何桁も増やさねばならない」: 同上.

431 「人間を再びクールにしたいんだ」: Janelle Nanos, “Is Paul English the Soul of the New Machine?,” Boston Globe, May 12, 2016, http://www.bostonglobe.com/business/2016/05/12/drives-uber-helps-haiti-and-may-revolutionize-how-travel-paul-english-soul-new-machine/R2vThUDvRMckM5KoPIjVKK/story.html.

433 「ロボット弁護士」: Josh Browder, “Will Bots Replace Lawyers?,” Next: Economy Summit, サンフランシスコ (2016年10月10〜11日) での講演, https://www.safaribooksonline.com/library/view/nexteconomy-summit-2016/9781491976067/video282513.html.

433 難民保護申請を自動化するようにした: Elena Cresci, “Chatbot That Overturned 160, 000 Parking Fines Now Helping Refugees Claim Asylum,” Guardian, March 6, 2017, https://www.theguardian.com/technology/2017/mar/06/chatbot-donotpay-refugees-claim-asylum-legal-aid.

437 見習いをさせている: Steven Levy, “How Google Is Remaking Itself as a ‘Machine Learning First' Company,” Backchannel, June 22, 2016, https://backchannel.com/how-google-is-remaking-itself-as-a-machine-learning-first-company-ada63defcb70.

438 「インターネットはオライリーの本で作られた」: Publishers Weekly, February 21, 2000. この表紙はbrian d. foyのブログ投稿に再掲。“The Internet Was Built on O'Reilly

15章 人間を置きかえるより拡張しよう

419 マークル財団のリワーク・アメリカ・タスクフォース: 詳しくは以下を参照。"AMERICA'S MOMENT: Creating Opportunity in the Connected Age," Markle Foundation, https://www.markle.org/rework-america/americas-moment.

420 戦時から平和時への雇用移行をなめらかに実現した: Claudia Goldin and Lawrence F. Katz, "Human Capital and Social Capital: The Rise of Secondary Schooling in America, 1910 to 1940," National Bureau of Economic Research, NBER Working Paper No. 6439, March 1998, doi: 10.3386/w6439.

420 住民全員に無料とした: Nanette Asimov, "SF Reaches Deal for Free Tuition at City College," SF Gate, February 27, 2017, http://www.sfgate.com/bayarea/article/SF-reaches-deal-for-free-tuition-at-City-College-10912051.php.

420 「これは大問題だ」: "Former ambassador Jeffrey Bleich speaks on Trump, disruptive technology, and the role of education in a changing economy," Universities AustraliaのキャンベラにおけるJ高等教育カンファレンスでJeffrey Bleichが行った基調講演(2017年3月1日)の書き起こし編集版, The Conversation, 更新(2017年3月6日), http://theconversation.com/former-ambassador-jeffrey-bleich-speaks-on-trump-disruptive-technology-and-the-role-of-education-in-a-changing-economy-73957.

423 「人類は発見と発明に頼る」: Abraham Lincoln, "Lecture on Discoveries and Inventions," April 6, 1858, Abraham Lincoln Online, retrieved April 4, 2017, https://www.abrahamlincolnonline.org/lincoln/speeches/discoveries.htm.

428 人と機械がいっしょになり: "Generative Design," autodesk.com, retrieved April 4, 2017, http://www.autodesk.com/solutions/generative-design.

428 同じ荷重をかけられる構造部材を展示している: "3D Makeover for Hyper-efficient Metalwork," Arup, May 11, 2015, http://www.arup.com/news/2015_05_may/11_may_3d_makeover_for_hyper-efficient_metalwork.

429 完全なヒトゲノムをゼロから作り出そう: Jef D. Boeke, George Church, Andrew Hessel, Nancy J. Kelley, et al., "The Genome Project-Write," Science, July 8, 2016, 126-27, doi: 10.1126/science.aaf6850. 一般向け記述としては以下を参照。Sharon Begley, "Audacious Project Plans to Create Human Genomes from-Scratch," Stat, June 2, 2016, https://www.statnews.com/2016/06/02/project-human-genome-synthesis/.

429 絶滅種を復活させることさえ目論んでいる: "Revive & Restore: Genetic Rescue for Endangered and Extinct Species," retrieved April 4, 2017, http://reviverestore.org.

429 生物内部のDNAを書きかえられる: "CRISPR/Cas9 and Targeted Genome Editing: A New Era in Molecular Biology," New England Biolabs, retrieved April 4, 2017, https://www.neb.com/tools-and-resources/feature-articles/crispr-cas9-and-targeted-genome-editing-a-new-era-in-molecular-biology.

cation vs Prison Costs," CNN Money, retrieved April 4, 2017, http://money.cnn.com/infographic/economy/education-vs-prison-costs/.

410 何をするかだけでなく何を意味するかに基づいて: Dave Hickey, "The Birth of the Big Beautiful Art Market," Air Guitar (Los Angeles: Art Issues Press, 1997), 66-67.

411 「別の願いをすぐに立てる羽目に陥らないよう」: Samuel Johnson, Rasselas, in Rasselas, Poems, and Selected Prose, ed. Bertrand H. Bronson (New York: Holt Rinehart & Winston, 1958), 572-73. 邦訳サミュエル・ジョンソン『幸福の探求—アビシニアの王子ラセラスの物語』(朱牟田夏雄訳、岩波文庫、2011), 138.

413 大量生産ビールの2倍の値段: John Kell, "What You Didn't Know About the Boom in Craft Beer," Fortune, March 22, 2015, http://fortune.com/2016/03/22/craft-beer-sales-rise-2015/.

413 エッツィで手づくりの工芸品を買った: Fareeha Ali, "Etsy's Sales, Sellers and Buyers Grow in Q1," Internet Retailer, May 4, 2016, https://www.internetretailer.com/2016/05/04/etsys-sales-sellers-and-buyers-grow-q1.

414 「物を少なく時間を多く、というものだ」: Slaughter, "How the Future of Work May Make Many of Us Happier."

414 「月に100万ビューを超えたあたりから」: Green, "Introducing the Internet Creators Guild."

415 年収数十万ドルにもなれるなど: John Egger, "How Exactly Do Twitch Streamers Make a Living? Destiny Breaks It Down," Dot Esports, April 21, 2015, https://dotesports.com/general/twitch-streaming-money-careers-destiny-1785.

416 他の人々に自分のクリエイティブプロジェクトを承認してもらい: Cory Doctorow, Down and Out in the Magic Kingdom (New York: Tor Books, 2003). 邦訳コリイ・ドクトロウ『マジック・キングダムで落ちぶれて』(川副智子訳、ハヤカワSF文庫、2005)

416 「お金にかえられるものだと思っていた」: Hickey, Air Guitar, 45.

417 「食べ物を食べろ。量はほどほどに。主に植物を」: Michael Pollan, In Defense of Food (New York: Penguin, 2008). 邦訳マイケル・ポーラン『ヘルシーな加工食品はかなりヤバい—本当に安全なのは「自然のままの食品」だ』(高井由紀子訳、青志社、2009)

417 家族や社会生活への参加だった: Dan Buettner, The Blue Zones, 2nd ed. (Washington, DC: National Geographic Society, 2012). 邦訳ダン・ビュイトナー『ブルーゾーン—世界の100歳人に学ぶ健康と長寿のルール』(仙名紀訳、ディスカバー21、2010)

418 「まだ見ぬもの、まだ発明されていないもののために」: Jennifer Pahlka, "Day One," January 21, 2017, Medium https://medium.com/@pahlkadot/day-one-39a0cd5bd886.

versal Basic Income?," Econo Monitor, January 13, 2014, 改訂June 25, 2014, http://www.economonitor.com/dolan-econ/2014/01/13/could-we-afford-a-universal-basic-income/.

404 たった1750億ドルだという: Matt Bruenig and Elizabeth Stoker, "How to Cut the Poverty Rate in Half (It's Easy)," The Atlantic, October 29, 2013, https://www.theatlantic.com/business/archive/2013/10/how-to-cut-the-poverty-rate-in-half-its-easy/280971/.

404 「必要なら」: "The Future of Work and the Proposal for a Universal Basic Income: A Discussion with Andy Stern, Natalie Foster, and Sam Altman," サンフランシスコBloomberg Beta (2016年6月27日), https://raisingthefloor.splashthat.com.

406 アン=マリー・スローター: Anne-Marie Slaughter, Unfinished Business (New York: RandomHouse, 2015). 邦訳アン=マリー・スローター『仕事と家庭は両立できない?―「女性が輝く社会」のウソとホント』(関美和訳、NTT出版、2017).

406 「消費のパターンも変える」: Anne-Marie Slaughter, "How the Future of Work May Make Many of Us Happier," Huffington Post, retrieved April 4, 2017, http://www.huffingtonpost.com/annemarie-slaughter/future-of-work-happier_b_6453594.html.

406 「世話をする家族を支えられれば、の話です」: Anne-Marie Slaughter, in conversation with Tim O'Reilly and Lauren Smiley, "Flexibility Needed: Not Just for On Demand Workers," Next: Economy Summit, San Francisco, October 10-11, 2015. Video retrieved April 4, 2017, https://www.safaribooksonline.com/library/view/nexteconomy-2015-/9781491944547/video231631.html.

407 30万人近い「フィットネストレーナー」: "Fitness Trainers and Instructors," Occupational Outlook Handbook, US Department of Labor, Bureau of Labor Statistics, retrieved April 4, 2017, https://www.bls.gov/ooh/personal-care-and-ser vice/fitness-t rainers-and-instructors.htm.

407 2011年にはそれが12.2パーセントだ: Ian Stewart, Debapratim De, and Alex Cole, "Technology and People: The Great Job-Creating Machine," Deloitte, August 2015, https://www2.deloitte.com/uk/en/pages/finance/articles/technology-and-people.html.

407 ケアサービスの熱心な消費者だ: Zoë Baird and Emily Parker, "A Surprising New Source of American Jobs: China," Wall Street Journal, May 29, 2015, https://www.wsj.com/articles/a-surprising-new-source-of-american-jobs-china-1432922899.

408 もうひとつはパプアニューギニアだ: Laura Addati, Naomi Cassirer, and Katherine Gilchrist, Maternity and Paternity at Work: Law and Practice Across the World (Geneva: International Labor Organization, 2014), http://www.ilo.org/wcmsp5/groups/public/---dgreports/---dcomm/---publ/documents/publication/wcms_242615.pdf.

408 子供の世話が不十分だったツケ: "Edu-

Energy, 2016, 28, https://www.energy.gov/sites/prod/files/2017/01/f34/2017%20US%20Energy%20and%20Jobs%20Report_0.pdf.

398 あらゆる病気の治療法の確立: Mark Zuckerberg, "Can we cure all diseases in our children's lifetime?," Facebook 投稿, September 21, 2016, https://www.facebook.com/notes/mark-zuckerberg/can-we-cure-all-diseases-in-our-childrens-lifetime/10154087783966634/.

399 「最先端にいる必要があるんです」: Jeff Immelt, Tim O'Reillyとの会話, Next: Economy Summit, San Francisco, November 12, 2015, https://www.oreilly.com/ideas/ges-digital-transformation.

400 その水準をだいたい保っている: Max Roser, "Working Hours," OurWorldInData.org, 2016, retrieved April 4, 2017, https://ourworldindata.org/working-hours/.

400 鷹揚な戦略こそが堅牢な戦略なのは明らかだ: Ryan Avent, The Wealth of Humans (New York: St. Martin's, 2016), 242. 邦訳ライアン・エイヴェント『デジタルエコノミーはいかにして道を誤るか』(月谷真紀訳、東洋経済新報社、2017), 331.

401 UBIを主張する本を書いた: Andy Stern, Raising the Floor (New York, Public Affairs, 2016).

401 カリフォルニア州オークランド市でパイロットプログラム: Sam Altman, "Moving Forward on Basic Income," Y Combinator (ブログ), May 31, 2016, https://blog.ycombinator.com/moving-forward-on-basic-income/.

401 真にランダム化された対照実験が可能になる: "Launch a basic income," GiveDirectly, retrieved April 4, 2017, https://www.givedirectly.org/basic-income.

401 1795年にトマス・ペインによって提案: "Agrarian Justice," The Writings of Thomas Paine, vol. 3, 1791-1804 (New York: G. P. Putnam's Sons, 1895), Project Gutenberg e book edition retrieved April 4, 2017, http://www.gutenberg.org/files/31271/31271-h/31271-h.htm#link2H_4_0029.

401 そして2014年にはポール・ライアン: Noah Gordon, "The Conservative Case for a Guaranteed Basic Income," Atlantic, August 6, 2014, https://www.theatlantic.com/politics/archive/2014/08/why-arent-reformicons-pushing-a-guaranteed-basic-income/375600/.

401 UBIへの反対論: Charles Murray and Andrews Stern (肯定), Jared Bernstein and Jason Furman (否定), "Universal Basic Income Is the Safety Net of the Future," Intelligence Squared Debates, March 22, 2017, http://www.intelligencesquaredus.org/debates/universal-basic-income-safety-net-future. 聴衆はこの動議に対して41パーセント対4パーセントで反対となった。

403 ビル・ゲイツは、「ロボット税」を提案: Kevin J. Delaney, "The Robot That Takes Your Job Should Pay Taxes, Says Bill Gates," Quartz, February 17, 2017, https://qz.com/911968/bill-gates-the-robot-that-takes-your-job-should-pay-taxes/.

403 国民ひとりあたりたった2400ドルにしかならない: Ed Dolan, "Could We Afford a Uni-

12, 2017, https://www.sba.gov/sites/default/files/FAQ_Sept_2012.pdf.

389 「太陽エネルギーが計上されているところはない」: Steve Baer, "The Clothesline Paradox," CoEvolution Quarterly, Winter 1975, retrieved April 3, 2017, http://www.wholeearth.com/issue/2008/article/358/the.clothesline.paradox.

390 価値が創造されたら: Mariana Mazzucato, The Entrepreneurial State (London: Anthem, 2013), 185-87. 邦訳マリアナ・マッツカート『企業家としての国家―イノベーション力で官は民に劣るという神話』(大村昭人訳、薬事日報社、2015), 372-76.

391 「ほんのわずかな一部」: William D. Nordhaus, "Schumpeterian Profits in the American Economy: Theory and Measurement," National Bureau of Economic Research, NBER Working Paper No. 10433, issued April 2004, doi: 10.3386/w10433.

391 方針を最近になって変えざるを得なくなった: Sam Shead, "Apple Is Finally Going to Start Publishing Its AI Research," Business Insider, December 6, 2016, http://www.businessinsider.com/apple-is-finally-going-to-start-publishing-its-artificial-intelligence-research-2016-12.

14章 職がなくなる必要はない

393 「立派に生きるためにどう埋めるかという問題だ」: John Maynard Keynes, "Economic Possibilities for Our Grandchildren," in Essays in Persuasion (New York: Harcourt Brace, 1932), 358-73, オンライン版http://www.econ.yale.edu/smith/econ116a/keynes1.pdf. 邦訳ジョン・メイナード・ケインズ「孫たちの経済的可能性」(山形浩生訳、https://genpaku.org/keynes/misc/keynesfuture.pdf, 2015) ほか

394 ここ500年で世界がいかに改善: Max Roser and Esteban Ortiz-Ospina, "Global Extreme Poverty," OurWorldInData.org, 初版2013; 抜本的改訂版 March 27, 2017, retrieved April 4, 2017, https://ourworldindata.org/extreme-poverty/.

394 かつて工場労働を破壊したのと同じように: Carl Benedikt Frey and Michael A. Osborne, "The Future of Employment: How Susceptible Are Jobs to Computerisation," Oxford Martin Institute, September 17, 2013, http://www.oxfordmartin.ox.ac.uk/downloads/academic/The_Future_of_Employment.pdf.

395 成長の時代は終わったぞ: Robert Gordon, "The Death of Innovation, the End of Growth," TED 2013, https://www.ted.com/talks/robert_gordon_the_death_of_innovation_the_end_of_growth.

396 それまで実現したことのない何かを可能にした: Margot Lee Shetterly, Hidden Figures (New York: William Morrow, 2016). 邦訳マーゴット・リー・シェタリー『ドリーム NASAを支えた名もなき計算手たち』(山北めぐみ訳、ハーパーBOOKS文庫、2017)

398 大量の高給の職: すでにアメリカでは、発電労働の43パーセントはソーラー技術で雇われている。これに対して化石燃料電力の労働者は22パーセントだ。US Energy and Employment Report, Department of

385 公益法人として登録: Yancey Strickler, Perry Chen, and Charles Adler, "Kickstarter Is Now a Benefit Corporation," The Kickstarter Blog, September 21, 2015, https://www.kickstarter.com/blog/kickstarter-is-now-a-benefit-corporation.

385 株主への定期的な現金配当の仕組み: Joshua Brustein, "Kickstarter Just Did Something Tech Startups Never Do: It Paid a Dividend," Bloomberg, June 17, 2016, https://www.bloomberg.com/news/articles/2016-06-17/kickstarter-just-did-something-tech-startups-never-do-it-paid-a-dividend.

385 株主価値の優先には法的な裏づけはない: Lynn Stout, The Shareholder Value Myth (San Francisco: Berrett-Koehler, 2012).

385 それを否定する: Leo E. Strine, "Making It Easier for Directors to 'Do the Right Thing'?," Harvard Business Law Review 4 (2014): 235, University of Pennsylvania Institute for Law & Economics, Research Paper No. 14-41, posted December 18, 2014, https://ssrn.com/abstract=2539098.

386 「収益と同じくらい、いやそれ以上に重要なのです」: Etsy, "Building an Etsy Economy: The New Face of Creative Entrepreneurship," 2015, retrieved April 4, 2017, https://extfiles.etsy.com/Press/reports/Etsy_NewFaceofCreativeEntrepreneurship_2015.pdf.

386 CEOのチャド・ディッカーソンは更迭されてしまった: The Associated Press, "Etsy Replaces CEO, Cuts Jobs Amid Shareholder Pressure," ABC News, May 2, 2017, http://abcnews.go.com/Business/wireStory/etsy-replaces-ceo-cuts-jobs-amid-shareholder-pressure-47167426.

387 1万人以上の雇用を支えたと述べる: "Airbnb Community Tops $1.15 Billion in Economic Activity in New York City," Airbnb, May 12, 2015, https://www.airbnb.com/press/news/airbnb-community-tops-1-15-billion-in-economic-activity-in-new-york-city.

387 自宅を維持しやすくなっているという: "Airbnb Economic Impact," Airbnb, retrieved April 4, 2017, http://blog.airbnb.com/economic-impact-airbnb/.

387 第三者の経済調査によると: Peter Cohen, Robert Hahn, Jonathan Hall, Steven Levitt, and Robert Metcalfe, "Using Big Data to Estimate Consumer Surplus: The Case of Uber," National Bureau of Economic Research, Working Paper No. 22627, September 2016, doi: 10.3386/w22627.

388 総商品ボリュームは2560億ドルだ: Duncan Clark, Alibaba: The House That Jack Built (New York: Harper, 2016), 5.

388 大ブランドによる利潤の大きな販売を優先: Ina Steiner, "eBay Makes Big Promises to Small Sellers as SEO Penalty Still Stings," eCommerce Bytes, April 23, 2015, http://www.ecommercebytes.com/cab/abn/y15/m04/i23/s02.

388 民間雇用の半分近くを生み出している: "SBA Advocacy: Frequently Asked Questions" Small Business Administration, September 2012, retrieved May

org/research%20reports%20and%20covers/2012/05/we_have_met_the_enemy_and_he_is_us.pdf.

374 「100あるもののうちのひとつでしかない」: Jon Oringer in conversation with Charlie Herman, "Failure Is Not an Option.... But it Should Be," Money Talking, WNYC, January 16, 2015, http://www.wnyc.org/story/failure-not-an-option-but-it-should-be/.

377 3社にはベンチャー資本の投資がまったく入っていない: Bryce Roberts, "Helluva Lifestyle Business You Got There," Medium, January 31, 2017, https://medium.com/strong-words/helluva-lifestyle-business-you-got-there-e1ebd3104a95.

378 indie.vcと呼ぶ、巧妙な解決策: Bryce Roberts, "We Invest in Real Businesses," indie.vc, retrieved April 3, 2017, http://www.indie.vc.

379 何千万ドルもの分配を行っているのだという: Jason Fried, "Jason Fried on Valuations, Basecamp, and Why He's No Longer Poking the World in the Eye," Mixergyとのインタビュー, April 4, 2016, https://mixergy.com/interviews/basecamp-with-jason-fried/.

379 「ゴミ箱送りになる」: Marc Hedlund, "Indie.vc, and focus," Skyliner（ブログ）, December 14, 2016, https://blog.skyliner.io/indie-vc-and-focus-8e833d8680d4.

382 「シリコンバレーのどんな企業よりも大量に雇ってますよ」: Hank Green, "Introducing the Internet Creators Guild," June 15, 2016, https://medium.com/internet-creators-guild/introducing-the-internet-creators-guild-e0db6867e0c3.

383 2016年11月に「フォーチュン」誌がバチカンで: Fortune+Time Global Forum 2016, "The 21st Century Challenge: Forging a New Social Compact," Rome and Vatican City, December 2-3, 2016, http://www.fortuneconferences.com/wp-content/uploads/2016/12/Fortune-Time-Global-Forum-2016-Working-Group-Solutions.pdf.

383 1650億ドル増やしたと推計した: Google, Economic Impact, United States 2015, retrieved December 12, 2016, https://economicimpact.google.com/#/.

383 トラフィックの6割以上は検索からやってくる: Nathan Safran, "Organic Search Is Actually Responsible for 64% of Your Web Traffic（Thought Experiment）," July 10, 2014, https://www.conductor.com/blog/2014/07/organic-search-actually-responsible-64-web-traffic/.

384 報告書の作成を委託した: Yancey Strickler, "Kickstarter's Impact on the Creative Economy," The Kickstarter Blog, July 28, 2016, https://www.kickstarter.com/blog/kickstarters-impact-on-the-creative-economy.

384 だが大成功をおさめたものも多い: Amy Feldman, "Ten of the Most Successful Companies Built on Kickstarter," Forbes, April 14, 2016, https://www.forbes.com/sites/amyfeldman/2016/04/14/ten-of-the-most-successful-companies-built-on-kickstarter/#-4dec455f69e8.

360「他の物は見なくなるからです」: 同上, 160. 邦訳同上, 230. https://genpaku.org/keynes/generaltheory/html/general12.html

360 保有年数が増えるにつれて税率を下げる: Fink, "I write on behalf of our clients..."

360 トマ・ピケティの提案するような富裕税: Michelle Fox, "Why We Need a Global Wealth Tax: Piketty," CNBC, March 10, 2015, http://www.cnbc.com/2015/03/10/why-we-need-a-global-wealth-tax-piketty.html.

361「商売の面からもよいのだ」: Stiglitz, "Of the 1%, by the 1%, for the 1%."

13章 スーパーマネー

363「国、市場経済、金融資本主義の間で」: William H. Janeway, Doing Capitalism in the Innovation Economy (Cambridge: Cambridge University Press, 2012), 3.

367 失敗分までの埋め合わせがつく: Carlota Perez, Technological Revolutions and Financial Capital (Cheltenham, England: Edward Elgar, 2002).

367「たまに、決定的な形で」: Bill Janeway, "What I Learned by Doing Capitalism," LSE Public Lecture, London School of Economics and Political Science, October 11, 2012, transcript retrieved April 4, 2017.

368 グッドマンの同名の著書: Adam Smith, Supermoney (Hoboken, NJ: Wiley, 2006).

371 スーパースター企業の台頭が原因: Bouree Lam, "One Reason Workers Are Struggling Even When Companies Are Doing Well," Atlantic, February 1, 2017, https://www.theatlantic.com/business/archive/2017/02/labors-share/515211/.

371 いまだに赤字運営なのが示されてしまう: Bloomberg News, "Amazon, Facebook Admit Stock Compensation Is a Normal Cost," Investor's Business Daily, May 3, 2016, http://www.investors.com/news/technology/amazon-stops-pretending-that-stock-compensation-isnt-a-normal-cost/.

372 サンフランシスコのような街には住めないようにしてしまう: Hal Varian, "Is Affordable Housing Becoming an Oxymoron?," New York Times, October 20, 2005, http://people.ischool.berkeley.edu/~hal/people/hal/NYTimes/2005-10-21.html. ハルはこれを2005年に指摘している!

373 2015年の年間ベンチャー資本投資: Press release, "$58.8 Billion in Venture Capital Invested Across U.S. in 2015," National Venture Capital Association, January 15, 2016, http://nvca.org/pressreleases/58-8-billion-in-venture-capital-invested-across-u-s-in-2015-according-to-the-moneytree-report-2/.

373 小規模のファンドのほうがよい結果を出す: Kauffman Foundation, "WE HAVE MET THE ENEMY... AND HE IS US: Lessons from Twenty Years of the Kauffman Foundation's Investments in Venture Capital Funds and the Triumph of Hope over Experience," Ewing Marion Kauffman Foundation, May 2012, http://www.kauffman.org/~/media/kauffman_

「新しい世界経済」の教科書』（桐谷知未訳、徳間書店、2016）

354 全米の最低賃金を時給15ドルにする運動: David Rolf, The Fight for $15 (New York: New Press, 2016).

354 「それは経済理論のふりをした恫喝戦術です」: Nick Hanauer, Tim O'Reillyとの会話, Next: Economy Summit, San Francisco, November 12-13, 2015, ビデオhttps://www.safaribooksonline.com/library/view/nexteconomy-2015-/9781491944547/video231634.html.

354 大都市では大した影響はない: Paul K. Sonn and Yannet Lathrop, "Raise Wages, Kill Jobs? Seven Decades of Historical Data Find No Correlation Between Minimum Wage Increases and Employment Levels," National Employment Law Project, May 5, 2016, http://www.nelp.org/publication/raise-wages-kill-jobs-no-correlation-minimum-wage-increases-employment-levels/.

357 技術と機会サミット: Summit on Technology and Opportunity, Stanford University, November 29, 30, 2016, http://inequality.stanford.edu/sites/default/files/Agenda_Summit-Tech-Opportunity_2.pdf.

357 マーティン・フォードと昼食時に論争: Martin Ford and Tim O'Reilly, "Two (Contrasting) Views of the Future," Stanford Center on Poverty and Inequality, サミットにおける技術と機会に関する対話, Stanford University, November 29, 30, 2016. ビデオは2016年12月16日に以下で公開。https://www.youtube.com/watch?v=F7vJDtwidWU.

357 そこには知識労働も含まれる: Martin Ford, The Rise of the Robots (New York: Basic Books, 2015). 邦訳マーティン・フォード『ロボットの脅威—人の仕事がなくなる日』（松本剛史訳、日本経済新聞出版社、2015）

359 総消費者需要が低いことなのに: Bill Gross, "America's Debt Is Not Its Biggest Problem," Washington Post, August 10, 2011, https://www.washingtonpost.com/opinions/americas-debt-is-not-its-biggest-problem/2011/08/10/gIQAgYvE7I_story.html.

359 「供給側ではなく需要側にあるのです」: Robert Summers, "The Age of Secular Stagnation: What It Is and What to Do About It," Foreign Affairs, February 15, 2016, retrieved from http://larrysummers.com/2016/02/17/the-age-of-secular-stagnation/.

359 「たった15パーセントほどだ」: Rana Foroohar, "The Economy's Hidden Illness—One Even Trump Failed to Address," Linked InPulse, November 12, 2016, https://www.linkedin.com/pulse/economys-hidden-illness-one-even-trump-failed-address-rana-foroohar.

360 「その仕事はたぶんまずい出来となるでしょう」: John Maynard Keynes, The General Theory of Employment, Interest, and Money (New York: Harcourt Brace, 1964), 159. 邦訳ジョン・メイナード・ケインズ『雇用、利子、お金の一般理論』（山形浩生訳、講談社学術文庫、2012）, 229. https://genpaku.org/keynes/generaltheory/html/general12.html

miss-unions/ を参照.

350 労働運動について考え直す、またとない時期でもある: Harold Meyerson, “The Seeds of a New Labor Movement,” American Prospect, October 30, 2014, http://prospect.org/article/labor-crossroads-seeds-new-movement.

350 「全体としてみんなの立場が改善するのです」: Pia Malaney, “The Economic Origins of the Populist Backlash,” Big Think, March 5, 2017, http://bigthink.com/videos/pia-malaney-on-the-economics-of-rust-belt-populism.

351 「連邦最低賃金は15.34ドルになっていただろう」: John Schmitt: “The Minimum Wage Is Too Damn Low,” Center for Economic Policy Research, March 2012, http://cepr.net/documents/publications/min-wage1-2012-03.pdf.

352 格差は自己強化されるのだ: Xavier Jaravel, “The Unequal Gains from Product Innovations: Evidence from the US Retail Sector,” 2016, http://scholar.harvard.edu/xavier/publications/unequal-gains-product-innovations-evidence-us-retail-sector.

352 「寝るときに使う枕はせいぜいひとつか二つです」: 映画「Inequality for All(邦題「みんなのための資本論」)」(http://inequalityforall.com) でのニック・ハノーアーのコメント。ニックのコメントを含むクリップは以下にある。http://www.upworthy.com/when-they-say-cutting-taxes-on-the-rich-means-job-creation-theyre-lying-just-ask-this-rich-guy.

352 「カジノに行くほうがいいと決めた人々が大量にいるんだ」: Foroohar, Makers and Takers, 14.

353 年額にしておよそ50億ドル: “Study Shows Walmart Can ‘Easily Afford'$15 Minimum Wage,” Fortune, June 11, 2016, http://fortune.com/2016/06/11/walmart-minimum-wage-study/.

353 連邦栄養補給支援プログラム: “WAL-MART ON TAX DAY,” Americans for Tax Fairness, retrieved April 2, 2017, https://americansfortaxfairness.org/files/Walmart-on-Tax-Day-Americans-for-Tax-Fairness-1.pdf.

353 年に1530億ドルにのぼるという: Ken Jacobs, “Americans Are Spending $153 Billion a Year to Subsidize McDonald's and Wal-Mart's Low Wage Workers,” Washington Post, April 15, 2015, https://www.washingtonpost.com/posteverything/wp/2015/04/15/we-are-spending-153-billion-a-year-to-subsidize-mcdonalds-and-walmarts-low-wage-workers/.

353 26億ドルの投資を行った: Neil Irwin, “How Did Walmart Get Cleaner Stores and Higher Sales? It Paid Its People More,” New York Times, October 25, 2016, https://www.nytimes.com/2016/10/16/upshot/how-did-walmart-get-cleaner-stores-and-higher-sales-it-paid-its-people-more.html.

354 「ルールを書きかえられる」: Joseph Stiglitz, Rewriting the Rules of the American Economy (New York: Roosevelt Institute, 2015) http://rooseveltinstitute.org/rewrite-rules/.　邦訳ジョセフ・E・スティグリッツ『スティグリッツ教授のこれから始まる

Akerlof and Paul Romer, "Looting: The Economic Underworld of Bankruptcy for Profit," Brookings Papers on Economic Activity 2 (1993), http://pages.stern.nyu.edu/~promer/Looting.pdf.

335 「顧客は事業の基盤であり」: Peter F. Drucker, The Practice of Management (New York: Routledge, 2007), 31-32. 邦訳ピーター・ドラッカー『現代の経営』(上下〈ドラッカー名著集2-3〉、上田惇生訳、ダイヤモンド社、2006), 上46-47.

335 「ばかげた発想」: Francesco Guerrera, "Welch Condemns Share Price Focus," Financial Times, March 12, 2009, https://www.ft.com/content/294ff1f2-0f27-11de-ba10-0000779fd2ac.

336 「自分自身に奉仕しているということだ」: Rana Foroohar, "American Capitalism's Great Crisis," Time, May 11, 2016, http://time.com/4327419/american-capitalisms-great-crisis/.

12章 ルールを書き直す

340 「一般の人々の生活を改善」: Joseph E. Stiglitz, "Of the 1%, by the 1%, for the 1%," Vanity Fair, May 2011, http://www.vanityfair.com/news/2011/05/top-one-percent-201105.

341 「株主価値創出のために必要なのだ」: Nelson D. Schwartz, "Carrier Workers See Costs, Not Benefits, of Global Trade," New York Times, March 19, 2016, https://www.nytimes.com/2016/03/20/business/economy/carrier-workers-see-costs-not-benefits-of-global-trade.html.

342 120億ドルを使って自社株買戻しをやったところだった: Tedd Mann and Ezekiel Minaya, "United Technologies Unveils $12 Billion Buyback," Wall Street Journal, October 20, 2015, https://www.wsj.com/articles/united-technologies-unveils-12-billion-buyback-1445343580.

344 「経済学主義」: James Kwak, Economism (New York: Random House, 2016). これはしばしば「市場原理主義」とも呼ばれる。

346 配車係に電話することでスケジュール調整されるタクシー: Stone, The Upstarts, 43. 邦訳ストーン『UPSTARTS』, 59.

347 「買い手の余剰すべてを吸い上げてしまえる」: Hal Varian, "Economic Mechanism Design for Computerized Agents," Proceedings of the First USENIX Workshop on Electronic Commerce (New York: Usenix, 1995), retrieved April 2, 2015, http://people.ischool.berkeley.edu/~hal/Papers/mechanism-design.pdf.

349 「夕食に期待できるのは」: Russ Roberts, How Adam Smith Can Change Your Life (New York: Penguin, 2014), 21. 邦訳ラス・ロバーツ『スミス先生の道徳の授業—アダム・スミスが経済学よりも伝えたかったこと』(村井章子訳、日本経済新聞出版社、2016), 30.

349 だれがゲームのルールを決めるか: 労働組合を懐かしむ声が高まっており、20年前に抱かれていた蔑視とは大違いだ。たとえばBen Casselman, "Americans Don't Miss Manufacturing—They Miss Unions," Five Thirty Eight, May 13, 2016, https://fivethirtyeight.com/features/americans-dont-miss-manufacturing-they-

328 「生産的な資産への新規投資」: 同上, 4.

329 「企業の現金を株主に分配する」: 同上, 2.

329 イノベーションの「社会収益率」: Charles Jones and John Williams, "Measuring the Social Return to R&D," Federal Reserve Board of Governors, February 1997, https://www.federalreserve.gov/pubs/feds/1997/199712/199712pap.pdf.

329 「それを生むガチョウ(科学研究能力)には価値を置かないようだ」: Ashish Arora, Sharon Belenzon, and Andrea Patacconi, "Killing the Golden Goose? The Decline of Science in Corporate R&D," National Bureau of Economic Research, January 2015, doi: 10.3386/w20902.

329 4パーセントから11パーセント近くに増えた: Derek Thompson, "Corporate Profits Are Eating the Economy," Atlantic, March 4, 2013, https://www.theatlantic.com/business/archive/2013/03/corporate-profits-are-eating-the-economy/273687/. このグラフの元になった数値の更新版は以下にある。US Bureau of Economic Analysis, Compensation of Employees: Wages and Salary Accruals (WASCUR), https://fred.stlouisfed.org/series/WASCUR, retrieved from FRED, Federal Reserve Bank of St. Louis, April 2, 2017; Corporate Profits After Tax (without IVA and CCAdj) (CP), retrieved from FRED, Federal Reserve Bank of St. Louis; https://fred.stlouisfed.org/series/CP, April 2, 2017; Gross Domestic Product (GDP), retrieved from FRED, Federal Reserve Bank of St. Louis; https://fred.stlouisfed.org/series/GDP, April 2, 2017.

329 「ゼロサムゲームに近づいている」: Rana Foroohar, Makers and Takers (New York: Crown, 2016), 18.

330 「革命前のフランスにおける1パーセント」: Rana Foroohar, "Thomas Piketty: Marx 2.0," Time, May 9, 2014, http://time.com/92087/thomas-piketty-marx-2-0/. Retrieved April 2, 2017, http://piketty.pse.ens.fr/files/capital21c/en/media/Time%20-%20Capital%20in%20the%20Twenty-First%20Century.pdf.

330 「『持続可能な繁栄』」: Lazonick, "Stock Buybacks," 2.

331 報酬のさらに多くが株式になった: Foroohar, Makers and Takers, 280.

331 オプションは公表こそ必要だがその価値は示さなくてよい: Hal Varian, "Economic Scene," New York Times, April 8, 2004, retrieved April 2, 2017, http://people.ischool.berkeley.edu/~hal/people/hal/NYTimes/2004-04-08.html.

332 「他人に危害を与えることで引き出した利潤、薄い価値」: Umair Haque, "The Value Every Business Needs to Create Now," Harvard Business Review, July 31, 2009, https://hbr.org/2009/07/the-value-every-business-needs.

332 またタバコ業界と同じ誤情報企業を雇った: Naomi Oreskes and Erik Conway, Merchants of Doubt (New York: Bloomsbury Press, 2011). 邦訳ナオミ・オレスケス、エリック・M・コンウェイ『世界を騙しつづける科学者たち』(上下、福岡洋一訳、楽工社、2011)

333 「債権者たちの手元に行くからだ」: George

Affairs, November 15, 2016, https://www.foreignaffairs.com/articles/2016-11-15/global-trumpism.

323 「まじりっけなしの社会主義を主張しているのだ」: Milton Friedman, “The Social Responsibility of Business Is to Increase Its Profits,” New York Times Magazine, September 13, 1970, retrieved April 2, 2017, http://www.colorado.edu/studentgroups/libertarians/issues/friedman-soc-resp-business.html.

323 その事業や実際の所有者に直接的な利益をもたらさない: Michael C. Jensen, and William H. Meckling, “Theory of the Firm: Managerial Behavior, Agency Costs and Ownership Structure,” Journal of Financial Economics 3, no.4 (1976), http://dx.doi.org/10.2139/ssrn.94043.

324 売却か閉鎖だ、という: Jack Welch, “Growing Fast in a Slow-Growth Economy,” Appendix A in Jack Welch and John Byrne, Jack: Straight from the Gut (New York: Warner Books, 2001). 邦訳ジャック・ウェルチ&ジョン・A・バーン『ジャック・ウェルチ わが経営』(上下、宮本喜一訳、日本経済新聞社、2001)

325 「ほとんど口にしないのは奇妙なことだ」: Warren Buffett, “Berkshire Hathaway Shareholder Letters: 2016,” Berkshire Hathaway, February 25, 2017, http://berkshirehathaway.com/letters/2016ltr.pdf.

326 「従業員への責任を果たさねばならない」: Larry Fink, “I write on behalf of our clients...,” BlackRock, January 24, 2017, https://www.blackrock.com/corporate/en-us/investor-relations/larry-fink-ceo-letter.

326 1970年以降に激減したという説得力ある主張を行う: Robert J. Gordon, The Rise and Fall of American Growth (Princeton, NJ: Princeton University Press, 2016). 邦訳ロバート・J・ゴードン『アメリカ経済 成長の終焉』(上下、高遠裕子・山岡由美訳、日経BP社、2018)

327 アメリカ人全体のうちどんな形であれ株主なのは半分強でしかなく: Justin McCarthy, “Little Change in Percentage of Americans Who Own Stocks,” Gallup, April 22, 2015, http://www.gallup.com/poll/182816/little-change-percentage-americans-invested-market.aspx.

327 公開企業やS&P500の小売業者指数全体を常に上回っている: Kyle Stock, “REI's Crunchy Business Model Is Crushing Retail Competitors,” Bloomberg, March 27, 2015, https://www.bloomberg.com/news/articles/2015-03-27/rei-s-crunchy-business-model-is-crushing-retail-competitors.

327 資金マネージャから顧客へと移転している: “Why Ownership Matters,” Vanguard, retrieved April 4, 2017, https://about.vanguard.com/what-sets-vanguard-apart/why-ownership-matters/.

328 3.4兆ドルも自社株買戻しに費やしたと指摘: William Lazonick, “Stock Buybacks: From Retain-and-Reinvest to Downsize-and-Distribute,” Brookings Center for Effective Public Management, April 2015, https://www.brookings.edu/wp-content/uploads/2016/06/lazonick.pdf.

11章 スカイネット的瞬間

310 メッセージは強力で個人的だった: "We Are the 99 Percent," tumblr.com, September 14, 2011, http://wearethe99percent.tumblr.com/page/231.

312 「人工知能は、我々が求めることをやらねばならない」: "An Open Letter: Research Priorities for Robust and Beneficial Artificial Intelligence," Future of Life Institute, retrieved April 1, 2017, https://futureoflife.org/ai-open-letter/.

312 「人間全体に利益をもたらしそうな方法で進める」: Greg Brockman, Ilya Sutskever, and OpenAI, "Introducing Open AI," OpenAIブログ December 11, 2015, https://blog.openai.com/introducing-openai/.

313 Siriはある自閉症の少年の親友にさえなった: Judith Newman, "To Siri, with Love," New York Times, October 17, 2014, https://www.nytimes.com/2014/10/19/fashion/how-apples-siri-became-one-autistic-boys-bff.html.

315 火星の人口過剰を心配するに等しいと言う: "Andrew Ng: Why 'Deep Learning' Is a Mandate for Humans, Not Just Machines," Wired, May 2015, retrieved April 1, 2017, https://www.wired.com/brandlab/2015/05/andrew-ng-deep-learning-mandate-humans-not-just-machines/.

317 腸のバクテリアは、人の考え方を変え、気持も変える: Emeran A. Mayer, Rob Knight, SarkisK. Mazmanian, John F. Cryan, and Kirsten Tillisch, "Gut Microbes and the Brain: Paradigm Shift in Neuroscience," Journal of Neuroscience, 34, no.46 (2014) : 15490-96, doi: 10.1523/JNEUROSCI.3299-14, 2014.

317 「自己対局からの強化学習」: David Silver et al., "Mastering the Game of Go with Deep Neural Networks and Tree Search," Nature 529 (2016) : 484-89, doi: 10.1038/nature16961.

318 「それまで遭遇した事例の広大な保存庫」: Beau Cronin, "Untapped Opportunities in AI," O'Reilly Ideas, June 4, 2014, https://www.oreilly.com/ideas/untapped-opportunities-in-ai.

319 「コンピューターにとっては十分な時間なんです」: Michael Lewis interviewed by Terry Gross, "On a 'Rigged' Wall Street, Milliseconds Make All the Difference," NPR Fresh Air, April 1, 2014, http://www.npr.org/2014/04/01/297686724/on-a-rigged-wall-street-milliseconds-make-all-the-difference.

320 「あまりいいことではない」: Felix Salmon, "John Thain Comes Clean," Reuters, October 7, 2009, http://blogs.reuters.com/felix-salmon/2009/10/07/john-thain-comes-clean/.

320 根底となる実物資産をはるかに上回る信用融資: Gary Gorton, "Shadow Banking," The Region (Federal Reserve Bank of Minneapolis), December 2010, retrieved April 2, 2017, http://faculty.som.yale.edu/garygorton/documents/InterviewwithTheRegionFRBofMinneapolis.pdf.

321 「資本主義の存続に関わる脅威である」: Mark Blyth, "Global Trumpism," Foreign

"pol.is in Taiwan," pol.is ブログ, May 25, 2016, https://blog.pol.is/pol-is-in-taiwan-da7570d372b5.

300 「コメディとホラーは好きだがドキュメンタリーは嫌いな人、という具合です」: 同上.

301 それに応じて移動する: "Human Spectrogram," Knowledge Sharing Tools and Method Toolkit, wiki retrieved April 1, 2017, http://www.kstoolkit.org/Human+Spectrogram.

301 「義務づけるべきだと思う」: Audrey Tang, "Uber Responds to vTaiwan's Coherent Blended Volition," pol.is ブログ, May 23, 2016, https://blog.pol.is/uber-responds-to-vtaiwans-coherent-blended-volition-3e9b75102b9b.

302 合意と意見相違の論点: Ray Dalio, TED, April 24, 2017, https://ted2017.ted.com/program.

304 「回避する方法を見つけられてしまうからです」: Josh Constine, "Facebook's New Anti-Clickbait Algorithm Buries Bogus Headlines," TechCrunch, August 4, 2016, https://techcrunch.com/2016/08/04/facebook-clickbait/.

305 デジタル広告支出の半分であり: Greg Sterling, "Search Ads Generated 50 Percent of Digital Revenue in First Half of 2016," Search Engine Land, November 1, 2016, http://searchengineland.com/search-ads-1h-generated-16-3-billion-50-percent-total-digital-revenue-262217.

306 「新しいモデルが必要だ」: Evan Williams, "Renewing Medium's Focus," Medium, January 4, 2017, https://blog.medium.com/renewing-mediums-focus-98f374a960be.

307 「この方向を続けると」: 同上.

307 「フェイスブック利用者を対象とした実験」: Adam D. I. Kramer, Jamie E. Guillory, and Jeffrey T. Hancock, "Experimental Evidence of Massive-Scale Emotional Contagion Through Social Networks," Proceedings of the National Academy of Sciences, June 17, 2014, 更新版 PNAS "Editorial Expression of Concern and Correction," July 22, 2014, http://www.pnas.org/content/111/24/8788.full.pdf.

307 「実験用のネズミでしかないのだ」: Vindu Goel, "Facebook Tinkers with Users' Emotions in News Feed Experiment, Stirring Outcry," New York Times, June 29, 2014, https://www.nytimes.com/2014/06/30/technology/facebook-tinkers-with-users-emotions-in-news-feed-experiment-stirring-outcry.html.

308 ペドロ・ドミンゴスには申し訳ない: これはドミンゴスの本、The Master Algorithm (New York: Basic Books, 2015) の題名への言及だ。

308 「CBSにとってはとんでもなくありがたい」: Eliza Collins, "Les Moonves: Trump's Run Is 'Damn Good for CBS,'" Politico, June 29, 2016, http://www.politico.com/blogs/on-media/2016/02/les-moonves-trump-cbs-220001.

288 それはまったくちがう結果を示していた: Gus Lubin, Mike Nudelman, and Erin Fuchs, "9 Maps That Show How Americans Commit Crime," Business Insider, September 25, 2013, http://www.businessinsider.com/maps-on-fbis-uniform-crime-report-2013-9.

289 「見出し詐欺(クリックベイト)」: Alex Peysakhovich and Kristin Hendrix, "News Feed FYI: Further Reducing Clickbait in Feed, "Facebook newsroom, August 24, 2016, http://newsroom.fb.com/news/2016/08/news-feed-fyi-further-reducing-clickbait-in-feed/.

290 「カリフォルニア州が児童売春を合法化」: Travis Allen, "California Democrats Legalize Child Prostitution," December 29, 2016, http://www.washingtonexaminer.com/california-democrats-legalize-child-prostitution/article/2610540.

291 「知らないこともある」: John Borthwick, "Media Hacking," Render, March 7, 2015, https://render.betaworks.com/media-hacking-3b1e350d619c.

291 「グーグルが儲かるからだ」: Cadwalladr, "How to Bump Holocaust Deniers off Google's Top Spot? Pay Google."

293 真実の裁定者にはなりたくない: Peter Kafka, "Facebook Has Started to Flag Fake News Stories," Recode, March 4, 2017, https://www.recode.net/2017/3/4/14816254/facebook-fake-news-disputed-trump-snopes-politifact-seattle-tribune.

293 「人間が決められるようにする」: Krishna Bharat, "How to Detect Fake News in Real-Time," New Co Shift, April 27, 2017, https://shift.newco.co/how-to-detect-fake-news-in-real-time-9fdae0197bfd. バラトの記事は本章で私が述べたもの以外にも、フェイクニュースをアルゴリズム的に検出する方法について多くの実用的な示唆を含んでいる。

293 「理屈はおおむね同じだ」: Bharat, "How to Detect Fake News in Real-Time."

296 「耐えられるようにすることだった」: Michael Marder, "Failure of U.S. Public Secondary Schools in Mathematics," University of Texas UTeach, retrieved April 1, 2017, https://uteach.utexas.edu/sites/default/files /BrokenEducation2011.pdf, 3.

297 共通の善に向けて協力しやすくするつながりの減少だ: Mark Zuckerberg, "Building Global Community," Facebook, February 16, 2017, https://www.facebook.com/notes/mark-zuckerberg/building-global-community/10154544292806634/.

297 「彼らが豊かになったのは、市民的だからなのだ」: Robert Putnam, "The Prosperous Community: Social Capital and Public Life," American Prospect, Spring 1993, retrieved April 1, 2017, http://prospect.org/article/prosperous-community-social-capital-and-public-life.

298 「万人を包摂するもの」: Zuckerberg, "Building Global Community."

299 エジプト革命の経験から学んだことだ: Wael Ghonim, Revolution 2.0 (New York: Houghton Mifflin, 2012).

300 「プラットフォームがいります」: Colin Megill,

Listening' Tools," Columbia Journalism Review, July/August 2015, http://www.cjr.org/analysis/the_new_importance_of_social_listening_tools.php.

282 深夜までには最初のツイートを削除: Eric Tucker, "Why I'm Removing the 'Fake Protests' Twitter Post," Eric Tucker (blog), November 11, 2016, https://blog.erictucker.com/2016/11/11/why-im-considering-to-remove-the-fake-protests-twitter-post/.

283 青いチェックマークの意味を理解している高校生: Brooke Donald, "Stanford Researchers Find Students Have Trouble Judging the Credibility of Information Online," Stanford Graduate School of Education, November 22, 2016, https://ed.stanford.edu/news/stanford-researchers-find-students-have-trouble-judging-credibility-information-online.

283 「それを見るのは、こちらが見てほしいと思う相手だけ」: Joshua Green and Sissa Isenberg, "Inside the Trump Bunker, with Days to Go," Bloomberg Businessweek, October 27, 2016, https://www.bloomberg.com/news/articles/2016-10-27/inside-the-trump-bunker-with-12-days-to-go.

283 「決して離さない」: Cadwalladr, "Google, Democracy and the Truth About Internet Search."

284 ユーザーのふりをしてビデオ視聴回数を偽装: Vindu Goel, "Russian Cyber forgers Steal Millions a Day with Fake Sites," New York Times, December 20, 2016, http://www.nytimes.com/2016/12/20/technology/forgers-use-fake-web-users-to-steal-real-ad-revenue.html.

285 ソフトの穴を見つけているということだった: Cyber Grand Challenge Rules, Version 3, November 18, 2014, DARPA, http://archive.darpa.mil/CyberGrandChallenge_CompetitorSite/Files/CGC_Rules_18_Nov_14_Version_3.pdf.

286 「過剰反応したり過小反応したりする」: Harry Hillaker, "Tribute to John R. Boyd," Code One, July 1997, retrieved April 1, 2017, https://web.archive.org/web/20070917232626/http://www.codeonemagazine.com/archives/1997/articles/jul_97/july2a_97.html.

286 結果のほうが偏っていると糾弾する人も出てくる: Raj Shah, "Politi-Fact's So-Called Fact-Checks Show Bias, Incompetence, or Both," Republican National Committee, August 30, 2016, https://gop.com/politifacts-so-called-fact-checks-show-bias-incompetence-or-both/.

286 「思索的知識」: George Soros, The Crisis of Global Capitalism (New York: Public Affairs, 1998), 6-18.　邦訳ジョージ・ソロス『グローバル資本主義の危機――「開かれた社会」を求めて』(大原進訳、日本経済新聞社、1999), 43-47.

287 「参加する出来事の形成に重要な役割を果たす」: George Soros, Open Society (New York: Public Affairs, 2000), xii.　邦訳ジョージ・ソロス『ソロスの資本主義改革論――オープンソサエティを求めて』(山田侑平・藤井清美訳、日本経済新聞社、2001)

niers-google-search-top-spot.

277 「グーグルはまさにそういうものなのだ」: Carole Cadwalladr, "Google Is Not 'Just' a Platform. It Frames, Shapes and Distorts How We See the World," Guardian, December 11, 2016, https://www.theguardian.com/commentisfree/2016/dec/11/google-frames-shapes-and-distorts-how-we-see-world.

278 2500億の固有のウェブドメイン名: "A Look at the Future of Search with Google's Amit Singhal at SXSW," PR Newswire, March 10, 2013, http://www.prnewswire.com/blog/a-look-at-the-future-of-search-with-googles-amit-singhal-at-sxsw-6602.html.

278 1日50億件もの検索に応じて表示: Danny Sullivan, "Google Now Handles At Least 2 Trillion Searches per Year," Search Engine Land, May 24, 2016, http://searchengineland.com/google-now-handles-2-999-trillion-searches-per-year-250247.

278 1日300件しかない検索で生じている: Danny Sullivan, "Official: Google Makes Change, Results Are No Longer in Denial over 'Did the Holocaust Happen?,'" Search Engine Land, December 20, 2016, http://searchengineland.com/googles-results-no-longer-in-denial-over-holocaust-265832.

279 すべてのサルも引き受ける羽目になる: William Oncken Jr. and Donald L. Wass, "Who's Got the Monkey?," Harvard Business Review, November-December 1999, https://hbr.org/1999/11/management-time-whos-got-the-monkey#comment-section.

279 ホロコースト否定の検索結果は改善された: Danny Sullivan, "Google's Top Results for 'Did the Holocaust Happen' Now Expunged of Denial Sites," Search Engine Land, December 24, 2016, http://searchengineland.com/google-holocaust-denial-site-gone-266353.

280 「ミームの魔法は本物なのだ」: Milo Yiannopoulos, "Meme Magic: Donald Trump Is the Internet's Revenge on Lazy Elites," Breitbart, May 4, 2016, http://www.breitbart.com/milo/2016/05/04/meme-magic-donald-trump-internets-revenge-lazy-entitled-elites/.

280 2015年6月に申請された特許: Erez Laks, Adam Stopek, Adi Masad, Israel Nir, Systems and Methods to Identify Objectionable Content, US Patent Application 20160350675, filed June 1, 2016, published December 1, 2016, http://pdfaiw.uspto.gov/.aiw?PageNum= 0&docid=20160350675&IDKey=B0738725A3CA.

281 インチキな話を報告しやすく: Mark Zuckerberg, Facebook投稿, November 18, 2016, https://www.facebook.com/zuck/posts/10103269806149061.

281 フェイスブックで35万回シェアされた: Sapna Maheshwari, "How Fake News Goes Viral: A Case Study," New York Times, November 20, 2016, https://www.nytimes.com/2016/11/20/business /media/how-fake-news-spreads.html.

282 「ソーシャルリスニングツール」: Alexis Sobel Fitts, "The New Importance of 'Social

268 福利厚生のポータビリティ: Steven Hill, "New Economy, New Social Contract," New America, August 4, 2015, https://www.newamerica.org/economic-growth/policy-papers/new-economy-new-social-contract/.

269 「唯一のやり方である必要はないということを実証した」: Zeynep Ton, The Good Jobs Strategy (Boston: New Harvest, 2014). この引用は以下にある。http://zeynepton.com/book/.

10章 アルゴリズムの時代のメディア

272 お手軽に小遣い稼ぎをしようとしたマケドニアのティーンエージャー: Craig Silverman and Lawrence Alexander, "How Teens in the Balkans Are Duping Trump Supporters with Fake News," BuzzFeed, November 3, 2016, https://www.buzzfeed.com/craigsilverman/how-macedonia-became-a-global-hub-for-pro-trump-misinfo.

272 南カリフォルニアの男性の仕業だということがわかった: Laura Sydell, "We Tracked Down a Fake-News Creator in the Suburbs. Here's What We Learned," NPR All Tech Considered, November 23, 2016, http://www.npr.org/sections/alltechconsidered/2016/11/23/503146770/npr-finds-the-head-of-a-covert-fake-news-operation-in-the-suburbs.

273 「えらくイカれた発想だ」: Aarti Shahani, "Zuckerberg Denies Fake News on Facebook Had Impact on the Election," NPR All Tech Considered, November 11, 2016, http://www.npr.org/sections/alltechconsidered/2016/11/11/501743684/zuckerberg-denies-fake-news-on-facebook-had-impact-on-the-election.

273 隣り合わせで見せるようにしている: "Blue Feed/Red Feed," Wall Street Journal, May 18, 2016, 毎時更新, retrieved March 31, 2007, http://graphics.wsj.com/blue-feed-red-feed/.

274 ムスリム同胞団に所属していたと主張するビデオ: "Huma Kidding?," Snopes.com, November 2, 2016, http://www.snopes.com/huma-abedin-ties-to-terrorists/.

274 ロシアが捏造したり増幅したりするプロパガンダ: Joseph Menn, "U.S. Government Loses to Russia's Disinformation Campaign," Reuters, December 21, 2016, http://www.reuters.com/article/us-usa-russia-disinformation-analysis-idUSKBN1492PA.

275 壇上での一蹴するようなコメントの翌週: Mark Zuckerberg, Facebook投稿, November 12, 2016, https://www.facebook.com/zuck/posts/10103253901916271.

277 グーグルの検索候補一覧で「ユダヤ人は」: Carole Cadwalladr, "Google, Democracy and the Truth About Internet Search," Guardian, December 4, 2016, https://www.theguardian.com/technology/2016/dec/04/google-democracy-truth-internet-search-facebook.

277 またもストームフロントのページだった: Carole Cadwalladr, "How to Bump Holocaust Deniers off Google's Top Spot? Pay Google," Guardian, December 17, 2016, https://www.theguardian.com/technology/2016/dec/17/holocaust-de-

263 各種の労働上の問題がある: Carrie Gleason and Susan Lambert, "Uncertainty by the Hour," Future of Work Project, retrieved March 31, 2017, http://static.opensocietyfoundations.org/misc/future-of-work/just-in-time-workforce-technologies-and-low-wage-workers.pdf.

264 2人の経済学者が行った調査: Jonathan Hall and Alan Krueger, "An Analysis of the Labor Market for Uber's Driver-Partners in the United States," Uber, January 22, 2015, https://s3.amazonaws.com/uber-static/comms/PDF/Uber_Driver-Partners_Hall_Kreuger_2015.pdf.

264 大規模なパート労働力を抱えておくほうがいい: Susan Lambert, "Work Scheduling Study," University of Chicago School of Social Service Administration, May 2010, retrieved March 31, 2017, https://ssascholars.uchicago.edu/sites/default/files/work-scheduling-study/files/univ_of_chicago_work_scheduling_manager_report_6_25_0.pdf.

265 「2013年8月」: Esther Kaplan, "The Spy Who Fired Me," Harper's, March 2015, 36, http://populardemocracy.org/sites/default/files/HarpersMagazine-2015-03-0085373.pdf.

266 「第一原則に戻らねばならないのです」: Lauren Smiley, "Grilling the Government About the On-Demand Economy," Backchannel, August 23, 2015, https://backchannel.com/why-the-us-secretary-of-labor-doesn-t-uber-272f18799f1a.

267 非正規のパート従業員になったのだ: Brad Stone, "Instacart Reclassifies Part of Its Workforce Amid Regulatory Pressure on Uber," Bloomberg Technology, June 22, 2015, https://www.bloomberg.com/news/articles/2015-06-22/instacart-reclassifies-part-of-its-workforce-amid-regulatory-pressure-on-uber.

267 誕生日に家にいられるかどうかもわからない: Noam Scheiber, "The Perils of Ever-Changing Work Schedules Extend to Children's Well-Being," New York Times, August 12, 2015, https://www.nytimes.com/2015/08/13/business/economy/the-perils-of-ever-changin-work-schedules-extend-to-childrens-well-being.html.

268 アンドレイ・ハギウ教授: Andrei Hagiu and Rob Biederman, "Companies Need an Option Between Contractor and Employee," Harvard Business Review, August 21, 2015, https://hbr.org/2015/08/companies-need-an-option-between-contractor-and-employee.

268 ベンチャー資本家サイモン・ロスマンが: Simon Rothman, "The Rise of the Uncollared Worker and the Future of the Middle Class," Medium, July 7, 2015, https://news.greylock.com/the-rise-of-the-uncollared-worker-and-the-future-of-the-middle-class-860a928357b7.

268 「共有保障口座」: Nick Hanauer and David Rolf, "Shared Security, Shared Growth," Democracy, no.37（Summer 2015）, http://democracyjournal.org/magazine/37/shared-security-shared-growth/?page=all.

2009, http://www.startuplessons-learned.com/2009/08/minimum-viable-product-guide.html.

257 サービスの成功の中心となる: このプロセスに関する優れた記述としては、以下を参照。Chris Anderson, "Closing the Loop," Edge, retrieved March 31, 2017, https://www.edge.org/conversation/chris_anderson-closing-the-loop.

258 「500ページにわたる検証なしの思いこみ」: Tom Loosemore, "Government as a Platform: How New Foundations Can Support Natively Digital Public Services" (サンフランシスコのCode for America Summit〈2015年9月30日〜10月2日〉でのプレゼンテーション), https://www.youtube.com/watch?v=VjE_zj-7A7A&feature=youtu.be.

260 「確認できるような試験を開発し、実施すること」: NHTSA Federal Automated Vehicles Policy, National Highway Traffic Safety Administration, September 2016, https://www.nhtsa.gov/sites/nhtsa.dot.gov/files/federal_automated_vehicles_policy.pdf, 14.

260 「新モデルを受け入れる必要がある」: Nick Grossman, "Here's the Solution to the Uber and Airbnb Problems—and No One Will Like It," The Slow Hunch, July 23, 2015, http://www.nickgrossman.is/2015/heres-the-solution-to-the-uber-and-airbnb-problems-and-no-one-will-like-it/.

262 実はホスピタリティ・スタッフィング・ソリューションズ社に: Dave Jamieson, "As Hotels Outsource Jobs, Workers Lose Hold on Living Wage," Huffington Post, October 24, 2011, http://www.huffingtonpost.com/2011/08/24/-hotel-labor-living-wage-outsourcing-indianapolis_n_934667.html.

262 インテグリティ・スタッフィング・ソリューションズ社: Dave Jamieson, "The Life and Death of an Amazon Warehouse Temp," Medium, October 23, 2015, https://medium.com/the-wtf-economy/the-life-and-death-of-an-amazon-warehouse-temp-8168c4702049.

263 ギャップ(Gap): R. L. Stephens II, "I Often Can't Afford Groceries Because of Volatile Work Schedules at Gap," Guardian, August 17, 2015, https://www.theguardian.com/commentisfree/2015/aug/17/cant-afford-groceries-volatile-work-schedules-gap.

263 スターバックス: Jodi Cantor, "Working Anything but 9 to 5," New York Times, August 13, 2014, https://www.nytimes.com/interactive/2014/08/13/us/starbucks-workers-scheduling-hours.html.

263 やっと2014年半ばになってから: Jodi Cantor, "Starbucks to Revise Policies to End Irregular Schedules for Its 130, 000 Baristas," New York Times, August 15, 2014, https://www.nytimes.com/2014/08/15/us/starbucks-to-revise-work-scheduling-policies.html.

263 「十分には労働時間がもらえない」: Jodi Lambert, "The Real Low-Wage Issue: Not Enough Hours," CNN, January 13, 2014, http://money.cnn.com/2014/01/13/news/economy/minimum-wage-hours/.

theatlantic.com/magazine/archive/2014/03/get-ready-to-roboshop/357569/.

247 マックユーザーを他のPCユーザーよりも高いホテルに誘導していた: Dana Mattioli, "On Orbitz, Mac Users Steered to Pricier Hotels," Wall Street Journal, August 23, 2012, https://www.wsj.com/articles/SB10001424052702304458604577488822667325882.

249 その意図をはっきり単純に表現できるようにする: "Share Your Work," Creative Commons, retrieved March 31, 2017, https://creativecommons.org/share-your-work/.

249 「スマートディスクロージャー」: "Smart Disclosure Policy Resources," data.gov, retrieved March 31, 2017, https://www.data.gov/consumer/smart-disclosure-policy-resources.

250 「スマートコントラクト」: Josh Stark, "Making Sense of Blockchain Smart Contracts," June 4, 2016, http://www.coindesk.com/making-sense-smart-contracts/.

250 解釈可能性要件はある、と述べる: Tal Zarsky, "Transparency in Data Mining: From Theory to Practice," in Discrimination and Privacy in the Information Society, ed. Bart Custers, Toon Calders, Bart Schermer, and Tal Zarsky (New York: Springer, 2012), 306.

252 完璧な市場を作ろう: Adam Cohen, "'The Perfect Store,'" New York Times, June 16, 2002, http://www.nytimes.com/2002/06/16/books/chapters/the-perfect-store.html.

252 売り手についてはほとんど何もわからなかった: Paul Resnick and Richard Zeckhauser, "Trust Among Strangers in Internet Transactions: Empirical Analysis of eBay's Reputation System," February 5, 2001, NBERワークショップ参加者向けレビュー用原稿の草稿http://www.presnick.people.si.umich.edu/papers /ebayNBER/RZNBERBodegaBay.pdf.

253 「アプリやアルゴリズムがフィルターを提供してくれる」: David Lang, "The Life-Changing Magic of Small Amounts of Money," Medium, 未公開投稿retrieved April 5, 2017, https://medium.com/@davidtlang/cacb7277ee9f.

255 「馬車の大量かつ放埒な使用を抑えるため」: Steven Hill, "Our Streets as a Public Utility: How UBER Could Be Part of the Solution," Medium, September 2, 2015, https://medium.com/the-wtf-economy/our-streets-as-a-public-utility-how-uber-could-be-part-of-the-solution-65772bdf5dcf.

255 「タクシー産業に対する公的規制を求めた」: Steven Hill, "Rethinking the Uber vs. Taxi Battle," Globalist, September 27, 2015, https://www.theglobalist.com/uber-ta xi-bat t le-commercial-transport/.

256 「取引すべてが監視されている」: Varian, "Beyond Big Data," 9.

257 「最大限の裏づけある学習が収集できるようにする新製品のバージョン」: Eric Ries, "Minimum Viable Product: A Guide," Startup Lessons Learned, August 3,

post, December 5, 2016, retrieved March 31, 2017, https://m.facebook.com/story.php?story_f bid=10154017359117143&id=722677142.

231 3番目に重要なものとなったそうだ: Sullivan, "FAQ: All About the Google Rank Brain Algorithm."

232 新しいものと完全に置きかえた: Gideon Lewis-Kraus, "The Great A.I. Awakening," New York Times Magazine, December 14, 2016, https://www.nytimes.com/2016/12/14/magazine/the-great-ai-awakening.html.

233 フェイクニュースをアルゴリズムで検出するための学習データ集合: Jennifer Slegg, "Google Tackles Fake News, Inaccurate Content & Hate Sites in Rater Guidelines Update," SEM Post, March 14, 2017, http://www.thesempost.com/google-tackles-fake-news-inaccurate-content-hate-sites-rater-guidelines-update/.

233 「生の体験やデータから」: この主張はthedeepmind.comウェブサイトからは削除されたが、Internet Archive経由で今でも見られる。Retrieved March 28, 2016, https://web-beta.archive.org/web/20160328210752/https://deepmind.com/.

233 「真の汎用人工知能のしるしだ」: Demis Hassabis, "What We Learned in Seoul with AlphaGo," Google Blog, March 16, 2016, https://blog.google/topics/machine-learning/what-we-learned-in-seoul-with-alphago/.

234 「教師なし学習問題を解決しなければならない」: Ben Rossi, "Google Deep Mind's AlphaGo Victory Not 'True AI,' Says Facebook's AI Chief," Information Age, March 14, 2016, http://www.information-age.com/google-deepminds-alphago-victory-not-true-ai-says-facebooks-ai-chief-123461099/.

235 「広告をクリックさせせようかを考えている。ひでえ話だ」: Ashlee Vance, "This Tech Bubble Is Different," Bloomberg Businessweek, April 14, 2011, https://www.bloomberg.com/news/articles/2011-04-14/this-tech-bubble-is-different.

9章「熱い情熱は冷たい理性を蹴倒すのです」

240 合計で3万ページにもおよぶ規制になっている: Andrew Haldane, "The Dog and the Frisbee," Federal Reserve Bank of Kansas Cityの第366回経済政策シンポジウムにおける演説。Jackson Hole, Wyoming, August 31, 2012, http://www.bis.org/review/r120905a.pdf.

246 ブリンは「我々みんな」と答えるのだ: David Brin, The Transparent Society (New York: Perseus, 1998). http://www.davidbrin.com/transparentsociety.htmlも参照.

246 「一般によくない」: Bruce Schneier, "The Myth of the'Transparent Society,'" Bruce Schneier on Security, March 6, 2008, https://www.schneier.com/essays/archives/2008/03/the_myth_of_the_tran.html.

246 「直感的にわかっているんだと思う」: Alexis Madrigal, "Get Ready to Roboshop," Atlantic, March 2014, https://www.

Engine," Stanford University, retrieved March 31, 2017, http://infolab.stanford.edu/~backrub/google.html.

222 サブ信号は5万もあるかもしれないという: Danny Sullivan, "FAQ: All About the Google Rank Brain Algorithm," Search Engine Land, June 23, 2016, http://searchengineland.com/faq-all-about-the-new-google-rankbrain-algorithm-234440.

222 「グローバルブレインの新しいシナプスを構築しているのだ」: Tim O'Reilly, "Freebase Will Prove Addictive, " O'Reilly Radar, March 8, 2007, http://radar.oreilly.com/2007/03/freebase-will-prove-addictive.html.

223 「成功したローンチひとつあたり実験が10個はあるだろう」: Matt McGee, "Business-Week Dives Deep into Google's Search Quality," Search Engine Land, October 6, 2009, http://searchengineland.com/businessweek-dives-deep-into-googles-search-quality-27317.

223 検索品質の評価者に提供しているマニュアル: Search Quality Evaluator Guide, Google, March 14, 2017, http://static.googleusercontent.com/media/www.google.com/en//insidesearch/howsearchworks/assets/searchqualityevaluatorguidelines.pdf.

225 「検索エンジンを操作する企業の存在が深刻な問題となる」: Brin and Page, "The Anatomy of a Large-Scale Hypertextual Web Search Engine," Section 3.2. 彼らはこの問題についてAppendix Aでさらに議論を展開している。

226 「意志あるデータベース」と呼んだ: John Battelle, "The Database of Intentions," John Batelle's Searchblog, November 13, 2003, http://battel lemedia.com/archives/2003/11/the_database_of_intentions.php.

227 これはグーグルの広告オークションの仕組みを: Hal Varian, "Online Ad Auctions," draft, February 16, 2009, http://people.ischool.berkeley.edu/~hal/Papers/2009/online-ad-auctions.pdf.

227 利用者が「有意義」と見なすはずだと考える指標を採用した: Farhad Manjoo, "Social Insecurity," The New York Times Magazine, April 30, 2017, https://www.nytimes.com/2017/04/25/magazine/can-facebook-fix-its-own-worst-bug.html.

229 「我々は道具を作り」: この引用はしばしばマクルーハン自身によるものと誤解されている。"We shape our tools and thereafter our tools shape us," McLuhan Galaxy, April 1, 2013, https://mcluhangalaxy.wordpress.com/2013/04/01/we-shape-our-tools-and-thereafter-our-tools-shape-us/を参照.

231 「一般的な深層学習システムとはそういうものだ」: Lee Gomes, "Facebook AI Director Yann Le Cun on His Quest to Unleash Deep Learning and Make Machines Smarter," IEEE Spectrum, February 28, 2015, http://spectrum.ieee.org/automaton/robotics /artificial-intelligence/facebook-ai-director-yann-lecun-on-deep-learning.

231 「リアルタイム以上に高速に走らせられないということだ」: Yann Le Cun, Facebook

org/2012/02/11/5-years-on-why-understanding-chris-lightfoot-matters-now-more-than-ever/.

209 国防総省ウェブサイトのセキュリティ弱点: "2016 Report to Congress: High Priority Projects," United States Digital Service, December 2016, retrieved March 31, 2017, https://www.usds.gov/report-to-congress/2016/projects/.

209 機関の内部で直接、その局のために働くのだ: "2016 Report to Congress," United States Digital Service, December 2016, retrieved March 31, 2017, https://www.usds.gov/report-to-congress/2016/.

210 「技術屋を参加させるのは」: このイベントに出席したジェン・パルカの記憶。

211 「君たちにはその選択ができる」: Mikey Dickerson, "Mikey Dickerson to SXSW: Why We Need You in Government," Medium, retrieved March 31, 2017, https://medium.com/the-u-s-digital-service/mikey-dickerson-to-sxsw-why-we-need-you-in-government-f31dab3263a0. これは、"How Government Fails and How You Can Fix It"と題された2015年SXSWインタラクティブフェスティバルにおいて、ジェン・パルカとの対談でマイキーが開口一番に発した言葉でもあった。

213 「なし得ないことを、人々のために行うことである」: Abraham Lincoln, "Fragment on Government," in Collected Works of Abraham Lincoln, vol. 2 (Springfield, IL: Abraham Lincoln Association, 1953), 222, http://quod.lib.umich.edu/l/lincoln/lincoln2/1:262?rgn=div1;view=fulltextで再現。ここの221ページに関連した断片があり、http://quod.lib.umich.edu/l/lincoln/lincoln2/1:261?rgn=div1;view=fulltextで再現されている。

8章 魔神の労働力を管理する

218 ブレークスルーやビジネスプロセスを表現するものではなかった: Steve Lohr, "The Origins of 'Big Data': An Etymological Detective Story," New York Times, February 1, 2013, https://bits.blogs.nytimes.com/2013/02/01/the-origins-of-big-data-an-etymological-detective-story/.

219 統計的手法の有効性が高まっていることを説明した: Alon Halevy, Peter Norvig, and Fernando Pereira, "The Unreasonable Effectiveness of Data," IEEE Intelligent Systems, 1541-1672/09, retrieved March 31, 2017, https://static.googleusercontent.com/media/research.google.com/en//pubs/archive/35179.pdf.

220 「21世紀で最もセクシーな仕事」: Thomas Davenport and D. J. Patil, "Data Scientist: The Sexiest Job of the 21st Century," Harvard Business Review, October 2012, https://hbr.org/2012/10/data-scientist-the-sexiest-job-of-the-21st-century. Hal Varian had used thissame phrase about statistics in 2009. See "Hal Varian on How the WebChallenges Managers," McKinsey & Company, January 2009, http://www.mckinsey.com/industries /high-tech/our-insights/hal-varian-on-how-the-web-challenges-managers.

222 「一種の黒魔術に近い」: Sergey Brin and Larry Page, "The Anatomy of a Large-Scale Hypertextual Web Search

された団体だ。セントラルパーク管理委員会は、我々がお金を払っているサービスを政府が提供し損ねた話として見ることもできる。だがそれはむしろ、時には懸念する市民が進み出て実質的に自分に課税して、重要なことにお金を出すという証拠だ。多くの点で、セントラルパーク管理委員会は懸念する市民が出資する「地方政府」の特殊例と見ることができる。

193 「イギリスでジョージ三世時代に」: Ha-Joon Chang, Bad Samaritans (New York: Bloomsbury Press, 2008), 3-4.

194 アメリカ経済の大躍進ごとに、政府介入の役割を指摘している: Stephen S. Cohen and J. Bradford DeLong, Concrete Economics (Boston: Harvard Business Review Press, 2016).

199 迷路をくぐりぬけようとする親たちの苦闘を描く記事が連載: Stephanie Ebbert and Jenna Russell, "A Daily Diaspora, a Scattered Street," Boston Globe, June 12, 2011, http://archive.boston.com/news/education/k_12/articles/2011/06/12/on_one_city_street_school_choice_creates_a_gap/?page=full.

204 人々の立場になって考えねばならない: Jake Solomon, "People, Not Data," Medium, January 5, 2014, https://medium.com/@lippytak/people-not-data-47434acb50a8.

205 「あるいはそもそもまるで知らない」: Ezra Klein, "Sorry Liberals, Obamacare's Problems Go Much Deeper than the Web Site," Washington Post, October 25, 2013, https://www.washingtonpost.com/news/wonk/wp/2013/10/25/obamacares-problems-go-much-deeper-than-the-web-site/.

206 「ヨーロッパで我々が投資できないスタートアップ」: Saul Klein, "Government Digital Service: The Best Startup in Europe We Can't Invest In," Guardian, November 25, 2013, https://www.theguardian.com/technology/2013/nov/15/government-digital-service-best-startup-europe-invest.

207 GDSデザイン原理10カ条: "GDS Design Principles," UK Government Digital Service, retrieved March 31, 2017, http://www.gov.uk/design-principles.

207 「ニーズから始めよ」: マイク・ブラッケンがGDSを去ってから、最初の原理は書き直されて、既存政府プロセスが利用者ニーズの邪魔になっているかもしれないという革命的な発想は外された。ここに再現した原理第1条を含むオリジナル版は "UK Government Service Design Principles," Internet Archive, retrieved July 3, 2014, https://web-beta.archive.org/web/20140703190229/https://www.gov.uk/design-principles#firstを参照。ここに再現した原理第2条は現在のバージョンからのもので、上の脚注にある。実は元のものよりも強力で明解だ。

208 「デジタルサービス・プレイブック」というガイド文書: "The Digital Services Playbook," United States Digital Service, retrieved March 31, 2017, https://playbook.cio.gov. 著者はジェン・パルカの記憶による。

208 「デジタル理解と不可分に結びついている」: Tom Steinberg, "5 Years On: Why Understanding Chris Lightfoot Matters Now More Than Ever," My Society, February 11, 2012, https://www.mysociety.

www.theroot.com/the-first-internet-president-1790900348.

187 「自販機型政府」: “The Next Government: Donald Kettl,” IBM Center for the Business of Government, retrieved March 30, 2017, http://www.businessofgovernment.org/blog/presidential-transition/next-government-donald-kettl.

188 「それも年に一度の選挙のときだけでなく、毎日」: “Thomas Jefferson to Joseph C. Cabell, February 2, 1816,” in Republican Government, http://press-pubs.uchicago.edu/founders/documents/v1ch4s34.html. The Writings of Thomas Jefferson, ed. Andrew A. Lipscomb and Albert Ellery Bergh, 20 vols.（Washington, DC: Thomas Jefferson Memorial Association, 1905）, vol. 14, 421-23より引用.

189 それも各種のビジネスモデルに基づくもの: David Robinson, Harlan Yu, William Zeller, and Ed Felten, “Government Data and the Invisible Hand,” Yale Journal of Law & Technology 11, no.1（2009）, art. 4. http://digitalcommons.law.yale.edu/yjolt/vol11/iss1/4でも参照可.

189 2007年12月の作業部会の会合: “Eight Principles of Open Government Data,” public.resource.org, December 8, 2007, retrieved March 30, 2017, https://public.resource.org/8_principles.html.

189 ずっと便利にする本当の機会だと理解した: Andrew Young and Stefan Verhulst, The Global Impact of Open Data（Sebastopol, CA: O'Reilly, 2016）. http://www.oreilly.com/data/free/the-global-impact-of-open-data.cspでフリーダウンロード可.

190 その市場規模はいまや260億ドル以上だ: “Global GPS Market 2016-2022: Market Has Generated Revenue of$26.36 Billion in 2016 and Is Anticipated to Reach Up to $94.44 Billion by 2022,” Business Wire, October 18, 2017, http://www.businesswire.com/news/home/20161018006653/en/Global-GPS-Market-2016-2022-Market-Generated-Revenue.

191 1952年にNSFが創設されて以来: Sean Pool and Jennifer Erickson, “The High Return on Investment for Publicly Funded Research,” Center for American Progress, December 10, 2012, https://www.americanprogress.org/issues/economy/reports/2012/12/10/47481/the-high-return-on-investment-for-publicly-funded-research/.

191 商業宇宙旅行の資本: ただし、マスクの大きな賭けはすべて、政府の進歩的な考えの人々により補助金を得てきたことは指摘する価値がある。“Elon Musk's Growing Empire Is Fueled by $4.9 Billion in Government Subsidies,” Los Angeles Times, May 30, 2015, http://www.latimes.com/business/la-fi-hy-musk-subsidies-20150531-story.htmlを参照.

192 毎年4200万人が訪れて公園を楽しんでいる: “About Us,” Central Park Conservancy, http://www.centralparknyc.org/about/.公園維持費年額6500万ドルのうち、75パーセントはセントラルパーク管理委員会（Central Park Conservancy）という非営利団体からきている。これは1980年に、市の予算欠如からくる質の低下の結果として創設

173 破綻したHealthCare.govの救済: Steven Brill, "Obama's Trauma Team," Time, February 27, 2014, http://time.com/10228/obamas-trauma-team/.

174 60本の契約にまたがる: John Tozzi and Chloe Whiteaker, "All the Companies Making Money from Healthcare.gov in One Chart," Bloomberg Businessweek, August 28, 2014, https://www.bloomberg.com/news/articles/2014-08-28/all-the-companies-making-money-from-healthcare-dot-gov-in-one-chart.

176 「Junta」: Venky Harinarayan, Anand Rajaraman, and Anand Ranganathan, Hybrid Machine/Human Computing Arrangement, US Patent 7, 197, 459, filed March 19, 2001, and issued March 27, 2007.

177 「運用:新たな秘密ソース」: Tim O'Reilly, "Operations: The New Secret Sauce," O'Reilly Radar, July 10, 2006, http://radar.oreilly.com/2006/07/operations-the-new-secret-sauc.html.

178 ジーン・キムはDevOpsが組織にもたらす競争優位: Gene Kim, Kevin Behr, and George Spafford, The Phoenix Project, rev. ed. (Portland, OR: IT Revolution Press, 2014), 348-50. 邦訳ジーン・キム、ケビン・ベア、ジョージ・スパッフォード『The DevOps 逆転だ! 究極の継続的デリバリー』(榊原彰監修、長尾高弘訳、日経BP社、2014)

179 「コンピューターカイゼン」: Hal Varian, "Beyond Big Data," サンフランシスコのNational Association of Business Economists年次総会(2013年9月10日)の基調講演。http://people.ischool.berkeley.edu/~hal/Papers/2013/BeyondBigDataPaperFINAL.pdf.

179 「文化を共有するのだ」: Kim, Behr, and Spafford, The Phoenix Project, 350.

179 「SREは根本的には」: Benjamin Treynor Sloss, "Google's Approach to Service Management: Site Reliability Engineering," in Site Reliability Engineering, ed. Betsy Beyer, Chris Jones, Jennifer Petoff, and Niall Richard Murphy (Sebastopol, CA: O'Reilly, 2016), オンライン版https://www.safaribooksonline.com/library/view/site-reliability-engineering/9781491929117/ch01.html. 邦訳Betsy Beyer、Chris Jones、Jennifer Petoff 、Niall Richard Murphy編『SRE サイトリライアビリティエンジニアリング— Googleの信頼性を支えるエンジニアリングチーム』(澤田武男・関根達夫・細川一茂・矢吹大輔監訳、Sky株式会社玉川竜司訳、オライリー・ジャパン、2017)

7章 プラットフォームとしての政府

182 「補助金によるアクセスなんか必要ないはずだから」: Carl Malamud, "How EDGAR Met the Internet," media.org, retrieved March 30, 2017, http://museum.media.org/edgar/.

183 フリー版をインターネット上に立ち上げた: Steven Levy, "The Internet's Own Instigator," Backchannel, September 12, 2016, https://backchannel.com/the-internets-own-instigator-cb6347e693b.

186 「初のインターネット大統領」: Omar Wasow, "The First Internet President," The Root, November 5, 2008, http://

deckに2003年5月20日、SlideShareに2017年3月30日にアップロード。https://www.slideshare.net/timoreilly/amazon-com-and-the-next-generation-of-computing.

164 「これは4年前に始まったものでで」: Om Malik, "Interview: Amazon CEO Jeff Bezos," Giga Om, June 17, 2008, http://www.i3businesssolutions.com/2008/06/interview-amazon-ceo-jeff-bezos-gigaom/.

166 「これをやらない社員はクビ」: Steve Yegge, "Stevey's Google Platform Rant." 当初の2011年10月12日のGoogle Plus投稿は削除されたが、多くの場所、特にGithubに保存されている(https://gist.github.com/chitchcock/1281611)。イエギはGoogle Plusに投稿したフォローアップで、なぜ最初の投稿を削除したか説明している(https://plus.google.com/110981030061712822816 /posts/bwJ7kAELRnf)。だが彼(とGoogle)は、他の人々が投稿を保存するのを容認した。追記: 6番目のポイント「これをやらないやつはみんなクビ」について、キム・ラックメラーの話では、「スティービーがそう言ったのは知っているけれど、ジェフがそんなことを言ったとは思わない」とのこと。とはいえ、確かにこれがあると、この種のデジタル変換を行うために必要なコミットメントの強さは伝わってくる。

168 「社内顧客だろうと社外顧客だろうと」: Werner Vogels, "Working Backwards," All Things Distributed, November 1, 2006, http://www.allthingsdistributed.com/2006/11/working_backwards.html.

168 「必ずしもこれほど親切ではない」: Mark Burgess, Thinking in Promises (Sebastopol, CA: O'Reilly, 2015), 6.

169 「いいや、コミュニケーションなんて最悪だ!」: Janet Choi, "The Science Behind Why Jeff Bezos's Two-Pizza Team Rule Works," I Done This Blog, September 24, 2014, http://blog.idonethis.com/two-pizza-team/.

170 「技術にも職場にも適用できるはずだ」: Burgess, Thinking in Promises, 1.

171 アニメ化した説明ビデオで: Henrik Kniberg, "Spotify Engineering Culture (Part 1)," Spotify, March 27, 2014, https://labs.spotify.com/2014/03/27/spotify-engineering-culture-part-1/ および "Spotify Engineering Culture (Part 2)," September 20, 2014, https://labs.spotify.com/2014/09/20/spotify-engineering-culture-part-2/.

171 整合性が低く、自律性も低い組織だ: Spotifyのアニメビデオがこの点をうまく明らかにしている。https://spotifylabscom.files.wordpress.com/2014/03/spotify-engineering-culture-part1.jpeg.

171 「下したはずの命令に従え」: これは正確な引用ではなく、スタンリー・マクリスタル大将とクリス・ファッセルに対するチャールズ・デュヒッグのインタビューを読んだ私の記憶だ。インタビューは2016年3月1日に行われた(http://nytconferences.com/NWS_Agenda_2016.pdf)。また、この発言がマクリスタル大将の講演後に私との会話の中で出てきた可能性もある。

172 「『この欠陥を直さないとこの製品は売れません』」: John Rossman, The Amazon Way (Seattle: Amazon Create space, 2014), Kindle ed., loc. 250.

ているが、その一部は「協同組合マーケティング」手数料を吸い上げる手法としてこの手の戦術に直面した。そしてもちろん、アマゾンはこの技法を2014年のアシェット(Hachette)との争いで使ったことはよく知られている。アマゾンが弊社に対してこの手口を使ったことはない。弊社が強力なオンライン直販をやっているのを知っていたからかもしれない。アシェットとアマゾンの紛争が世に出る少し前に、アシェットは私に接触して、電子書籍販売で我々のプラットフォームを使わせてくれるか、どのくらい時間がかかるか、と尋ねてきた。弊社のプラットフォームを使うにはあらゆる電子書籍がDRMフリーでなければならないという強いコミットメントをしており、アシェットにはそこまでする意志がなかったため、私は断った。

154 「私的にコントロールされたものに」: La Vecchia and Mitchell, "Amazon's Stranglehold," 13.

156 「外部顧客の代理で行う活動よりはるかに大きくなってしまっている」: O'Reilly, "When Markets Collide," 9.

156 「参加のアーキテクチャー」: Tim O'Reilly, "The Architecture of Participation," oreilly.com, June 2004, http://archive.oreilly.com/pub/a/oreilly/tim/articles/architecture_of_participation.html.

157 「プログラム同士の関係からくる部分が大きい、という発想だ」: Brian W. Kernighan and Rob Pike, The Unix Programming Environment (Englewood Cliffs, NJ: Prentice-Hall, 1984), viii.　邦訳Brian W. Kernighan and Rob Pike『UNIXプログラミング環境』(石田晴久監訳、野中浩一訳、アスキー、1985)

157 「ゆるくつながった小さなかけら」: David Weinberger, Small Pieces Loosely Joined (New York: Perseus, 2002). また http://www.smallpieces.comも参照。

157 「うまく機能する複雑なシステムは」"a working simple system": John Gall, Systemantics: How Systems Work and Especially How They Fail (New York: Quadrangle, 1977), 52.　邦訳ジョン・ゴール『発想の法則—物事はなぜうまくいかないか』(糸川英夫訳、ダイヤモンド社、1978), 97-98.

160 「おおまかな合意と動くコードだ」: Paulina Borsook, "How Anarchy Works," Wired, October 1, 1995, https://www.wired.com/1995/10/ietf/.

160 「他人からはなるべく何でも受け取ろう」: Jon Postel, "RFC 761: Transmission Control Protocol, January 1980," IETF https://tools.ietf.org/html/rfc761.

160 「TCP/IPはOSIへの容易な移行を可能に」: Robert A. Moskowitz, "TCP/IP: Stairway to OSI," Computer Decisions, April 22, 1986.

6章 約束で考える

163 アイデアをジェフに売り込んだ: Tim O'Reilly, "Amazon.com's Web Services Opportunity". PowerPoint deckに2001年3月8日, SlideShareに2017年3月30日にアップロード。https://www.slideshare.net/timoreilly/amazoncoms-web-services-opportunity.

164 2003年5月のアマゾン社全社員会合: Tim O'Reilly, "Amazon.com and the Next Generation of Computing". PowerPoint

さらに大きくなっている。

146 「それを貸し出すことにしたんだ」: All Entrepreneur, "Travel Like a Human with Joe Gebbia, Co-founder of AirBnB!," All-Entrepreneur, August 26, 2009, https://allentrepreneur.wordpress.com/2009/08/26/travel-like-a-human-with-joe-gebbia-co-founder-of-airbnb/.

148 「厚い市場」: Alvin E. Roth, Who Gets What—and Why? (Boston: Houghton Mifflin, 2015), 8-9. 邦訳アルビン・E・ロス『Who Gets What (フー・ゲッツ・ホワット)—マッチメイキングとマーケットデザインの新しい経済学』(櫻井祐子訳、日本経済新聞出版社、2016), 16.

150 何億ものウェブサイトへと成長: "Netcraft Web Server Survey, March 2017," Netcraft, https://news.netcraft.com/archives/category/web-server-survey/.

150 何兆ものウェブページを: "How Search Works," Google, retrieved March 30, 2017, https://www.google.com/insidesearch/howsearchworks/thestory/. 実際にあがっている数字は130兆だ!

151 2007年にクレイグ・ニューマークは: Dylan Tweney, "How Craig Newmark Built Craigslist with 'No Vision Whatsoever,'" Wired, June 5, 2007, https://www.wired.com/2007/06/no_vision_whats/.

152 ウェブ上で第7位のトラフィックを誇るサイトだった: Tim O'Reilly, "When Markets Collide," in Release 2.0: Issue 2, April 2007, ed. Jimmy Guterman (Sebastopol, CA: O'Reilly, 2007), 1. http://www.oreilly.com/data/free/files/release2-issue2.pdfで参照可.

152 今日でも49位だ: あるいはAlexaとSimilarWebのどちらのパネルを見ているかによっては116位だ。"List of Most Popular Websites," Wikipedia, retrieved March 30, 2017, https://en.wikipedia.org/wiki/List_of_most_popular_websites.

154 アマゾンプライムに登録している: Alison Griswold, "Jeff Bezos' Master Plan to Make Everyone an Amazon Prime Subscriber Is Working," Quartz, July 11, 2016, https://qz.com/728683/jeff-bezos-master-plan-to-make-everyone-an-amazon-prime-subscriber-is-working/.

154 2億件以上のアクティブなクレジットカード口座: Horace Dediu, Twitter update, April 28, 2014, https://twitter.com/asymco/status/460724885120380929.

154 いまや検索をアマゾンから始め: "State of Amazon 2016," Bloomreach, retrieved March 30, 2017, http://go.bloomreach.com/rs/243-XLW-551/images/state-of-amazon-2016-report.pdf.

154 オンラインショッピングの46パーセント: Olivia La Vecchia and Stacy Mitchell, "Amazon's Stranglehold," Institute for Local Self Reliance, November 10. 2016, https://ilsr.org/wp-content/uploads/2016/11/ILSR_AmazonReport_final.pdf.

154 「カートに入れる」ボタンをなくしたりする: Doreen Carvajal, "Small Publishers Feel Power of Amazon's 'Buy' Button," New York Times, June 16, 2008, http://www.nytimes.com/2008/06/16/business/media/16amazon.html. オライリー・メディアは中小出版社の書籍をいくつも流通させ

Smith, "13-24 Year Olds Are Watching More YouTube than TV," Tubular Insights, March 11, 2015, http://tubularinsights.com/13-24-watching-more-youtube-than-tv/.

138 ウォルマート社を超えた: Shannon Pettypiece, "Amazon Passes Wal-Mart asBiggest Retailer by Market Value," Bloomberg Technology, July 24, 2015, https://www.bloomberg.com/news/articles/2015-07-23/amazon-surpasses-wal-mart-as-biggest-retailer-by-market-value.

139 「刊行してからフィルタリング」: Clay Shirky, Here Comes Everybody (New York: Penguin, 2008), 98. 邦訳クレイ・シャーキー『みんな集まれ! ネットワークが世界を動かす』(岩下慶一訳、筑摩書房、2010)

141 6300社がタクシーその他17万1000台の車両を運用している: 2014 TLPA Taxicab Fact Book, available from https://www.tlpa.org/TLPA-Bookstore.

143 窓口係の数はかえって増えた: James Pethokoukis, "What the Story of ATMs and Bank Tellers Reveals About the 'Rise of the Robots' and Jobs," AEI Ideas, June 6, 2016, http://www.aei.org/publication/what-atms-bank-tellers-rise-robots-and-jobs/.

143 インフルエンザ予防接種を往診で: "Uber Health," Uber, November 21, 2015, https://newsroom.uber.com/uber-health/.

143 高齢患者を病院の予約時間に: Zhai Yun Tan, "Hospitals Are Partnering with Uber to Get Patients to Checkups," Atlantic, August 21, 2015, https://www.theatlantic.com/health/archive/2016/08/hospitals-are-partnering-with-uber-to-get-people-to-checkups/495476/.

143 ロボットを1400台から4万5000台に: Sara Kessler, "The Optimist's Guide to the Robot Apocalypse," Quartz, March 19, 2017, https://qz.com/904285/the-optimists-guide-to-the-robot-apocalypse/.

143 11万人を新規に雇っているが: Todd Bishop, "Amazon Soars to More than 341K Employees—Adding More than 110K People in a Single Year," Geekwire, February 2, 2017, http://www.geekwire.com/2017/amazon-soars-340k-employees-adding-110k-people-single-year/.

145 ジャロン・ラニアーをはじめ多くの人は: Scott Timberg, "Jaron Lanier: The Internet Destroyed the Middle Class," Salon, May 12, 2013, http://www.salon.com/2013/05/12/jaron_lanier_the_internet_destroyed_the_middle_class/.

146 先進国ではGDPの5パーセント以上を占める: "The Internet Economy in the G20," BCG Perspectives, retrieved March 30, 2017, https://www.bcgperspectives.com/content/articles/media_entertainment_strategic_planning_4_2_trillion_opportunity_internet_economy_g20/?chapter=2.

146 コダック社の時代にはそれが800億枚: Benedict Evans, "How Many Pictures?," ven-evans.com, August 19, 2015, http://ben-evans.com/benedictevans/2015/8/19/how-many-pictures. これらの数字は2015年のもので、現在はおそらく

121 「効率的輸送経路決定システム」: Sunil Paul, System and Method For Determining an Efficient Transportation Route, US Patent 6, 356, 838, filed July 25, 2000, and issued March 12, 2002.

124 「いまや支払いはタッチするだけ」: これは私が "What Amazon, iTunes, and Uber Teach Us About Apple Pay" (oreilly.com, September 30, 2014) を書いたときにApple Payのページに書いてあったことだった。この文言はもはやApple Payのページ (https://www.apple.com/apple-pay/, March 30, 2017現在) にはない。

125 自動的に口座に課金するのだ: "Introducing Amazon Go," Amazon, retrieved March 30, 2017, https://www.amazon.com/b?ie=UTF8&node=16008589011.

128 所得と人口属性を集めた: Sizing the Internet Opportunity (Sebastopol, CA: O'Reilly, 2004).

129 1993年末までリリースされなかった: "Robert McCool," Wikipedia, retrieved March 30, 2017, https://en.wikipedia.org/wiki/Robert_McCool.

129 iPhoneにサードパーティーアプリを載せるのに反対: Killian Bell, "Steve Jobs Was Originally Dead Set Against Third-Party Apps for the iPhone," Cult of Mac, October 21, 2011, http://www.cultofmac.com/125180/steve-jobs-was-originally-dead-set-against-third-party-apps-for-the-iphone/.

129 ピアツーピアモデルに懐疑的だった: Stone, The Upstarts, 199-200. 邦訳ストーン『UPSTARTS』, 271-72.

134 「世界の実態に合わせて最適化するのではなく」: Aaron Levie, Twitter update, August 22, 2013, https://twitter.com/levie/status/370776444013510656.

5章 ネットワークと企業の性質

137 「かつて管理職がやっていたことを、いまやアプリが」: Esko Kilpi, "The Future of Firms," Medium, February 6, 2015, https://medium.com/@EskoKilpi/movement-of-thought-that-led-to-airbnb-and-uber-9d4da5e3da3a.

137 「インターネットの役割は、メガ企業を支える」: Hal Varian, "If There Was a New Economy, Why Wasn't There a New Economics?," New York Times, January 17, 2002, http://www.nytimes.com/2002/01/17/business/economic-scene-if-there-was-a-new-economy-why-wasn-t-there-a-new-economics.html.

138 世界最大のメディア企業となった: "Google Strengthens Its Position as World's Largest Media Owner," Zenith Optimedia, retrieved March 30, 2017, https://www.zenithmedia.com/google-strengthens-position-worlds-largest-media-owner-2/.

138 既存メディア企業の売上を超えた: Tom Dotan, "Facebook Ad Revenue (Finally) Tops Media Giants," The Information, November 22, 2016, https://www.theinformation.com/facebook-ad-revenue-finally-tops-media-giants?shared=Xmjr9tlVlXs.

138 13歳から24歳までのアメリカ人は: Andy

105 「デジタル共有小作人」: Nicholas Carr, "The Economics of Digital Sharecropping," Rough Type, May 4, 2012, http://www.roughtype.com/?p=1600.

110 「効率性が実現できるからだ」: ローラ・タイソンが私に送ってくれた未刊行プレプリント版 Laura Tyson and Michael Spence, "Exploring the Effects of Technology on Income and Wealth Inequality,"より。After Piketty, ed. Heather Boushey, J. Bradford DeLong, and Marshall Steinbaum (Cambridge, MA: Harvard University Press, 2017). 邦訳ローラ・タイソン&マイケル・スペンス「所得と富の格差に与える技術の影響を検討する」は、ボウシェイ他編『ピケティ以後』(山形浩生他訳、青土社、2019) に所収。

111 自分の車を使ったオンデマンド運転手: "Amazon Flex: Be Your Own Boss. Great Earnings. Flexible Hours," Amazon, retrieved March 30, 2017, https://flex.amazon.com.

113 カラニックが怒鳴りつけている: Eric Newcomer, "In Video, Uber CEO Argues with Driver over Falling Fares," Bloomberg Technology, February 28, 2017, https://www.bloomberg.com/news /articles/2017-02-28/in-video-uber-ceo-argues-with-driver-over-falling-fares.

114 「もう二度と元には戻れない」: PBS, One Last Thing, 2011, video clip of Steve Jobs 1994 comment republished April 24, 2013, http://mathiasmikkelsen.com/2013/04/everything-around-you-that-you-call-life-was-made-up-by-people-that-were-no-smarter-than-you/.

4章 未来はひとつではない

115 リチャード・ストールマンからの訴え: リチャードは私宛のメールを公開書簡にしていた。https://www.gnu.org/philosophy/amazon-rms-tim.en.html.

116 ジェフ・ベゾスにメールを書いて: Tim O'Reilly, "Ask Tim," oreilly.com, February 28, 2000, http://archive.oreilly.com/pub/a/oreilly/ask_tim/2000/amazon_patent.html.

119 公開書簡を出した: Tim O'Reilly, "An Open Letter to Jeff Bezos," oreilly.com, February 28, 2000, http://www.oreilly.com/amazon_patent/amazon_patent.comments.html.

119 1万人の署名が集まり: Tim O'Reilly, "An Open Letter to Jeff Bezos: Your Responses," oreilly.com, February 28, 2000, http://www.oreilly.com/amazon_patent/amazon_patent_0228.html.

119 6年後にならないと登場しなかったが: Jeff Howe, "The Rise of Crowdsourcing," Wired, June 1, 2006, https://www.wired.com/2006/06/crowds/.

120 懸賞金を出したにもかかわらず: Tim O'Reilly, "O'Reilly Awards $10,000 1-ClickBounty to Three 'Runners Up,'" oreilly.com, March 14, 2001, http://archive.oreilly.com/pub/a/policy/2001/03/14/bounty.html.

120 公開書簡を発表した数日後: Tim O'Reilly, "My Conversation with Jeff Bezos," oreilly.com, March 2, 2000, http://archive.oreilly.com/pub/a/oreilly/ask_tim/2000/bezos_0300.html.

Authorities Worldwide," New York Times, March 3, 2017, https://www.nytimes.com/2017/03/03/technology/uber-greyball-program-evade-authorities.html.

085 競合他社は、技術を盗まれたと: Alex Davies, "Google's Lawsuit Against Uber Revolves Around Frickin' Lasers," Wired, February 5, 2017, https://www.wired.com/2017/02/googles-lawsuit-uber-revolves-around-frickin-lasers/.

085 セクハラ容認のブラックな職場文化: Susan J. Fowler, "Reflecting on One Very, Very Strange Year at Uber," Susan J. Fowler のブログ, February 19, 2017, https://www.susanjfowler.com/blog/2017/2/19/reflecting-on-one-very-strange-year-at-uber.

3章 リフトとウーバーから学ぶ

090 私はこうしたミームを地図と呼んだ: Tim O'Reilly, "Remaking the Peer-to-Peer Meme," in Peer to Peer, ed. Andy Oram (Sebastopol, CA: O'Reilly, 2001). この論説は以下でも読める。http://archive.oreilly.com/pub/a/495.

093 「実生活のリモコン」: Kara Swisher, "Man and Uber Man," Vanity Fair, December 2014, retrieved March 30, 2017, http://www.vanityfair.com/news/2014/12/uber-travis-kalanick-controversy.

094 「それがすべてだ」: Brad Stone, The Upstarts (New York: Little, Brown, 2017), 52. 邦訳ブラッド・ストーン『UPSTARTS―UberとAirbnbはケタ違いの成功をこう手に入れた』(井口耕二訳、日経BP社、2018), 72.

094 ジンバブエで彼らが目撃した: 2015年にローガン・グリーンから聞いた話。

095 物流と市場インセンティブ: Stone, The Upstarts, 71. 邦訳ストーン『UPSTARTS』, 121.

096 「みんなが利益を得ます」: "The Uber Story," uber.com, retrieved March 30, 2017, https://www.uber.com/our-story/.

097 あるロサンゼルスの顧客はこう述べた: Priya Anand, "People in Los Angeles Are Getting Rid of Their Cars," BuzzFeed, September 2, 2016, https://www.buzzfeed.com/priya/people-in-los-angeles-are-getting-rid-of-their-cars.

099 最もむずかしい試験のひとつとして有名だ: Jody Rosen, "The Knowledge, London's Legendary Taxi-Driver Test, Puts Up a Fight in the Age of GPS," New York Times Magazine, November 24, 2014, https://www.nytimes.com/2014/11/10/t-magazine/london-taxi-test-knowledge.html.

100 確かに費用の節約にはなるが: "Workforce of the Future: Final Report (Slide 12)," Markle, retrieved March 30, 2017, https://www.markle.org/workforce-future-final-report.

105 テスラ社は思惑がちがうようで: Dan Gillmor, "Tesla Says Customers Can't Use Its Self-Driving Cars for Uber," Slate, October 21, 2016, http://www.slate.com/blogs/future_tense/2016/10/21/tesla_says_customers_can_t_use_its_self_driving_cars_for_uber.html.

ちですら歴史をきちんと理解していない。2016年の会話で、ツイッター共同創設者ジャック・ドーシーは、リツイートを発明したのは私だと断言して、こちらの反論にもまったく動じる様子がなかった。確かに私はアーリーアドプターとして最も有名なひとりかもしれないが、だれか他の人からその技を拝借したのは覚えている。特にライサ・ライシュが、自分の行動ではなく、自分の読んでいるものにつけた美しい用語には啓発された。Mindcastingというのだ。

079 出来事やツイートのグループを示す方法として#マークを使おう: Chris Messina, Twitter update, retrieved March 29, 2017, https://twitter.com/chrismessina/status/223115412. ジョシュア・シャクターが#をタグのしるしとしてリンク保存サイトdel.icio.usで使っていたのに注意。

079 サンディエゴ山火事で: Chris Messina, "Twitter Hashtags for Emergency Coordination and Disaster Relief," retrieved March 29, 2017, https://factoryjoe.com/2007/10/22/twitter-hashtags-for-emergency-coordination-and-disaster-relief/.

080 アプリはすでに「トレンド」: "To Trend or Not to Trend," Twitter Blog, retrieved March 29, 2017, https://blog.twitter.com/2010/to-trend-or-not-to-trend.

080 プラットフォームの開発者自身が想像もしなかった機能: "Twitpic," retrieved March 29, 2017, https://en.wikipedia.org/wiki/TwitPic.

080 ジム・ハンラハンが最初のツイートを投稿: Jim Hanrahan, Twitter update, retrieved March 29, 2017, https://twitter.com/highfours/status/1121908186.

080 着水した飛行機の翼に立つ乗客たち:「ハドソン川に飛行機が落ちてる。人々を助けに行くフェリーの上だ。ヤバイ」。Twitter update, retrieved March 29, 2017, https://twitter.com/jkrums/status/1121915133.

080「我々みんなハリード・サイード」: Facebookのページ, retrieved March 29, 2017, https://www.facebook.com/ElShaheeed.

081「都市内部にも独自の生命があるのだ」: Michael Nielsen, Reinventing Discovery (Princeton, NJ: Princeton University Press, 2011), 53. 邦訳マイケル・ニールセン『オープンサイエンス革命』(高橋洋訳、紀伊國屋書店、2013), 89.

082「理論は思考の種である」: Thomas Henry Huxley, "The Coming of Age of 'The Origin of Species,'" Collected Essays, vol.2, http://aleph0.clarku.edu/huxley/CE2/CaOS.html にも再録.

083「複雑な後生動物を形成するのだ」: George Dyson, Turing's Cathedral (New York: Pantheon, 2012), 238-39. 邦訳ジョージ・ダイソン『チューリングの大聖堂―コンピュータの創造とデジタル世界の到来』(吉田三知世訳、早川書房、2013), 435.

085 実現できるはずもない所得: Sami Jarbawi, "Uber to Pay $20 Million to Settle FTC Case," Berkeley Center for Law, Business and the Economy, January 31, 2017, http://sites.law.berkeley.edu/thenetwork/wp-content/uploads/sites/2/2017/01/Uber-to-Pay-20-Million-to-Settle-FTC-Case.pdf.

085 技術を使ってその捜査を逃れようとする: Mike Isaac, "How Uber Deceives the

題だ。単に実行するだけしかできないのか、それともプログラムを使ってできる他の有益なこともやっていいのか? プログラムが誰か他人のコンピューター上で動いてるなら、この問題は生じない。私はアマゾンが自分のコンピューター上に持っているソフトをコピーしていいのか? うん、そんなことはできないし、そのプログラムをまったく持っていないから、それは私を不道徳で妥協的な立場には置かない(後略)」。http://www.oreilly.com/tim/archives/mikro_discussion.pdfを参照。

061 グーグルはいまや、100万台を優に上回るサーバーを: グーグル社は実際にはこの数字を公開していないが、2013年7月、当時のマイクロソフト社CEOスティーブ・バルマーはマイクロソフトのBing がそのくらいの数のサーバーで動いていると述べた。グーグルのサーバーはもっと多くの利用者を擁しているし、その後その数は増える一方だ。Sebastian Anthony, "Microsoft Now Has One Million Servers—Less than Google, but More than Amazon, Says Ballmer," Extremetech, retrieved March 29, 2017, https://www.extremetech.com/extreme/161772-microsoft-now-has-one-million-servers-less-than-google-but-more-than-amazon-says-ballmerを参照.

062 20世紀の最も重要な本のひとつとして指名: Elizabeth Diefendorf, ed., The New York Public Library's Books of the Century (New York: Oxford University Press, 1996), 149.

063 「ウェブ2.0とは何か?」: Tim O'Reilly, "What Is Web 2.0?," oreilly.com, September 30, 2005, http://www.oreilly.com/pub/a/web2/archive/what-is-web-20.html.

066 同社への公開書簡で初めて使われたもの だ: David Stutz, "On Leaving Microsoft," synthesist.net, retrieved March 29, 2017, http://www.synthesist.net/writing/onleavingms.html.

067 オープンソースのプロジェクトを取り巻く世界的な協力を強化: Tim O'Reilly, "Open Source: The Model for Collaboration in the Age of the Internet," Computers, Freedom, and Privacy Conferenceでの基調講演(トロント、2000年4月6日), http://www.oreillynet.com/pub/a/network/2000/04/13/CFPkeynote.html.

077 参加の規模は桁違いに大きくなった: Tim O'Reilly and John Battelle, "Web Squared: Web 2.0 Five Years On," oreilly.com, retrieved March 30, 2017, https://conferences.oreilly.com/web2summit/web2009/public /schedule / detail/10194.

078 「可能性の中で可能なものを探」し続ける: Wallace Stevens, "An Ordinary Evening in New Haven," in The Palm at the End of the Mind, ed. Holly Stevens (New York: Vintage, 1972), 345.

079 「語られぬものへの襲撃」: T. S. Eliot, "East Coker," The Four Quartets, New York, Houghton Mifflin Harcourt, 1943, renewed 1971. 邦訳T・S・エリオット『四つの四重奏』(岩崎宗治訳、岩波文庫、2011)ほか

079 別の利用者に答えるための@マーク: "The First Ever Hashtag Reply and Retweet as Twitter Users Invented Them," retrieved March 29, 2017, http://qz.com/135149/the-first-ever-hashtag-reply-and-retweet-as-twitter-users-invented-them/. おもしろいことに、参加者た

044 『それがぼくには楽しかったから』: Linus Torvalds and David Diamond, Just for Fun (New York: Harper Business, 2001). 邦訳リーナス・トーバルズ、デイビッド・ダイヤモンド『それがぼくには楽しかったから 全世界を巻き込んだリナックス革命の真実』(風見潤訳、小学館プロダクション、2001)

045 「ネットスケープ社の空気を断つために」: Joel Klein, "Complaint: United States v. Microsoft in the United States District for the District of Columbia, Civil Action No.98-1232 (Antitrust), Filed: May 18, 1998," retrieved March 30, 2017, https://www.justice.gov/atr/complaint-us-v-microsoft-corp.

051 「ただ均等に分配されていないだけだ」: 確かギブスンが初めてこれを言うのを聞いたのは、1999年のNPR公共ラジオインタビューだったと思う。初めてこれを聞いた時以来、私はしょっちゅうこれを引用してきたので、それがこの一節が多用される原因となったと思いたいところだ。というのも、通常それは私が少しまちがって記憶していたバージョンで登場するからだ。ギブスン自身がその起源について述べている文としては以下を参照。"The future has arrived," Quote Investigator, retrieved March 30, 2017, http://quoteinvestigator.com/2012/01/24/future-has-arrived/.

053 茶色の紙に包んだビスケットの缶: この話はジョージ・サイモンから最初に聞いたように思う。また以下にもあがっている。"Alfred Korzybski," Wikipedia, retrieved March 30, 2017, https://en.wikipedia.org/wiki/Alfred_Korzybski#cite_note-4.

054 現実生活でまったく使えないのだ: Richard Feynman, Surely You're Joking, Mr. Feynman (New York: Norton, 1984), 212. 邦訳リチャード・ファインマン『ご冗談でしょう、ファインマンさん』(上下、大貫昌子訳、岩波書店、1986), 下36-38.

054 「その知識はあまりに脆い!」: 同上, 36. 邦訳同上, 上39.

2章 グローバルブレインに向けて

055 「オープンソース・パラダイムシフト」: Tim O'Reilly, "The Open Source Paradigm Shift," in Perspectives on Free and Open Source Software, ed. J. Feller, B. Fitzgerald, S. Hissam, and K. R. Lakhani (Cambridge, MA: MIT Press, 2005). また以下でも読める。 http://archive.oreilly.com/pub/a/oreilly/tim/articles/paradigmshift_0504.html.

056 「オープンソースは知的財産の破壊者だ」: Jim Allchin, quoted in Tim O'Reilly, "My Response to Jim Allchin," oreilly.com, February 18, 2001, http://archive.oreilly.com/pub/wlg/104.

057 「隣接した段階に発生するのが通例だ」: Clay Christensen, "The Law of Conservation of Attractive Profits," Harvard Business Review 82, no.2 (February 2004): 17-18.

058 フリーソフト支持者に対し: ベルリンの「Wizards of OS」カンファレンスで1999年に私が行った講演後の質疑応答で行われた、2人のやりとりの筆記録がある。リチャードは実際には、アマゾンのソフトがフリーでなくても構わないと言っている。「フリーソフトと独占ソフトの問題は、自分のコンピューター上に持っていて、自分のコンピューター上で動くソフトについて生じるものだ。手元にコピーが残るから、そのコピーで何をしていいか、という問

ence-welcome-earthquake-digital.

024 30兆ドル以上の現金がブタ積みされている: "Cash on the Sidelines: How to Unleash $30 Trillion," Milken Institute Global Conferenceでのパネルディスカッション, April 20, 2013, http://www.milkeninstitute.org/events/conferences/global-conference/2013/panel-detail/4062.

026 四つの破壊的な力のひとつでしかない: Richard Dobbs, James Manyika, and Jonathan Woetzel, No Ordinary Disruption (Philadelphia: Public Affairs, 2015), 4-7. 邦訳リチャード・ドッブス、ジェームズ・マニーカ、ジョナサン・ウーツェル『マッキンゼーが予測する未来—近未来のビジネスは、4つの力に支配されている』(吉良直人訳、ダイヤモンド社、2017)

1章 未来をいま見通す

030 「書く技能というのは」: この引用を最初に聞いたのがどこだったかは覚えていない。1980年あたりの公共ラジオインタビューだった気もする。エド・シュロスバーグにも聞いてみたことがあるが、彼も覚えていなかった。

032 マーク・トウェインは: "History Does Not Repeat Itself, but It Rhymes," Quote Investigator, retrieved March 27, 2017, http://quoteinvestigator.com/2014/01/12/history-rhymes/.

034 無料のフリーではなく、自由のフリーだ: Sam Williams, Free as in Freedom: Richard Stallman's Crusade for Free Software (Sebastopol, CA: O'Reilly, 2002). また、Richard Stallman, "The GNU Manifesto," retrieved March 29, 2017, http://www.gnu.org/gnu/manifesto.en.html (邦訳リチャード・ストールマン「GNU宣言」https://www.gnu.org/gnu/manifesto.ja.html)も参照。

037 「伽藍とバザール」: 初出http://www.unterstein.net/su/docs/CathBaz.pdf.書籍版Eric S. Raymond, The Cathedral & the Bazaar (Sebastopol, CA: O'Reilly, 2001). 邦訳エリック・レイモンド「伽藍とバザール」(山形浩生訳) https://cruel.org/freeware/cathedral.html.

038 「ハードウェア、ソフトウェア、そしてインフォウェア」: Tim O'Reilly, "Hardware, Software, and Infoware," in Open Sources: Voices from the Open Source Revolution (Sebastopol, CA: O'Reilly, 1999), オンライン版http://www.oreilly.com/openbook/opensources/book/tim.html. 邦訳ティム・オライリー「ハードウェア、ソフトウェア、そしてインフォウェア」は、ディボナ他『オープンソースソフトウェア——彼らはいかにしてビジネススタンダードになったのか』(倉骨彰訳、オライリー・ジャパン、1999)に所収。邦訳オンライン版https://www.oreilly.co.jp/BOOK/osp/OpenSource_Web_Version/chapter13/chapter13.html.

041 最初の5年で25万台が売れるとされていた: Edwin D. Reilly, Milestones in Computer Science and Information Technology (Westport, CT: Greenwood, 2003), 131.

041 初日だけで4万台売れたという噂だ: Sol Libes, "Bytelines," Byte 6, no. 12, retrieved March 29, 2017, https://archive.org/stream/byte-magazine-1981-12/1981_12_BYTE_06-12_Computer_Games#page/n315/mode/2up.

Business Review Press, 2012), ebook retrieved March 29, 2017, https://www.safaribooksonline.com/library/view/who-do-you/9781422187852/chapter001.html#a002.

017 アメリカ人の63パーセントは: Pew Research Center in Association with the Markle Foundation, The State of American Jobs, retrieved March 29, 2017, https://www.markle.org/sites/default/files/State-of-American-Jobs.pdf.

017 期待寿命が下がりつつあり: Olga Khazan, "Why Are So Many Americans Dying Young?," Atlantic, December 13, 2016, https://www.theatlantic.com/health/archive/2016/12/why-are-so-many-americans-dying-young/510455/.

021 ウェアラブルセンサーによる健康状態モニタリング: Darrell Etherington, "Google's New Health Wearable Delivers Constant Patient Monitoring," TechCrunch, June 23, 2015, https://techcrunch.com/2015/06/23/googles-new-health-wearable-delivers-constant-patient-monitoring/.

023 消費者の購買力に頼る企業はどうなるだろう: Nicholas J. Hanauer, "The Capitalist's Case for a $15 Minimum Wage," Bloomberg View, June 19, 2013, https://www.bloomberg.com/view/articles/2013-06-19/the-capitalist-s-case-for-a-15-minimum-wage.

023 2パーセント以下だった: Richard Dobbs, Anu Madgavkar, James Manyika, Jonathan Woetzel, Jacques Bughin, Eric Labaye, and Pranav Kashyap, "Poorer than Their Parents? A New Perspective on income inequality," McKinsey Global Institute, July 2016, http://www.mckinsey.com/global-themes/employment-and-growth/poorer-than-their-parents-a-new-perspective-on-income-inequality.

023 アメリカのトップのCEOたちはいまや平均的な労働者の373倍: Melanie Trottman, "Top CEOs Make 373 Times the Average U.S. Worker," Wall Street Journal, May 13, 2015, http://blogs.wsj.com/economics/2015/05/13/top-ceos-now-make-373-times-the-average-rank-and-file-worker/.

023 それが50パーセントにまで下がっている: David Leonhardt, "The American Dream, Quantified at Last," New York Times, December 8, 2016, https://mobile.nytimes.com/2016/12/08/opinion/the-american-dream-quantified-at-last.html.

023 家計の負債総額は12兆ドル: "Quarterly Report on Household Debt and Credit," Federal Reserve Bank of New York, August 2016, https://www.newyorkfed.org/medialibrary/interactives/householdcredit/data/pdf/HHDC_2016Q2.pdf.

023 2016年半ばのGDPの80パーセント: St. Louis Fed, "Household Debt to GDP for United States," https://fred.stlouisfed.org/series/HDTGPDUSQ163N.

023 返済不能に陥った借り手は700万人以上: "The Digital Degree," Economist, June 27, 2014, http://www.economist.com/news/briefing/21605899- staid-higher-education-business-about-experi-

注

はじめに WTF経済

009 最強の人間囲碁プレーヤーを破った: Cade Metz, "In Two Moves, AlphaGo and Lee Sedol Redefined the Future," Wired, March 16, 2016, https://www.wired.com/2016/03/two-moves-alphago-lee-sedol-redefined-future/.

009 35ドルのRaspberry Piコンピューターで走る人工知能: Cecille de Jesus, "an AI Just Defeated Human Fighter Pilots in an Air Combat Simulator," futurism.com, June 28, 2016, http://futurism.com/an-ai-just-defeated-human-fighter-pilots-in-an-air-combat-simulator/.

009 経営判断の4分の3をAIにやらせたい: Olivia Solon, "World's Largest Hedge Fund to Replace Managers with Artificial Intelligence," Guardian, December 22, 2016, https://www.theguardian.com/technology/2016/dec/22/bridgewater-associates-ai-artificial-intelligence-management.

009 オックスフォード大学研究者たちは: Carl Benedikt Frey and Michael A. Osborne, "The Future of Employment: How Susceptible Are Jobs to Computerisation?," Oxford Martin School, September 17, 2013, http://www.oxfordmartin.ox.ac.uk/downloads/academic/The_Future_of_Employment.pdf.

009 エアビーアンドビーは世界最大級のホテルグループより多くの部屋: Andrew Cave, "Airbnb Is on Track to Bethe World's Largest Hotelier," Business Insider, November 26, 2013, http://www.businessinsider.com/airbnb-largest-hotelier-2013-11.

011 ウーバー社は、いまだに年額20億ドルの赤字: Eric Newcomer, "Uber Loses at Least $1.2 Billion in First Half of 2016," Bloomberg Technology, August 25, 2016, http://www.bloomberg.com/news/articles/2016-08-25/uber-loses-at-least-1-2-billion-in-first-half-of-2016.

011 「フォーチュン」誌は、そのような華々しい地位を獲得した企業一覧を: "The Unicorn List," Fortune, retrieved March 29, 2017, http://fortune.com/unicorns/.

011 「ユニコーンスコアボード」: "Crunchbase Unicorn Leaderboards," TechCrunch, retrieved March 29, 2017, http://techcrunch.com/unicorn-leaderboard/.

012 「共通の体験に対して私たちが与える名前」: Tom Stoppard, Rosencrantz & Guildenstern Are Dead (New York: Grove Press, 1967), 21. 邦訳トム・ストッパード『トム・ストッパードIII ローゼンクランツとギルデスターンは死んだ』(小川絵梨子訳、ハヤカワ演劇文庫、2017), 27-28.

014 思い通りに動かないと文句を言う: コメディアンのルイス・CKによる深夜テレビ放談 "Everything Is Amazing and Nobody's Happy"を観たことがなければぜひご覧あれ! Retrieved March 29, 2017, https://www.youtube.com/watch?v=q8LaT5liwo4.

015 「顧客を一変させるのだ」: Michael Schrage, Who Do You Want Your Customers to Become? (Boston: Harvard

わ 行

や行

ら行

ま行

は行

な行

た行

さ行

か行

あ行

索引

数字

A－Z

Tim O'Reilly（ティム・オライリー）

オライリー・メディアの創業者兼CEO。インターネット草創期より、その核となる様々なオープンソース・ソフトウェアやプログラミング言語、および関連トレンドについて、常に決定版の解説書・教科書をいち早く刊行し続け、テクノロジー系技術に対する慧眼は他の追随を許さない。またアーリーステージのベンチャー資本企業オライリー・アルファテック・ベンチャーズ（O'Reilly AlphaTech Ventures: OATV）のパートナーでもあり、コード・フォー・アメリカ（Code for America）、メイカー・メディア（Maker Media）、オープンアクセスジャーナルPeerJ、データ活用専門会社Civis Analyticsおよび米国連邦議会と有権者をつなぐWebサービスPopVoxの役員も務めている。

山形 浩生（やまがた・ひろお）

東京大学都市工学科修士課程およびMIT不動産センター修士課程修了。途上国開発援助のかたわら、小説、経済、建築、ネット文化など広範な分野での翻訳および雑文書きに手を染める。著書に『Linux日本語環境―最適なシステム環境構築のための基礎と実践』（共著、オライリー・ジャパン）、『新教養としてのパソコン入門　コンピュータのきもち』（アスキー新書）、『新教養主義宣言』（河出文庫）など。訳書にジェイン・ジェイコブズ『アメリカ大都市の死と生』（鹿島出版会）、ポール・クルーグマン『クルーグマン教授の経済入門』（ちくま文庫）、トマ・ピケティ『21世紀の資本』（みすず書房）ほか多数。

WTF経済

絶望または驚異の未来と我々の選択

2019年2月25日　初版第1刷発行

著者　Tim O'Reilly（ティム・オライリー）
訳者　山形 浩生（やまがた ひろお）

発行人　ティム・オライリー

装丁　水戸部 功
編集協力　窪木 淳子、小暮 謙作

印刷・製本　日経印刷株式会社

発行所　株式会社オライリー・ジャパン
〒160-0002
東京都新宿区四谷坂町12番22号
Tel (03) 3356-5227
Fax (03) 3356-5263
電子メール japan@oreilly.co.jp

発売元　株式会社オーム社
〒101-8460
東京都千代田区神田錦町3-1
Tel (03) 3233-0641（代表）
Fax (03) 3233-3440

Printed in Japan（ISBN978-4-87311-859-8）